WISSEN FÜR DIE PRAXIS

Weiterführend empfehlen wir:

Thomas Enke
Landminen und Munition in Krisengebieten
ISBN 978-3-8029-6225-7

Horst Mehlinger
Joint Operations
ISBN 978-3-8029-6223-3

Carsten Dombrowski
Überleben in Natur und Umwelt
ISBN 978-3-8029-6443-5

WALHALLA

Thomas Enke

Grundlagen der Waffen- und Munitionstechnik

5., aktualisierte Auflage

Bibliografische Information der Deutschen Nationalbibliothek

Die Deutsche Nationalbibliothek verzeichnet diese Publikation in der Deutschen Nationalbibliografie; detaillierte bibliografische Daten sind im Internet über https://www.dnb.de/ abrufbar.

Zitiervorschlag:
Thomas Enke, Grundlagen der Waffen- und Munitionstechnik
Walhalla Fachverlag, Regensburg 2025

Hinweis: Unsere Werke sind stets bemüht, Sie nach bestem Wissen zu informieren. Alle Angaben in diesem Buch sind sorgfältig zusammengetragen und geprüft. Durch Neuerungen in der Gesetzgebung, Rechtsprechung sowie durch den Zeitablauf ergeben sich zwangsläufig Änderungen. Bitte haben Sie deshalb Verständnis dafür, dass wir für die Vollständigkeit und Richtigkeit des Inhalts keine Haftung übernehmen.
Bearbeitungsstand: 1. Januar 2025

5., aktualisierte Auflage

Produktion: Walhalla Fachverlag, 93042 Regensburg
Printed in Germany
ISBN 978-3-8029-6024-6

SBL-CPI-0525-27102-Q

Schnellübersicht

Inhaltsverzeichnis

Vorbemerkungen zur fünften Auflage

Dieses Buch ist[1]ein Nachschlagewerk ohne großen wissenschaftlichen Anspruch. Es erklärt kurz und knapp die Zusammenhänge in der Waffen- sowie Munitionstechnik, ohne dabei auf die mathematische und physikalische Herleitung einzugehen. Denn dies würde bei dem Umfang der Themen bei Weitem den Rahmen des Buches sprengen und vielen Interessierten die Lust am Lesen nehmen.

Hier sollen Historie, Gegenwart und derzeitige Entwicklungen aufgezeigt werden. Dabei ist zu berücksichtigen, dass zum einen Forschung und Entwicklung im Bereich der Waffen- und Munitionstechnik ein rasantes Tempo vorgelegt haben, zum anderen aber auch Kurzzeitereignisse beschrieben werden, die trotz der umfangreichen Forschungen bis heute nur durch Näherungen mathematisch in den Griff zu bekommen sind. Auch braucht eine gute Waffenentwicklung von der ersten Idee bis zur ausgereiften Waffe mehrere Jahrzehnte. Ein Umstand, den viele Armeen in den vergangenen Jahren schmerzlich zu spüren bekamen, weil Waffen und Munition nicht im gewünschten Rahmen funktionierten.

Hinzu kommt, dass in Kriegszeiten die Neu- und Weiterentwicklungen von Waffen und Munition noch einmal einen weiteren Schub bekommen und so auch weniger ausgereifte Projekte für „fronttauglich" erklärt werden. Dies zeigt sich vor allem bei Lösungen, die aufgrund von Ressourcenmangel zum Einsatz kommen.

Einige Definitionen werden Anlass zu Diskussionen geben, da sich die Begriffe in den vergangenen Jahren teilweise mehrfach geändert haben. Als Beispiel kann hier der Mörser, auch Granatwerfer oder Minenwerfer genannt werden. Der Mörser ist keine Steilfeuerwaffe, muss nicht unbedingt ein Vorderlader sein und kann auch auf einer Kanonenlafette eingesetzt werden. Ein zweites Beispiel findet man bei den heutigen Panzerhaubitzen in Abgrenzung zu den Kanonen. Eine frühere Unterscheidung nach der Rohrlänge, Flach- oder Steilfeuer sowie in der ballistischen Form der Geschosse existiert nicht mehr. Hier müssen also neue Definitionen gefunden werden.

Die Probleme mit der Terminologie wurden bei dem Beispiel „Mörser" bereits kurz angesprochen. Im gesamten Buch wird die Terminologie genutzt, wie sie innerhalb der Bundeswehr durch die Publikation in Vorschriften, Regelungen und Munitionsmerkblättern vorgegeben ist. Dies trifft daher nicht immer den umgangssprachlichen Gebrauch, führt aber auch zu eindeutigen Begriffen. Bei schwerwiegenden Abweichungen folgt in einer Fußnote eine Erläuterung.

Mit betrachtet werden muss die Waffen- und Munitionsentwicklung der vergangenen Jahrzehnte. Neben der Schienenkanone wurden Laserwaffen bis zur Einsatzreife entwickelt, es finden sich heute dank der Elektronik miniaturisierte Zeitzünder, die beim Abschuss mit dem Laserentfernungsmesser der Waffe kommunizieren, und es lassen sich Suchzünder herstellen, die Abbilder der zu bekämpfenden Ziele im Infrarot-, Radar- und sichtbaren Bereich gespeichert haben. Dies wiederum erfordert neuartige Abwehrmöglichkeiten gegen diese Munition, die ebenfalls beschrieben werden müssen. Dabei erlangt auch ein „altes" Verfahren wie das Schallmessen eine erneute Bedeutung.

Ebenfalls neu ist eine kurze Abhandlung über die Auswirkungen von Kernwaffendetonationen. Soweit ich ermitteln konnte, ist dies ein Novum. Bei allen deutschen Publikationen über Waffen- und Munitionstechnik wurde dieses Thema gemieden.

Zuletzt muss auch die Proliferation (und Industriespionage) angesprochen werden. Auch hier gibt es durch die globale Vernetzung der Informationswege nicht nur Nachbauten bekannter Waffen- und Munitionssysteme, sondern auch ggf. dem regionalen Umfeld und der Rohstofflage entsprechend eigenständige Entwicklungen, die zumindest einer Erwähnung wert sind. Ein Aufschlagzünder oder ein Sturmgewehr „Made in Germany" kann heute durchaus eine Kopie aus dem Mittleren Osten oder aus Afrika sein. Einen Aufschwung gab es hier nach dem Zweiten Weltkrieg, hier scheint es zurzeit zu einem Déjà-vu zu kommen.[1]

Nach wie vor wurde auf Bilder verzichtet. Dies ist zum einen dem Copyright geschuldet, zum anderen lassen sich anhand von einfachen Skizzen der Aufbau und die Funktionsweise von Waffen und Munition leichter beschreiben.

Aber ein solches Buch schreibt sich nicht allein. Erneut gilt mein Dank vor allem den Kameraden aus der Feuerwerkerei, die mit Rat

---

1 Beim Vergleich zwischen dem russischen L/L-LFK R-3 Wympel (NATO: AA-2 „Atoll") und dem US-amerikanischen L/L-LFK AIM-9 Sidewinder gingen die Gemeinsamkeiten so weit, dass sogar die Schrauben zwischen Gefechtskopf und Triebwerkseinheit gleich waren.

und Tat sowie unermüdlicher Fehlersuche mitgeholfen haben, dieses Buch zu erstellen. „Bei strenger Pflicht – getreu und schlicht!“[2]

Es kommen immer noch sehr viele Informationen aus dem Bereich der Leser und Kameraden, die geholfen haben, nicht nur Quellen zu verifizieren und weitere Hinweise zu geben. Hinzu kommen hier auch Anregungen, weitere Gebiete in das Buch mit aufzunehmen. So weit wie möglich setze ich diese um. Aber dabei muss beachtet werden, dass das Buch weiterhin handhabbar bleibt.

Ein weiterer kräftiger Dank geht an meine Frau, die die Hauptlast der Suche nach Rechtschreib- und Verständnisfehlern getragen hat.

Strausberg, im Herbst 2024
Thomas Enke

---

2 Feuerwerker Hinze am 8. September 1861 zum 25-jährigen Bestehen des preußischen Feuerwerkerpersonals.

Kapitel 1: Ballistik

Kapitel 1: Ballistik

1

Die Lehre vom Schuss lässt sich für Rohrwaffen in insgesamt vier Abschnitte unterteilen. Mit dem Anzünden der Treibladung, dem Brechen des Schusses, beginnt der Ablauf im Waffenrohr. Mit Verlassen des Rohres folgt die kurze Phase der Abgangsballistik, gefolgt von der Außenballistik, dem reinen Flug in Richtung Ziel. Spätestens mit dem Auftreffen auf das Ziel wird der Vorgang durch die Zielballistik abgeschlossen. Die einzelnen Abschnitte können – je nach Waffe und Munition – fließend sein.

Bei der Raketenballistik entfällt die Innenballistik weitgehend. Auch hier gibt es fließende Übergänge, so z. B. bei Flugkörpern, die aus Waffenrohren verschossen werden können.[3]

1.1 Innenballistik

1.1.1 Der Anzündvorgang

Die Vorgänge beim Schuss beginnen mit dem Anzünden der Treibladung. Bei frühen Entwicklungen des Mittelalters wurden Lunten oder die Funken eines Steinschlosses genutzt. Diese Verfahren waren zum einen unzuverlässig (Feuchtigkeit) und zum anderen zeitlich nicht festzulegen. Hinzu kamen bei den Pistolen und Gewehren eine Blendung durch die Stichflamme der entzündeten Treibladung sowie eine Rauchentwicklung, die dem Schützen kurzfristig die Sicht nahm. Je nach Länge der Lunte konnten die Anzündvorgänge mehrere Sekunden kürzer oder länger dauern, ein nicht haltbarer Vorgang, wenn das zu treffende Ziel in Bewegung war. Heute wird der Anzündvorgang mechanisch per Schlag oder elektrisch ausgelöst. Der Anzündvorgang sollte bei voll brauchbarer[4] Munition von Handwaffen innerhalb einer Millisekunde, bei größeren Kalibern im Bereich von 20 bis 30 Millisekunden beginnen. Hier wird eben diese Zeitspanne benötigt, damit die chemische Reaktion anlaufen und entsprechend Wärmeenergie erzeugt werden kann. Diese Zeitspanne wird Anzündzeitverzug genannt. Nicht berücksichtigt wird hierbei der Zeitverzug, der ggf. durch die Waffenanlage bedingt ist, weil der Richtvorgang noch nicht abgeschlossen ist oder noch Daten an das Geschoss übermittelt werden müssen.

---

3 Mehr dazu in Kapitel 1.4.2.

4 Voll brauchbar heißt, dass diese Munition ohne Einschränkungen verwendet werden kann. In der Bundeswehr wird diese Munition mit dem Zustandscode „A" gekennzeichnet.

Die Stichflamme aus dem Treibladungsanzünder hat die Treibladung zuverlässig und vollständig zu entfachen. Geschieht dies nicht, können eine Spätzündung sowie ein Versager die Folge sein. Eine Spätzündung kann auch noch Minuten nach Beginn des Anzündvorganges auftreten und ist vor allem abhängig von der Temperatur innerhalb der Waffe und von der Feuchte des Treibladungspulvers. Daher sind bei Nichtauslösung eines Schusses vor einem Entladen der Waffe unbedingt Wartezeiten einzuhalten, die je nach Waffe bis zu 30 Minuten dauern können. Bei einem zu frühen Entladen können bei Patronenmunition die unverkammerten Hülsen aufreißen und sich Splitter bilden, bei Artilleriegeschützen mit Beuteltreibladungen kann es nach dem Öffnen des Verschlusses zu Stichflammen kommen, die in den Kampfraum zurückschlagen.

1.1.2 Der Gasdruckverlauf und die Beschleunigung des Geschosses

Der Gasdruckverlauf ist von verschiedenen Faktoren abhängig:

- Form und Zusammensetzung des Treibladungspulvers,
- Temperatur im Ladungsraum,
- Temperatur des Treibladungspulvers,
- Patronenmunition oder getrennt zu ladende Munition,
- Waffenrohr mit Zügen und Feldern oder Glattrohr,
- Reibung im Waffenrohr und
- Rohrlänge.

Bei einer Verbrennung im Ladungsraum oder der Patronenhülse verbrennt das Treibladungspulver immer nur an der Oberfläche, dies kann für eine geometrische Gestaltung des Pulvers genutzt und so können dem Pulver Verbrennungseigenschaften zugeschrieben werden. Treibladungspulver kann daher als degressives, neutrales oder progressives Treibladungspulver hergestellt und genutzt werden.

- Degressives, auch offensives und schnell abbrennendes Pulver genannt wird in Blättchen- oder Kugelform gepresst. Hier nimmt die Oberfläche des Pulvers mit zunehmendem Abbrand ab. Damit verringert sich über die Zeit die Produktion an Treibgasen. Pistolen und Mörser haben relativ kurze Waffenrohre, hier ist ein schneller Aufbau des Gasdruckes gewünscht. Auch sollen möglichst wenige unverbrannte Treibladungsreste vor der Mündung abbrennen, um den Schützen nicht zu blenden.[5]

---

[5] Doch Vorsicht bei dem ähnlich aussehenden Treibladungspulver für Manöverpatronen. Dieses Pulver ist für einen sehr schnellen, fast aggressiven Abbrand mit hohem Aufkommen an Treibladungsgasen konstruiert, da hier das Geschoss für einen Druckaufbau fehlt und trotzdem die Waffenfunktionen erhalten bleiben sollen.

- Neutrales Pulver hat die Form einer langen Makkaroni. Von außen nimmt die brennende Oberfläche ab, von innen dagegen zu. Somit bleibt die Abbrandfläche gleich. Dies führt zu einer gleichmäßigen Beschleunigung, wie sie z. B. bei Hohlladungspatronen und auch zunehmend bei Patronen für Gewehre erwünscht ist.
- Progressives , langsamer abrennendes Pulver, zumeist ein Zylinder mit 7 bis 32 axialen Bohrungen, führt über die Brennzeit zu einer zunehmenden Gasproduktion, da die Oberfläche zunimmt. Dies ist bei sehr langen Waffenrohren gewünscht, da hier das aufzufüllende Volumen hinter dem Geschoss sehr groß wird, und bei sehr hohen Mündungsgeschwindigkeiten z. B. für die flügelstabilisierte KE[6]-Munition.

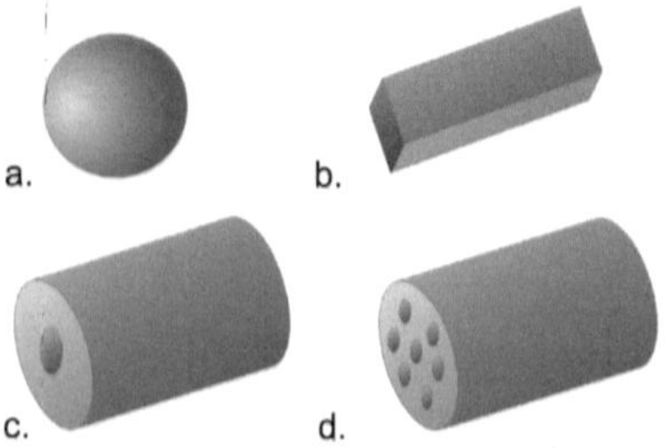

a. Kugelförmiges, degressives Pulver
b. Degressives Blättchenpulver
c. Neutrales Einloch-Röhrenpulver
d. Progressives 7-Loch-Röhrenpulver

Bild 1.1: Kornarten beim Treibladungspulver

Vor dem Schuss wird das Treibladungspulver entweder in der Patronenhülse oder bei getrennt zu ladender Munition in den Ladungsraum eingebracht. Das Volumen ist in beiden Fällen so definiert, dass es die maximal zulässige Treibladung aufnehmen kann, aber auch bei geringeren Pulvermengen eine sichere Anzündung gewährleistet ist. Dies ist vor allem bei Artilleriemunition mit stark wechselnden Ladungsmengen wichtig. Kleine Ladungsräume führen bei konstanter Pulvermenge schnell zu höheren Drücken und Verbrennungsgeschwindigkeiten als größere Ladungsräume. Daher ist es vor allem bei getrennt zu ladender Munition wichtig, ein Geschoss immer möglichst gleichmäßig anzusetzen, da es ansonsten zu unterschiedlichen Verbrennungsgeschwindigkeiten und damit zu Unter-

6 Die Abkürzungen werden in Anhang erläutert.

schieden in der Mündungsgeschwindigkeit kommt. Dies hat dann Auswirkungen auf die Treffgenauigkeit.

Gerade bei getrennt zu ladender Munition wird das Metall des Ladungsraumes durch die aggressiven Pulvergase und die hohen Temperaturen stark belastet. Dies führt im Laufe der Nutzung zu netzartigen Ausbrüchen des Materials und somit zu einer Vergrößerung des Ladungsraumes. Damit ergibt sich für stark beanspruchte Waffen eine Leistungsminderung, die neben einer Materialschwächung berücksichtigt werden muss. Auch im Übergangsbereich zwischen Ladungsraum und Waffenrohr kommt es im Laufe der Nutzung zu Auswaschungen und bei sehr starker Beanspruchung zu Ausbrüchen, die ggf. das Waffenrohr schädigen oder auch zu Rohrzerlegern führen können.

Die Verbrennungsgeschwindigkeit des Treibladungspulvers ist besonders vom Druck im Ladungsraum abhängig. Während Treibladungspulver – mit Ausnahme von Schwarzpulver – unverkammert recht harmlos abbrennt, steigt in einem abgeschlossenen Ladungsraum der Druck schnell stark an. Wachsender Druck im Ladungsraum führt dann zu einer erhöhten Gasproduktion und dies zu einer weiteren Druckerhöhung.[7] Die Verbrennungsgeschwindigkeit steigt dabei linear zur Druckerhöhung an.[8] Als Faustformel gilt, dass ein Gramm Schwarzpulver 0,33 l Gas erzeugt, wohingegen modernes Treibladungspulver eine Ausbeute von 0,75 l Gas hat. Je höher der Druck, umso höher steigt die Verbrennungsgeschwindigkeit an. Eine natürliche Grenze setzt hier die Schallgeschwindigkeit in den heißen und stark komprimierten Treibladungsgasen. Bei ca. 2500 m/s ist die maximale Verbrennungsgeschwindigkeit erreicht, somit lassen sich Geschosse mit herkömmlichen Treibladungspulvern nur theoretisch bis auf diese Geschwindigkeit beschleunigen. In der Praxis dürfte die Grenze bei 2000 m/s erreicht sein, da durch Wärmeverluste, Einbußen im Rohr sowie Undichtigkeiten zwischen Geschoss und Waffenrohr Verluste auftreten.

Bei Patronenmunition muss das Geschoss vor der ersten Bewegung im Waffenrohr den Ausziehwiderstand aus der Patronenhülse überwinden. Bei kleineren Kalibern werden die Patronenhülsen zumeist werkseitig an die Geschosse angewürgt, um das Treibladungspulver vor Feuchtigkeit und dem Herausrieseln zu schützen. Bei größeren Kalibern werden die Geschosse nur vor dem Verschuss auf die Hülse

---

7 Siehe J. P. Großkreutz, Grundlagen der Ballistik – Waffentechnik – Munitionstechnik, Technische Schule für Landsysteme, Aachen 2017.

8 Eine einfache Abschätzung ergibt das Verbrennungsgesetz von Krupp und Schmitz aus dem Jahr 1913: $dy/dt = f(y) \bullet p$ mit den Variablen y für die Verbrennungsgeschwindigkeit, t für die Zeit und p für den Druck. Diese Abschätzung gilt für Drücke bis etwa 4000 hPa.

aufgesteckt. Hier dient die Hülse mehr zur Abdichtung und Kühlung des Ladungsraumes. Das Überwinden des Ausziehwiderstandes lässt sich in dem Diagramm des Gasdruckverlaufes als erste Spitze wiederfinden. Danach erfolgt eine Freiflugphase, wobei das Geschoss den Abstand zwischen Hülsenmund und dem eigentlichen Waffenrohr mit den Zügen und Feldern überwindet. Das Einpressen in die Züge und Felder führt dann zu einer weiteren Druckspitze. Anschließend steigt der Druck bis zu einem Maximum recht gleichmäßig. Ein Maximum ist dann erreicht, wenn die Gasproduktion das frei werdende Volumen im Waffenrohr nicht mehr ausgleichen kann, da das Geschoss sich mehr und mehr – dabei schneller werdend in Richtung der Rohrmündung – bewegt.

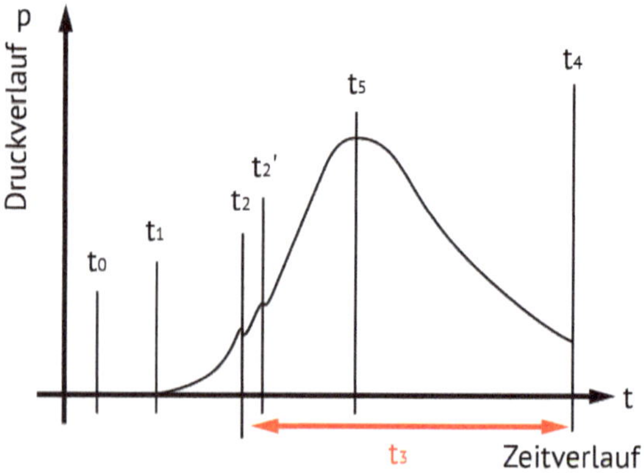

Bild 1.2: Zeit- und Druckverlauf im Waffenrohr bei Nutzung einer Patrone

Legende:

t_0: Einschlagen des Schlagbolzens auf dem Treibladungsanzünder

t_1: Reaktion im Treibladungsanzünder beginnt

t_2: Das Geschoss überwindet den Ausziehwiderstand aus der Patronenhülse.

t_2': Das Geschoss wird in die Züge und Felder gepresst.

t_3: Das Geschoss bewegt sich vom Hülsenmund bis zur Waffenmündung (die Geschosslaufzeit).

t_4: Das Geschoss hat die Waffenrohrmündung erreicht.

t_5: Maximaler Gasdruck

$t_4 - t_0$: Schusszeit

Das Waffenrohr muss in der Lage sein, mindestens den maximalen Gasdruck auszuhalten. In Deutschland unterliegen alle Waffen der sogenannten Beschusspflicht. In der Regel wird dabei eine Waffe mit einer um 30 % erhöhten Treibladung beschossen. Wenn die Waffe diese Prüfung besteht, wird sie mit einem Beschusszeichen gestempelt. Die ersten Beschusszeichen waren in der Historie die Zeichen der Büchsenmacher als Qualitätsmerkmal. Heute überwachen die Beschussämter die Qualität der Waffe. Die Zeichen der Beschussämter sind im „Gesetz über die Prüfung und Zulassung von Feuerwaffen, Böllern, Geräten, bei denen zum Antrieb Munition verwendet wird, sowie von Munition und sonstigen Waffen (in der Fassung vom 27.06.2020)" festgelegt.

Bei getrennt zu ladender Munition wird das Geschoss von Hand oder über eine Ladeautomatik direkt in die Züge und Felder eingepresst. Der Einpressdruck muss ausreichen, das Geschoss auch bei höheren Richtwinkeln zuverlässig im Waffenrohr zu halten, da keine Hülse zum Abstützen des Geschosses vorhanden ist. Rückfaller in den Ladungsraum müssen auf jeden Fall vermieden werden, da sonst Treibladungsgase an dem Geschoss vorbeiströmen könnten. Ein Kurzschuss, ggf. ein im Rohr stecken bleibendes Geschoss wären die Folgen.

Im Rohr erfolgt in der Regel eine kontinuierliche Beschleunigung des Geschosses, zumeist nur abhängig von der Art des Treibladungspulvers. Kleinere Mengen des Gasdruckes gehen verloren, zum einen, weil die Abdichtung durch die Führungsbänder nicht vollständig ist, zum anderen bei vielen Waffen für das Öffnen (Entriegeln) und Zurückschieben des Verschlusses sowie für das Füllen des Rauchabsaugers und weiterer Hilfsantriebe. Wenn die Ladetätigkeiten durch den Gasdruck ausgeführt werden, spricht man vom sogenannten Gasdrucklader.

Der Verlauf der Gasdruckkurve ist somit von verschiedenen Faktoren abhängig:

- Volumen des Ladungsraumes im Verhältnis zum Volumen des Treibladungspulvers,
- chemische Zusammensetzung des Treibladungspulvers,
- Oberflächenbeschichtung des Treibladungspulvers,[9]
- Geometrie des Treibladungspulvers,
- Pulvertemperatur und -feuchte,
- Anzündverhalten,
- Waffenrohrlänge,
- Kaliber und
- Masse des Geschosses.

---

9 Um eine möglichst schnelle Anzündung des Treibladungspulvers zu bekommen, kann die Oberfläche des Treibladungskornes mit einem Sprengstoff, z. B. Hexogen, beschichtet werden. Diese Beschichtung wird verwendet, um bei Panzerkanonen sehr hohe Mündungsgeschwindigkeiten erzeugen zu können.

1

Eine vereinfachte Formel zur Beschreibung der Gasdruckkurve gibt es leider nicht. Dass aber alle Gasdruck- und Geschwindigkeitsverläufe Ähnlichkeiten aufweisen, war bereits vor mehr als 100 Jahren bekannt. Der Österreicher Willy Heydenreich untersuchte an verschiedenen Waffen den Rohrrücklauf und nahm an, dass das Gasdruckverhältnis des maximalen Gasdrucks p_m zu dem Gasdruck an einer beliebigen Stelle im Waffenrohr immer eine Funktion des Geschossweges sei, wenn man den Ort des maximalen Gasdrucks x_m im Waffenrohr kennen würde. Das führt zu folgender Gleichung:

$$p/p_m = f\,(x/x_m)$$

Unter der Berücksichtigung verschiedener Vereinfachungen über die Verteilung der Treibladungsgase im Waffenrohr, der Art des Treibladungspulvers und der Ausnutzung der im Treibladungspulver enthaltenen Energie schuf Heydenreich ein Tabellenwerk[10], das in den darauffolgenden Jahren mehrfach überprüft wurde und sich in einer ersten Abschätzung für die Geschossgeschwindigkeit und den Druckverlauf im Waffenrohr als brauchbar erwiesen hat.

1.1.3 Rückstoß und rücklaufende Massen

Während das Geschoss durch die heißen Treibladungsgase in Richtung der Mündung bewegt wird, drücken die Gasschwaden gleichzeitig auf den Verschlussboden. Der Schütze merkt dies durch einen Schlag gegen die Hand oder die Schulter. Verantwortlich hierfür ist der Impulserhaltungssatz, der besagt, dass das Produkt aus Masse m_v und Geschwindigkeit der vorlaufenden Masse v_v (= Geschossmasse und Geschossgeschwindigkeit sowie die Hälfte der Treibladungsgase und deren Geschwindigkeit) gleich dem Produkt aus Masse m_r und Geschwindigkeit v_r der zurücklaufenden Massen (= alle Waffenteile und deren Rücklaufgeschwindigkeit und die andere Hälfte der Treibladungsgase und deren Geschwindigkeit) sein muss:

$$m_v \bullet v_v = m_r \bullet v_r = F_r \bullet t_r$$

Überschlagsmäßig lässt sich so für einen 4 kg schweren Karabiner im Kaliber 7,62 mm x 51[11] der Rückstoß auf den Schützen recht einfach berechnen. Bei einer Geschossmasse von 9,45 g für das Geschoss der Patrone DM111 und einer angenommenen Mündungsgeschwindig-

[10] Veröffentlicht zuerst in den Kriegstechnischen Zeitschriften im Jahr 1900, später in einem Buch im Jahr 1908 beim Mittler Verlag: Oberleutnant W. Heydenreich, Die Lehre vom Schuss für Gewehr und Geschütz.

[11] Zur Kaliberbestimmung siehe Kapitel 3.4.

keit von 850 m/s ergibt sich so ein Rücklaufimpuls von ca. 8 kg • m/s[12] und eine Rücklaufgeschwindigkeit der Waffe von 2,3 m/s. Wenn der Schütze diesen Impuls innerhalb einer Zeitspanne t_r von 0,1 Sekunden aufhält, entspricht dies einer Kraft von etwa 80 N. Berücksichtigt man hierbei noch die Nachwirkung, dann liegt der reale Wert etwas höher.

In dem Beispiel wurde die zurücklaufende Masse als ein starrer Block angesehen. Moderne Handwaffen sind in der Regel Selbstlader, besitzen Federn und andere zurücklaufende Teile, z. B. einen Gaskolben zum Entriegeln des Verschlusses (Gewehr G36) oder einen Masseverschluss (Maschinenpistole MP2). Diese Einzelteile können sich alle mit teilweise unterschiedlicher Geschwindigkeit in der Waffe bewegen. Bei großkalibrigen Waffen kommen z. B. noch Mündungsbremsen, Rohrbremsen und Rohrvorholer hinzu. Daher muss bei einer genauen Berechnung für jedes Teil individuell die Masse und die Geschwindigkeit erfasst und anschließend eine Summe gebildet werden.

Die Rückstoßenergie lässt sich aus der Summe der Masse der zurücklaufenden Waffenteile m_r und deren Geschwindigkeit v_r errechnen:

$$E_r = 0{,}5 \bullet m_r \bullet v_r^2$$

1.1.4 Energiebilanz des Schusses

Eine Waffe ist im Prinzip eine Wärmekraftmaschine, ähnlich einem Verbrennungsmotor. Chemische Energie der Treibladung wird in Wärmeenergie und mechanische Energie umgewandelt. Die mechanische Energie wird benötigt, um folgende Arbeiten zu verrichten:

- Ausziehen des Geschosses und Einpressen in die Züge und Felder des Waffenrohres (nur Patronenmunition),
- Beschleunigen des Geschosses in Richtung Mündung,
- Beschleunigen des Geschosses in die Rotation (nicht bei flügelstabilisierter Munition),
- Beschleunigen der Treibladungsgase in Richtung der Mündung,
- Reibung der Gasmoleküle untereinander und an der Rohrmündung,
- Beschleunigen der rücklaufenden Waffenteile und
- ggf. Spannen von Federn, Füllen von Gasspeichern für weitere Ladevorgänge und Hilfsarbeiten.

[12] Gemäß H. Dathan, Waffenlehre für die Bundeswehr, Herford 1980, wird ein Rückstoßimpuls von 13 kg • m/s als körperlich noch erträglich angesehen.

Weiterhin erwärmt sich das Waffenrohr sowie das Geschoss und ggf. die Patronenhülse, sofern vorhanden. Ein weiterer Teil der Energie muss für die Überwindung der Reibung aufgebracht werden. Schließlich entweichen Teile des Treibladungsgases und ggf. sogar der unverbrannten Treibladung ungenutzt über die Mündung, wenn das Geschoss die Rohrmündung verlassen hat.

Die Mündungsenergie E_g des Geschosses lässt sich recht einfach über die Geschossmasse m_g und die Mündungsgeschwindigkeit v_0 bestimmen:

$$E_g = 0{,}5 \bullet m_g \bullet v_o^2$$

Die Menge des Treibladungspulvers vor dem Schuss ist bekannt. Schlussfolgernd wurde bereits 1864 von Résal[13] eine der Hauptgleichungen für die Geschossbewegung aufgestellt, die allerdings durch ihre Annahmen und Vereinfachungen praktisch nicht nutzbar war:[14]

$$E \bullet c_v \bullet (T_0 - T)\ w\ f\ (t) = E \bullet (Q + r) + 0{,}5\ m_g \bullet v^2$$

Auf der linken Seite der Gleichung wird die zum Zeitpunkt t verbrauchte chemische Energie mit dem mechanischen Wärmeäquivalent E, der spezifische Wärme c_v, der Temperatur der Pulvergase T zum Zeitpunkt t sowie der Explosionstemperatur der Treibladung T_0 eingesetzt. w f (t) kennzeichnet den Anteil der bis zum Zeitpunkt t verbrannten Pulvermasse. Q steht für die an das Waffenrohr und andere Teile übertragene Wärmemenge, r für die Reibung sowie v für die Geschossgeschwindigkeit zum Zeitpunkt t. Die Masse des Geschosses geht mit m_g ebenfalls in die Formel ein.

Das Ergebnis ist ernüchternd, die Energie des Treibladungspulvers verteilt sich in etwa wie folgt:

- ca. 30–50 % Geschossenergie in Flugrichtung,
- bis zu 45 % Energie in den Treibladungsgasen (Druck, Wärme und Bewegung),
- bis zu 25 % Wärmeabgabe an Waffenteile (Rohr und Anbauteile), Geschoss und ggf. Patronenhülse,
- bis zu 2 % Rückstoßenergie der Waffe,
- weit unter 1 % Geschossenergie durch den Drall (falls vorhanden) sowie
- bis zu 3 % Reibungsenergie (je nach Waffe und Geschoss).

---

[13] Ami-Henry Résal, Recherche pour le mouvement des projectiles dans les armes a feu, Paris 1864.

[14] Dr. E. Bolle, Dr. G. Seitz, Einführung in die innere Ballistik, Springer Fachmedien GmbH, Wiesbaden 1941, Kapitel V: Unter verschiedenen Annahmen und Vereinfachungen kann mit der Résalschen Gleichung eine zufriedenstellende Abschätzung der Geschossgeschwindigkeiten erreicht werden.

Alle Angaben sind nur Anhaltswerte, die aus verschiedenen Quellen gemittelt wurden, da sie auch von der Waffe (Glattrohr oder gezogenes Rohr sowie Rohrlänge), dem Treibladungspulver (progressiv, neutral oder degressiv) und dem jeweiligen Geschoss abhängen. Sie zeigen aber auf, dass weniger als 50 % der Energie des Treibladungspulvers in Geschossenergie umgesetzt werden und dass die Erwärmung einer Waffe bei schnellen Einzelschüssen oder Feuerstößen eine sehr ernst zu nehmende Größe darstellt. Nicht berücksichtigt wurde ein möglicher Energieverbrauch bei Selbstladewaffen für die Nachladevorgänge.

1.1.5 Rohrschwingungen

Beim Schuss gerät das Rohr durch die Bewegung von Geschoss sowie Treibladung und deren Gasschwaden auf allen drei Achsen in Schwingungen.[15] Die Schwingungen sind abhängig von der Materialart, Wandstärke, Länge und Lagerung sowie ggf. Fertigungsfehlern und vom Verschleiß des Waffenrohres. Während man Fertigungsfehler und Verschleiß noch am einfachsten ausgleichen kann, sind die anderen vier Faktoren nur empirisch mit aufwendigen Computerprogrammen zu berechnen.

Für ein Gewehr lässt sich Folgendes festhalten[16]:

- Das Waffenrohr schwingt vom Aufschlag des federgespannten Schlagbolzens auf den Treibladungsanzünder bis zum Verlassen des Geschosses an der Mündung.
- Die Schwingungen treten bei einseitig eingespannten Waffenrohren (Freischwingern) und auch bei mehrfach gelagerten Waffenrohren auf.
- Die Rohrschwingungen sind ähnlich der eines eingespannten Stabes mit Grundton und Oberschwingungen. Die Oberschwingungen sind verantwortlich für den Abgangsfehler.
- Kleine Treibladungen führen zu einem rascheren Abklingen der Schwingungen, bevor das Geschoss die Mündung passiert hat.
- Die Ergebnisse lassen sich auch auf Waffen mit größerem Kaliber übertragen.

Ist eine optimale Länge für ein Waffenrohr gefunden, können Umweltfaktoren wie einseitige Sonneneinstrahlung, Rohrdurchhang, Rohrerwärmung durch mehrfache Schüsse, aber auch Ver-

[15] Bei Kleinkalibersportwaffen reicht der Einschlag des Schlagbolzens auf dem Treibladungsanzünder bereits aus, um Rohrschwingungen auszulösen: Johannes Sequard, Universität Wien, 2012.

[16] C. Crantz und K. R. Koch, Untersuchungen über die Vibration des Gewehrlaufs, Physikalisches Institut der Technischen Hochschule Stuttgart, 1898.

schmutzung der Waffe wiederum das Resultat eines guten Treffergebnisses verschlechtern. Dies ist ein Grund, warum in den modernen Ballistikrechnern einer Waffenanlage möglichst viele dieser Einflussfaktoren aufgenommen und berücksichtigt werden müssen.

Auch die Geschosse schwingen im Rohr und beeinflussen auf diese Weise das Trefferergebnis und ggf. sogar die Funktionstüchtigkeit des Zünders. Ein Geschoss wird im Rohr an mindestens zwei radialen Flächen geführt. In der Regel ist das im hinteren Bereich des Geschosses das Führungsband und im vorderen Bereich eine Wulst oder hervorstehende Fläche. Durch Fertigungstoleranzen kann es hier zum Schwingen um die Längsachse kommen, die sich dann negativ auf die Treffwahrscheinlichkeit auswirkt. Geschosse, die nur eine dünne Hülle aufweisen, z. B. sogenannte „Cargogeschosse",[17] neigen zum Schwingen in der Längsachse. Dies wird durch die Beschleunigung beim Schuss hervorgerufen und kann einen Zünder soweit schädigen, dass ein Blindgänger produziert wird.[18]

1.1.6 Verschleiß

Die hohen Druck- und Temperaturunterschiede beim Schuss sowie die Reibung des Geschosses an der Rohrwandung führen zum Rohrverschleiß. Bedingt durch den hohen Gasdruck und die hohe Temperatur lagert sich Kohlenstoff im Waffenstahl ab. Dadurch wird der Stahl weniger elastisch, er versprödet. Glattrohre haben einen geringeren Verschleiß als Polygonrohre und diese wiederum einen geringeren Verschleiß als gezogene Rohre.[19] Auch die Geschossform, die Geschossart, das Material der Führungsbänder und das Treibladungspulver, sowie der Grad der Sauberkeit bewirken einen teilweise unterschiedlichen Verschleiß an den Waffenrohren. Während bei kleinen Kalibern Schussbelastungen von mehr als 10.000 Schuss möglich sind – das Polygonrohr des Maschinengewehrs MG3 hat eine Verschleißgrenze von 20.000 Schuss –, kann bei Panzerkanonen das Rohr schon nach etwa 1500 Vergleichsschüssen „ausgeschossen" sein. Der Vergleichsschuss ist ein Standardmaß, auf das der reale Schuss umgerechnet werden muss. Rasant fliegende Treibspiegelgeschosse mit hoher Mündungsgeschwindigkeit belasten dabei das Waffenrohr um ein Vielfaches mehr als langsamere Quetschkopfgeschosse.

---

[17] Dies sind alle Geschosse, die eine Submunition transportieren, z. B. Leuchtmunition, die über dem Ziel ausgestoßen wird, oder auch Suchzündermunition wie das 155-mm-Geschoss SMArt.

[18] Zünder für Artilleriegeschosse sind für Beschleunigungen bis zum 20.000-Fachen der Erdbeschleunigung ausgelegt. Durch Schwingungen um die Längsachse wird diese schon sehr hohe Geschwindigkeitszunahme noch weit übertroffen. Dies kann zu einem Dejustieren und sogar Abbrechen der Zahnräder im Zünder führen.

[19] Die unterschiedlichen Arten der Waffenrohre werden in Kapitel 3 beschrieben.

1.2 Abgangsballistik

Die Gasdruckkurve bricht ab, wenn das Geschoss die Mündung erreicht hat. Hier beginnt die Abgangsballistik. Bei Waffen ohne Mündungsbremse strömen die Treibladungsgase zum einen an dem Geschoss vorbei, ein weiterer Teil drückt zum anderen nach wie vor auf den Geschossboden und beschleunigt das Geschoss für einige Meter noch nach (Nachwirkung). Deswegen wird die Mündungsgeschwindigkeit für die Waffen und die spezifische Munition auch nicht direkt vor der Mündung, sondern erst in einem Abstand von 5 m oder 10 m vor der Mündung gemessen.

Bei vielen Waffen lässt sich die Restenergie der Treibladungsgase an der Rohrmündung für eine Verstärkung des Rückstoßes (wie beim MG3) oder für eine Mündungsbremse zur Verringerung des Rohrrücklaufes (PzH 2000) nutzen. Diese Anbauteile sind im jeweiligen Abschnitt bei den Waffen beschrieben.

Im oben angesprochenen Beispiel aus Kapitel 1.1.3 wurde die Nachbeschleunigung des Geschosses vor der Mündung noch nicht berücksichtigt. Sie muss allerdings jetzt in die Rechnung mit einbezogen werden. In unserem Fall wird angenommen, dass die Pulvergase mit einer Geschwindigkeit von ca. 900 m/s an dem Geschoss vorbeiströmen. Damit müssen die realen Werte des Rückstoßes um ca. 20 % höher angesetzt werden, wobei sich der Rückstoßimpuls auf ca. 11 kg • m/s und die Rückstoßkraft auf etwas mehr als 110 N erhöht, aber immer noch erträglich sind.

Beim realen Schuss ist ein Teil des Treibladungspulvers noch nicht verbrannt, wenn das Geschoss das Waffenrohr verlässt. Hier bilden sich Verbrennungsrückstände, die im heißen Zustand mit dem Luftsauerstoff in Mündungsnähe reagieren. Darunter zählen vor allem Kohlenmonoxid, Stickoxide und Wasserstoff sowie bei Schwarzpulver die Schwefelverbindungen, die durch die Sauerstoffunterbilanz in den Treibladungspulvern entstehen. Der Mündungsfeuerdämpfer hat die Aufgabe, die aus der Mündung entweichenden Gase unter eine Entflammtemperatur abzukühlen und so die Entdeckbarkeit der Waffe zu vermindern. Bei Gewehren mit einer Feuerstoßmöglichkeit haben die Mündungsfeuerdämpfer auch noch die Funktion, ein Hochschlagen der Waffe beim Feuerstoß zu verhindern. Dies geschieht durch größere Bohrungen im oberen Teil und kleinere Bohrungen im unteren Teil des Mündungsfeuerdämpfers. Daher sind Mündungsfeuerdämpfer immer definiert auf eine Mündung aufzuschrauben, entweder bis zum Anschlag oder zu einer entsprechenden Markierung.

Große, trichterförmige Rohrerweiterungen an der Mündung sind dagegen reine Mündungsfeuerblenden, die eine Beeinträchtigung des Schützen durch den Mündungsblitz verhindern sollen.

Die Abgangsballistik ist entscheidend für die Treffgenauigkeit. Ein erheblicher Teil aller Ursachen für die sogenannte Streuung findet sich hier. Verdreckte Mündungsfeuerdämpfer und Mündungsbremsen,[20] ausgebrochene Züge und Felder (Verschleiß und unsachgemäße Behandlung) sowie Fertigungsmängel beeinflussen den Geschossweg zusätzlich zu den Rohrschwingungen. Sand oder Erde im Mündungsbereich einer Waffe führen mindestens zu einer geringeren Mündungsgeschwindigkeit, wenn nicht zu Rohrzerlegern oder Aufreißen der Mündungsfeuerdämpfer.

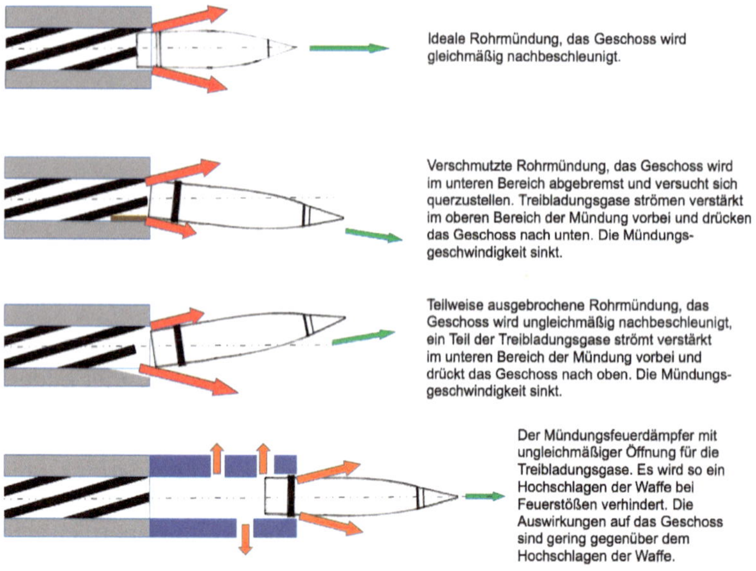

Bild 1.3: Auswirkungen der Rohrmündung auf die Flugbahn des Geschosses

Eine deutliche Auswirkung auf die Umwelt ergibt sich durch die Geräuschentwicklung beim Schuss. Hier muss man zwischen dem Mündungsknall und dem ggf. auftretenden Geschossknall unter-

[20] Die Waffenteile werden genauer in Kapitel über Waffen beschrieben.

scheiden. Der Mündungsknall entsteht durch die expandierenden Gase, die sich vor der Mündung entspannen. Er wird unter Umständen noch durch die Nachverbrennung der bisher nicht verbrannten Treibladungsreste und brennbaren Verbrennungsrückstände verstärkt. Durch einen Schalldämpfer lässt sich der Mündungsknall weitgehend abschwächen. Wenn das Geschoss mit Überschall (d. h. schneller als ca. 330 m/s) fliegt, entsteht ein Geschossknall, der sich nicht unterdrücken lässt und zu hören ist, solange das Geschoss im Überschallbereich fliegt. Der Überschallknall entsteht durch eine Verdichtung der Luft vor dem Geschoss, auf die eine Verdünnung der Luft folgt. Diese Störung in der Luftmasse bildet eine nach hinten offene kegelförmige Welle, die sogenannte Machsche Welle.

Beide Geräusche lassen sich in einiger Entfernung von der Waffe deutlich unterscheiden, ein Beobachter vor der Mündung der Waffe hört zuerst den Geschossknall und danach den Mündungsknall.

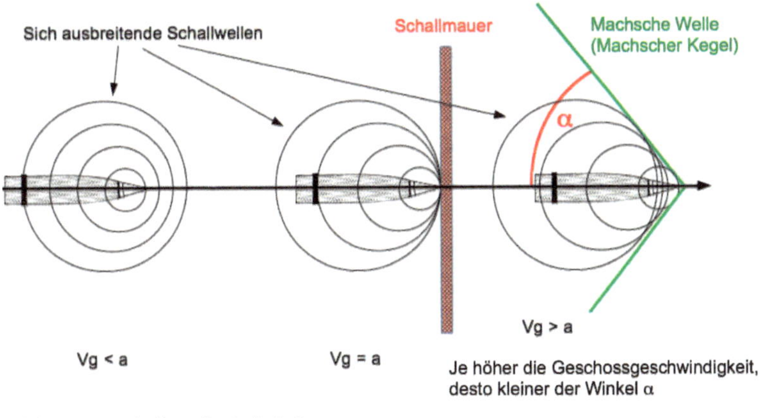

Bild 1.4: Die Schallgeschwindigkeit

1.3 Die Außenballistik der Geschosse

Die Geschossflugbahn ist von einer Vielzahl von Faktoren abhängig. Neben den Umweltbedingungen sind Geschossform und -geschwindigkeit, Abgangswinkel, Erdanziehungskraft und Erdrotation sowie Erdkrümmung entscheidende Faktoren. Zunehmend sind Waffenplattformen stabilisiert und erlauben – selbst für Artilleriegeschütze bei Entfernungen über 30 km – ein Zielen und sicheres Treffen aus der Fahrt. Hier hat die Querbewegung der Waffe zum Ziel ebenfalls einen Einfluss auf die Geschossflugbahn. Zum einfachen Verstehen reicht es aber erst einmal aus, die Geschossflugbahn im luftleeren Raum und auf kurze Entfernungen zu betrachten.

1.3.1 Geschossflugbahn im luftleeren Raum

1.3.1.1 Die Parabelgleichung

Die einfache Geschossflugbahn hat als Einflussgröße nur die Erdanziehungskraft. Diese wird erst einmal mit $g = 9{,}81\ m/s^2$ als konstant angenommen.[21] Real nimmt sie mit der Höhe über dem Meeresspiegel ab und ist aufgrund der geringeren Zentrifugalkraft an den Polen stärker als am Äquator. Hinzu kommen Erdabplattung und Anomalien.

Die Geschwindigkeit des Geschosses lässt sich als Vektor darstellen und in eine x-Richtung parallel zur Erdoberfläche und eine y-Richtung (senkrecht zur Erdoberfläche und damit zum Erdmittelpunkt zeigend) zerlegen. Die Erdanziehungskraft wirkt dabei auf das Geschoss nur in Richtung des Erdmittelpunktes. Neben der Geschossgeschwindigkeit ist der Abgangswinkel des Geschosses von Bedeutung:

$v_x = v_0 \bullet \cos \alpha$ $\qquad$ $v_y = v_o \bullet \sin \alpha - g \bullet t$

Danach ist es nur noch eine Frage der Zeit t, bis die Geschwindigkeit in Richtung vom Erdmittelpunkt aufgezehrt ist und das Geschoss in Richtung Erde zurückfällt.

Die Schussweite x_{max} lässt sich durch Einsetzen der Zeit in die obigen Gleichungen errechnen, wobei zum Zeitpunkt t_{max} das Geschoss wieder am Erdboden angekommen ist. Somit ist die Flughöhe zu diesem Zeitpunkt wieder bei null angelangt:

$$t_{max} = 2 \bullet v_0 / g \bullet \sin \alpha$$

$$x_{max} = v_o^2 / g \bullet (\sin 2\alpha)$$

Daraus ist ersichtlich, dass man die theoretisch maximale Schussweite bei einem Abgangswinkel von 45° (= 800 Strich)[22] erreicht, denn hier entspricht (sin 2 α) dem Wert 1. Für Werte größer oder kleiner als 45° nimmt die Flugweite ab. Dabei lässt sich eine Symmetrie feststellen, d. h., bei einem Abgangswinkel von 45° + n°

---

[21] Die Normfallbeschleunigung ist in der DIN 1305 und in der Normatmosphäre der ICAO (International Civil Aviation Organization – Internationale Organisation der Zivilluftfahrt) festgelegt auf $g = 9{,}80665\ m/s^2$.

[22] Ein Vollkreis von 360° entspricht militärisch in der NATO 6400, im ehem. Warschauer Pakt 6000.

(Schießen in der oberen Winkelgruppe) erreicht man die gleiche Schussweite wie bei 45° – n° (Schießen in der unteren Winkelgruppe). Da hier bei einer vorgegebenen Schussweite unterschiedliche Geschossflugzeiten (die Geschossflugzeit steigt mit zunehmender Rohrerhöhung an) auftreten, kann man so mit einem Geschütz zwei Geschosse zur gleichen Zeit im Ziel einschlagen lassen, sofern die Flugzeiten weit genug differieren und das Geschütz schnell genug richten kann. Dabei ist zu berücksichtigen, dass bedingt durch die längere Flugzeit des Geschosses in der oberen Winkelgruppe auch die später noch zu betrachtenden Faktoren (Wetter, Erddrehung etc.) länger auf das Geschoss einwirken können. Somit ist die Treffgenauigkeit in der oberen Winkelgruppe schlechter.

Das Schießen in der oberen Winkelgruppe war das klassische Einsatzgebiet der Steilfeuerwaffen, der Mörser und Haubitzen. Die untere Winkelgruppe wurde von den Flachfeuerwaffen, den Kanonen und den meisten Handwaffen genutzt. Bei der Artillerie verschwimmt diese Unterscheidung, da die modernen Mörser und Panzerhaubitzen sehr lange kanonenartige Waffenrohre haben und in beiden Winkelgruppen schießen können.

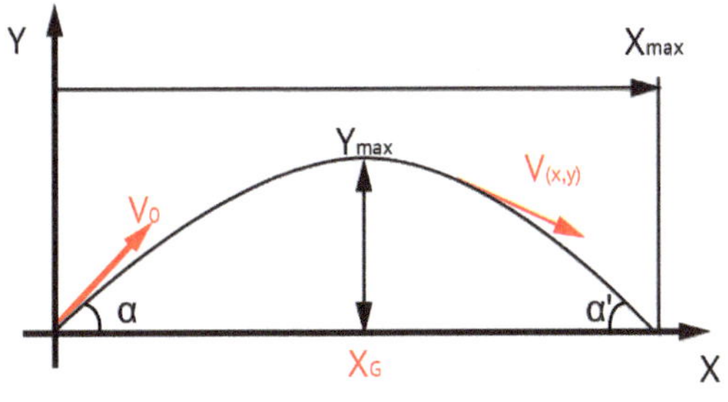

Bild 1.5: Die Geschossflugbahn

Eine vollständige Flugbahngleichung im luftleeren Raum erhält man durch die Wurfparabel:

$$y = x \bullet \tan \alpha - (g \bullet x) / (2\, v_0^2 \bullet \cos^2 \alpha)$$

Im luftleeren Raum ist der Abgangswinkel α gleich dem Aufschlagwinkel α'. Nach der Hälfte der Flugstrecke (x_G) erreicht das Geschoss die Gipfelhöhe y_{max}.

Variiert man in dieser Gleichung bei vorgegebener Mündungsgeschwindigkeit den Abgangswinkel, bekommt man als umhüllende aller möglichen Geschossflugbahnen die sogenannte Sicherheitsparabel. Außerhalb dieser Parabel kann bei vorgegebener Mündungsgeschwindigkeit und bei waagerechter Ziellinie kein Ziel erreicht werden. Die Besonderheiten sind hierbei für $\alpha = 45°$ die maximale Geschossflugweite und für $\alpha = 90°$ die maximale Geschossflughöhe y_{max}. Außer für diesen Abgangswinkel können alle Ziele in der oberen oder der unteren Winkelgruppe erreicht werden.

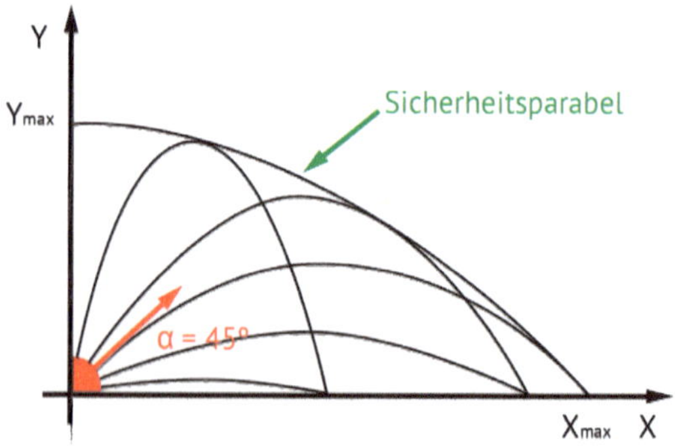

Bild 1.6: Die Sicherheitsparabel

An Bild 1.6 ist ablesbar, dass es zu jedem Zielpunkt zwei unterschiedliche Flugbahnen mit unterschiedlichen Geschossflugzeiten gibt. Variiert man bei einem Artilleriegeschütz die Treibladungsmassen und ist das Geschütz in der Lage, Richtbewegungen und Ladevorgänge schnell genug auszuführen, so ist es in Abhängigkeit von der Treibladung möglich, mehrere – bei der Panzerhaubitze 2000 bis zu fünf – Geschosse gleichzeitig in ein Ziel zu bringen. Die Höchstschussweite kann allerdings in diesem Fall nicht erreicht werden, da man für drei Schuss eine schwächere Treibladung mit einsetzen muss.

1.3.1.2 Schießen bei einer geneigten Ebene

Liegen Waffe und Ziel nicht auf einer gleichen Höhe, ist die Ziellinie nicht mehr waagerecht. Hier spricht man vom „Verschwenken der Flugbahn“. Würde man den Abgangswinkel nicht verändern und bergauf schießen, ergibt sich so ein Kurzschuss, schießt man bergab, ergibt sich ein Weitschuss. Also müssen in beiden Fällen die Abgangswinkel verändert werden.

Eine einfache Lösung gibt es nicht. Auch die gängigen Regeln aus dem Bereich der Jagd helfen nicht weiter:

„Bergüber halt drüber, bergunter halt drunter" oder „Bergauf, bergunter, halt immer was drunter" und „Schießt du runter, halte drunter, schießt du rauf, halte drauf".

Wobei bei diesen Regeln sicherlich auch die Position des Wildes im Gelände sowie die Anordnung der inneren Organe in Bezug auf die Schussrichtung mit einbezogen werden müssen.[23]

Einfache Formellösungen gibt es auch nicht. Noch gut nutzbar ist die Lendersche Formel, mit der Annahme, dass die Schrägschussweite in etwa der Schussentfernung in der Ebene entspricht. Der Winkel Y beschreibt hier den Höhenunterschied h zur Schussentfernung in der Ebene x, der Winkel α den Aufsatzwinkel für eine Schussentfernung in der Ebene. Damit errechnet sich der benötigte Aufsatzwinkel β wie folgt:

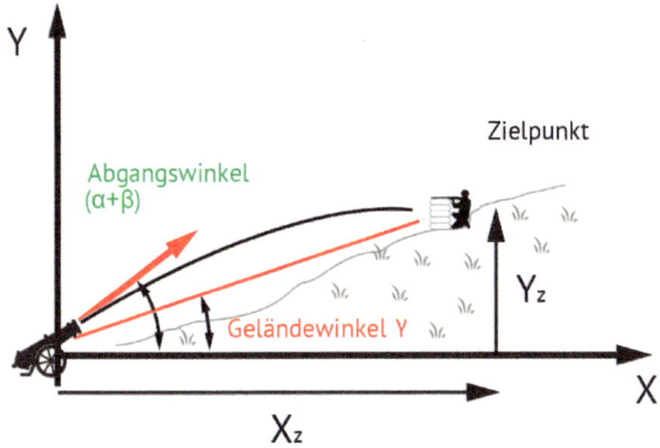

Bild 1.7: Schräger Schuss bergauf

$\beta = 0{,}5 \bullet (\text{arc sin} (\sin (2 \bullet \alpha) \bullet \cos^2 Y + \sin Y) - g)$

mit $\tan Y = h/x$

In der Schießlehre der Bundeswehr wird bei Handfeuerwaffen nicht auf das Schießen in der schiefen Ebene eingegangen. Dies ist verständlich, da bei kleinen Höhenunterschieden bis ca. +/– 25° und flachen

[23] Gem. http://www.http://deutscher-jagdblog.de/schiessen-hochgebirge/ hat ein Winkelschuss zwar Auswirkungen auf die Treffpunktlage, ist allerdings kaum jagdlich relevant. Schießt man z. B. im Hochgebirge auf Distanzen bis 150 m und mit einem Winkel unter 45° kann man ohne Verlagerung des Haltepunktes auf Gamswild schießen und das Tier letal treffen. Siehe dazu auch PIRSCH 14/2002 vom Deutschen Landwirtschaftsverlag GmbH, München.

Geschossflugbahnen sowie hohen Geschossgeschwindigkeiten innerhalb der Gebrauchsschussweite der Fehler sehr gering sein wird.[24]

Trotzdem kommt es beim Schießen in abfallendes Gelände zu einer Vergrößerung des Gefahrenbereiches. Es gilt:

Liegt die hintere Grenze des Gefahrenbereichs des Zielraums tiefer als die Stellung oder Feuerstellung und beträgt der Höhenunterschied „h“ mehr als 200 m, ist wegen möglicher Weitschüsse und der größeren Flugweite von Abprallern die Länge des Gefahrenbereichs hinter dem Ziel um den Wert

$l' = 1{,}5\,h$

zu vergrößern.[25]

1.3.1.3 Bestrichener und gedeckter Raum

Hohe Geschossgeschwindigkeiten führen beim Schießen in der unteren Winkelgruppe zu einer gestreckten Geschossflugbahn. Die Gipfelhöhe ist sehr flach und wenn die Flughöhe kleiner oder gleich der Höhe des Zieles ist, spricht man vom bestrichenen Raum. Der bestrichene Raum entspricht dem Visierbereich der Waffe, in dem beim Anhalten auf die Zielmitte auf jeden Fall getroffen wird. Dies ist wichtig für das schnelle Schießen auf „Kampfentfernung“, bei dem ein Zeitfenster für eine genaue Entfernungsbestimmung nicht gegeben ist. Da die Flugbahn parabelähnlich ist, gibt es auf dem aufsteigenden und auf dem absteigenden Flugbahnast einen bestrichenen Raum, hier dargestellt auf dem absteigenden Ast. Mit einer Zielhöhe von δy ist der bestrichene Raum δx lang.

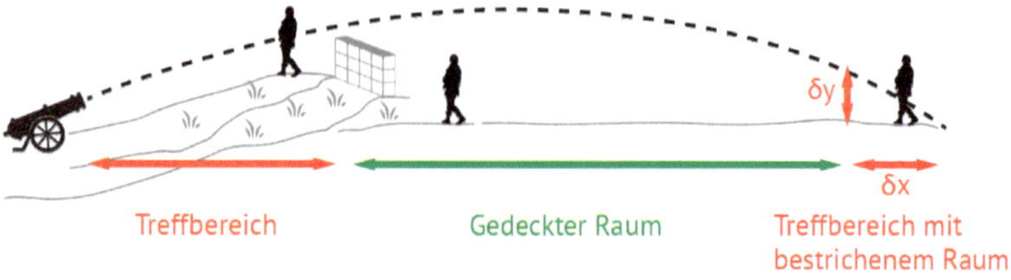

Bild 1.8: Gedeckter und bestrichener Raum

24 In der NVA-Vorschrift A 050-1-721 „5,45 mm Maschinenpistole AK74 und leichtes Maschinengewehr RPK74 – Beschreibung und Nutzung“ heißt es dazu in Kapitel 9.4: „Bei der Berücksichtigung der Bedingungen für das Schießen von Normalbedingungen ausgehen… -Geländewinkel von +/– 15°“.

25 Regelung A1-2090/0-1 „Schießsicherheit“ in der Fassung vom 24.05.2023.

Ziele hinter einer Deckung[26] sind bei Geschossen mit gestreckten Flugbahnen nur schwer zu erreichen.[27] Dies ist der sogenannte „gedeckte Raum". Hier ist der Einsatz langsam fliegender Geschosse, die in der oberen Winkelgruppe verschossen werden, vorteilhaft, da die Flugbahn stärker gekrümmt ist.

1.3.2 Reale Geschossflugbahn

1.3.2.1 Beschreibung der Atmosphäre

Um eine Geschossflugbahn im lufterfüllten Raum berechnen zu können, ist es wesentlich, die Atmosphäre genauer zu betrachten.

Während beim Schießen in der unteren Winkelgruppe die Umweltbedingungen Luftdruck, Temperatur, Schallgeschwindigkeit und Luftfeuchtigkeit sowie Seitenwind weitgehend konstant sind, ändert sich dies beim Schießen in der oberen Winkelgruppe. Hier können beim Schießen mit Artilleriegeschützen Gipfelhöhen von mehreren Kilometern erreicht und so verschiedene Luftschichtungen durchflogen werden.[28] Folgende Annahmen sind daher gem. DIN ISO 2533 und ICAO (International Civil Aviation Organization – Internationale Organisation der Zivilluftfahrt) zu treffen:

- Der Luftdruck beträgt an der Erdoberfläche normiert 1013,25 hPa, er nimmt in den unteren Luftschichten etwa 1 hPa auf 8 m Höhe ab. Als weitere Faustformel kann angenommen werden, dass sich der Luftdruck alle 5500 m halbiert. Für eine genauere Berechnung des Luftdrucks wird eine Exponentialfunktion genutzt, die allerdings von der Bedingung ausgeht, dass sich die Lufttemperatur mit zunehmender Höhe nicht ändert. Wesentlich ist, dass bei abnehmendem Luftdruck (genauer gesagt bei abnehmender spezifischer Masse) ein Geschoss eine größere Distanz fliegt, da sich der Luftwiderstand verringert.

---

26 Was eine Deckung wirklich bringt und wie dick sie sein muss, lässt sich überschlagsmäßig mit der Formel von Poncelet berechnen. Siehe dazu die Tabelle im letzten Absatz des Kapitels 1.6.2.1.

27 Dies führte zur Entwicklung von Zeitzündern, die nach einer vorermittelten Flugzeit hinter der Deckung und über dem Ziel auslösen.

28 Im Ersten Weltkrieg erreichte man mit dem deutschen 21-cm-„Parisgeschütz" bei einer Geschossflugweite von 130 km eine Gipfelhöhe von ca. 40 km.

1

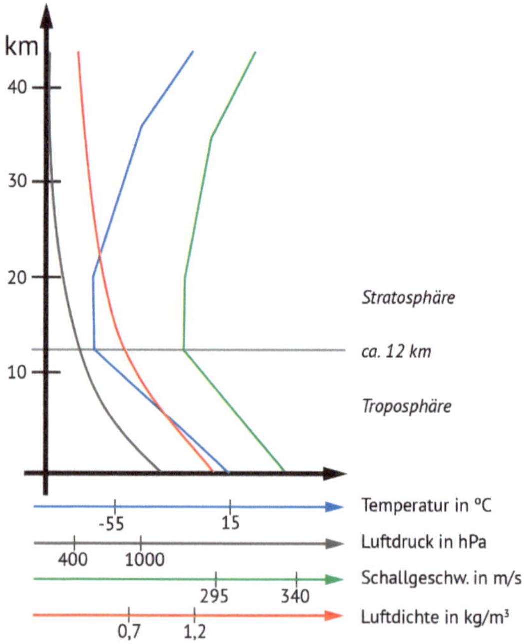

Bild 1.9: Die um die Luftdichte ergänzte Normatmosphäre nach ICAO

- Die Lufttemperatur beginnt als Normmaß bei 15,0 °C und nimmt in der Troposphäre (0 km bis ca. 15 km Höhe) um etwa 6 °C pro Kilometer ab – als Mittelwert. Danach, im unteren Bereich der Stratosphäre, herrscht erst einmal eine konstante Temperatur im Bereich von -40 °C bis -50 °C, die dann wieder bei einer Höhe von 50 km auf etwa 0 °C ansteigt. Allerdings ist hier die Anzahl der Luftmoleküle pro Volumeneinheit schon so gering, dass man diese „warme Temperatur" nicht wahrnehmen wird.
- Die Schallgeschwindigkeit a ist nur von der Lufttemperatur abhängig und sinkt mit zunehmender Höhe. Es gilt am Boden eine Schallgeschwindigkeit a_0 von 340,29 m/s, im Höhenbereich bis 11 km gilt

  $a = a_0 \bullet \sqrt{}\,(T/T_0)$.
- Die Luftfeuchte wird in der Standardatmosphäre nicht betrachtet und auf 0 % festgesetzt.[29]

[29] In der ehem. Sowjetunion wurde 1927 die Artillerienormalatmosphäre eingeführt, in der die relative Luftfeuchte am Boden auf 50 % festgesetzt wurde.

1.3.2.2 Einflussfaktoren im lufterfüllten Raum – Schwerkraft, Luftwiderstand und Verschleppung

Die Schwerkraft war bisher die einzige Einflussgröße, die bei der Beschreibung der Geschossflugbahn im luftleeren Raum betrachtet werden musste. Allerdings wurde sie der Einfachheit halber als konstant angenommen, was eigentlich nur für sehr erdnahe Geschossflugbahnen gilt. Die Schwerkraft nimmt pro Kilometer Höhe um 3,1 mm/s^2 ab und muss somit bei hoch fliegenden Artilleriegeschossen (und Flugkörpern) berücksichtigt werden.

Die Erddrehung ist ein wesentlicher Faktor für weite Flugstrecken, obwohl sie erst einmal keinen Einfluss auf das Geschoss hat. Aber die Erde dreht sich eben unter dem Geschoss weiter und das führt zu Ablagen[30] in der Treffgenauigkeit durch den Coriolis-Effekt:

Bei einem Schuss senkrecht in die Höhe wird ein Geschoss während der Aufwärtsbewegung nach Westen und bei der Abwärtsbewegung nach Osten abgelenkt. Dabei entsteht ein Versatz nach Westen, der am Äquator an größten ausfällt.

Bei einem Schuss in genauer Ost-West-Richtung bewegt sich die Oberfläche der Erde unter dem Geschoss gegen oder mit dem Geschoss. Diese Bewegung hat einen Einfluss auf die Fliehkraft und auch die relative Geschossgeschwindigkeit zur Erdoberfläche.

Bei einem Schuss in genauer Nord-Süd-Richtung kommt es zu einer seitlichen Ablage, die auf der Nordhalbkugel nach rechts und auf der Südhalbkugel nach links driftet. Bei einem gleichmäßigen Schuss mit Gipfelhöhe über den Äquator heben sich daher die Ablagen auf.

Der Luftwiderstand bremst das Geschoss entsprechend der Querschnittsbelastung ab. Die Bremskraft des Luftwiderstandes übersteigt den Einfluss der Schwerkraft um ein Vielfaches und muss daher bei einer realen Berechnung einer Geschossflugbahn auf jeden Fall berücksichtigt werden – die reale Geschossflugbahn ähnelt somit einer deutlich gestauchten Parabelkurve. Einen Einfluss auf den Luftwiderstand hat die Querschnittsbelastung Q. Sie definiert sich als:

$Q = m/F$ mit der Geschossmasse m und dem Geschossquerschnitt F.

[30] Gemeint ist hier die Entfernung vom eigentlichen Zielpunkt, den man treffen wollte.

1

Je größer die Querschnittsbelastung, umso geringer ist der Abbremseffekt durch die Luft. Hier endet eine einfache Betrachtungsmöglichkeit des Luftwiderstandes, da der Luftwiderstand nicht nur geschwindigkeitsabhängig ist, sondern auch stark von der Form des Geschosses abhängt.

- An der Stirnseite des Geschosses entsteht ein Überdruck, da das Geschoss die Luft beiseitedrängen muss. Die beiseitegedrängte Luft bildet erst Wirbel, die sich an den Geschossseiten fortsetzen (Wellenwiderstand).
- Luftreibung zwischen der Geschossoberfläche und der umgebenden Luft bremst das Geschoss ab. Hier bilden sich vor allem an Kanten (z. B. an den Führungsbändern) weitere Wirbel, die zusätzlich das Geschoss abbremsen. Nicht unerheblich ist auch die Oberflächenstruktur des Geschosses. Teilweise werden die Luftmoleküle durch die mehr oder weniger raue Oberfläche mitgerissen. Bei Artilleriegeschossen ist somit die Güte des Lackes bereits entscheidend für die Schussweite.
- Hinter dem Geschoss strömt die Luft in das entstehende Vakuum hinein. Es bildet sich eine Luftschleppe aus. Durch das Geschoss wird eine zusätzliche Masse mitgezogen, die ebenfalls eine Bremswirkung hat. Hier spricht man vom Bodensog.
- Noch in weitem Abstand hinter dem Geschoss ist die Luft verwirbelt. Auch die dazu nötige Energie ist der Bewegungsenergie des Geschosses bereits entzogen worden.

Daher lässt sich der Widerstandsbeiwert c_w in drei entsprechende Größen unterteilen:

$c_w = c_w w + c_w r + c_w b$,

wobei $c_w w$ für den Wellenwiderstand, $c_w r$ für den Reibungswiderstand und $c_w b$ für den Bodensog steht. Hauptursache für die Geschwindigkeitsabhängigkeit ist der Wellenwiderstand. Im Unterschallbereich ist ein Druckausgleich durch die beiseitegedrängte Luft möglich. Die dabei entstehenden Wellen laufen vor dem Geschoss her. Somit hat der Wellenwiderstand im Unterschallbereich nur einen geringen Einfluss. Im Überschallbereich ist dies nicht mehr möglich, es bildet sich die sogenannte Stoßfront – die Schallmauer. Hier ist der Einfluss des Wellenwiderstandes $c_w w$ bedeutend größer.

Einige Beispiele für den c_w Wert:[31]

Mountainbike	0,6
Geschoss (Überschall)	ca. 0,55[32]
VW-Käfer	0,49
Rennrad	0,4
VW-Golf II	0,34
Mercedes CLA	0,22
Geschoss (Unterschall)	ca. 0,2
Kugel	ca. 0.15

Eine einfache Formel für die Berechnung der Widerstandskraft W ist der Prandtlsche Ansatz. Es gibt weitere Modelle, die den Einfluss des Luftwiderstandes erklären, diese sind aber der weiterführenden Literatur vorbehalten, die im Literaturverzeichnis aufgeführt ist:

$$W = c_w \bullet r/2 \bullet v^2 \bullet p/4 \bullet d^2,$$

mit r als Luftdichte, v für die Geschossgeschwindigkeit und d für das Geschosskaliber.

Der in den Datenblättern von Hand- und Faustfeuerwaffenmunition oft genannte Ballistische Koeffizient BC beschreibt den Abbremseffekt eines Geschosses in Bezug auf ein Normgeschoss. Ist der Wert viel kleiner als der Faktor „1“, wird das Geschoss stärker abgebremst, die Flugbahn ist somit kürzer. Bei Werten nahe dem Faktor „1“ fliegt das Geschoss entsprechend weiter. Dies hat natürlich auch einen Einfluss auf die Geschossgeschwindigkeit, über die Flugstrecke, die dann entsprechend niedriger ist bei Werten weit unter „1“ und höher bei Werten nahe „1“. Ausschlaggebend sind hier Form, Masse und Querschnittsfläche des Geschosses.

Einen weiteren Einfluss hat die Bewegung der Waffenplattform in Bezug auf ein Ziel. Bewegt sich während des Schussvorganges die Waffenplattform gegenüber dem Ziel, so wird dem Geschoss eine weitere Geschwindigkeitskomponente in Fahrtrichtung der Waffenplattform hinzugefügt. Es kommt somit zu einer seitlichen Ablage, der sogenannten Verschleppung.

31 Die Fahrzeugdaten wurden entnommen: W.-H. Hucho, Aerodynamik des Automobils. Hrsg.: T. Schütz, Wiesbaden 2013.

32 Die Angaben für das Geschoss stammen aus: www.lutzmoeller.net/Ballistik/Luftwiderstand.php, hier ist auch noch ein Bezug zum Waffentechnischen Taschenbuch, Rheinmetall, Düsseldorf 1977, gegeben.

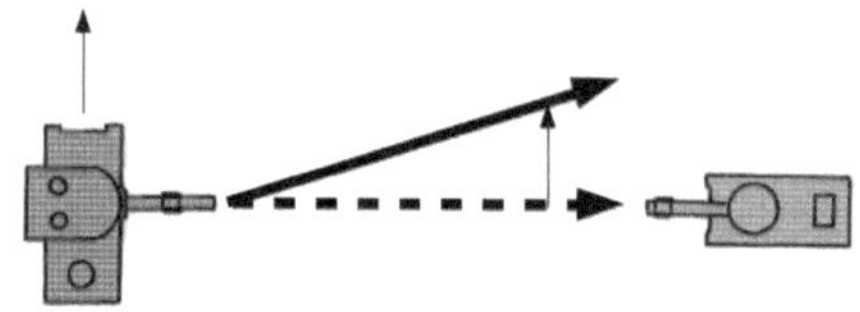

Bild 1.10: Bewegt sich das schießende Fahrzeug mit einer Geschwindigkeit von ca. 36 km/h quer zum Ziel, dann bewegt sich das Geschoss mit einer Geschwindigkeit von ca. 10 m/s von der gedachten Geschossflugbahn weg. Hat das Geschoss eine Mündungsgeschwindigkeit von ca. 1750 m/s und beträgt die Zielentfernung 1750 m, so schlägt das Geschoss ca. 10 m neben dem Ziel ein.

1.3.2.3 Die Geschossstabilisierung und Folgsamkeit

Sofern nicht historische Kanonenkugeln verschossen werden, benötigen Geschosse eine Stabilisierung, um ein Taumeln und Überschlagen auf der Flugbahn zu verhindern. Grund dafür ist, dass Luftangriffsschwerpunkt (Druckpunkt) und Massenschwerpunkt bei einem Geschoss auseinanderliegen. Der Schwerpunkt liegt in Schussrichtung gesehen hinter dem Druckpunkt, das Geschoss sinkt daher nach Verlassen des Waffenrohres ab. Der Staudruck kann unter das Geschoss greifen und dieses kippen.

Somit ist eine Stabilisierung während des gesamten Fluges nötig. Dabei spielt die Geschosslänge eine entscheidende Rolle. Bis zu einem Verhältnis von Geschosslänge zu Kaliber von etwa 5:1 lassen sich Geschosse gut durch einen Drall stabilisieren, darüber hinaus hat sich die Flügelstabilisierung durchgesetzt. Beides hat Vor- und Nachteile:

	Drall-stabilisierung	**Flügel-stabilisierung**
Nutzung in Glattrohrwaffen	–	+
Fertigung	+	–
Endphasensteuerung	o	o
Bauform	kurz	lang
Lademöglichkeit	+	–
Verschuss von Hohlladungen	–	+

	Drall-stabilisierung	Flügel-stabilisierung
Querschnittsbelastung	–	+
Treffgenauigkeit	+	–
Nutzung des Dralls für die Ent-sicherung des Zünders	+	–

Man sieht bei dieser kurzen und nicht vollständigen Tabelle, dass die Vor- und Nachteile je nach Einsatzgebiet einer Waffe die Drall- oder die Flügelstabilisierung begünstigen. Es gibt weitere Faktoren, die dann ausschlaggebend für die eine oder andere Ausführung sind.

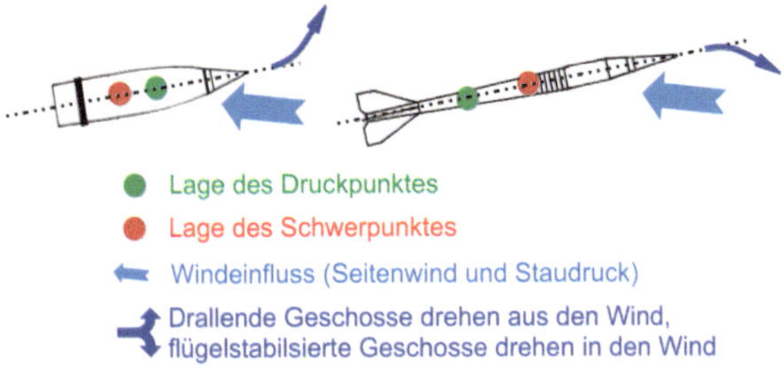

Bild 1.11: Lage der Schwer- und Druckpunkte sowie Auswirkungen des Windeinflusses

Die Drallstabilisierung wird dem Geschoss im Waffenrohr mitgegeben. Im Zusammenwirken mit Luftwiderstand, Schwerkraft und dem Verlassen des Rohres führt das Geschoss vier eigenständige Bewegungen aus, die sich teilweise überlagern:

- Die Präzession (Kreiselbewegung): Wie bereits beschrieben greift der Staudruck der Luft unter dem Geschoss an und versucht, dieses aufzurichten. Dies ist möglich, weil Druckpunkt und Schwerpunkt des Geschosses nicht gleichzusetzen sind. Das Geschoss benimmt sich wie ein seitlich angeschlagener Spielzeugkreisel und versucht dieser Kraft entgegenzuwirken. Bei einem rechtsdrallenden Geschoss kommt es so zu einer Kreisbewegung um die eigentliche Geschossflugbahn im Uhrzeigersinn und zu einer Rechtsabweichung, bei einem linksdrallenden Geschoss zu einer Kreisbewegung entgegen dem Uhrzeigersinn und zu einer Linksabweichung.
- Die Nutation: Durch die Präzession, d. h. weitere Schiefstellung des Geschosses zur Flugachse, wird eine zusätzliche Kreiselbewegung hervorgerufen. Sie hat einen kleineren Radius als die Präzession, aber dafür eine höhere Drehfrequenz. Sie wird aber

1

durch den Luftwiderstand gedämpft und klingt rasch ab. Erst dann wird der Flug des Geschosses als stabil beurteilt.

- Der Poisson-Effekt: Durch die unterschiedliche Lage von Druckpunkt und Schwerpunkt im Geschoss kommt es nicht nur zur Präzession und Nutation, sondern auch zu einem permanenten Anstellwinkel. Das Geschoss rollt auf diesem Luftpolster (das im Grunde genommen eine Druckerhöhung ist) ab. Rechtsdrallende Geschosse rollen nach rechts, linksdrallende Geschosse nach links.[33]
- Der Magnus-Effekt:[34] Er ist vor allem aus dem Fußballspiel bekannt, der berüchtigte Eckstoß, bei dem der Ball, einen Bogen beschreibend, in das Tor trifft. Der Magnus-Effekt entsteht durch die ungleichmäßige Luftreibung an dem rotierenden Geschoss. Bei rechtsdrallenden Geschossen werden durch die mikroskopisch raue Oberfläche des Geschosses Luftteilchen von der linken Seite an die rechte Seite des Geschosses (in Flugrichtung gesehen) mitgerissen. Durch den Poisson-Effekt kommt es an der Unterseite zu einem Luftpolster und somit auf der rechten Seite zu einem Anstauen der Luft, einem leichten Überdruck. Zusätzlich fehlen auf der linken Seite Luftteilchen, hier herrscht Unterdruck. Dies führt bei einem rechtsdrallenden Geschoss zu einer Linksbewegung, bei einem linksdrallenden Geschoss zu einer Rechtsbewegung.

Abschließend bleibt festzustellen, dass die Kreiselbewegung den Hauptanteil an einer Abweichung auf der Geschossflugbahn hat.

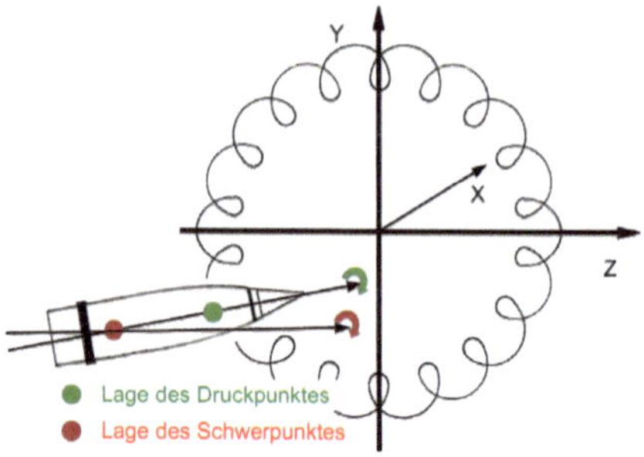

Bild 1.12: Präzession und Nutation lassen das Geschoss um die Flugbahn in x-Richtung kreiseln, beide Achsen der Kreiselbewegung schneiden sich im Schwerpunkt.

33 In vielen Lehrbüchern wird der Poisson-Effekt nicht erwähnt. Andere Lehrbücher führen ihn an, bezweifeln aber seinen Einfluss bzw. seine Existenz. Man sollte den Begriff aber mal gehört haben.

34 G. Magnus: Über die Abweichung der Geschosse und über eine auffallende Erscheinung bei rotierenden Körpern, Abhandlung der königlichen Akademie zu Berlin, Berlin 1852.

Die Kreiselbewegung hat aber auch noch andere Konsequenzen. Das Geschoss sollte der vorgegebenen Flugbahn folgen. Ist die Drehzahl des Dralls zu hoch, passt sich das Geschoss nicht mehr der Flugbahn an und wird nicht mehr mit der Geschossspitze auf dem Ziel oder auf dem Boden aufschlagen. Im ungünstigen Fall sorgt diese Überstabilisierung zu einem Kippen des Geschosses. Ist die Drehzahl zu niedrig, gerät das Geschoss ins Taumeln und kann sich ebenfalls überschlagen. Überdies ist die Drehzahl auf der Gesamtflugstrecke des Geschosses nicht konstant, sie nimmt durch die Luftreibung kontinuierlich ab.

Zum Abschätzen der optimalen Dralllänge in Handfeuerwaffen gibt es u. a. die Formeln von Greenhill (für langsame Geschosse) und von Miller (für Geschosse im Bereich von 800 m/s und darüber):

$l_D = (k \bullet D/2) / l_G$

k ist eine Konstante, k = 7 für Geschosse bis 7 mm Durchmesser, darüber hinaus ist k = 6.

D gibt den Geschossdurchmesser in mm an.

l_G steht für die Geschosslänge in mm.

l_D ist die Dralllänge in INCH!

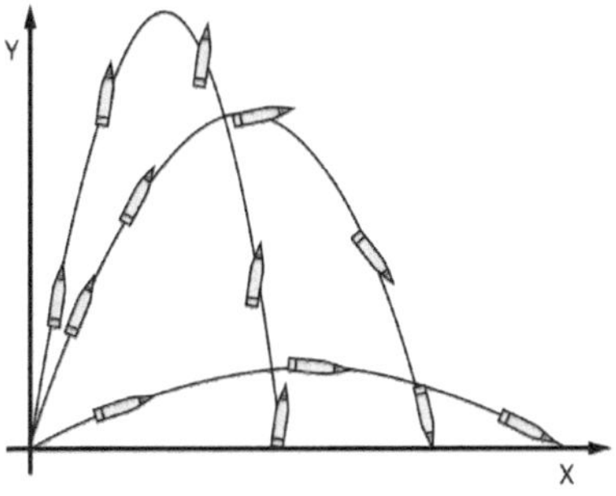

Bild 1.13: Folgsamkeit eines überstabilisierten Geschosses in Abhängigkeit vom Abgangswinkel

Bei der Flügelstabilisierung gibt es diese Probleme nicht, da das an dem „Wirkteil" angesetzte Leitwerk durch die anströmende Luft das Geschoss immer in den Gegenwind dreht. Dies liegt vor allem daran, dass im Gegensatz zu den drallstabilisierten Geschossen der Druckpunkt hinter dem Schwerpunkt liegt. Auch die flügelstabilisierten Geschosse drallen leicht, allerdings ohne die gravierenden oben beschriebenen Auswirkungen. Dies ist notwendig, um Fertigungstoleranzen sowie Störungen bei der Abgangsballisik und durch Windeinflüsse auszugleichen.

1

1.3.3 Die reale Geschossflugbahn als Formel

Eine einfache Formel gibt es nicht. Zusammenfassend ist aber festzustellen:

- Aufgrund des Luftwiderstandes ist die Schussweite geringer.
- Die Geschwindigkeit des Geschosses nimmt über die gesamte Flugbahn hin ab, die Abgangsgeschwindigkeit ist höher als die Geschwindigkeit beim Zielaufschlag. Für jeden Punkt auf der Flugbahn gilt: Im aufsteigenden Ast ist bei gleicher Flughöhe die Geschwindigkeit größer als im absteigenden Ast. Dies gilt sowohl für die vertikale Komponente der Geschossgeschwindigkeit als auch für die horizontale Komponente.[35]
- Somit ist die Parabel gestaucht, der aufsteigende Ast ist länger als der absteigende Ast, der Abgangswinkel kleiner als der Fallwinkel und der Gipfelpunkt ist in Richtung Zielaufschlag und Erdboden verschoben. Der absteigende Flugbahnast der Parabel verläuft somit steiler.
- Bildet man zwei Parabeln mit gleicher Schussentfernung, aber eine Parabel mit dem Abgangswinkel an der Waffe und eine Parabel mit dem Aufschlagwinkel im Ziel, dann liegt die Parabel mit der ungefähren Flugbahn zwischen diesen beiden Parabeln. Der reale Gipfelpunkt ist allerdings so nicht korrekt wiedergegeben.
- Hinzu kommt eine Seitenablage, die vom Seitenwind, der Stabilisierung und der Flugzeit abhängt.

Somit gibt es einige Anhaltspunkte, aber keine einfache mathematische Lösung. Interessierten Lesern wird die Suche nach dem Verfahren von Francesco Siacci bzw. die angenäherte zeichnerische Flugbahndarstellung nach Robert Schmidt[36] empfohlen. Der Anfang dazu ist bereits mit den oben getroffenen Annahmen gemacht:

- Man benötigt den Abschuss- und den realen Aufschlagpunkt. Davon nimmt man die Entfernung x_z und zeichnet sie in ein geeignetes Koordinatensystem ein.
- Man ergänzt zwei zur x-Achse parallele Linien, einmal mit der Gipfelhöhe y_g und der doppelten Gipfelhöhe $2y_g$.

---

[35] Dies gilt nicht unbedingt für Ferngeschosse. Nach G. Hauck, Äußere Ballistik, Militärbuchverlag der DDR, Berlin 1972, kann bei Entfernungen von mehr als 80 km bis 100 km Schussweite die Geschwindigkeit des Geschosses nach einem Minimum auf der Flugbahn noch einmal wieder ansteigen. Eine Begründung liefert er allerdings nicht.

[36] Oberst a. D. R. Schmidt, Praktische Ballistik, Mittler-Verlag, Berlin, überarbeitete Auflage der Ausgabe aus dem Jahr 1942, erschienen in den Wehrtechnischen Monatsheften von 1957

- Dann trägt man eine Gerade vom Nullpunkt mit dem Abgangswinkel α ein. Der Schnittpunkt der Geraden mit der Parallelen der doppelten Gipfelhöhe ist der Hilfspunkt S_1.
- S_2 ist der Schnittpunkt der Geraden mit der Parallelen der einfachen Gipfelhöhe.
- S_3 bekommt man, wenn man den Punkt S_1 mit dem Aufschlagpunkt x_z verbindet.
- Der Gipfelpunkt y_g ist ungefähr die Hälfte der Strecke S_2 zu S_3. Damit sind drei Punkte bekannt.
- Die Punkte A, B, C und D sind jeweils ungefähr die Hälften der Strecken von x_0 zu S_2, S_2 zu y_g, y_g zu S_3 und S_3 zu x_z.
- Die weiteren Bahnpunkte x_1 und x_2 erhält man aus den Hälften der Strecken von A zu B und C zu D.

Damit sind fünf Bahnpunkte bekannt, durch die man dann eine Geschossflugbahn legen kann, siehe Darstellung 1.14.

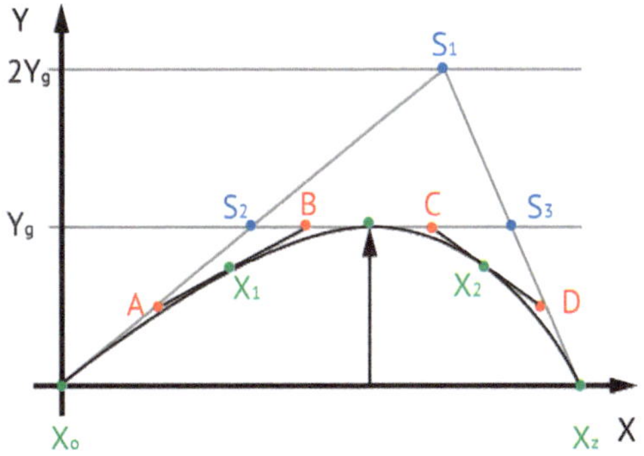

Bild 1.14: Zeichnerische Bestimmung der Geschossflugbahn nach R. Schmidt

1.4 Raketenballistik[37]

1.4.1 Ballistische Abgrenzung

Die Abgrenzung von Raketen zu Geschossen ist schwierig und kann nur über die Festlegung eines Hauptantriebes geführt werden. Raketen können rohrgeführt gestartet, per Drall oder Flügel stabilisiert werden und antriebslos über weite Strecken fliegen. Dies trifft auch für Geschosse zu, die ggf. mit einem Raketenzusatzantrieb

[37] Eigentlich heißt es Flugkörperballistik, denn Raketen sind ungelenkte Flugkörper, im Gegensatz zu den Lenkflugkörpern, die eigentlich gelenkte Raketen sind. Daher gelten die weiteren Aussagen sowohl für Raketen als auch für Lenkflugkörper.

(Base-Bleed-Satz) nachbeschleunigt werden und so weite Flugstrecken zurücklegen können. Diese Technik war bereits im Zweiten Weltkrieg verfügbar und führte zur Entwicklung der 15-cm-Raketengranate für die 15-cm-Kanone (E).

Die Flugbahn einer Rakete muss in drei Teile zerlegt werden. In der Abgangsballistik wird der Startvorgang beschrieben. Die Rakete kann bereits durch den Hauptantrieb oder durch ein Starttriebwerk oder andere Hilfsmittel beschleunigt und in einen stabilen Flug versetzt werden. Danach erfolgt die Flugphase unter Abbrand des Raketentriebwerkes und nach dem Brennschluss der antriebsfreie Flug. Dieser kann ähnlich zu dem eines Geschosses betrachtet werden.

Artillerieraketen mit einer Reichweite von bis zu ca. 50 km haben eine sehr kurze Flugzeit bis zum Brennschluss des Triebwerks, zumeist weit kleiner als 5 % der Gesamtflugzeit. Dies entspricht weniger als 10 % der Gesamtflugstrecke.

1.4.2 Abgangsballistik der Rakete

Der Raketenstart ist mehreren Problemen unterworfen. Zum einen wirken auf den Flugkörper die Beschleunigungskräfte, zum anderen ist die Stabilisierung durch noch fehlende Anströmung an den Flügelflächen nur unzureichend oder der erreichte Drall für eine ausreichende Stabilisierung noch zu gering. Hinzu können Schwingungen der Startvorrichtung auf die Rakete übertragen werden, die zum Pendeln und ggf. zum Zerbrechen der Rakete führen können. Vor dem Hintergrund einer lang gestreckten Form, zumeist auch einer dünnen äußeren Hülle und der inhomogenen Masseverteilung, sind hier besondere Maßstäbe an die Festigkeit der Rakete zu stellen.

Mit der Initiierung des Raketentriebwerkes erfolgt die Bereitstellung von zumeist gasförmigen Zerfallsprodukten, die aus der Raketendüse unter hoher Geschwindigkeit austreten. Gemäß dem Impulserhaltungssatz wird die Rakete entgegengesetzt zur Ausströmrichtung der Triebwerksgase durch die Schubkraft F fortbewegt:

$$F = \Delta m/\Delta t \bullet v + A \bullet (p_I - p_A)$$

Dabei ist

F die Schubkraft als die resultierende der Druckkräfte, die durch die Triebwerksgase auf die Innenwände des Triebwerkraums wirkt,

$\Delta m/\Delta t$ der Massedurchsatz pro Zeiteinheit,

v die Ausströmgeschwindigkeit der Gase,

A der Düsenquerschnitt,

p_I der Druck der Triebwerksgase und

p_A der atmosphärische Außendruck.

Je nach Ausführung des Triebwerks, der Flughöhe und der Veränderung des Düsenquerschnitts ist die Schubkraft variabel. Sowohl bei Feststofftriebwerken als auch bei Flüssigkeitstriebwerken kann der Massedurchsatz pro Zeiteinheit verändert und somit den äußeren Gegebenheiten angepasst werden. Dies ist z. B. bei einem Flug in größere Höhen erforderlich, wenn der atmosphärische Außendruck abnimmt und somit die Schubkraft ansteigt.

Auf der Startvorrichtung (sofern es eine gibt) greifen drei Kräfte an der Rakete an, die Schubkraft in Flugrichtung, die Reibkraft entgegengesetzt der Flugrichtung und die Gewichtskraft. Der Luftwiderstand kann zumindest in der Anfangsphase vernachlässigt werden.

Die Beschleunigung der Rakete in der Startphase lässt sich somit durch drei Beschleunigungsvektoren für die Schubbeschleunigung a_F, die Reibbeschleunigung a_{FR} (diese wird bremsen) und die Erdbeschleunigung g beschreiben:

$a_R = a_F - a_{FR} - g$

$a_R = F/m - \mu\, g \cos \partial - g \sin \partial$, mit

Schubkraft F,

Masse der Rakete m,

Reibkoeffizienten μ,

Abgangswinkel ∂.

Die Länge der Startrampe bleibt unberücksichtigt. Im ungünstigsten Fall wird sie kaum länger sein als die Rakete selbst.

1.4.3 Aktive Flugphase – Flug bis zum Brennschluss

Nach Verlassen der Startvorrichtung fällt die Reibkraft und somit die negative Beschleunigung a_{FR} weg. Für die weitere Betrachtung werden zuerst einmal folgende Annahmen getroffen:

- kein Windeinfluss,
- keine Änderung des Schwerpunktes,
- kein Masseverlust durch Verbrennen der Treibladung und
- geradliniger Flug (der Abgangswinkel ∂ entspricht somit dem Neigungswinkel auf dem Flug).

Diese Annahmen werden aufgrund der kurzen Flugzeit bis zum Brennschluss getroffen. Die Reibkraft fällt mit Verlassen der Startrampe weg, dafür wird der Einfluss des Luftwiderstandes zunehmen. Somit verändert sich die Berechnung zu:

$a_R = a_F - a_W - g$

$a_R = F/m - a_W + g \sin \partial$, mit

a_W für das Abbremsen durch den Luftwiderstand. Dabei ist zu beachten, dass der Luftwiderstand geschwindigkeitsabhängig und die Erdbeschleunigung höhenabhängig sind. In erster Näherung kann angenommen werden, dass der Einfluss des Luftwiderstandes und der der Erdbeschleunigung die Brennschlussgeschwindigkeit um etwa 10 % des theoretisch möglichen Wertes herabsetzen.

Eine einfache Gleichung für die Abschätzung der Endgeschwindigkeit ist die Raketengleichung:

$v_e = I_{spez} * \ln (m_0 / m_{end})$, mit

der Endgeschwindigkeit v_e,

dem spezifischen Impuls (Ausströmgeschwindigkeit der Gase) I_{spez},

der Anfangsgesamtmasse m_0,

der Endmasse m_{end}.

1.4.4 Antriebsfreier Flug

Im Grunde fliegt eine antriebsfreie Rakete wie ein Artilleriegeschoss. Probleme gibt es bei der Berechnung einer Flugbahn für flügelstabilisierte Raketen (wie auch bei flügelstabilisierten Geschossen). Hinzu kommen Abweichungen durch den leeren Brennraum des Triebwerkes und die lang gestreckte Form des Flugkörpers.

Die Berechnung der Flugweite kann näherungsweise als Schuss auf einer geneigten Ebene betrachtet werden. Dabei liegt der Anfangswert der Flugbahn oberhalb des Zielpunktes, beginnend mit der Brennschlussgeschwindigkeit und der Brennschlussmasse der Rakete. Man schießt praktisch von einer Höhe in ein Tal hinein.

Der Geländewinkel Δ beträgt dabei

$\Delta = y_h / (x_1 - x_2)$, mit

y_h entspricht dem Höhenunterschied vom Startpunkt bis zum Brennschluss,

x_1 der Flugweite vom Startpunkt bis zum Brennschluss,

x_2 der Flugweite vom Brennschluss bis zum horizontalen Schneiden der Flugbahn.

Da der Winkel bei Artillerieraketen schon klein und bei z. B. Panzerabwehrraketen (Panzerfaust) fast null ist, kann hier mit den ballistischen Formeln für Geschosse gerechnet werden.

Lenkflugkörper besitzen häufig ein Marschtriebwerk, welches in der Regel einen schwächeren Schub als das Starttriebwerk erzeugt und nur zum Halten der Geschwindigkeit dient. Durch Strahlruder oder Gasableitungen kann ein Teil der Energie für die Lenkung des Flugkörpers herangezogen werden.

Die Windabhängigkeit eines Flugkörpers ist von der Triebwerksauslegung abhängig. Flugkörper mit einem reinen Starttriebwerk drehen sich bis zum Brennschluss in den Wind, im antriebsfreien Flug gegen den Wind. Somit beschreibt ein ungelenkter Flugkörper eine S-Kurve als Schusslinie. Mit gut dimensionierten Marschtriebwerken lässt sich der Windeinfluss weitgehend ausschalten.

1.5 Bombenabwurf

Der Bombenabwurf im luftleeren Raum ähnelt der Geschossflugbahn im luftleeren Raum mit dem Unterschied, dass es – außer beim Schleuderwurf – keinen aufsteigenden Ast der Wurfparabel gibt. Die Abgangsebene liegt immer über der Zielebene und die Anfangsgeschwindigkeit entspricht der Fluggeschwindigkeit.

Für den Abwurf im luftleeren Raum gilt: Die Wurfweite ist umso weiter, je höher die Bombe abgeworfen wird, je schneller das Flugzeug fliegt und je kleiner der Sturzwinkel des Flugzeugs ist:

$x = (-\tan(\alpha_F) + \surd(\tan^2\alpha_F + (2 \bullet g \bullet y_F) / (v_F^2 \bullet \cos\alpha^2_F)) \bullet (v_F^2 \bullet \cos^2\alpha_F) / g$

mit

α_F als Sturzwinkel,

v_F der Flugzeuggeschwindigkeit und

y_F der Flughöhe.

Bei einem horizontalen Bombenabwurf ergibt sich:

$x = v_F / g \bullet \surd(v_F^2 + 2\, g\, y_F)$

mit den oben erklärten Variablen.

Dabei bleibt in beiden Formeln die „Abstoßgeschwindigkeit" als eine Komponente der Geschwindigkeit in y-Richtung unberücksichtigt.[38]

---

[38] Um zu verhindern, dass die Bombe beim Abwurf mit Teilen des Flugzeuges kollidiert, gibt man der Bombe beim Lösen vom Flugzeug einen kleinen Stoß mithilfe einer pyrotechnischen Kartusche. Damit bekommt die Bombe in der Anfangsphase eine leichte Vertikalgeschwindigkeit.

Im lufterfüllten Raum sind durch den Luftwiderstand eine verlängerte Fallzeit und eine geringere Endgeschwindigkeit sowohl in horizontaler als auch in vertikaler Richtung zu berücksichtigen. Die Bombe fliegt mit einer geringeren horizontalen Geschwindigkeit auf das Ziel zu. Der Entfernungsunterschied wird Rückdrift genannt und muss beim Zielen mit dem Bombenzielgerät durch einen Vorhaltewinkel einberechnet werden. Hinzu kommt, dass die meisten Bomben heutzutage aus geringen Höhen abgeworfen werden. Zum Eigenschutz der Flugzeuge werden diese Bomben gebremst eingesetzt, da sich sonst das Flugzeug beim Aufschlag der Bombe im Gefahrenbereich befinden würde. Dieser Bremsvorgang vergrößert die Rückdrift abermals und ist ebenfalls mit einzuberechnen.

1.6 Zielballistik

1.6.1 Treffwahrscheinlichkeit

1.6.1.1 Einflüsse auf das Treffbild

Wenn man mit einer Waffe nicht trifft, kann dies neben dem Unvermögen des Schützen und einer nicht justierten Visiereinrichtung auch innen- und außenballistische Gründe haben. Hierzu gibt es in den Schusstafeln für Artilleriegeschütze die BWE-Tafel (Besondere-und-Witterungseinflüsse-Tafel), mit der man einen Teil der innen- und außenballistischen Einflüsse ausgleichen kann. In modernen Waffenanlagen wird diese „Tafelrechnerei" durch den Ballistikrechner übernommen.

Zu den innenballistischen Einflüssen zählen:

- Unterschiede im Fertigungslos des Munitionsherstellers: Diese können sich in Unterschieden bei der Geschossmasse, aber auch bei der Masse und chemischen Zusammensetzung der Treibladung zeigen. Bei heutigen Hochgeschwindigkeitskanonen ist sogar die Verteilung der Pulverkörner in der Patronenhülse ein Problem.

- Pulvertemperatur und -feuchte: Warmes Pulver verbrennt schneller. Somit wird während des Geschossdurchgangs durch das Waffenrohr mehr Pulver verbrannt, somit weniger unverbranntes Pulver durch die Rohrmündung verloren gehen. Damit steigen die Mündungsgeschwindigkeit und die Schussweite an. Feuchtes Pulver benötigt mehr Energie und verbrennt langsamer, weil ein Teil der Energie für das Verdampfen des Wassers benötigt wird.

Die Munition neigt zu Kurzschüssen und verspätetem Anzündverhalten.

- unterschiedliches Ansetzen des Geschosses im Übergangskegel an den Zügen und Feldern, ggf. durch Probleme mit dem Hydraulikdruck des automatischen Ansetzers, unterschiedlicher Fertigung der Führungsbänder des Geschosses oder Verschmutzung des Ladungsraumes
- Rohrbeschaffenheit und Vergrößerung des Ladungsraumes durch Verschleiß der Waffe: Geschosse, die aus neuen Waffen verschossen werden, haben im Vergleich zu Geschossen, die aus länger genutzten, verschlissenen Waffen verschossen werden, eine höhere Mündungsgeschwindigkeit.
- mit den oben genannten Gründen einhergehende v_0-Änderung
- Verziehen des Waffenrohres durch nicht abgestimmte Ausdehnungskoeffizienten zwischen Rohr und Rohrlagerung bei schnellen Einzelschüssen oder Feuerstößen
- Verziehen des Waffenrohres durch einseitige Sonneneinstrahlung oder Rohrdurchhang durch Erwärmung
- kleinere Ausbrüche an der Rohrmündung

Außenballistisch kommen folgende Einflüsse hinzu:

- Längswind (sorgt für eine Verkürzung oder Verlängerung der Flugbahn)
- Querwind (hat Einfluss auf die Seitenabweichung)
- Lufttemperatur
- Luftdichte
- Erddrehung

Die ersten vier Punkte sind zudem noch höhenabhängig. In der sogenannten Barbara-Meldung bzw. Meldung über Besondere und Witterungseinflüsse (BWE) werden diese Wetterdaten an den Feuerleitrechner übergeben und in das Feuerkommando eingearbeitet. Die Wetterdaten sind in der Regel zwei bis drei Stunden gültig.

1.6.1.2 Ermitteln des Haltepunktes

Jeder Schütze hat einen individuellen Zielfehler. Jede Waffe hat einen individuellen Systemfehler. Hinzu kommen innen- und außenballistische Einflüsse, die sich wie bereits angesprochen von Schuss zu Schuss verändern können.

Der Systemfehler der Waffe ist zum einen fertigungsbedingt,[39] zum anderen verändert er sich durch die Abnutzung der Waffe und bei fahrzeuggestützten Waffen durch die Fahrzeugbewegung sowie durch Instandsetzungsarbeiten an der Waffe. Auch starke Witterungsschwankungen (Sommer/Winter) ändern den Abgangswinkel. Er lässt sich beim Anschießen durch ein Ermitteln des Haltepunktes weitgehend beseitigen. Dazu werden auf eine entsprechende Anschussscheibe in definierter Entfernung bei gleichem Haltepunkt mindestens drei Schuss abgegeben. Anschließend wird grafisch der mittlere Treffpunkt auf der Anschussscheibe ermittelt.

Für drei Schuss auf der Anschussscheibe gilt: Es wird eine waagerechte Linie durch den mittleren Einschuss (von oben nach unten gesehen) auf der Scheibe gezogen. Anschließend zieht man eine senkrechte Linie durch den mittleren Einschuss (von links nach rechts gesehen). Der Schnittpunkt beider Linien ist so der Haltepunkt. Bei Ausreißern auf der Scheibe, z. B. bedingt durch Seitenwind, kann auch mit fünf oder mehr Schuss der Haltepunkt ermittelt werden.[40] Es zählt dann immer der mittlere Einschuss. Wichtig ist, dass immer mit einer ungeraden Schusszahl der Haltepunkt zu ermitteln ist.

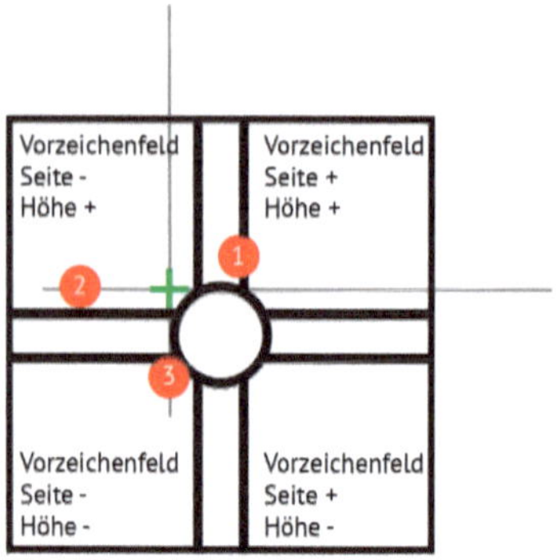

Bild 1.15: Eine Anschussscheibe mit drei Einschusslöchern. Der grafisch ermittelte Haltepunkt ist mit einem grünen „+" gekennzeichnet.

---

[39] Jede Waffe hat ein Schwingungsverhalten, das durch Toleranzen im Werkstoff und bei der Fertigung bzw. Instandsetzung für jede Waffe anders ausfällt. Im Buch *Sniper: Militärisches und polizeiliches Scharfschützenwissen kompakt* von S. Strasser (Ares-Verlag, Graz 2014) ist dies recht eindeutig beschrieben: „[...] Selbst geringe Änderungen des Laufschwingungsverhaltens führen zu teilweise gravierenden Ausreißern (beim Zusammenbau der Waffe im Schaft Steinchen eingezwickt, Flimmerband zwischen Objektiv und Lauf eingeklemmt, Ästchen im Laufbett, Systemschrauben nach Zerlegen der Waffe unterschiedlich stark angezogen). [...]"

[40] Um als Ausreißer zu gelten, muss ein Schuss gewisse Mindestvoraussetzungen erfüllen. Diese sind der entsprechenden Regelung für die Waffe zu entnehmen.

Wichtig ist auch, eine für die Waffe und Munition individuelle Mindestentfernung einzuhalten, da die Geschosspendelung beim Verlassen des Waffenrohres erst abgeklungen sein sollte. Auch eine Höchstschussentfernung sollte nicht überschritten werden, um die Verfälschungen durch Seitenwind und andere BWE-Einflüsse weitgehend auszuschalten. Die Mindestschussentfernung betrug in der Vergangenheit 180 m, bei modernen Kampfpanzerkanonen zwischen 500 m und 1000 m.

1.6.1.3 Einschießen von Handfeuerwaffen

Unter dem Begriff „Einschießen" wird das Einstellen der Zielhilfe auf die Waffe, das Auge des Schützen und die jeweilige Munition verstanden. Dabei ist darauf zu achten, dass die Munition in ihren Leistungsmerkmalen von Los zu Los variieren kann. Für eine persönliche Waffe kann durch das Einschießen auch ein eventuell vorhandener Zielfehler ausgeglichen werden.

Wie auch beim Ermitteln des Haltepunktes müssen mindestens drei Schuss auf die Zielmitte abgegeben werden. Dabei wird auf die „günstigste Einschießentfernung" geschossen.[41] Dies ist die Entfernung, bei der die Geschossflugbahn auf dem absteigenden Ast der Flugparabel die Visierlinie schneidet.

Schießt die Waffe zu hoch, muss die Kimme abgesenkt bzw. das Korn angehoben werden. Umgekehrt ist beim Tiefschuss zu verfahren.

Bei einem Linksschuss ist die Kimme nach rechts zu verstellen, bei einem Rechtsschuss eben nach links.

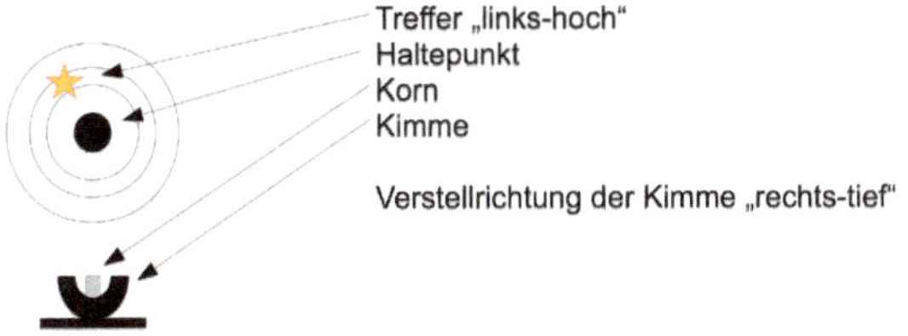

Bild 1.16: Einstellen des Visiers bei Hand- und Faustfeuerwaffen

[41] Dies muss nicht unbedingt die Kampfentfernung sein. Bei einem Nahbereichsschießen mit Gewehr oder Pistole unter 10 m kann man hier nicht von einer „günstigen Einschießentfernung" sprechen.

1.6.1.4 Die Streuung

Trotz aller Bemühungen wird sich die Längen- und die Breitenstreuung (für ein Bodentreffbild) bzw. die Seiten- und die Höhenstreuung (für ein Scheibentreffbild) nicht vermeiden lassen. Die Treffbilder haben die Form einer Ellipse, wobei der Kreis eine besondere Art der Ellipse darstellt.

Die Streuung darf nicht mit einem Zielfehler verwechselt werden. Bei einem Zielfehler können die Treffer auf der Scheibe recht eng beieinanderliegen, aber eben nicht in der Zielmitte. Bei einer großen Streuung sind die Treffer auf der Scheibe weit verstreut, aber eben gleichmäßig/ungleichmäßig um die Zielmitte.

Folgendes lässt sich als Gesetzmäßigkeit für ein ideales Treffbild festhalten:

- An der Zielmitte sollten möglichst mehr Treffer liegen als an den Zielrändern.
- Die Treffer links und rechts sowie oben und unten auf einer Scheibe sollten gleichmäßig verteilt sein.
- Bei Bodentreffbildern sollte sich eine in Schussrichtung lang gezogene Ellipse zeigen.

1.6.1.5 Mathematische Behandlung

Die Treffwahrscheinlichkeit ist wichtig für die Berechnung des Aufwandes, den man betreiben muss, um ein Ziel sicher zu treffen. Dabei sollen die Zielfehler berücksichtigt werden. Daneben gibt es die Zerstörungswahrscheinlichkeit, bei der das Ziel nicht nur getroffen, sondern auch wirkungsvoll ausgeschaltet wird, sowie die Abschusswahrscheinlichkeit, die mindestens einen Abbruch des Einsatzes bedeuten sollte.

Mathematisch lässt sich die Treffwahrscheinlichkeit durch die Standardabweichung beschreiben. Die Standardabweichung gibt an, wie verlässlich eine Aussage über einen Mittelwert ist. Sie ist ein Maß für die Streuung und sagt etwas über den Charakter der Verteilung aus. Grafisch wird die Standardabweichung in der Gaußschen Glockenkurve[42] dargestellt. Wenn man jetzt alle Treffpunkte in eine Kurve für die horizontalen und eine für die vertikalen Treffer einträgt, dann sollte sich eine günstige Verteilung um das Maximum der Kurve bilden.

---

42 Genauer gesagt in der „Kurve für das Normalverteilungsgesetz der Beobachtungsfehler".

In der Mathematik nutzt man die Standardabweichung σ. 1σ gibt an, dass 68 % aller Ereignisse (Treffer) in einem festgelegten Bereich liegen. Militärisch nutzt man den Radius eines Kreises, in dem 50 % aller Treffer liegen. Dieser wird „Circular Error Probable (CEP)" genannt. 90 % aller Treffer sollten in einem Bereich liegen, der das 2,5-Fache des CEP beträgt, 99 % aller Treffer in einem Bereich des 4-fachen CEP.

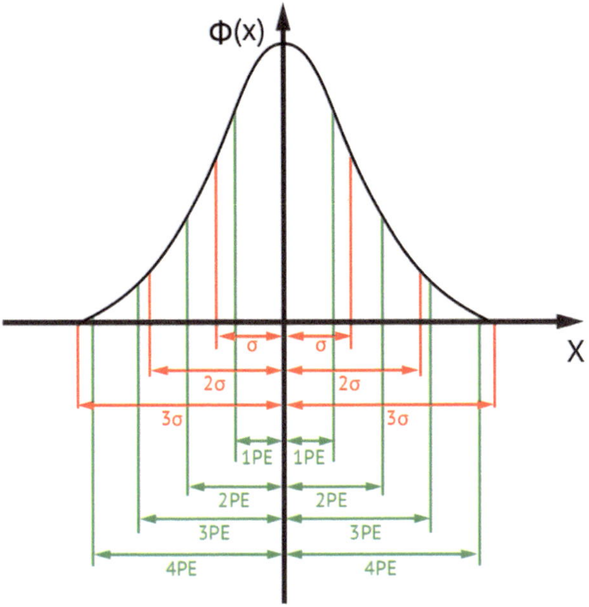

Bild 1.17: Gaußsche Glockenkurve und die Unterschiede zwischen der Standardabweichung und PE

Die einfache Angabe von Prozenten ist noch kein Maß für die Treffgenauigkeit einer Waffe. Die NATO hat u. a. in der STANAG 2934 „Landbased Fire Support Procedures"[43] entsprechende Kriterien dafür aufgestellt.

Jedoch: „Treffen" ist nur ein Kriterium. Die Zerstörwahrscheinlichkeit Z(n) legt fest, wieviel Treffer n an welcher Stelle im Ziel benötigt werden, um ein Ziel tatsächlich auszuschalten. Dazu ist es notwendig, ein Ziel in verschiedene Flächen zu unterteilen und diesen Flächen

[43] Die STANAG 2934 ist leider eingestuft. Die Kriterien wurden aber auch in die offen verfügbare ATP 3-09.50 „The Field Artillery Cannon Battery" der US-Streitkräfte übernommen. Hier werden auch Beispiele für eine geforderte Treffgenauigkeit genannt.

1

eine Anzahl von Treffern zuzuweisen, die für eine Vernichtung des Zieles notwendig sind. Die Abschusswahrscheinlichkeit eines Einzelschusses ist dann das Produkt aus der Treffwahrscheinlichkeit und der Zerstörwahrscheinlichkeit. Sie hat einen grundlegenden Einfluss auf den Munitionsbedarf. Dies ist wesentlich für die Auslegung von Munitionshalterungen bzw. für die Anzahl der Patronen, die ein Soldat mit sich führen sollte.[44]

1.6.1.6 Der Richtkreis (Artilleristisches Richten)

Artilleristisches Richten[45] erfordert ein Einmessen der Geschütze auf ein Ziel. Der Richtkreis, ein Stativ mit Fernrohr und einer Skalenscheibe mit der Winkeleinteilung in Strich, wird auf einem Punkt aufgestellt, von dem aus das Ziel (ggf. auch ein Hilfsziel) und die einzelnen Geschütze zu sehen sind. Das Fernrohr wird auf die Grundzahl 3200 Strich eingestellt und in dieser Stellung der Richtkreis so lange gedreht, bis im Fernrohr das Ziel erscheint. Jetzt wird der Richtkreis mittels Schrauben festgestellt und nur das Fernrohr so lange herumgedreht, bis das Richtmittel am ersten Geschütz angeschnitten ist. Die Zahl auf der Skalenscheibe wird abgelesen (als Beispiel 2300 Strich). Diese Zahl wird dem ersten Geschütz mitgeteilt.

---

[44] Dazu ein Beispiel aus dem Waffentechnischen Taschenbuch, Rheinmetall, Düsseldorf 1977: Zerstörung eines Flugzeugs.

Das Flugzeug sei in drei verschieden empfindliche Teile eingeteilt, nämlich

A – Kabine und Triebwerk,

B – Kraftstoffbehälter und

C – Sonstiges

Zur Vernichtung des Flugzeuges sollen ein Treffer in A bzw. zwei Treffer in B und drei Treffer in C genügen. Teil A beansprucht 30 %, Teil B 20 % und Teil C 50 % der Gesamtfläche.

Mit der Trefferanzahl $k = \Sigma\,(1\text{-}Q(x))$ für $x = 1$ bis $x = 3$ ergibt sich:

$Q(1) = 0{,}3$

$Q(2) = 1 - (1 - 0{,}3)^2 + 0{,}04 = 0{,}55$

$Q(3) = 1 - 3 \bullet 0{,}2 \bullet 0{,}5^2 = 0{,}85$

Das Ziel wird durch drei Treffer nur dann nicht vernichtet, wenn zwei Geschosse in den Bereich C und einer in den Bereich B treffen.

Daraus folgt: $Q(k) = 1;\ k > = 4$

Die im Mittel notwendige Trefferanzahl ist dann

$T = 1 + 0{,}7 + 0{,}45 + 0{,}15 = 2{,}3.$

[45] Nach: George/Erdmann, Waffenlehre. Ein Buch für Offiziere und Offiziersaspiranten, Verlag Mittler und Sohn, Berlin 1919.

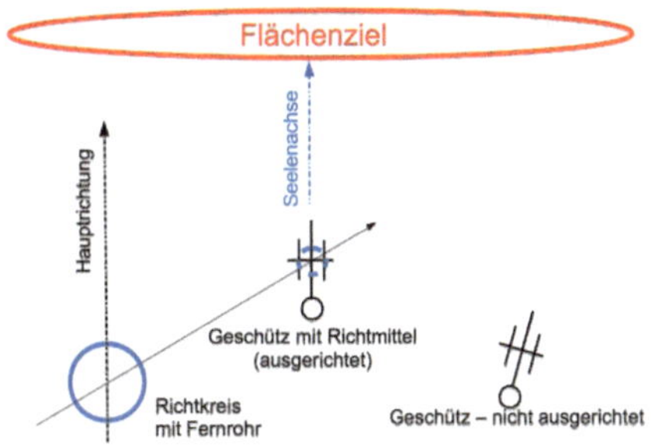

Bild 1.18: Der Richtkreis

Das Richtmittel des ersten Geschützes wird auf die Zahl 2300 gestellt. Jetzt wird das erste Geschütz auf der Stelle so lange gedreht, bis im Fernrohr seines Richtmittels der Richtkreis erscheint.

Sobald dieser angeschnitten ist, steht die Seelenachse des ersten Geschützes, das Grundgeschütz, in der Hauptrichtung. Das erste Geschütz hat somit die korrekte Seitenrichtung erhalten. Die weiteren Geschütze werden ebenfalls nach diesem Verfahren eingerichtet.

Werden die Richtmittel der weiteren Geschütze nicht auf die vom Richtkreis ermittelte Zahl, sondern auf eine um x größere Zahl eingestellt (z. B. jeweils 1 Strich mehr pro Geschütz), so geht die Seelenachse nicht mehr gleichlaufend der Hauptrichtung. Der Schuss weicht in diesem Beispiel nach links ab, und zwar um jeweils 1/1000, der jeweiligen Entfernung. Eine Veränderung um -3 Strich führt somit bei 10.000 m Schussentfernung zu einer Verlegung des Treffpunktes um 30 m nach rechts.

1.6.1.7 Das Schallmessverfahren

Das Schallmessverfahren[46] dient der Ortung eines feuernden Geschützes durch Messung der Zeitunterschiede zwischen verschiedenen, im Gelände weiträumig aufgestellten Mikrofonen. Die Standorte der in der Regel vier bis sechs Mikrofone müssen dazu trigonometrisch festgelegt sein und befinden sich auf einer Basis mit einer Länge von 6 bis 100 km. Dazu gehören noch ein oder zwei näher an der Front eingesetzte Vorwarnstellen, die die Messung in Gang setzen. Das Schallmessverfahren ist im Gegensatz zur Geschossortung per Radar ein passives Ortungsverfahren und somit nicht vom Gegner aufklärbar.

---

[46] Die Vorschläge zu dem Schallmessverfahren stammen gem. Dr. Hans-Hermann Kritzinger und Dr. Friedrich Stuhlmann in „Artillerie und Ballistik in Stichworten", Springer-Verlag, Berlin 1939, von den drei Leutnanten Schlipköter, Schwab und Fredenhagen und wurden während des Ersten Weltkriegs frontreif eingesetzt.

Der Vorwarnstelle leitet die Messung durch Aufschalten der Messanlage ein. Durch die Mikrofone wird der Schall aufgenommen und elektrisch an eine Auswertestelle weitergeleitet. Dort werden die durch die Mikrofone aufgenommenen Schwingungen ausgewertet und so die Position des feuernden Geschützes erstellt.

Das Verfahren ist anwendbar bei Tag und Nacht sowie unabhängig von den Sichtbedingungen. Witterungsbedingte Temperatur-, Luftdruck- und Luftfeuchteunterschiede können ebenso wie starker Wind die Mikrofonaufnahmen verfälschen. Diese Umweltbedingungen sind in das Messergebnis als verschiebende Einflüsse einzurechnen.

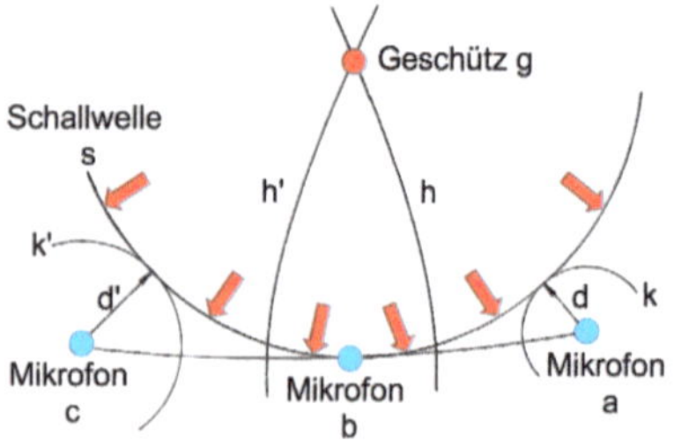

Bild 1.19: Schallmessen mithilfe des Hyperbelverfahrens

Die beiden Hyperbeln h und h' sind die geometrischen Orte derjenigen Punkte, die von dem Mikrofon b und den Kreisen k bzw. k' gleichen Abstand halten. Das Geschütz g steht im Mittelpunkt beider Hyperbeln und ist somit der gesuchte Ursprungspunkt der Schallwelle s.

Zum Erreichen brauchbarer Ergebnisse muss die Genauigkeit der Zeitunterschiedsmessung 0,01 s bis 0,001 s betragen. Die Ortungsergebnisse sind gut bei einem Einzelfeuer, Feuerzusammenfassungen oder Salven, dagegen begrenzen die Leistung des Verfahrens und sind stark abhängig vom Auswerter. Generell kann das Verfahren bei Geschützen aller Kaliber (d. h. ab einem Kaliber von ca. 20 mm aufwärts) angewandt werden. Je nach Geländestruktur kann eine Aufklärungstiefe bis zu 15 km erreicht werden.[47]

[47] Automatisierte Schallmessverfahren, die neben dem Orten eines feindlichen Geschützes auch ein Feuerkommando zur Bekämpfung dieses Geschützes für die eigene Artillerie erstellen, sind selbst für moderne Panzerhaubitzen eine nicht zu unterschätzende Gefahr. Gemäß „Soldat und Technik" vom 01.06.2023 verbleiben einem Geschütz nach dem ersten Schuss nur maximal zwei Minuten, um die Stellung verlassen zu haben. Abhilfe schafft hier nur eine Panzerhaubitze, die in der Lage ist, aus der Fahrt auf große Entfernungen zu wirken.

1.6.2 Das Eindringen der Geschosse in das Ziel

Die Wirkung im Ziel hängt stark von der gewählten Munition und dem Ziel sowie dessen Schutzwirkung ab. Im Allgemeinen kann man Ziele in Hartziele und Weichziele unterteilen. Hartziele können aus Stahl, Beton, Ziegelwerk, Glas oder Holz sein. Weichziele sind in der Regel lebende Ziele, hier greift die Wundballistik.

Werden Panzerungen oder Ziele mit reiner Wuchtmunition durchschlagen, kann das Geschoss noch eine weitere Flugstrecke zurücklegen. Dabei ist zu berücksichtigen, dass das Geschoss in der Regel durch den Dichteunterschied zum Zielmaterial im Zielmaterial seine Flugrichtung ändert. Dies ist abhängig von der Flugweite zum Ziel, dem Aufschlagwinkel und dem Dichteunterschied. Generell gilt, dass ein Geschoss in das Zielmaterial hineindreht, sofern es nicht lotrecht aufschlägt. Auch kurze Zielentfernungen sind maßgebend, da ein Geschoss erst nach einer gewissen Flugstrecke stabil fliegt. So fliegt bei einem Nahbereichsschießen mit Handwaffen ein Geschoss erst nach einer Flugstrecke von ca. 30 m stabil. Dies bedeutet, dass es bei einer Schießübung im 20-m-Nahbereich hinter einer Zielscheibe zu einer Vergrößerung des Streukreises um ca. 10 cm auf weitere 5 m Flugstrecke kommt.

Bei den nachfolgenden Formeln zur Abschätzung der Eindringtiefe wird, sofern nicht festgelegt, ein senkrechter Einschuss in das Ziel mit Wuchtmunition angenommen. [48]

1.6.2.1 Hartziele

Harte Gegenstände haben eine feste Beschaffenheit und lassen Fremdkörper nur wenig oder gar nicht eindringen. Trotzdem gibt es Unterschiede im Eindringverhalten von Geschossen bei Stahl, Beton, Holz oder Glas.

Diese sollen hier kurz anhand des Beschusses mit Wuchtgeschossen dargelegt werden.

Holz ist ein faseriger Stoff, bei dem die Beschusswirkung von mehreren Faktoren abhängt:

- Richtung der Maserung,
- Feuchtegehalt,

[48] Der Eindringmechanismus von Hohlladungs- und Quetschkopfmunition wird in Kapitel 6.3 behandelt.

1

- Zieldicke,
- Druckfestigkeit,
- Astlöcher,
- Form des Geschosses und
- Aufschlaggeschwindigkeit des Geschosses.

Bei dünnen Holzbrettern gleicht der Aufschlag einem unelastischen Stoß. Dabei wird das Holz nach innen gedrückt, bis einzelne Fasern abknicken oder reißen. In der Nähe der Geschossspitze wird das Holz vor dem Geschoss hergeschoben. Abgeknickte oder gerissene Holzfasern werden zur Seite geschoben und zerdrückt. Daher sind ogivale Geschossformen vorteilhafter.

Die Eindringtiefe in ein halbunendliches Ziel[49] aus Holz gleicht einem Schuss auf eine dicke Holzplatte. Es fehlen die begünstigenden Voraussetzungen für ein Durchbiegen und Absplittern des Holzes an der Rückseite. Auch muss das gesamte im Schusskanal befindliche Holz beiseitegeschoben werden. Der durch das Geschoss zurückgelegte Weg x lässt sich für kleinere Kaliber bestimmen nach

$$x = m / (2 \bullet D \bullet r) \bullet (\sqrt{(1 + (2 \bullet r \bullet V_z) / H)} - 1)$$

mit der Geschossmasse m,

D als Geschossquerschnitt,

r für die Dichte des Holzes,

v_z der Aufschlaggeschwindigkeit im Ziel und

H der Druckfestigkeit des Holzes.

Metallische Ziele, zumeist Platten oder Bleche aus Stahl, sind zum größten Teil homogen und viel zäher als Holz. Sie sind nicht faserförmig, sondern haben einen kristallinen Aufbau. Bei ihnen hängt die Geschosswirkung von folgenden Faktoren ab:

- Druckfestigkeit,
- Dicke des Zieles,
- Form des Geschosses,
- Geschossgeschwindigkeit,
- Art des Aufpralls/Stoßes,
- Verformung des Geschosses,

[49] Halbunendliche Ziele sind ein Gedankenmodell. Man nimmt an, dass diese Ziele so dick sind, dass ein Geschoss auf jeden Fall darin stecken bleibt.

- Kaliber/Durchmesser des Geschosses und
- innerer Aufbau des Geschosses.

Der Eindringvorgang eines Geschosses kann generell durch vier verschiedene Hypothesen beschrieben werden, wenn man dazu Geschwindigkeitsbereiche definiert:

- bis ca. 300 m/s als Verdrängen des Materials,
- bis ca. 1200 m/s als Herausstanzen des Materials und
- bis ca. 14.000 m/s als hydrodynamisches Eindringen.

Darüber erfolgt bei sehr hohen Aufschlaggeschwindigkeiten – über die Geschwindigkeit von 14 km/s hinaus – eine plasmaartige Auflösung der Zielstruktur. Diese Geschwindigkeiten können ggf. zukünftig mit Schienenkanonen erreicht werden.

Das Verdrängen und Herausstanzen ist auch eine Folge von zwei als Grenzfälle angenommenen Geschossformen. Obwohl diese Hypothesen unterschiedlich sind, können sie beide beim Durchschuss von einer oder mehreren Metallplatten erfüllt werden. Die Verdrängungshypothese tritt bei ogivaler Geschossform auf. Die Metallplatte wird beim Aufprall durch die Geschossspitze örtlich begrenzt eingebeult und in Richtung der Flugbahn gezogen. Dabei wird die Metallplatte an der Aufschlagstelle dünner. Beim Überschreiten des Grenzziehverhältnisses bilden sich in der Platte Risse, die sich von der Aufschlagstelle aus radial ausbreiten. Die Geschossflanken biegen die Metallplatte entlang der Risse auf, bis ein Schusskanal entstanden ist. Das aufgebogene Material bildet dabei einen Kranz aus unregelmäßig gebogenen Zipfeln um das Durchschussloch auf der Ausschussseite. Nach dem Durchtritt des Geschosses federn diese Zipfel ein wenig zurück, sodass das endgültige Loch etwas kleiner ist. Durch dieses Zurückbiegen hat sich auf der Einschussseite ein Trichter gebildet, der ebenso wie die Zipfel unregelmäßig ist.

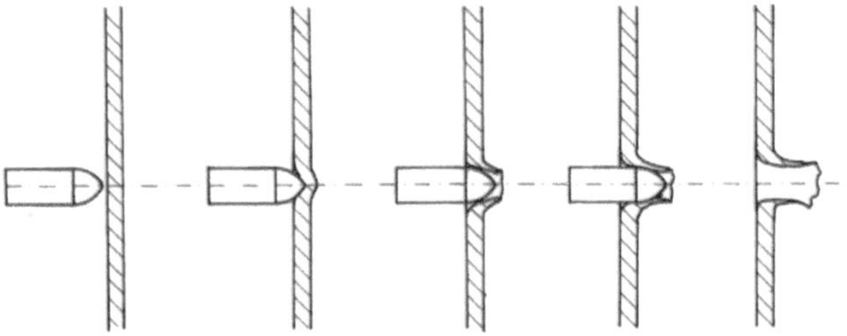

Bild 1.20: Eindringen durch Tiefziehen

Bei der Verdrängungshypothese tritt ein unelastischer Stoß auf, deswegen sind Geschossdeformationen nicht auszuschließen, bei Bleigeschossen sogar die Regel. Die Verdrängungshypothese sollte bei niedrigen Geschwindigkeiten – etwa unter 300 m/s, bei kleinen Geschossen etwa unter 12,7 mm – und weichem Zielmaterial mit geringer Druckfestigkeit angenommen werden. Eine überschlagsmäßige Berechnung kann man mit der Kruppschen Panzerformel[50] durchführen. Sie gilt aber nur für jeweils eine Platte und ist nicht besonders genau.

$x = l \bullet \sqrt[4]{(E^3/d^5)}$

Blechdicke x in cm, die durchschlagen werden kann

l als Koeffizient für Stahlblech, etwa 1,94

E für die Geschossenergie in kpm[51]

d Geschossdurchmesser in mm

Eine andere Möglichkeit bietet die Berechnung über die Energiebilanz; es kann ja nicht mehr als die vorhandene kinetische Energie des Geschosses in Verdrängungsarbeit umgesetzt werden.

Die Stanzhypothese beschreibt den Durchschuss von zylinderförmigen, scharfkantigen Geschossen. Beim Aufprall wird durch die scharfe Kante eine kreisförmige, scharf begrenzte Zone der Verformung geschaffen, an der das Blech in Schussrichtung gedrückt wird. Überschreiten die dadurch hervorgerufenen Schubspannungen die Belastungsgrenze, so wird eine kreisrunde Scheibe aus der Zielplatte herausgeschert. Diese Scheibe wird mit ungefährer Geschossgeschwindigkeit aus dem Zielmaterial herausgeschleudert und kann in den meisten Fällen unbeschädigt gefunden werden. Beim weiteren Durchtritt des Geschosses wird der Rand des Durchschussloches nach hinten gebogen, sodass ein kleiner Einschusstrichter zu sehen ist. Auf der Ausschussseite bildet sich ein Grat.

Der Stoß beim Aufprall ist elastisch. Im Idealfall tritt keine Geschossverformung auf, jedoch werden die Kanten des Zylinders abgenutzt. Die Stanzhypothese gilt bei hohen Geschwindigkeiten, bei Kalibern über 9 mm und dickeren Blechen.

Die einfachste Art der Berechnung kann mit der Kruppschen Panzerformel durchgeführt werden.

---

[50] Ministère de la Marine et des Colonies, Memorial de L'Artillerie de la Marine, Imprimerie L. Baudoin & Ce, Paris 1886.

[51] Zur Umrechnung: 1 kp = 9,80665 N.

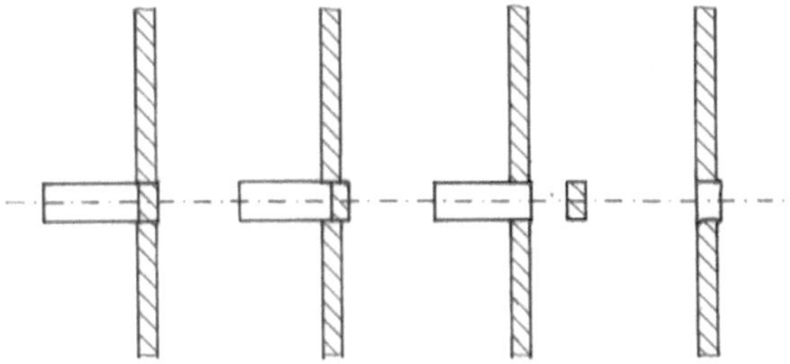

Bild 1.21: Eindringen durch Stanzen

Eine andere Berechnungsmethode ist das Verschmelzen von Impuls- und Energieerhaltungssatz. Dabei ist zu berücksichtigen, dass die Geschossgeschwindigkeit bei jedem Durchschlagen einer Platte weiter absinkt.

$v_n = v_z \bullet e^n$,

mit der Stoßzahl e, die für den Geschwindigkeitsverlust beim Durchschlagen einer Platte steht

Wenn die kinetische Energie E_{n+1} kleiner als die erforderliche Stanzarbeit ist, berechnet sich die Anzahl der durchschlagenen Platten nach:

$n = \ln (E_x / E_z) / (2 \bullet \ln e)$

Der reale Durchschussvorgang liegt zwischen den beiden Hypothesen. Bei dünnen Zielmaterialien gilt: Sind die Geschossgeschwindigkeiten beim Durchgang der ersten Platten sehr hoch, dann treten kaum Deformationen am Geschoss auf. Die Durchtrittszeit ist kürzer als jene, die eine Stoßwelle benötigt, um von der Geschossspitze zum Geschossboden und zurück zu laufen.

Bei einem Schuss auf halbunendliche Ziele kann es vorkommen, dass das Geschoss am Zielmaterial abprallt, dabei wird das Geschoss deformiert oder zerstört. Ein Abplatzeffekt an der Rückseite des Zieles tritt beim Beschuss dann auf, wenn beim Aufschlag im Geschoss mitgeführter Sprengstoff explodiert. Dieser sogenannte Hobkinsche Effekt wird bei Quetschkopfgeschossen[52] ausgenutzt. Die bei der Detonation des Sprengstoffes die Panzerung durchlaufende Stoßwelle wird an der Zielinnenwand reflektiert. Dabei platzen Teile des

52 Der Aufbau der Quetschkopfmunition wird in Kapitel 6.3.3 beschrieben.

Zielmaterials von der Innenwand ab und können zu erheblichen Schäden hinter der Panzerung führen.

1

Das Geschoss dringt nicht in das Ziel ein, wenn das Material des Zieles zu hart und der durch den Aufschlag von der Geschossspitze ausgeübte Druck zu klein ist, um die Druckfestigkeit des Zielmaterials zu überwinden. Jedoch können bei zerlegenden Geschossen, z. B. Sprenggeschossen, in der Nähe stehende Gegenstände und Personen durch die Splitterwirkung geschädigt werden.

Ein Eindringen in das Zielmaterial tritt auf, wenn das Zielmaterial weich genug ist und der Druck an der Geschossspitze größer ist als die Druckfestigkeit des Zieles. Beim Aufschlag entstehen eine plastische und eine elastische Stoßwelle, die im Ziel ohne Wirkung bleiben, jedoch das Geschossmaterial verformen. Bei weichem Geschossmaterial, z. B. Blei, pilzt sich die Geschossspitze auf und vergrößert scheinbar das Kaliber des Geschosses. Während des Eindringvorgangs werden Geschoss- und Zielmaterial zur Seite gedrückt und bilden um das Einschussloch einen Kraterrand, dessen Durchmesser ungefähr mit dem scheinbar vergrößerten Kaliber übereinstimmt. Etwa 10 bis 30 % des ursprünglich im Krater vorhandenen Materials werden zusammen mit Teilen des Geschosses ausgeworfen. Da es keine besonders einfache Formel für die Berechnung der Eindringtiefe gibt (es wird immer nur die Durchschlagsdicke einer Platte berechnet), muss auf die allgemeinen Panzerformeln hingewiesen werden. Eine dieser Formeln ist, wie bereits aufgeführt, die Kruppsche Panzerformel. Eine andere ist die Panzerformel von de Marre.[53]

$x = 0{,}7 \bullet \sqrt{((m^{0,5} \bullet v_z) / (k \bullet d^{0,75}))}$,

wobei x Eindringtiefe in dm,

m das Geschossgewicht in kg,

v_z die Aufschlaggeschwindigkeit in m/s,

d das Geschosskaliber in dm und

k empirischer Koeffizient ist, bei Vollgeschossen etwa 2000 bis 2500, bei Mantelgeschossen etwa 1400 bis 1800.

---

[53] Beschrieben bereits 1910 in E. Krieger, Johows Hilfsbuch für den Schiffsbau – Band 2, Nachdruck, Paderborn 2009.

Bei Hohlladungsgeschossen[54] tritt ein vollständig anderes Eindringungs- und Durchdringungsverhalten auf. Der kaltverformte Hohlladungsstachel trifft mit einer Geschwindigkeit von ca. 12 km/s auf die Panzerung auf. Hier kommt es zu einem hydrodynamischen Eindringvorgang, vergleichbar mit einem heißen Wasserstrahl, der auf eine Schneewand trifft. Zielmaterial und Material der Hohlladung werden durch die nachfolgenden Teile des Stachels aus den Zielmaterial herausgespült, bis der Stachel aufgebraucht oder das Zielmaterial durchdrungen ist. Der Vorgang funktioniert aber nur in homogenem Zielmaterial. Panzerungen, die in Sandwichbauweise aus Stahl, Keramik oder sogar Quarzsand bestehen, fächern den kompakten Hohlladungsstachel schnell auf und verringern die Eindringtiefe. Beim sogenannten Dwell-Effekt kommt es zu einem dynamischen Zerspritzen des Stachelmaterials an einer gedämmten Keramikpanzerung. Als einfache Faustformel kann angenommen werden, dass die Eindringtiefe in homogenem Panzerstahl etwa 5 bis 7 Kalibern der Hohlladung entsprechen, je nach Fertigungsgüte und Einlagenmaterial.

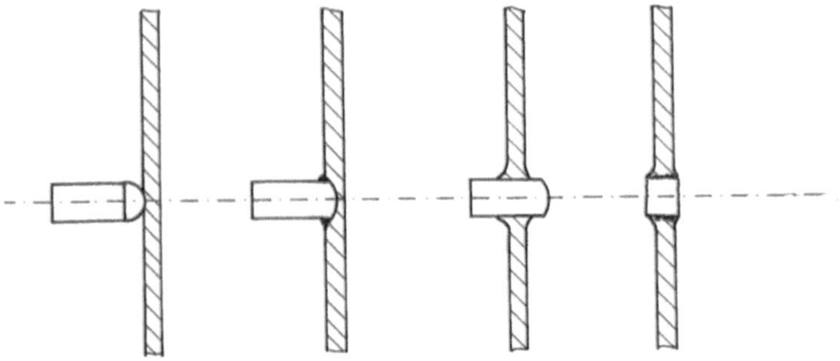

Bild 1.22: Hydrodynamisches Eindringen

- Die Wirkung auf **Glas und Keramik** unterscheidet sich stark von den bisher vorgestellten Mechanismen. Die Druckfestigkeit dieser Materialien ist sehr hoch (über 2000 N/mm²) im Gegensatz zur Biegefestigkeit (etwa 200 N/mm²). Meistens wird Glas in dünnen Scheiben von 2 mm bis 10 mm Dicke hergestellt. Dickere Scheiben bestehen im Allgemeinen aus Verbundgläsern mit mehreren Scheiben und Kunststofflagen. Keramik wird einerseits als Mauerwerk verwendet (siehe dazu den folgenden Unterpunkt),

[54] Der Aufbau und die Funktionsweise der Hohlladung wird in Kapitel 6.3.2 beschrieben.

1

andererseits als Überzugsmaterial in Form von Kacheln oder als Behälter in Form von Tontöpfen. Als Verbundplatte mit Aluminiumplatten wird Keramik auch als Teil der Schutzwesten gegen Infanteriemunition und als Sandwichpanzerung in gepanzerten Fahrzeugen genutzt. Diese massiv verdämmten Keramikziele werden auf andere Metallplatten (z. B. Aluminium) aufgeklebt und zerstören Geschosse und Hohlladungspenetratoren aufgrund ihrer Härte und schlechten Wärmeleitfähigkeit. Dabei kommt es darauf an, dass sich die dahinter liegenden Metallplatten möglichst wenig durchbiegen und so die Keramikplatte vor einem Zerbrechen schützen (Dwell-Effekt).

Hier sollen nur reine Glasplatten oder Keramikplatten bis 10 mm Stärke behandelt werden.

Beim Beschuss von Keramik oder Glas kann man zwei Phasen unterscheiden:

- 1. Pulverisieren des Glases durch die Geschossspitze beim Eindringen in die Platte.
- 2. Durchdringen des kompakten pulverisierten Glases durch das Geschoss.

Das Geschoss trifft auf die Glasoberfläche, wobei die Geschossspitze durch die Oberfläche tritt und einen Bruch der Glasplatte auslöst. Zunächst geht vom Aufschlagpunkt eine Rissbildung in Form einer Schneckenlinie aus, dann folgt ein axialer Bruch, der an der Rückseite beginnt, also dem Aufschlagpunkt gegenüber, und sich zum Aufschlagpunkt hinbewegt. Innerhalb dieses Bruches zerbricht das Glas total und wird pulverisiert. In der zweiten Phase trifft das Geschoss nicht mehr auf festes starres Glas, sondern auf komprimierten Glasstaub. Dieser Glasstaub wirkt auf das Geschoss wie ein Schleifmittel und erodiert das Geschoss im Verlauf des weiteren Eindringens sehr stark. Das Geschoss verliert dabei einen erheblichen Teil seiner Masse, ohne dabei stark gebremst zu werden. Das bedeutet, dass der Verlust an kinetischer Energie zu einem großen Teil auf den Verlust an Geschossmasse zurückzuführen ist. Ein weiteres Phänomen, das bisher noch nicht auftrat: Hier wird ein Teil des Zielmaterials gegen die Flugrichtung des Geschosses aus der Platte geschleudert. Folgende Gesetzmäßigkeiten lassen sich für den Beschuss von Glas herleiten: Durchschlägt das Geschoss die Glasscheibe nicht, so nimmt die Deformation mit steigender Geschossgeschwindigkeit zu.

Ist die Schichtdicke des Durchschussmaterials viel kleiner als die maximale Eindringtiefe, sind der Geschwindigkeitsverlust und damit die Stauchung des Geschosses bei kleinen Geschwindigkeiten größer als bei hohen Geschwindigkeiten. Mit zunehmender Glasdicke nimmt die Größe des Ausschusses und schwächer ausgeprägt auch die Größe des Einschusses zu.

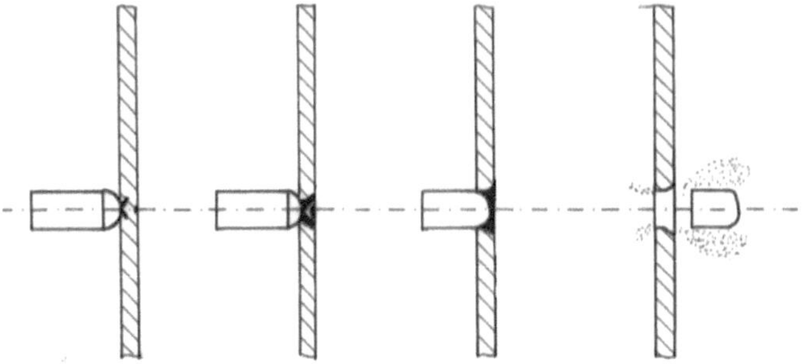

Bild 1.23: Schuss durch Glas

In Banken, Postämtern und Geschäften findet man oft schusssicheres Glas. Dabei handelt es sich meistens um mehrere Glasscheiben mit Kunststoffeinlagen, die eine Splitterbildung und damit ein Zerfallen des Glases verhindern. Dadurch wird einerseits der erosive Verschleiß des Geschosses gefördert, andererseits eine Verletzung des zu schützenden Personals durch Glas- und Geschosssplitter vermieden. Die Scheibe wird dabei undurchsichtig und das Glas in der Einschussnähe vollständig zermürbt. Eine Verglasung von 40 mm Dicke schützt dabei auch vor schweren Kalibern (.44 Magnum).

Heute geht man immer mehr zur Kunststoffverglasung über. Sie besteht zumeist aus Polycarbonat. Polycarbonat hat den Vorteil, dass es nicht splittert und die Scheibe nach dem Durchschuss durchsichtig bleibt. Auf der Ausschussseite bildet sich eine „leichte Ausbeulung" von nicht mehr als einigen Millimetern. Ein Durchschuss ist bei einer Scheibendicke von 33 mm selbst mit einem Geschoss im Kaliber .44 Magnum nicht mehr möglich.

- Bei der Wirkung auf **Mauerwerk, Beton und Erdboden** kann ein einheitlicher Eindringvorgang nicht beschrieben werden, da diese Materialien nur in seltenen Fällen homogen sind und sich auch in ihrer Zusammensetzung stark unterscheiden. Das Aufzehren der Geschossenergie geschieht auf unterschiedliche Arten, z. B.

durch Deformation und Splitterbildung des Geschosses (Beton), durch Reibung (Sand), durch elastische oder unelastische Stöße beim Treffen von Steinen oder Wurzelwerk im Erdboden oder durch mehrfache Richtungsänderungen, Taumeln und Überschlagen das Geschosses beim Durchgang durch Materialschichten, die in unterschiedlichen Winkeln zur Geschossflugbahn liegen.

Vorgestellt wird der Ansatz von Poncelet,[55] der allerdings nur für Vollgeschosse gilt:

$x = (2 \bullet m) / (b \bullet d^2 \bullet i) \bullet \ln (1 + b/a \bullet v_z^2)$

Dabei ist x Eindringtiefe in mm,

m das Geschossgewicht in kg,

d das Geschosskaliber in m und

v_z Geschossgeschwindigkeit in m/s.

Für die Koeffizienten a und b wird folgende Tabelle angegeben:

Zielmaterial	**a**	**b**
Sand mit Kies	$436{,}234 \bullet 10^3$	85,376
Sand mit Lehm und Kies	$1{,}0484 \bullet 10^6$	35,635
Aufgeschüttete Erde aus Sand und Lehm	$460{,}861 \bullet 10^3$	41,574
Wiese	$703{,}604 \bullet 10^3$	27,469
Steinmauer	$4{,}396 \bullet 10^6$	64,588
Ziegelsteinmauer	$3{,}159 \bullet 10^6$	46,029
Eiche, Buche	$2{,}053 \bullet 10^6$	40,832

Mit Hyperschallwaffen (siehe Kapitel 8.6.1) werden Eindringgeschwindigkeiten von Mach 10 (= 3,43 km/s) oder höher erreicht. Die dabei in dem Erdboden erreichbare Eindringtiefe eines inerten Gefechtskopfes mit einer Masse von ca. 200 kg liegt bei ca. 90 m und führt auch ohne Auslösung einer Sprengladung zu erheblichen Vibrationen im Untergrund. Diese sind in der unmittelbaren Umgebung des Einschlagpunktes mit einem Erdbeben und deren Zerstörungen vergleichbar.[56]

---

55 Der Ansatz von Poncelet stammt aus der Napoleonischen Zeit und ist die ungefähre Lösung für eine Differenzialgleichung. Einen „Eindringtiefenrechner" gibt es hier: www.lutzmoeller.net/Ballistik/Poncelet/Poncelet.php.

56 Siehe Cheng Shang, Wenjin Liu, Siyuan Ren und Renrong Long, Hypervelocity Impact Cratering on Semi-Infinite Concrete Targets of Projectiles, State Key Laboratory of Explosion – Science and Technology, Beijing Institute of Technology, Peking 2020.

1.6.2.2 Verbundpanzerungen, reaktive und aktive Panzerungen

Panzerungen haben im letzten Jahrhundert eine deutliche Evolution durchschritten. Von der einfachen Stahlplatte über die immer dicker, härter und vor allem schwerer werdenden Gussstahlpanzerungen werden heute vielfach Panzerungen aus anderen Materialien hergestellt, die bedeutend bessere Schutzeigenschaften besitzen, leichter sind und sich vorteilhafter verarbeiten lassen.

Verbundpanzerungen

Verbundpanzerungen vereinen die Vorteile von Stahl, Keramik, Sonderlegierungen (u. a. gesintertes Metall aus 98 % abgereichertem Uran mit 2 % Titan), Kunststoffen sowie Luft als Schutzmaterial:

- Stahl kann nur bis zu einer Härte von ca. 500 Brinell für Panzerungen genutzt werden. Höhere Härtegrade sind zwar möglich, der Stahl wird dann jedoch zu spröde, um tragende Teile (Panzerwanne etc.) zu erstellen. Auf Stahl bis zu 500 Brinell kann aber nicht verzichtet werden, da er sehr gut Lasten aufnehmen kann und ein guter Wärmeleiter ist.
- Sonderlegierungen haben vielfach den Vorteil, leichter als Panzerstahl zu sein, aber dabei einen höheren Schutzwert zu bieten. Eine Aluminium-Titan-Legierung ist bis zu 10 % leichter und erhöht den Schutzwert einer Panzerung um bis zu 20 %.
- Keramik ist noch härter als Stahl, leitet Wärme aber schlecht ab. Keramik splittert leicht in vorfragmentierbare Bruchstücke, die ein Geschoss oder auch einen Hohlladungsstachel aufweiten können. Leider eignet sie sich ebenfalls nicht als tragendes Element.
- Kunststoffe wie Styropor sind leicht und weiten den Hohlladungsstachel auf, ebenso wie Luft.

Eine Verbundpanzerung, auch Sandwichpanzerung genannt, besteht somit aus verschiedenen Materialien, die auf verschiedene Arten miteinander verbunden, zumeist verklebt oder gesintert werden. Die äußere Hülle bildet Stahl oder Aluminium, die innere Hülle eine Kevlarschicht, um abplatzende Splitter aufzuhalten. Dazwischen können sich mehrere Schichten aus Keramik, verbunden durch Kunststoff- oder Gummiplatten, befinden. Die Sandwichpanzerung ist nicht mit einer Schottpanzerung gleichzusetzen, bei der in einem gewissen Abstand vor der eigentlichen Panzerung Hartgummiplatten angebracht werden.

Zurzeit existieren drei Generationen von Sandwichpanzerungen:

- 1. Generation, die Burlington-Panzerung. Sie besteht hauptsächlich aus Aluminiumoxidkeramik in Wabenform, verklebt mit ballistischem Nylon, ist daher sehr leicht und wird u. a. bei Schutzwesten eingesetzt.
- 2. Generation, die Chobham-Panzerung. Die Keramik wird in Sacklöchern einer Panzerplatte eingesetzt. Die Löcher werden anschließend mit dem Material der Panzerplatte verschlossen. Dahinter folgt eine Schicht aus Glasfaser oder Aramid sowie als Abschluss eine Kevlarschicht. Diese Panzerung wurde bei Kampfpanzern bis in die 1980er-Jahre eingesetzt.
- 3. Generation, die Dorchester-Panzerung. Anstelle von Keramik wird das Sintermetall „Uran-Titan" (d. h. DU) in die Sacklöcher eingesetzt, ebenfalls verschlossen und hinter dieser Panzerplatte eine weitere Platte zur Versteifung abgebracht. Dies ist aktueller Stand bei britischen und US-amerikanischen Kampfpanzern.

Eine Berechnung der Durchschlagsleistung durch Verbundpanzerungen entfällt. Gemäß den Erfahrungen aus den Golfkriegen gilt sie aber in der dritten Generation als sehr widerstandsfähig gegen moderne panzerbrechende Munition.

Beschusshemmende Westen für Personen[57, 58]:

- Sogenannte Ballistische Schutzwesten können als Nachfolger der Ritterrüstungen betrachtet werden. Die Schutzwesten sind allerdings weniger stark bewegungshemmend, vielfach leichter und haben einen gewissen Tragekomfort. Im Gegensatz zur Ritterrüstung schützen die meisten Westen nur den Torso sowie durch zusätzliche Protektoren den Nacken-, Genital- und Schulterbereich. Ein großes Problem der Schutzwesten ist die Aufnahme der Geschossenergie und die Ableitung der Restenergie abzüglich einer Verformungsenergie von Geschoss und Weste an den Träger der Weste. Hierbei kann es selbst bei einem nicht erfolgten Durchschlag eines Geschosses zu schweren Hämatomen und organischen Schäden bis hin zum Tod kommen.

---

57 Eine beschuss- oder stichhemmende Weste ist rechtlich eine sogenannte Schutzwaffe. Deren Nutzung ist durch $17a Versammlungsgesetz in der Fassung vom 30.11.2020 für zivile Personen eingeschränkt.

58 Die ersten Schutzwesten wurden bereits 1887 in den USA von George G. Goodfellow (1855–1910) aus Seidentüchern entwickelt, die einen guten Schutz gegen schwarzpulverbetriebene Hand- und Faustfeuerwaffen boten. Sie versagten mit dem Aufkommen von leistungsfähigeren Schusswaffen, die mit Nitrocellulosepulver schossen.

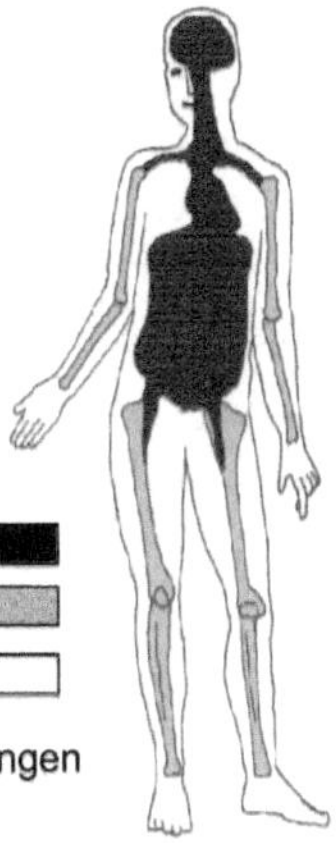

Bild 1.24: Gefährdung des menschlichen Körpers[59]; 25% der menschlichen Oberfläche ist als tödlich, 15 % als schwer und 60 % als leicht gefährdet anzusehen.

- In der Regel besteht eine Schutzweste aus einem harten und einem weichen Teilbereich – je nachdem, welche Schutzklasse erreicht werden soll.
- Der weiche Teil der Schutzweste besteht aus einem dicht gewebten Stoff aus sehr reißfestem Material (Aramidfasern wie Kevlar oder Twaron) in mehreren Lagen. Ein eindringendes Geschoss dehnt dabei den Stoff und beschleunigt ihn in Flugrichtung. Damit vergrößert sich die Auftreffﬂäche auf den menschlichen Körper und der Geschossaufprall kann so leichter absorbiert werden, bevor die Haut aufreißt und das Geschoss eindringen kann. Dabei gilt eine Schutzweste als geeignet, wenn zum einen das Geschoss die Weste nicht durchschlägt und zum anderen der durch das Geschoss verursachte Eindringkegel für den menschlichen Körper noch als akzeptabel gilt. Schutzwesten, die nur aus einem weichen Teil bestehen, werden der Schutzklasse L sowie 1 zugeordnet und besitzen auch keinen Schutz gegen Stichverletzungen.
- Der harte Teil einer Schutzweste besteht aus Oxidkeramik- oder Polyäthylenplatten, die schichtweise miteinander verbunden werden. Platten aus Stahl werden aufgrund des Gewichtes nur noch selten verwendet. Die Geschossenergie führt zu einem

59 Nach V. Ritter Niesiolowski-Gawin von Niesiolowice: Ausgewählte Kapitel der Technik mit besonderer Rücksicht auf militärische Anwendungen, Selbstverlag, Wien 1904.

geringen Teil zu Verformungen und wird hauptsächlich gem. einem unelastischen Stoß an die Platte weitergegeben und von dort auf die Oberfläche des menschlichen Körpers verteilt. Da so ein nicht unerheblicher Stoß auf den Körper wirkt, werden die harten Teile einer Schutzweste, die auch sehr schwer sind, nur in Kombination mit weichen Schutzwestenanteilen genutzt.

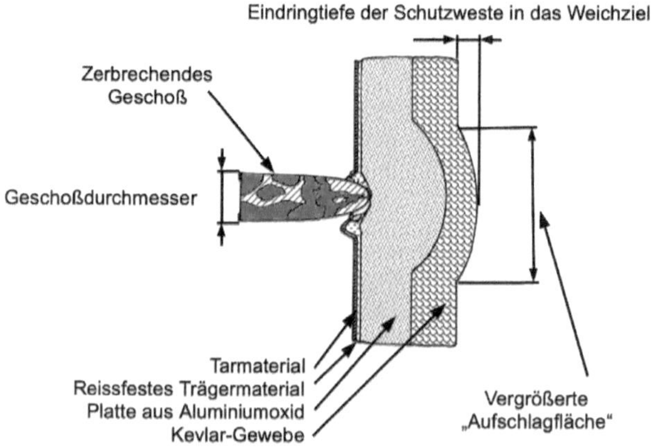

Bild 1.25: Aufschlag eines Geschosses auf eine ballistische Schutzweste, bestehend aus einem harten Teil (Aluminiumoxid) und einem weichen Teil (z. B. Kevlar). Dabei zerbricht das Geschoss und dringt nicht durch die Weste. Die Schutzweste verformt sich. Dabei vergrößert sich die Aufschlagfläche (hier übertrieben dargestellt) und es wird zusätzlich Bewegungsenergie des Geschosses in Verformungsenergie abgebaut.

Man unterscheidet folgende Schutzklassen:

- SK L

  Schutz vor Faustfeuerwaffenmunition (Kaliber 9 mm x 19) mit Weichkerngeschossen

- SK I und NIJ-Level IIIA[60]

  Schutz vor Faustfeuerwaffenmunition (Kaliber 9 mm x 19, einschließlich Verschuss aus Maschinenpistolen) mit Weichkern- oder Teilmantelgeschossen beziehungsweise Hohlspitze

---

60 SK definiert die deutsche Schutzklasse gem. Technischer Richtlinie (TR) Ballistische Schutzwesten, Stand: März 2008, Revisionen: Oktober 2008 (Nr. 4.4, letzter Absatz) und September 2009 (Anlage 1, Geschossangaben SK 4); NIJ-Level bezeichnet den Standard gem. dem US-Qualitätsmanagementsystem BA9000 für Körperpanzerung, eingeführt vom National Institute of Justice (NIJ) der USA im Jahr 2012.

- SK 2

  Schutz vor Faustfeuerwaffenmunition (einschließlich Verschuss aus Maschinenpistolen) mit Hartkerngeschossen

- SK3 und NIJ-Level III

  Schutz vor Hand- und Faustfeuerwaffenmunition mit Vollmantel- und Weichkerngeschossen oder Teilmantel- beziehungsweise Hohlspitzgeschossen

- SK4 und NIJ-Level IV

  Schutz vor Hand- und Faustfeuerwaffenmunition mit Vollmantel- und Hartkerngeschossen (aber: nur Schutz gegen Stahlhartkerne – Geschosse mit Wolframcarbidhartkernen oder härterem Material durchschlagen die Schutzweste)

Ballistische Schutzwesten mit einem zusätzlichen Stichschutz besitzen in der Schutzklasse SK L und SK 1 den Zusatz „ST". Schutzwesten der höheren Schutzklassen gelten als weitgehend stichhemmend.

Reaktive Panzerungen

Kann aus Gewichtsgründen und den maximal möglichen Abmaßen eines Kampffahrzeuges die Dicke einer Panzerung nicht mehr gesteigert werden, sind reaktive Panzerungen eine Möglichkeit, den Schutzwert heraufzusetzen.

Eine Reaktivpanzerungskachel besteht aus zwei Blechen, zwischen denen eine Sprengstoffschicht eingebettet ist. Die Dicke der Bleche hat dabei im Laufe der Entwicklungszeit immer mehr zugenommen und kann heute mehrere Zentimeter betragen. Der dazwischen liegende Sprengstoff, in den Anfängen zumeist ein TNT-Gemisch, besteht heute aus unempfindlichen Sprengstoffmischungen, die nur auf punktuellen Druck oder eine intensive Beaufschlagung mit einem Hohlladungsstachel reagieren. Der Beschuss mit Handwaffen- und leichter Maschinenkanonenmunition bis zu einem Kaliber von etwa 25 mm reicht für eine Initiierung der Reaktivpanzerung nicht aus.

Ein nachträglicher Anbau war in der Vergangenheit die Regel, dies führte dazu, dass die Kacheln an die vorhandene Panzerung angepasst werden mussten. Vor allem bei Kampfpanzern mit einem Gussturm war der logistische Aufwand beträchtlich. Bei modernen Kampffahrzeugen wird die Reaktivpanzerung direkt in das Schutzkonzept aufgenommen, sodass hier die Anzahl unterschiedlicher Kacheln minimiert werden kann. Auch sollte die Kachel möglichst klein gehalten werden, um nach dem Auslösen einer Kachel die Lücke in der Panzerung nicht zu groß werden zu lassen.

Weitere Nachteile sind die Auslösung durch Vorhohlladungen, schwere Maschinenkanonenmunition, die Gefährdung der Begleitinfanterie und eine nahezu Wirkungslosigkeit gegen vollkalibrige Wuchtgeschosse.

Beim Auslösen der Kachel durch ein Geschoss oder einen Hohlladungsstachel wird das obere dem Geschoss/Hohlladungsstachel zugewandte Blech durch den Sprengstoff in Richtung des Geschosses bzw. des Hohlladungsstachels geschleudert. Das untere, hintere Blech bewegt sich dabei in Richtung der Panzerung. Das obere Blech kreuzt dabei den Weg des Geschosses rsp. des Hohlladungsstachels. Dem Geschoss wird somit fortlaufend Material entgegengebracht, das zum einen das Geschoss abnutzen und zum anderen aus der Flugrichtung drehen soll. Es entsteht in dem oberen, weggeschleuderten Blech ein Langloch. Im günstigsten Fall zerbricht ein langes panzerbrechendes Pfeilgeschoss. Ein Hohlladungsstachel wird durch das obere Blech und die Stoßwelle des detonierenden Sprengstoffes aufgeweitet und zerfällt teilweise, bevor er auf die eigentliche Panzerung trifft.

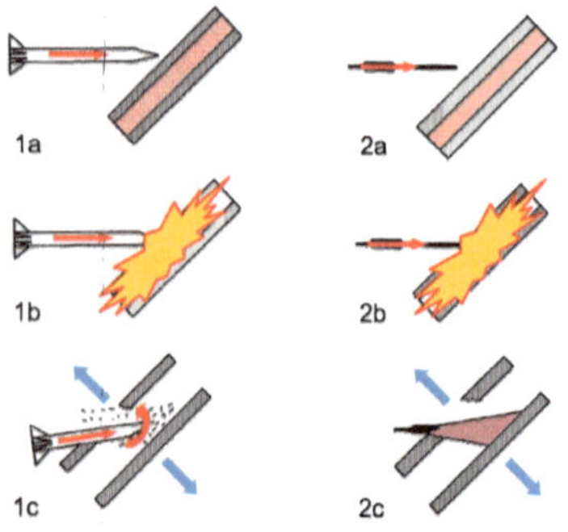

Bild 1.26: Ein Geschoss (1a) bzw. ein Hohlladungsstachel (2a) trifft auf eine Kachel der Reaktivpanzerung. Nach der Auslösung des Sprengstoffes (1b und 2b) werden die beiden Platten der Reaktivpanzerung von der Panzerung weg bzw. zur Panzerung hin beschleunigt. Dabei wird das Geschoss durch die wegbeschleunigte Platte zum einen aufgebraucht und zum anderen nach oben beschleunigt, ggf. sogar zerbrochen (1c). Eine Hohlladung wird aufgefächert und mehr nach oben als nach unten hin zerstäubt (2c).

Der Schutzwert einer Reaktivpanzerung kann je nach Entwicklungsstand nur abgeschätzt werden. Als Beispiell: Die israelische BLASER-Reaktivpanzerung von 1982 reduziert die Eindringtiefe eines Hohlladungstachels der Panzerfaust RPG-7 um ca. 60 %.

Aktive Panzerungen

Durch aktive Panzerungen wird versucht, ein anfliegendes Geschoss bzw. einen Flugkörper zu detektieren, die Flugrichtung und die mögliche Gefährdung zu berechnen und bei einem möglichen Aufschlag im Ziel frühzeitig Gegenmaßnahmen einzuleiten.

Alle derzeit bekannten Systeme arbeiten mit aktiven Radarsensoren, die einen anfliegenden Flugkörper oder ein Geschoss ab einer Entfernung von ca. 250 m (ältere Systeme wie Drost der ehem. UdSSR) bis ca. 50 m (neuere Systeme wie Arena [RUS] oder Trophy [ISR]) vor dem zu schützenden Fahrzeug auffassen. Zur Verbesserung der benötigten Daten können weitere Sensoren, z. B. auf Infrarotbasis, hinzukommen.

- Das System Drost beinhaltet pro Turmseite 4 Abschussrohre für Sprenggeschosse im Kaliber 107 mm mit einer Sprengstoffmasse von ca. 2,5 kg. Nach Auswahl durch einen Analogrechner wird eines der Geschosse dem gegnerischen Flugkörper/Geschoss entgegengeschossen, der sich zu diesem Zeitpunkt noch ca. 10 m vor seinem Ziel befindet. Direkt vor dem anfliegenden Flugkörper/Geschoss wird die Sprengladung im Geschoss gezündet und mit einem Splitterkegel der Flugkörper / das Geschoss entweder zerstört, aus der Flugbahn bewegt oder zumindest in seiner Aufschlagwirkung gemindert. Sollten Nachbarfahrzeuge oder Begleitinfanterie im Gefahrenbereich des Systems Drost sein, ist ein Einsatz der aktiven Panzerung bedenklich.
- Das System Arena besteht aus zweimal 16 Kassetten, die mit Sprengstoff und je einer vorfragmentierten Wolframplatte gefüllt sind. Bei einer Distanz von 10 m zwischen anfliegendem Geschoss/Flugkörper und dem Ziel wird eine vorher ausgewählte Kassette nach schräg oben in Richtung des Angreifers ausgestoßen und oberhalb des anfliegenden Geschosses/Flugkörpers mit einem nach unten gerichteten Splitterkegel ausgelöst. Die dabei entstehenden ca. 400 Splitter sollen dann wie beim System Drost wirken, haben aber den großen Vorteil, dass Nachbarfahrzeuge oder Begleitinfanterie sich nur bedingt im Gefahrenbereich des Splitterkegels befinden.
- Mit Trophy werden neben den Einschlagdaten auch der Abschussort des Gegners berechnet und an die Besatzung weitergegeben. Somit ist es nach der Ausschaltung des Geschosses/Flugkörpers auch möglich, die Stellung des Gegners zu bekämpfen und

1

einen Gegner auszuschalten. Beim System Trophy ist auf dem Kampffahrzeug pro Seite eine drehbare Abschusseinheit installiert, die dem Flugkörper/Geschoss ein Geschoss mit einer projektilbildenden Ladung entgegenschießt. Die projektilbildende Ladung wird wie bei dem System Drost kurz vor einer Begegnung ausgelöst und erzeugt einen Splitterkegel, der das anfliegende Geschoss / den Flugkörper entsprechend schädigen soll. Wie weit durch die projektilbildende Ladung auch Begleitinfanterie und eigene in der Nähe befindliche Fahrzeuge geschädigt werden, ist nicht bekannt. Bei mehrfachem Bekämpfen eines Fahrzeugs mit dieser aktiven Panzerung kann die Abschusseinheit über einen automatischen Lader rasch nachgeladen werden.

Für die aktive Panzerung Trophy ist eine Übungsmunition verfügbar.

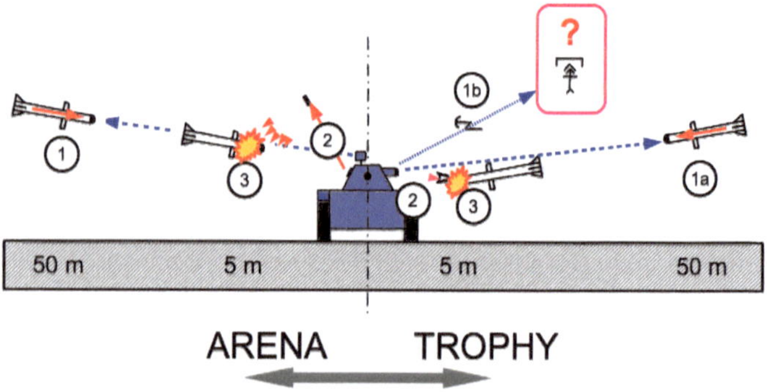

Bild 1.27 Aktive Panzerungen Arena und Trophy im Vergleich:
1, 1a Detektieren eines anfliegenden Flugkörpers/Geschosses
1b Errechnen der Abschussstellung
2 Auslösen der Gegenmaßnahme
3 Zerstören des Flugkörpers/Geschosses

Allen Systemen gemein ist, dass diese nur bedingt gegen Wucht- und Pfeilgeschosse wirken.[61] Eine schädigende oder zerstörende

[61] Eine weitere Entwicklung zur Bekämpfung von Kampffahrzeugen mit aktiven Panzerungen sind Waffen mit Doppelrohren, wobei auf ein Ziel kurz hintereinander zwei Geschosse abgefeuert werden. Das erste Geschoss soll dabei die aktive Panzerung auslösen und das zweite Geschoss auf die Hauptpanzerung aufschlagen, bevor ein Nachladevorgang der aktiven Panzerung beendet wird. Ein Beispiel dafür ist die russische Panzerfaust RPG-30.

Wirkung gegen Geschosse und Flugkörper mit Hohlladungen wird je nach Hersteller mit 55 % oder besser angegeben, sofern diese „flach" anfliegen.[62]

1.6.2.3 Wundballistik

Der Auftreff- und Eindringmechanismus von Geschossen auf tierisches oder menschliches Gewebe unterscheidet sich stark von der Zielballistik bei Panzerungen, Mauerwerk oder Glas. Der hohe Flüssigkeitsgehalt des Gewebes sowie die teilweise gegebene Elastizität führen zu einem Mechanismus, der von der Auftreffgeschwindigkeit, dem Kaliber sowie der Schussentfernung und weniger von der Geschossenergie abhängen. Deswegen wird je nach Quellenangabe unter dem Schuss mit Langwaffen (= hohe Geschossgeschwindigkeit und kleines Kaliber) bzw. Kurzwaffen (= geringere Geschossgeschwindigkeit und größeres Kaliber) sowie unter Nahschuss (Einfluss der Treibladungsgase und des Geschosses) und Fernschuss (Einfluss des Geschosses) unterschieden. Der Nahschuss wird noch einmal in den relativen und den absoluten Nahschuss unterteilt. Der relative Nahschuss liegt in einem Bereich unter ca. 1 m zwischen Waffe und Haut. Beim absoluten Nahschuss wird die Waffe auf die Haut aufgesetzt und es werden weitere Verletzungsmuster erzeugt. Jeder dieser Faktoren bedingt eine andere Form der Verwundung, die zusätzlich auch noch von der Lage des Treffers und den getroffenen Organen bzw. Knochen abhängt. Auch die Gattung des getroffenen Lebewesens scheint entscheidend zu sein. Von Schrotkugeln getroffene Hasen scheinen eine Art Schocktod zu sterben, auch wenn die Schrotkugeln von der eigentlichen Verletzung her nicht tödlich sind. Bei anderen Lebewesen, auch beim Menschen, will man diesen Tod durch Hochgeschwindigkeitsgeschosse und deren Wirkung auf das vegetative Nervensystem beobachtet haben. Für den Menschen wird eine Grenzgeschwindigkeit von etwa 1200 m/s benannt. Eine wissenschaftliche Verifizierung dieses Phänomens ist aber nicht bekannt.

---

[62] Kamikazedrohnen (z. B. russische Lanzet-Drohne), zielsuchende Mörserpatronen (deutsche 120-mm-Mörserpatrone Bussard) oder auch Panzerabwehrlenkflugkörper (schwedischer LFK Bill) mit Top-Attack-Eigenschaften können mit diesem System nicht bekämpft werden.

Es wird erst einmal angenommen, dass sich das Geschoss beim Eindringen weder verformt noch zerlegt. Bei einer Verformung/Zerlegung würde die Abgabe der Geschossenergie an den Körper durch den höheren Querschnitt immens erhöht, allerdings das Wundbild auch stark verändert.

Weiterhin wird angenommen, dass sich das Geschoss in ein halbunendliches Ziel aus idealem Muskelgewebe bewegt und in diesem Gewebe auch gestoppt wird.

Eine weitere Annahme: Die Rotationsenergie eines Geschosses beträgt etwa 1 % der translatorischen Energie und kann bei Dralllängen von 200 mm und mehr vernachlässigt werden, auch wenn die translatorische Energie vor der Rotationsenergie aufgebraucht ist, d. h., dass das Geschoss im Gewebe stecken geblieben ist, aber immer noch drallt. Die so an das Gewebe durch Reibung abgegebene Wärmeenergie führt nicht zu einer weiteren oder auch schwerwiegenderen Schädigung.

Ein Fernschuss mit einer Kurzwaffe und einer Geschossgeschwindigkeit unter 300 m/s lässt sich am Einfachsten beschreiben, hier gelten weitgehend die Gesetzmäßigkeiten des Impulserhaltungssatzes. Wobei der Begriff „Fernschuss" nur bedeutet, dass die Merkmale, die bei einem Nahschuss auftreten, fehlen. Ein Fernschuss bei einer kleinkalibrigen Waffe und einer geringen Mündungsgeschwindigkeit kann schon ab einer Entfernung von 1 m gegeben sein.

Beim Auftreffen auf die gespannte Haut schürft das Geschoss die oberen Hautschichten ab, da die Haut durch die Massenträgheit nicht in der Lage ist, in Schussrichtung auszuweichen. Es bildet sich der Schürfsaum, der im Durchmesser größer als das Kaliber ist.

Im Zielmaterial wird dem Geschoss auf unterschiedliche Weise Energie entzogen, es wird abgebremst. Dabei entstehen sehr hohe Kräfte, da das Gewebe einen großen Flüssigkeitsanteil besitzt und somit nur in einem kleinen Teil komprimiert werden kann. Zum einen zerreißt das Gewebe, es wird elastisch verformt und aufgrund der Massenträgheit erst anschließend verdrängt. Zusätzlich wird durch die Reibung des Geschosses am Gewebe und durch die Bewegung des Gewebes beim Verformen und Ausweichen Wärme erzeugt. Durch die Verdrängung des Gewebes und dessen Elastizität entsteht eine überkalibergroße Wundhöhle, die sich durch die schon beschriebene Massenträgheit des Gewebes erst nach dem Geschossdurchgang bildet. Allerdings fällt die temporäre Wundhöhle schon in weniger als einer Sekunde später wieder in sich zusammen (temporäre Kavitation). Die Gewebeschichten prallen im Schusskanal aufeinander und werden durch den entstehenden Überdruck wieder auseinandergeschoben. Dieser Vorgang des atmenden Wundkanals kann sich mehrere Male wiederholen, bis die kinetische Energie des Gewebes aufgebraucht ist. Eine bleibende Wundhöhle (permanente Kavitation) wird durch das zerrissene, stark durchblutete Gewebe und dessen Randbereich gebildet. Sie ist im Durchmesser etwa kalibergleich und kann bei langsamer Geschossgeschwindigkeit auch nicht mehr so einfach im Körper nachverfolgt werden. Kurz vor dem Steckenbleiben des Geschosses ist der permanente Wundkanal kleiner als der Geschossdurchmesser, von der Form her eher spaltförmig und kann von seiner Form mit einer Stichwunde verwechselt werden. Dies macht ein Auffinden des Geschosses im Körper schwierig, da diese Öffnung recht unscheinbar erscheint. Wundkanäle von Plastikgeschossen sind daher nicht eindeutig nachzuverfolgen. Kunststoffgeschosse, z. B. aus Übungspatronen, sind selbst auf dem Röntgenbild schwer aufzufinden, deswegen besitzen diese einen Metallstreifen, damit das Geschoss eindeutig auf einem Röntgenbild identifiziert werden kann.

Zwischen den Bereichen der temporären und der bleibenden Wundhöhle liegt die Zone der Extravasation. In diesem Gebiet ist das Gewebe durch die Elastizität nicht zerstört, aber empfindliche Gewebeteile (z. B. Nervenenden) betroffen. Die Blutungen nehmen hier radial vom Wundkanal nach außen ab.

Der temporäre und der permanente Wundkanal sind nur im Bereich des Einschusses mit einer Röhre vergleichbar (narrow channel). Durch den Dichteübergang vom leichten Medium Luft in einen stark flüssigkeitshaltigen Körper und das starke Abbremsen des Geschosses kommt es zu einem Taumeln über die Querachse. Das Geschoss überschlägt sich und vergrößert somit die Angriffsfläche. In diesem Bereich können die Wundhöhlen beträchtlich, teilweise bis zum Zehnfachen größer sein. Allerdings beginnt dieses Überschlagen erst ca. 4 cm nach dem Eindringen und das Geschoss steht in etwa erst nach 10 bis 15 cm das erste Mal quer zur Flugrichtung. Somit kommt dieser Vorgang selten bei Extremitäten, eher bei Körperdurchschüssen vor.[63]

Bisher nicht betrachtet wurde die dem Geschoss vorauseilende Stoßwelle. Mit einer Geschwindigkeit von ca. 1500 m/s ist sie fast immer schneller als das Geschoss (von Hochgeschwindigkeitsgeschossen der Panzerkanonen mal abgesehen). Bei langsamen Geschossen (unter 300 m/s) liegt die Druckspitze der Schockwelle unter 1,5 Mio Pa. Aufgrund des schnellen Abklingens der Druckspitze kann die Schockwelle vernachlässigt werden, es treten durch sie keine Gewebeschädigungen auf.

Nach Beendigung aller Reaktionen im Körper ist das Einschussloch etwa kalibergroß und sieht wie ausgestanzt aus.

Bei einem Fernschuss mit einer Langwaffe sind die Geschossgeschwindigkeiten beträchtlich größer, etwa bis 800 m/s, bei kurzen Schussentfernungen auch darüber. Hier ist die Energieabgabe pro zurückgelegter Strecke im Gewebe entscheidend. Bei einem Vergleich der Gewebezerstörungen zwischen einem kleinkalibrigen und einem großkalibrigen Geschoss, welche beide mit der gleichen Energie auf ein Zielgewebe aufschlagen, zeigt sich, dass das kleinkalibrige Geschoss aufgrund der höheren Geschwindigkeit bedeutend größere Schäden anrichtet. Daraus leitet sich die Verwendung des Kalibers 5,56 mm x 45 gegenüber dem Kaliber 7,62 mm x 51 ab. Bei gleicher Munitionsmasse kann mehr Munition am Mann getragen werden, die auch noch aufgrund der höheren Geschossgeschwindigkeit im Ziel größere Schäden anrichtet. Allerdings muss hier in Kauf genommen werden, dass die Kampfentfernung der Munition stark schrumpft.

---

[63] Das Überschlagen der Geschosse wird hauptsächlich bei Gewehrmunition festgestellt. Rundnasige Munition für Faustfeuerwaffen scheint zwar zu einem Pendeln, aber nicht zu einem Überschlagen zu neigen. Im Gegenteil: Das Vollmantelgeschoss .45 ACP fliegt im Weichziel geradeaus – ohne zu pendeln. Auch Flintenlaufgeschosse zeigen keine Neigung zum Pendeln oder zu einem Überschlag. Ein Grund könnte die im Vergleich zur Gewehrmunition sehr langsame Geschwindigkeit der Faustfeuerwaffenmunition sein.

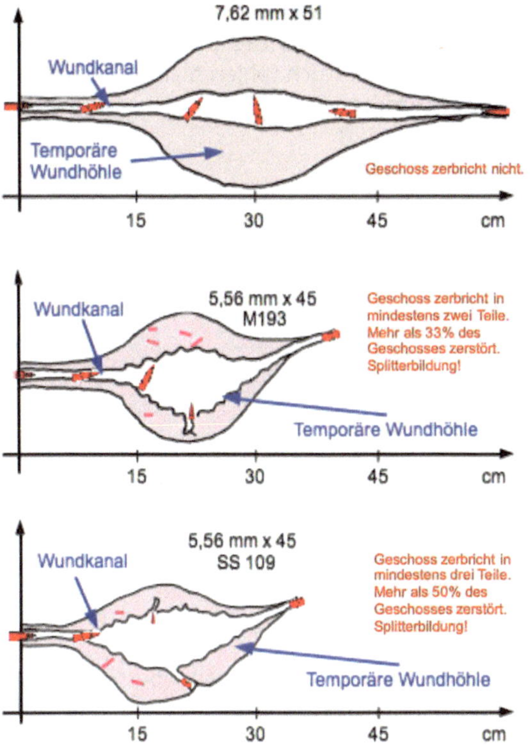

Bild 1.28: Eindringverhalten verschiedener Geschosse in Weichziele[64]

Der Durchmesser der temporären Wundhöhle steigt mit der Geschossgeschwindigkeit in etwa linear an. Diese bedeutend stärkeren Gewebeschädigungen führen zu größeren Blutungen, die sich noch erhöhen, da der Wundkanal zumeist auch länger ist. Auch die Einschusswunden vergrößern sich mit zunehmender Geschossgeschwindigkeit. Eine Zunahme der Einschlaggeschwindigkeit von ca. 500 m/s auf 1000 m/s bewirkt eine ca. 2,5-fache Zunahme der Wundfläche.

Im Gegensatz zum Fernschuss mit langsamen Geschossen ist die Haut hier eingerissen und radial verschoben. Die Haut wird vom Gewebeuntergrund abgetrennt und kann eine weitere permanente Höhle

64 Diese Trefferbilder gibt es mit verschiedenen Quellenangaben, hier V. Vestnik, Nr. 3-4/1992, S. 117–121.

bilden. Hautteilchen können bei sehr hohen Geschossgeschwindigkeiten sogar entgegen der Flugrichtung des Geschosses aus der Wunde herausgeschleudert werden. Auch fehlen hier die beim Nahschuss auftretenden Schmauchspuren.

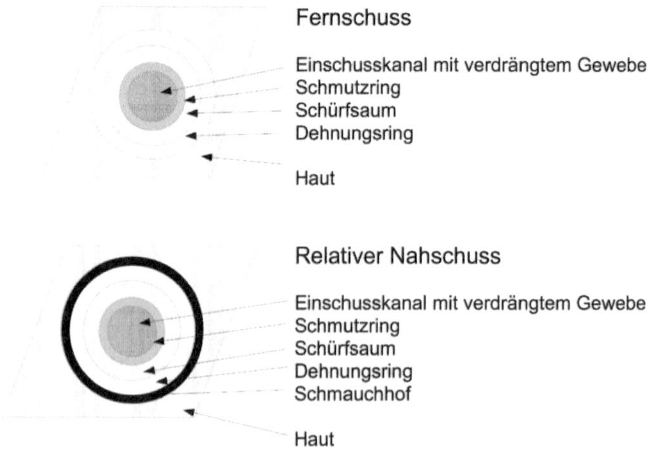

Bild 1.29: Fern- und relativer Nahschuss beim Eindringen in Weichziele

Bei einem relativen Nahschuss im Bereich zwischen 0,5 und ca. 1 bis 2 m zeigen sich weitere charakteristische Schädigungen. Die Haut wird, je kürzer der Abstand zwischen Mündung und Haut ist, umso stärker durch heiße Pulvergase mit Wärme und Druck belastet. Zusätzlich steigt die CO-Hämoglobin-Belastung im Gewebe an. Je nach Geschossart lassen sich auch Spuren von Kupfer, Antimon und Blei aus dem Geschossabrieb und den Additiven zum Treibladungspulver nachweisen. Die großflächige Verschmutzung durch Schmauchspuren nimmt mit zunehmender Entfernung ab. Während bei unmittelbaren Nahschüssen unverbrannte Treibladungspulverreste durch den Druck der Verbrennungsgase regelrecht in die Haut hineintätowiert werden, lassen sich in weiterer Entfernung nur noch Pulverspuren auf der Haut nachweisen.

Bei aufgesetzter Waffe mit direktem Kontakt zwischen Waffenmündung und Haut (absoluter Nahschuss) dringen zusätzlich zu dem Geschoss Treibladungspulvergase, Reste von unverbranntem Treibladungspulver sowie Waffenöl und sogar vom Anzündsatz in die Wunde ein. Gegebenenfalls wird die Haut bereits durch die vor dem Geschoss austretende Gassäule vorgeschädigt. Bestimmender ist aber in diesem Fall, dass die Treibladungspulvergase, die sich hinter dem Geschoss befinden, nicht frei in die Umgebung entweichen können und somit hinter dem Geschoss in die Wundhöhle eindringen. Sie gelangen in Teilen unter die Haut und dehnen diese. Liegt die Haut nahe an Knochen an, wird sie vom Knochen gelöst und bildet die sogenannte Schmauchhöhle. Wenn genügend Pulvergase in diese Höhle eingedrungen sind, kann die Haut dem Druck der Pulvergase nicht mehr standhalten und reißt strahlenförmig zu einer sternförmigen Platzwunde ein. Zusätzlich bildet sich ein überkalibergroßer Abdruck der Waffenmündung auf der Haut, das sogenannte Waffengesicht oder die Stanzmarke.

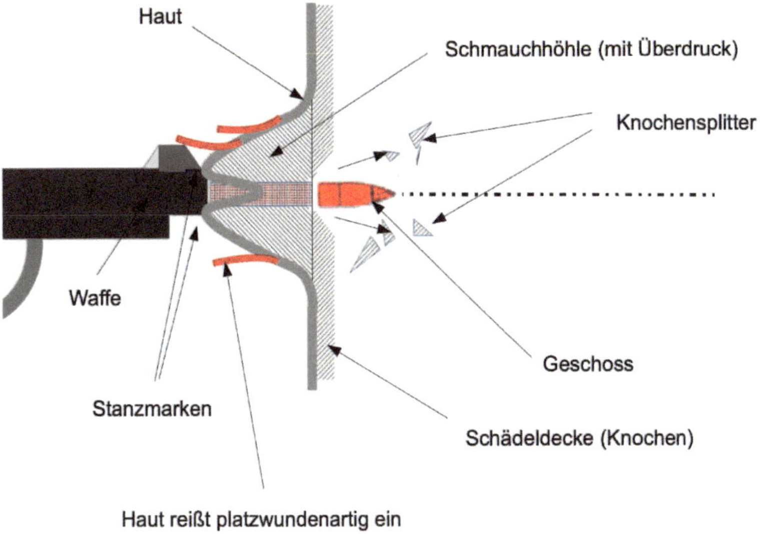

Bild 1.30: Stanzmarken und Schmauchhöhle beim aufgesetzten Nahschuss

Bei allen Typen von Einschusslöchern bildet sich um die Wunde ein Schmutzring. Er besteht aus Resten von Waffenöl, Treibladungspulver, Anzündsatz und dem metallischen Abrieb zwischen Waffenrohr und Geschoss.[65]

[65] Die Schusswunde ist niemals steril. Eine Sterilisation des Geschosses beim Rohrdurchgang und auf dem weiteren Flugweg erfolgt nicht. Es befinden sich daher in der Schusswunde auch jegliche Arten von Haut-, Feuchte- oder Erdkeimen, die durch das Geschoss eingebracht werden.

Er ist etwas kleiner als der Kaliberdurchmesser und etwa 2 mm breit. Hinzu kommt, dass sich hinter dem Geschoss ein Unterdruck ausbildet, der Schmutz und auch ggf. Textilfasern in den Wundkanal hineinzieht. Der Schmutzring kann fehlen, wenn das Geschoss zuvor durch weicheres Material, z. B. Holz, durchgeschossen wurde.

Bisher wurde nur der Steckschuss behandelt. Ein Ausschuss ist abhängig vom Durchtritt durch das Gewebe, ggf. durch Knochen oder Organe, von der Geschosssorte, der Geschossgeschwindigkeit und einem Taumeln des Geschosses im Zielmaterial. Deshalb wird hier nur der ideale Ausschuss beschrieben, bei dem das Geschoss nur flüssigkeitsgefülltes Muskelgewebe durchdringt und nicht taumelt.

Bei einem Ausschuss ändert sich wiederum die Dichte des Mediums von einem hohen Flüssigkeits- zu einem hohen Gasanteil. Die Haut kann sich daher nach außen ausbeulen, was dazu führt, dass die Wundränder nach außen ragen. Daher sind besonders die Elastizität der Haut und die Geschossgeschwindigkeit maßgebend für die Form des Ausschussloches. Sehr kleine Restgeschwindigkeiten des Geschosses, etwa unter 40 m/s, können dazu führen, dass das Geschoss in der elastischen Haut stecken bleibt und so aufgefangen wird. Reicht die Geschwindigkeit zum Geschossaustritt, so bildet sich bei Geschwindigkeiten unter 400 m/s ein unterkalibergroßes Austrittsloch, da hier die Elastizität der Haut vorherrschend ist. Mit zunehmender Austrittsgeschwindigkeit führt die Massenträgheit der Haut zu einem Aufreißen. Dies zeigt sich zuerst in einem Einreißen der Haut im Randbereich, das mit weiter zunehmender Geschossgeschwindigkeit in einem sternförmigen Ausreißen fortschreitet. Zusätzlich werden, auch in Abhängigkeit von der Geschossform und eventuellen Deformationen des Geschosses, Hautteilchen aus dem Ausschussloch weggerissen. Allerdings ist der Gewebeverlust bedeutend geringer als beim Einschussloch. Ein Schmutzring fehlt an der Ausschussseite.

Bildet sich im Gewebe in der Nähe des Ausschuss eine temporäre Wundhöhle, so können beim Kollabieren der Wundhöhle auch Haut- und Textilfasern durch das Ausschussloch in die Wunde gezogen werden. Dies ist vor allem bei hohen Austrittsgeschwindigkeiten des Geschosses der Fall.

Trifft das Geschoss im Körper auf Organe, so ist sehr entscheidend, ob das Organ flüssigkeitsgefüllt (z. B. die Blase) oder weitgehend luftgefüllt (ein leerer Magen) ist. Während bei flüssigkeitsgefüllten Organen durch die geringe Kompressibilität sehr hohe Schädigungen durch das Zerreißen des Organs auftreten können, werden luftgefüllte Organe nur gering geschädigt, da die Luft komprimiert werden kann und das ein Ausweichen von Gewebeteilchen zulässt. Hinzu kommt, dass verschiedene Organe im Gegensatz zum Muskelgewebe recht kompakt sind. Leber, Milz und Nieren besitzen nur eine geringe Elastizität, hier entspricht das Volumen der temporären Wundhöhle in etwa der Größe der verbleibenden Wundhöhle. Weiterhin kann es zu einer temporären Verlagerung des Organs im Körper kommen.

Die Auswirkungen auf einen Organtreffer sind recht unterschiedlich und hängen auch hier wieder von der Geschossgeschwindigkeit und -form ab. Herztreffer und auch Beinahetreffer des Herzens mit hohen Geschossgeschwindigkeiten führen durch die hydrodynamische Wirkung sofort zu einem Ausfall des Organs. Bei sehr langsamen Geschossgeschwindigkeiten besteht durchaus eine Überlebenschance, sofern die Einblutung z. B. in den Herzbeutel und der dadurch auftretende Blutverlust noch nicht zu groß sind.

Fatal sind auch Treffer der Schlagadern, die zu einem sofortigen Zerreißen des Gewebes und hohem Blutverlust führen.

Bei einem Durchschuss durch das Lungengewebe kann die Handlungsfähigkeit sogar noch längere Zeit erhalten bleiben, bis auch hier durch den nicht behandelten Blutverlust oder eine Infektion der Tod eintritt.

Knochen und Holz sind sich im Durchschussverhalten ziemlich ähnlich. Auch hier machen sich die unterschiedlichen Geschwindigkeitsbereiche sowie der Flüssigkeitsgehalt im Medium beim Aufschlag bemerkbar. Weiterhin kann es beim Knochenkontakt (dies kann auch nur ein Streifen des Knochens sein) zur Ablenkung und zur Deformation des Geschosses kommen.

Bei niedrigen Aufschlaggeschwindigkeiten (ca. 300 m/s) zeigt sich auf der Einschussseite ein etwa kalibergroßes Loch, der Knochen wird hier zuerst eingedrückt und somit stark komprimiert. Der Wundkanal weitet sich bei flachen Knochen zur Ausschussseite hin kegelförmig auf. Der Durchschlagvorgang gleicht somit eher einem Hindurchdrücken des Geschosses durch das Zielmaterial.

Bei einer hohen Aufschlaggeschwindigkeit macht sich der Einfluss des Knochenmarks bemerkbar. Knochenmark besteht zu einem hohen Anteil aus Flüssigkeit. Durch die hydrodynamische Druckerhöhung und die geringe Kompressionsneigung der Flüssigkeit wird der Knochen regelrecht gesprengt. Dies führt zu zahlreichen unregelmäßigen

Knochenfragmenten. Eine weitere Steigerung der Geschwindigkeit, etwa über 600 m/s hinaus, führt immer zu einem Trümmerbruch an der Stelle des Durchschusses.

Weitere Brüche können durch eine sich sehr schnell ausbreitende Wundhöhle sowie durch die Impulsübertragung vom Geschoss auf die Extremitäten auftreten. Der Knochen bricht an der Stelle der höchsten Beanspruchung durch eine Biegung, die Bruchstelle kann z. B. an den Gelenken auftreten.

Knochenbrüche, vor allem an größeren Knochen wie Becken oder Oberschenkel, können sehr stark bluten, sodass auch diese eigentlich nicht lebensbedrohlichen Verletzungen schnell zu einer Verblutung führen.

Bei einem Kopfschuss kommen mehrere der bereits angesprochenen Faktoren zusammen. Zum einen handelt es sich bei einem Schuss durch den oberen Kopfbereich um einen Knochendurchschuss, zum anderen besitzt das Gehirn einen großen Flüssigkeitsanteil und ist somit nur gering komprimierbar.

Der Einschuss ähnelt dem Eindringen in einen flachen Knochen. Das Einschussloch ist etwa kalibergroß und zum Kopfinneren kegelförmig erweitert. Beim Eintritt in den flüssigkeitsgefüllten Hohlraum kommt es zur Ausbildung einer Stoßwelle und einem weiteren Abbremsen des Geschosses. Da der Hohlraum allseitig von Knochen umschlossen ist, sind der Druckanstieg und die Schäden durch die Stoßwelle auf das Gewebe sehr hoch. Die Stoßwelle kann Auswirkungen bis auf den Hirnstamm haben und ggf. das dort vorhandene Atemzentrum schädigen.

Geschosse im niedrigen Geschwindigkeitsbereich bzw. von Kleinwaffen mit geringer Geschossenergie sind vielfach nicht mehr in der Lage, aus dem Schädel auszutreten. Sie können im Hirngewebe oder an der gegenüberliegenden Seite innen am Schädelknochen liegen bleiben. Bei einer höheren Geschossgeschwindigkeit wird es zu mehrfachem Abprallen an der Innenseite des Schädelknochens kommen. Das Geschoss wird in den Hohlraum reflektiert oder es gleitet zwischen weicher und harter Hirnhaut entlang, bis es zur Ruhe kommt. In beiden Fällen wird das Gehirn zusätzlich stark geschädigt.

Eine weiter gesteigerte Geschossgeschwindigkeit führt zu einem Steckschuss an der Innenseite des Schädelknochens und zu einem

Aufplatzen des Schädelknochens mit sternförmigen Rissen. Die Kopfhaut hält dabei den Knochen (noch) zusammen und verhindert ein Wegplatzen der Schädeldecke.

Bei noch höheren Geschossgeschwindigkeiten kommt es zu einem Abreißen der Schädeldecke und ggf. dem Austreten von Teilen oder des gesamten Gehirns (Krönlein-Schuss).

Ein Kopfschuss führt in der Regel zur sofortigen Handlungsunfähigkeit. Hierbei gilt: Je höher die Geschossgeschwindigkeit, umso höher auch die Zerstörungen im Gehirn durch die Druckwelle. Trotzdem kann es bei langsamen Pistolengeschossen und einem Schläfenschuss (Selbstmörder) vorkommen, dass nur Teile im Stirnhirn getroffen werden und so die Überlebenschance recht gut ist.

Die Eindringtiefe oder ein Durchschuss hängen von sehr vielen Faktoren ab und lassen sich nicht auf eine bestimmte Entfernung oder ein Kaliber festlegen. Reale Geschosse sind deformierbar oder zerlegen sich im Körper. Sie überschlagen sich und taumeln. Vielfach sind diese Eigenschaften sogar gewünscht, um bei einem Körpertreffer einen Durchschuss und somit eine Gefährdung unbeteiligter Personen auszuschließen. Weiterhin werden Geschosse im Körper durch Treffer auf Organe oder Knochen aus der ursprünglichen Flugbahn abgelenkt oder können Knochen- oder Gewebeteile mitschleppen. Hinzu kommt noch der körperliche Zustand des Getroffenen sowie Aspekte der Kleidung, ggf. auch der Schutzbekleidung. Bei zerlegenden Geschossen ist es auch möglich, dass nur die einzelnen Splitter wieder austreten.

Als Anhalt kann angenommen werden, dass ein Einschuss durch die Haut nur bei einer Geschossgeschwindigkeit von mehr als 50 m/s bis 70 m/s auftritt. Bei Knochen beträgt die Grenzgeschwindigkeit für ein Eindringen etwa 60 m/s, flüssigkeitsgefüllte Organe, z. B. die Augen, haben eine etwas höhere Grenzgeschwindigkeit, ca. 80 m/s.

1.6.2.4 Schuss in Flüssigkeiten

Ein Schuss in Flüssigkeiten ist sehr stark vom c_w-Wert abhängig, der gerade in Flüssigkeiten nicht konstant ist. Da Flüssigkeiten in der Regel eine höhere Dichte als Luft haben, kann man zumindest annehmen, dass ein Geschoss im Wasser auf kurzer Entfernung abgebremst wird. Als Abschätzung gilt für die negative Beschleunigung:

$a = c_w \bullet r \bullet A \bullet v^2 / (2 \bullet m),$

1

mit c_w für den c_w-Wert (für ein U-Boot gilt etwa $c_w = 0{,}1$, die Titanic hatte $c_w = 0{,}3$, ein Pinguin hat $c_w = 0{,}01$), dabei ist zu berücksichtigen, dass der c_w-Wert geschwindigkeitsabhängig ist,

der Dichte $r = 1120\ kg/m^3$,

A für den Geschossquerschnitt,

v für die Eintrittsgeschwindigkeit und

m für die Geschossmasse.

Die jeweilige Geschossgeschwindigkeit kann man abschätzen nach:

$v(s) = v \bullet \exp(- c_w \bullet A \bullet r \bullet s / (2 \bullet m))$

Man sieht, dass ein Geschoss nach wenigen Metern zur Ruhe kommt. Leider ist diese Formel nur eine Abschätzung, sodass sie selbst für eine Entfernung von 10 m noch einen Geschwindigkeitswert angibt, der allerdings schon sehr gering ist.[66] Selbst speziell für Kampfschwimmer entwickelte Waffen und deren nadelartige Geschosse haben nur eine geringe Reichweite, die auch noch von der Wassertiefe abhängt. Für das russische Avtomat Podvodny Spetsialny (APS) im Kaliber 5,66 mm x 39 werden folgende Reichweiten angegeben:[67]

Wassertiefe in m	Entfernung in m
(Luft)	100
5	30
20	20
40	10

Bei japanischen Versuchen in Verbindung mit dem Bau des Schlachtschiffes YAMATO hatte man versucht, Geschosse weiterzuentwickeln, die sich bei zu kurz liegenden Salven mit hoher Geschwindigkeit unter Wasser weiter auf das Ziel zubewegen. Dazu wurden speziell hydrodynamisch geformte Geschosse gefertigt. Ein Einsatz gegen gegnerische Schiffe und deren Wirkung ist nicht bekannt.[68]

---

66 Im Internet gab es dazu ein Video mit dem Selbstversuch eines norwegischen Physikers. Er ließ sich auf kurze Entfernung mit einem Schuss aus einem Sturmgewehr beschießen. Das Video wurde von YouTube inzwischen entfernt.

67 Siehe auch Kapitel 6.1.7.

68 D. C. Evans, M. R. Peattie: Kaigun. Strategy, Tactics and Technology in the Imperial Japanese Navy. 1887–1941. US Naval Institute Press, Annapolis MD 1997.

Kapitel 2: Explosivstoffe

2

Kapitel 2: Explosivstoffe

Explosivstoffe haben in der Waffen- und Munitionstechnik vielfältige Aufgaben. Sie zerstören Gegenstände, beleuchten ein Gelände, verhindern die Sicht in ein Gelände, treiben Geschosse aus Waffen, beschleunigen Flugkörper und schützen Personen bei Unfällen durch Auslösen des Airbags. Eine Einteilung für einen so vielfältig nutzbaren Stoff ist daher schwierig und zumeist unvollständig, da sehr viele Stoffe als Explosivstoffe gewertet werden können.

Explosionen dürften fast so alt sein wie die Menschheit. Allerdings wurden die ältesten bekannten Explosionen sicherlich unbeabsichtigt ausgelöst: die Mehlstaubexplosionen in den Kornmühlen der Antike. Wann und wo das Schwarzpulver wirklich erfunden wurde und ob es tatsächlich zuerst in China verwendet wurde, ist strittig. Branderzeugende Stoffe, die ggf. explosionsfähig waren, kannten bereits die antiken Griechen. Hier wird von kolbenartigen Lederbeuteln berichtet, mit denen Arbeit verrichtet wurde, z. B. das Spannen von Seilzügen für Katapulte. Prokopios von Caesarea (geboren ca. 500, gestorben ca. 562) berichtet über den Gothenkrieg (535–540) und schreibt dort von einem schwarzen Pulver, mit dem es dem Ballistenmeister Martinus gelungen ist, eine uneinnehmbare Wegsperre dem Erdboden gleichzumachen. Martinus kam dabei leider ums Leben und nahm die Rezeptur mit ins Grab.[69] Im Ersten sowie Zweiten Weltkrieg wurde vielfach aus Rohstoffmangel mit außergewöhnlichen Stoffen experimentiert, um diese zur Explosion zu bringen, z. B. Braunkohlestaub – daraus entstanden die sogenannten „Fuel Air Explosives", denen ein eigenständiger Abschnitt gewidmet ist.

Explosivstoffe lassen sich sehr einfach nach ihrer Verwendung unterscheiden:

- Sprengstoffe
- Treibstoffe
- pyrotechnische Stoffe
- sonstige explosionsfähige Stoffe

Die Grenzen sind fließend, je nach Quellenangabe und Intention des Autors. Mal zählt Schwarzpulver zu den Sprengstoffen, mal zu den Treibstoffen oder mal gehören Gesteinssprengstoffe zu den Spreng-

[69] Ein ausführlicher geschichtlicher Abriss befindet sich in S. J. von Romocki, Geschichte der Explosivstoffe, Band I, Geschichte der Sprengstoffchemie, der Sprengtechnik und des Torpedowesens bis zum Beginn der neuesten Zeit, Berlin 1895. Das Beispiel aus dem Gothenkrieg wurde hier entnommen.

stoffen oder eben zu den Treibstoffen.[70] In letzterem Fall wird die Wirkung als Unterscheidungsmerkmal zurate gezogen: Sprengstoffe haben eine zerstörerische und Treibstoffe eine schiebende, trennende Wirkung. Vielfach ist es unerwünscht, Gestein vollständig zu zertrümmern (teure Marmorplatten!), man möchte es nur aus dem Fels trennen, daher kann ein Gesteinssprengstoff durchaus zu den Treibstoffen zählen.

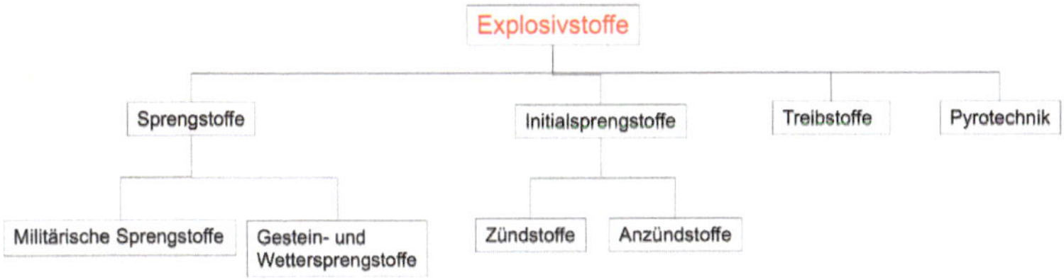

Bild 2.1: Einteilung der Explosivstoffe, Selbstbaulaborate wurden hier ausgenommen.

Auch die Abgrenzung zu anderen chemischen Erzeugnissen ist schwierig. Viele Explosivstoffe werden auch als Düngemittel genutzt, dann allerdings in geringeren Konzentrationen und im Gemenge mit anderen Stoffen. Eine weitere Nutzung dieser Stoffe gibt es in der Medizin. Wasserstoffsuperoxid, eine Komponente für Raketentreibstoff, wird als Desinfektionsmittel genutzt. Nitroglyzerin wird auch als Medikament gegen bestimmte Herzerkrankungen eingesetzt.

Explosivstoffe führen den Sauerstoff bzw. Oxidator – soweit für die Umsetzung überhaupt nötig – mit sich. Daher funktioniert die Reaktion auch unter Sauerstoffabschluss in verschlossenen Behältnissen. Ein Löschen oder ein Unterbrechen der Reaktion ist somit weitgehend unmöglich, selbst wenn es aufgrund der schnellen Abfolgen einer Explosion möglich wäre.

2.1 Die Gefahrgutverordnung

Eine andere und mittlerweile international anerkannte Einteilung von Explosivstoffen bietet die Gefahrgutverordnung. Sie ist für den Transport auf der Straße, mit der Eisenbahn oder der Binnenschifffahrt vereinheitlicht. Für den Lufttransport sind die Bestimmungen

[70] Im Waffentechnischen Taschenbuch der Fa. Rheinmetall, Düsseldorf 1972 zählt Schwarzpulver zu den Sprengstoffen, H. Dathan sieht das im Buch Waffenlehre für die Bundeswehr, Bonn 1980, anders, hier gehört Schwarzpulver zu den Treibstoffen.

der IATA[71] und für den Seetransport die Bestimmungen der IMDG[72] bindend.

Gefahrgut wird in insgesamt 9 Klassen eingeteilt. Dabei bilden die Explosivstoffe die Gruppe 1, die wiederum in mehrere Unterklassen[73] eingeteilt ist.

Munitionsbrandklasse	Unterklasse	Hauptgefahr	Beispiel	Munitionsbrandklassenschild
1	1.1 1.5	Massenexplosion mit Druckwirkung sowie Splitter und Wurfstücke	Sprenggeschoss, Panzermine	
2	1.2 1.6	Explosion sowie Splitter und Wurfstücke	Treibladung Raketenmotor	
3	1.3	Teilweise Explosion, dabei starke Rauch- oder Nebelbildung und Massenfeuer mit großer Hitzefreisetzung	Pyrotechnische Munition	
4	1.4	Feuer- und Hitzefreisetzung sowie geringer Funkenflug	Handwaffenmunition	

Die Unterklassen 1.5 und 1.6 sind noch sehr neu und wurden speziell für insensitive Munition entwickelt. Sie werden in Kapitel 2.4.4 beschrieben.

---

71 International Air Transport Association (Internationale Luftverkehrs-Vereinigung).

72 International Maritime Code for Dangerous Goods – Gefahrgutkennzeichnung für gefährliche Güter im Seeschifftransport.

73 Gemäß Anhang zu § 2 der zweiten Sprengstoffverordnung auch als Lagergruppen bezeichnet.

Ebenfalls neu[74] sind die Unterklassen 1.2.1, 1.2.2 und 1.2.3 sowie 1.3.1 und 1.3.2:

- Unterklasse 1.2.1 beinhaltet Munition mit einer erheblichen Splitterwirkung. Die Munition besitzt eine Sprengstoffmasse von mehr als 0,136 kg.
- Unterklasse 1.2.2 wurde für Munition entwickelt, die nur eine geringe Splitterwirkung besitzt. Die Explosivstoffmasse beträgt weniger als 0,136 kg.
- Unterklasse 1.2.3 kennzeichnet Munition, die weitgehend die Kriterien für insensitive Munition erfüllt.
- Unterklasse 1.3.1 wurde für Munition entwickelt, die überwiegend die Eigenschaften von Treibladungspulver besitzt.
- Unterklasse 1.3.2 kennzeichnet Munition mit geringeren gefährlichen Eigenschaften.

Aus den Unterklassen lassen sich Schutzabstände errechnen, die für den Abstand von Munitionslagerstätten (sogenannte Gefahrenherde) zu anderen Orten wie Unterkünften, Straßen oder Wohngebieten (sogenannte zu schützende Objekte) bindend sind.[75]

Die Einstufung einer Munition in eine Unterklasse definiert sich nicht nur über den Explosivstoff. Auch die Verpackung[76] und die Explosivstoffmenge spielen eine große Rolle. So lässt sich eine Sprengkapsel der Unterklasse 1.1 auch in der Unterklasse 1.4 einstufen, wenn die Verpackung dafür sorgt, dass die Wirkung bei

---

74 Munitionstechnisch ohne Belang sind die Unterklassen 1.1-1 bis 1.1-3 für pyrotechnische Sätze. Gemäß Deutsche Gesetzliche Unfallversicherung, DGUV Regel 113-017, Tätigkeiten mit Explosivstoffen, Stand: Februar 2017, gilt:

- 1.1-1: Pyrotechnische Sätze dieser Unterklasse explodieren ohne Verdämmung schon in geringer Masse, sie sind mechanisch oder thermisch sehr empfindlich.
- 1.1-2: Pyrotechnische Sätze dieser Unterklasse explodieren bei Verdämmung (auch Eigenverdämmung) in geringer Masse, sie sind mechanisch oder thermisch sehr empfindlich. Die Abbrandgeschwindigkeit ist dabei sehr stark masseabhängig.
- 1.1-3: Pyrotechnische Sätze dieser Unterklasse explodieren bei Verdämmung, sie sind mechanisch oder thermisch sehr empfindlich. Die Abbrandgeschwindigkeit ist masseabhängig.

75 Diese wurden erstmalig in England im Explosive Act von 1875 festgelegt und durch Carl Crantz im Lehrbuch der Ballistik, Berlin 1916 vervollständigt. Fast alle Schutzabstandsbestimmungen, sowohl die IATG (International Ammunition Technical Guidelines – Internationale technische Empfehlungen für Munition) der UN als auch die AASTP-1 (Allied Ammunition Storage and Transport Publication – Gemeinsames Handbuch für den Transport und die Lagerung von Munition) bis AASTP-5 der NATO sowie auch die Regelungen der Bundeswehr, beruhen auf dieser Quelle.

76 Als Beispiel für eine Kennzeichnung und Beschriftung eines Munitionspackmittels siehe Anlage A3.

einer Auslösung der Munition keine größere Gefahr für die Umgebung darstellt.

Im Zusammenhang mit den Klassen und Unterklassen stehen die Verträglichkeitsgruppen. Hier wird festgelegt, welche Explosivstoffart bzw. Munition mit welcher weiteren Explosivstoffart oder Munition zusammengelagert und transportiert werden darf. Die Einteilung in die Verträglichkeitsgruppen und die dazugehörige Tabelle der Zusammenlagerungs- und Transportverbote befindet

sich in Anhang A8.

2.2 Umsetzung von Explosivstoffen

2.2.1 Mechanismus der Explosion

Man kann Explosivstoffe entsprechend der Initiierung und der sonstigen Umgebungsbedingungen entweder zu einer schiebenden Wirkung oder zu einer zerstörenden Wirkung nutzen. Unverkammertes Nitrozellulosetreibladungspulver brennt sehr langsam ab, in einer Waffe verbrennt die gleiche Menge an Pulver in Bruchteilen von einer Sekunde. Dies führt zur Unterteilung der Explosion in folgende Kategorien, wobei die Übergänge je nach Explosivstoff und Umweltbedingungen fließend sind:

- Verbrennung: Die Umsetzung erfolgt zumeist unter Zufuhr von Luftsauerstoff und in einer nur geringen Geschwindigkeit von einigen Metern pro Sekunde und ohne Entwicklung eines nennenswerten Druckstoßes. Dieser Vorgang lässt sich mit einer lang gestreckten Benzinlache verdeutlichen, die an einem Ende angezündet wird. Das Benzin brennt langsam ab, die Ausbreitung der Flamme kann ohne Hilfsmittel beobachtet werden. Es tritt keine schiebende oder zerstörerische Wirkung auf.
- Verpuffung: Ein Fauchen oder ein dumpfer Knall zeugen von der schnellen Ausbreitung der Verbrennung und einer leichten Druckerhöhung von noch unter 1 hPa. Dies kann bei größerem umschlossenem Volumen, z. B. in einem geschlossenen Raum, zum Zerplatzen von Fensterscheiben führen.
- Abbrand: Dies ist der Vorgang im Ladungsraum einer Waffe ohne Sauerstoffzufuhr von außen. Eine schnelle und starke Druckerhöhung in einem Bereich bis 4000 hPa[77] oder mehr übt eine schiebende Wirkung auf ein Geschoss aus. Bleibt der Druck in einem für die Waffe ausgelegtem Rahmen, findet keine Zer-

[77] Zum Vergleich: aus einer Trinkwasserleitung in Deutschland fließt das Wasser mit einem Druck von ca. 3 hPa bis 6 hPa. Hier geht es um Drücke, die um das Tausendfache höher sind.

störung statt. Die Umsetzungsgeschwindigkeit liegt zwischen 5 m/s und etwa 1000 m/s.[78]

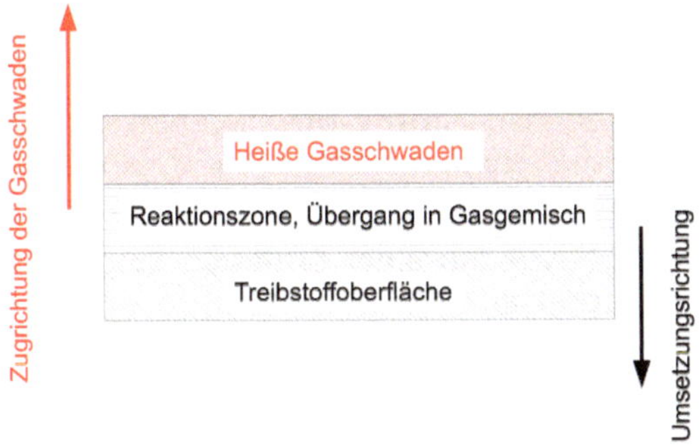

Bild 2.2: Eine Verbrennung findet nur an der Oberfläche des Treibstoffes statt.

- Deflagration: Das ist der Übergang von einem schnellen Abbrand zu einer Detonation oder umgekehrt. Er ist stark von den Umgebungsbedingungen, z. B. von der Umgebungstemperatur oder auch den Fertigungsbedingungen, abhängig und nicht immer gewollt. Schnell abbrennende Explosivstoffe können in eine Detonation übergehen, wenn durch zu hohe Außentemperaturen die Umsetzungsgeschwindigkeit zu stark ansteigt oder die zumeist gasförmigen Verbrennungsprodukte nicht schnell genug abströmen können.[79] Andererseits kann durch Risse und Lunker[80] bei der Verarbeitung des Sprengstoffs eine Detonation in eine schnelle Verbrennung übergehen. Die Umsetzungsgeschwindigkeit bei einer Deflagration liegt unter der lokalen Schallgeschwindigkeit.
- Detonation: Charakteristisch dabei ist ein sehr schnelles Ansteigen des Druckes am Ort der Umsetzung, verbunden mit einer Stoßwelle. In einer ersten Phase zerlegt sich der Sprengstoff am Rand der Stoßwelle in ein sehr stark komprimiertes Gas- oder Dampfgemisch, die sogenannten Schwaden. In einer zweiten Phase dehnt sich dieses Gas- oder Dampfgemisch schlagartig aus.

---

78 Die Schallgeschwindigkeit beträgt unter Normalbedingungen von 20 °C und von 1023 hPa 340,23 m/s. Mit einer Druckerhöhung im Ladungsraum nimmt auch die Schallgeschwindigkeit zu. Damit kann eine Umsetzungsgeschwindigkeit von 1000 m/s durchaus noch unter der lokalen Schallgeschwindigkeit liegen.

79 So sind schon ganze Fabrikanlagen zerstört worden, siehe: F. A. Heinen, Die Todesfabrik, Espagit, die geheime Granatenschmiede, Aachen 2000. Der Titel ist zwar reißerisch, es zeigt sich aber, wie aus einer bloßen Verbrennung von Sprengstoffen eine Detonation entstehen kann, die bis heute einen ganzen Landstrich prägt.

80 Hohlräume und Spalten.

Die dabei entstehende Stoßwelle wirkt sich auf die Umgebung massiv zerstörerisch aus. Die beiden Phasen finden in Bruchteilen von Millisekunden statt, die Umsetzungsgeschwindigkeit kann mehr als 9000 m/s betragen. Die Drücke liegen hier bei etwa 5 MPa bis 20 MPa. In einer dritten Phase kann sich das Gas- bzw. Dampfgemisch mit dem Luftsauerstoff vermischen und, falls es noch heiß und entsprechend komprimiert genug ist, eine weitere chemische Reaktion auslösen.[81]

Die Schäden durch die Druckwirkung einer Explosion lassen sich nach folgender Tabelle[82] abschätzen:

Druck in bar (=100.000 Pa)	**Art der Schäden**	**Beispiele**
20	Starke Schäden an geschützten Bauwerken	
5		Wasserdruck in der Hauswasserleitung
2	Zerstörung von armierten Betonwänden	Etwa der Druck in Autoreifen
1	Eisenbahnwagen werden umgeworfen	Luftdruck in Meereshöhe
0,7		Lungenriss beim Menschen
0,4	Zerstörung von Wohnhäusern, Umwerfen von Pkw	
0,15	Personen werden umgeworfen	
0,1	Stahlrahmen werden verformt	Sehr starker Sturm
0.06	Mauerrisse, leichte Gebäudeschäden	
0,04	Wurfstücke	
0,03		Schalldruckpegel höher als die Schmerzgrenze (140 dB)
0,02	Schäden an allen Fenstern	
0,002	Große Schaufenster werden eingedrückt	

81 Dieser Vorgang wird u. a. bei Seeminen ausgenutzt, um Schiffe durch mehrere hintereinander folgende Stoßwellen regelrecht zu zerbrechen. Siehe Unterwasserdetonationen.

82 Ursprünglich aus G. F. Kinney/ K. J. Graham, Explosives Shocks in Air, 1985, veröffentlicht in US Departement of Homeland Security (ein Teil der FEMA – Federal Emergency Management Agency – Bundesagentur für Katastrophenschutz), Building Design for Homeland Security, Unit VI, Explosive Blast, Washington 2003. Hier auf SI-Einheiten umgerechnet und ergänzt.

Entscheidend ist immer die Druckdifferenz. Aufgrund der entsprechenden Situation am Ort einer Explosion ist es schwierig, Gefahrenbereiche festzulegen. Wetter, vor allem Wolkenuntergrenzen, Gebäudestrukturen und auch die Art des Explosivstoffes und seiner Dichte sowie Verpackung machen eine Abschätzung sehr schwierig. Für den Fall eines drohenden terroristischen Anschlags gibt es ein Poster der UN, in der Schutzabstände anhand eines erkannten gefährlichen Gegenstandes empfohlen werden.[83]

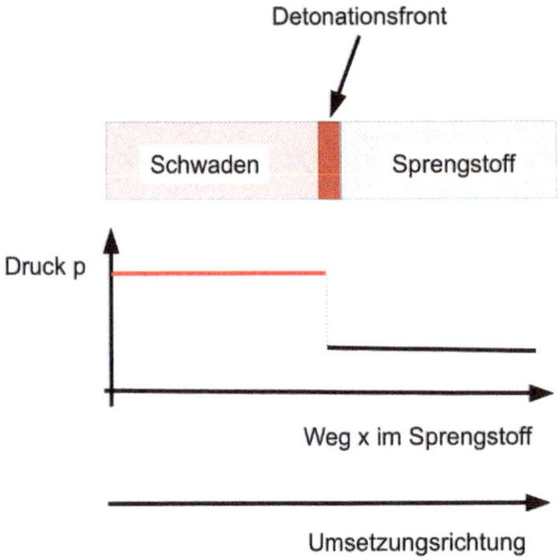

Bild 2.3: Bei einer Detonation findet an der Detonationsfront eine schlagartige Zersetzung des Sprengstoffes mit einem Drucksprung um mehrere 10er-Potenzen statt.

Nach einer Detonation kehrt sich der Druckverlauf von einem Überdruck in einen Unterdruck um. Der Sog kann dabei nicht höher ausfallen als -1023 hPa, dies entspricht ungefähr dem Druck der Atmosphäre in Meereshöhe. Der Sog ist aber länger andauernd und führt zu erheblichen Schäden an der durch die Druckwelle vorgeschädigten Infrastruktur. Der Sog ist auch die Ursache für das Phänomen, dass nach einer Explosion ggf. die Splitter von zerstörtem Fensterglas nicht in den Häusern, sondern auf der Straße vor den Häusern liegen. Die Druckwelle ist vielfach zeitlich zu kurz, um auf das Fensterglas zerstörend einzuwirken. Die länger andauernde Sogwelle reicht dann dazu aus, die Fenster nach außen zu beulen und das Glas zu zerstören.

83 Veröffentlicht u. a. in T. Enke, Landminen und Munition in Krisengebieten, Regensburg 2017.

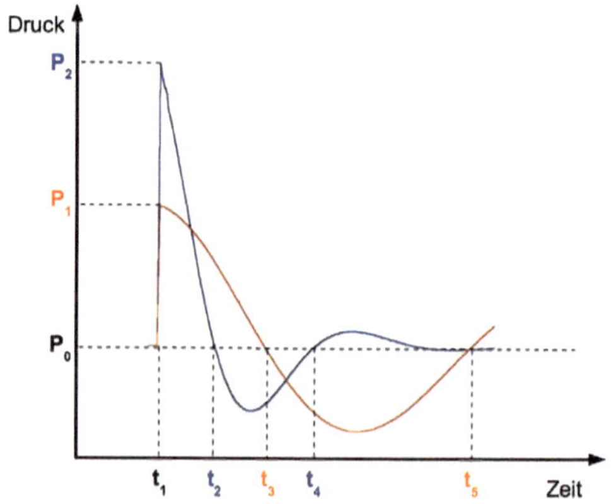

Bild 2.4: Die Friedlander-Wellenform für den Druckverlauf bei einer Detonation. Die blaue Kurve kennzeichnet den Verlauf für herkömmlichen Sprengstoff und die orange Kurve für Fuel Air Explosives (FAE)[84]. Die Detonation beginnt zum Zeitpunkt t_1 bei dem Umgebungsdruck P_0. Die Zeichnung enthält keinen Maßstab, die Druckspitze im positiven Bereich ist bedeutend höher. Wichtig: Während bei t_5 der Druckverlauf für herkömmlichen Sprengstoff endet, kann sich bei FAE der Druck in den Bereich über P_0 zu einer weiteren schwächeren Welle erhöhen.

Die Kratergeometrie und -tiefe bei einer Detonation bestimmen sich wesentlich aus der Höhe der Detonation über Grund bzw. der Eindringtiefe.

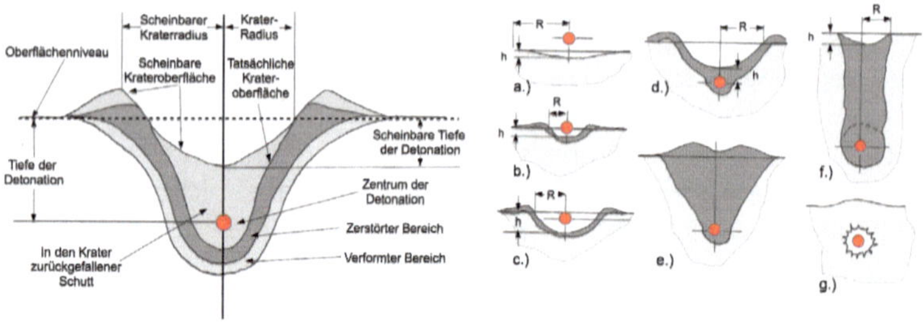

Bild 2.5 Kratergeometrie und -tiefe:

a) Luftdetonation in geringer Höhe
b) Detonation an der Oberfläche
c) Flache Detonation im Untergrund
d) Optimale Detonation
e) Tiefe (eingegrabene) Sprengung
f) Krater nach Detonation zugefallen
g) Sprengung im Untergrund mit geringen Auswirkungen an der Oberfläche

84 Siehe dazu auch Kapitel 2.3.3.

Die Tiefe h hängt dabei wesentlich vom Untergrund und der Verbringung (Geschoss oder frei verlegter Sprengstoff) ab. Siehe dazu auch Kapitel 1.6.2.1.

2.2.2 Stabilität von Explosivstoffen

Die geringe chemische Stabilität von Explosivstoffen wird sowohl in der militärischen als auch zivilen Welt weit unterschätzt. Sie hängt in erster Linie von folgenden Faktoren ab:

- Chemischer Aufbau der Explosivstoffe: Gerade Verbindungen, die mit Salpetersäure hergestellt wurden, besitzen nach der Herstellung eine gewisse Restsäure. Auch wird durch langsames Zersetzen der Explosivstoffe wieder NO_2 frei, welches mit der Luftfeuchte zu Salpetersäure reagiert. Das bedeutet, die Explosivstoffe nitrieren nach und werden mit zunehmendem Alter immer unsicherer. Damit steigt vor allem die Reibempfindlichkeit an. Bei Treibladungspulvern führt dies zu einem rasch ansteigenden Gasdruck und vor allem zu einem unzulässig höheren Spitzendruck.
- Beimengungen wie z. B. Metalle: Sie können zu unzulässigen Verbindungen führen, die auch die Handhabungssicherheit herabsetzen. Andere Stoffe wie Aceton verhindern als Stabilisator ein Nachnitrieren durch Bildung von stabilen Nitroverbindungen.
- Art des Behältnisses: Explosivstoffe reagieren mit Metallumhüllungen zu Kristallverbindungen, die wiederum reibempfindlich sind.
- Ungünstige Lagerbedingungen: Gerade eine feuchtwarme Umgebung (Container in Einsatzländern) führt zu einem schnelleren Zerfallsablauf und Aufbrauchen des Stabilisators. Bei sehr hohen Umgebungstemperaturen kann die Stabilität eines Explosivstoffes auf 1/20 seiner üblichen sicheren Lagerzeit herabgesetzt werden.

Zur Bestimmung der chemischen Stabilität eines Explosivstoffes wird die Autokatalyse herangezogen. Dabei betrachtet man den langsamen thermischen Zerfall des Explosivstoffes. Die chemische Stabilität hängt von zwei Faktoren ab:

- Der primäre Zerfall verläuft in der Regel sehr langsam. Die Reaktionsgeschwindigkeit hängt von der Umgebungstemperatur und der chemischen Zusammensetzung des Explosivstoffes ab.
- Der sekundäre Zerfall wird durch die Zersetzungsprodukte des Explosivstoffes verursacht und erfährt mit zunehmender Konzentration der Zersetzungsprodukte eine Selbstbeschleunigung. Die Geschwindigkeit der Zersetzung hängt dabei nicht nur von der Umgebungstemperatur und der chemischen Zusammensetzung, sondern auch von dem Druck (geschlossener Treibladungs-

behälter), der Reinheit eines Explosivstoffes, des Restkonzentrates von chemischen Stabilisatoren und z. B. der Löslichkeit der Zersetzungsprodukte in flüssigen Explosivstoffen ab.

Die Ermittlung der chemischen Stabilität kann nach verschiedenen Methoden stattfinden:

- Bei der Abel-Probe wird die chemische Reaktion der aus dem Explosivstoff frei werdenden Stickoxide mit Wasser und Kaliumjodid untersucht. Es bildet sich freies Jod, welches sich mithilfe von Stärke nachweisen lässt. Aufgrund von verschiedenen Mängeln dieser Prüfmethode wird diese Probe nur als erster Nachweis und nur zur Prüfung der chemischen Stabilität bei Nitroglyzerin und Dynamit angewandt.
- Die Probe nach Vieille wird bei Nitrozellulosepulver genutzt. Hier wird die Zeit gemessen, wie lange es dauert, bis blaues Standardlackmuspapier einen Farbumschlag nach „rot" erfährt. Dabei wird die mit Wasser versetzte Probe in einem hermetisch verschlossenen Glaszylinder auf ca. 106 °C für sechs Stunden erhitzt. Gemessen wird die so entstehende salpetrige und Salpetersäure (HNO_2 und HNO_3), die aus den nitrosen Abfallprodukten gebildet wird.
- Das Messen des Gewichtsverlusts ist langwierig, aber sehr genau. Dabei wird eine bestimmte Masse des Explosivstoffes in einen Thermobehälter gefüllt und auf eine vorgegebene Temperatur (zumeist 95 °C oder 75 °C) erhitzt. Nach 24 Stunden wird der Explosivstoff gewogen und der Masseverlust in einem Diagramm festgehalten. Die Untersuchung wird abgebrochen, wenn ein starker Anstieg des Masseverlustes zu verzeichnen ist. Die Zeit vom Beginn der Prüfung bis zum Anstieg des Masseverlustes ist dabei ein Kriterium für die zukünftige Stabilität des Explosivstoffes.

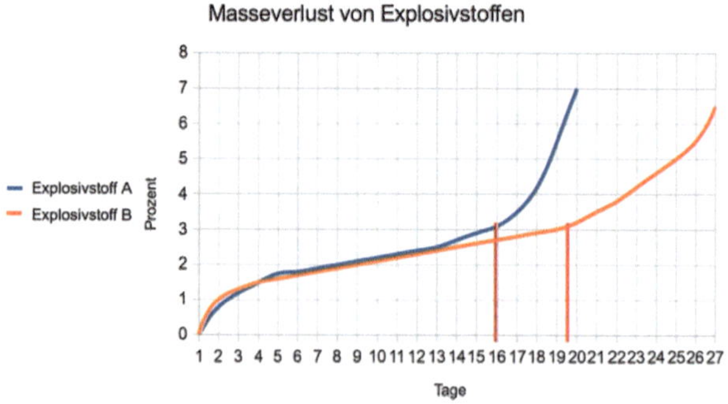

Bild 2.6: Mit dem Beginn des steilen Anstiegs des Masseverlustes nach 16 Tagen bzw. nach 19,5 Tagen geht der Explosivstoff in einen instabilen Zustand über.

2.2.3 Exkurs: Detonation unter Wasser

Wasser hat, wie andere Flüssigkeiten auch, eine bedeutend höhere Dichte als Luft und ändert unter Druckeinwirkung sein Volumen nur unwesentlich. Die Schallgeschwindigkeit ist im Wasser mit ca. 1500 m/s fünfmal höher. Durch die Inkompressibilität werden Schallwellen über weit höhere Strecken übertragen als in der Luft und können auch nach mehreren Hundert Kilometern noch wahrgenommen werden. Somit ist Wasser ein ausgezeichneter Leiter für Stoßwellen, wie sie bei einer Detonation auftreten. Weiterhin kommt es darauf an, in welcher Tiefe die Detonation stattfindet. Wenn ein Teil der Stoßwellen an die Wasseroberfläche läuft, bilden sich Reflexionswellen, die je nach Abstand und Laufzeit in Interferenz mit der ursprüngliche Stoßwelle treten. Gleiches gilt für Reflexionswellen, die durch Dichteunterschiede innerhalb des Wassers und am festen Untergrund hervorgerufen werden.

Weiterhin ist zu beachten, dass die bei der Detonation freigesetzte Energie durch das Wasser absorbiert wird, da das Wasser sich dabei stark erhitzt und eine expandierende Dampfblase bildet. Die expandierende Dampfblase schiebt dabei das Wasser radial weg, erreicht eine maximale Ausdehnung und kühlt sich dabei ab. Anschließend zieht sie sich durch den Wasserdruck zusammen und wird erneut komprimiert sowie erhitzt. Dies führt zu einer erneuten Ausbildung einer Dampfblase, die zum zweiten Mal expandiert. Dieser Vorgang einer atmenden Detonation lässt sich fortsetzen, bis das heiße Dampf-Gas-Gemisch durch das umgebende Wasser weit genug abgekühlt ist. Verstärken lässt sich dieser Vorgang durch die Beigabe von Aluminium- oder Magnesiumpulver zum Sprengstoff. Dabei entzieht das heiße Metall dem Wasser Sauerstoff (Reduktion) und führt so zu einem heißen Gemisch aus Wasserstoff, Restsauerstoff, heißem Metall und Gasschwaden aus dem detonierten Sprengstoff. Reduktion und Oxidation wechseln sich ab und verstärken dabei die Oszillation der Dampfblase. Vier bis fünf Oszillationsdurchläufe sind so möglich. Hinzu kommt eine Druckdifferenz zwischen der Dampfblasenunter- und -oberseite, die zu einer Beschleunigung der Dampfblase in Richtung Wasseroberfläche führt. Durch geschickte inhomogene Ausformung des Sprengkörpers sowie Einstellung der Wassertiefe der Detonation lässt sich dieser Vorgang so maximieren, dass die Dampfblase mit dem Erreichen des Maximums der zweiten Oszillation die Wasseroberfläche durchbricht. Ausgenutzt wird dieses Prinzip bei modernen Torpedos, die ein Schiff unterlaufen und unter dem Kiel detonieren. Dieser sogenannte Wasserhammer führt zum regelrechten Durchbrechen des Schiffes.

2

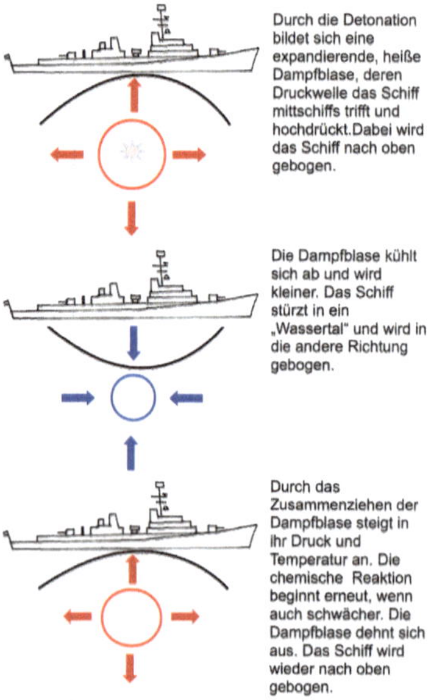

Bild 2.7: Mechanismus einer Detonation unter Wasser

Neben der Gasblase bewegt sich eine Druckwelle radial vom Detonationsort fort. Im Gegensatz zur Gasblase geschieht dies mit Schallgeschwindigkeit. Die Druckwelle kann noch in weiter Entfernung vom Detonationsort große Schäden anrichten. Eine Sprengladung von ca. 500 kg erzeugt dabei in einer Entfernung von 1000 m im Wasser einen Maximaldruck von 5000 hPa. Dies entspricht dem 1000-Fachen des Wasserdrucks aus der örtlichen Wasserleitung und zeigt beispielhaft auf, dass man in der Nähe einer Unterwassersprengung keine Beine in das Wasser baumeln lassen sollte.

2.2.4 Begriffsbestimmung Anzündung vs. Zündung

Wichtig für die Nutzung eines Explosivstoffes ist auch die Art der Anzündung oder Zündung:

- Eine Anzündung geschieht durch die Zufuhr von Wärme. Manche Treibladungspulver und auch manche Sprengstoffe können mit einer Flamme aus einem Feuerzeug angezündet werden und brennen mit langsamer Umsetzungsgeschwindigkeit ab.[85]

[85] Dies gilt NICHT für Schwarzpulver!

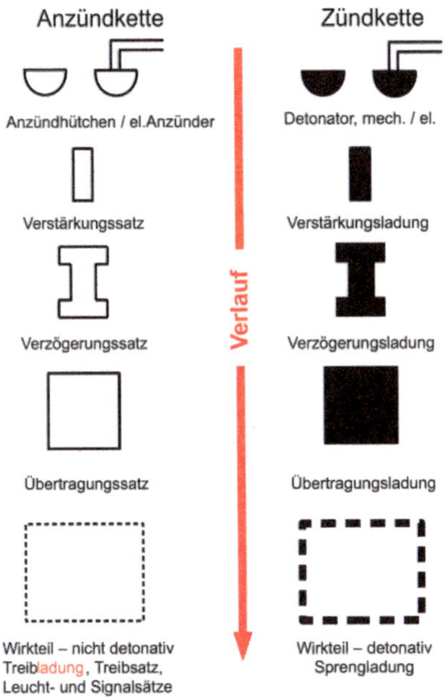

Bild 2.8: Die Anzünd- und die Zündkette mit dem Verlauf von oben, dem schwächsten Umsetzungsteil nach unten, der Wirkladung. Zu beachten ist, dass die Anzündkette aus Sätzen und die Zündkette aus Ladungen besteht – mit der Ausnahme der Treibladung. Sätze werden durch Umrandungen, Ladungen im Schaubild als schwarze Fläche dargestellt, mit Ausnahme der Wirkladung.[86]

- Eine Zündung durch einen schlagartigen Druckstoß, einhergehend mit sehr hohen Temperaturen (2000 °C bis 4000 °C), führt bei vielen Treibladungspulvern und vor allem bei Sprengstoffen zu einer Detonation. Eine reine Wärmezuführung reicht hier nicht aus und führt nur zu einer Verbrennung, ggf. zu einer Verpuffung.

Der Aufbau einer Anzündung bzw. einer Zündung erfolgt in einer Anzünd- bzw. Zündkette. Dabei beginnt diese Kette mit geringen Mengen an sehr empfindlichen Initialexplosivstoffen, die sich zumeist gegen Umwelteinflüsse (Schlag, Wärme, elektrische Ströme) abgesichert in einem ausgelagerten Bereich der Munition befinden.

[86] Dem Vorlesungsmanuskript Munitionstechnik der UniBw Hamburg, 1981, entnommen.

2.3 Sprengstoffe

2.3.1 Initialsprengstoffe

Ein Initialsprengstoff dient zur Zündung von Sprengstoffen. Er muss empfindlich und trotzdem handhabungs-, lagerungs- und transportsicher sein. Eine hohe Sprengwirkung wird nicht gefordert. Aber: Sehr kleine Mengen müssen bereits detonationsfähig sein. Es muss eine rasche und sichere Umsetzung der zugeführten Energie durch Schlag, Reibung, Flamme, elektrische Energie oder weniger häufig auch chemische Energie in eine Stoßwelle erfolgen. Diese Stoßwelle wird dann in der Zündkette auf weniger empfindliche Sprengstoffe übertragen, die aber eine höhere Detonationsenergie besitzen. Zum Schutz gegen äußere Einflüsse wird Initialsprengstoff in Metallbehältnisse gefüllt. Diese müssen stabil genug sein, den Sprengstoff zu schützen, aber an der Austrittsseite dünn genug, um eine Übertragung der Stoßwelle auf andere Stoffe in der Zündkette zuzulassen. Dabei ist es wichtig, dass auch über einen längeren Zeitraum keine chemische Reaktion zwischen dem Metall und dem Sprengstoff auftritt. Je nach Initialsprengstoff haben sich Kupfer (für Knallquecksilber) oder Aluminium (für Bleiazid) als Behältnis bewährt.[87]

Folgende Initialsprengstoffe[88] sind gebräuchlich:[89]

Name	Chem. Formel	Empfindlich gegen	Verpuffungstemp.	Umsetzungsgeschw.	Besonderheiten
Bleiazid	$Pn(N_3)_2$	Schlag, Stoß, Wärme, Reibung	330 °C	5400 m/s	Reagiert mit Kupfer zu sehr empfindlichem Kupferazid
Knallquecksilber (Quecksilberfulminat)	$Hg(ONC)_2$	Schlag, Stoß, Wärme, Reibung	ca. 170 °C	5200 m/s	Giftig, in reinem Zustand sehr empfindlich
Bleitrinitroresorzinat	$C_6H_3N_3O_9Pb$	Schlag, Stoß, Wärme, Reibung, elektrostatische Aufladung	275 °C	ca. 5000 m/s	Verwendung mit Bleiazid, Leistung reicht nicht aus, um TNT oder PETN zu zünden

87 Eine sehr gefährliche Verbindung zwischen Sprengstoffen und Metallen sind die sogenannten Metallpikrate. Dies sind Kristalle, die bei einer mechanischen Beanspruchung brechen und die dabei freigesetzte Energie in den Sprengstoff übertragen. Eine Detonation kann die Folge sein. Deswegen ist es ggf. wichtig, Sprengstoffe und Metalle durch eine Beschichtung zu trennen.

88 Weitere Stoffe finden Verwendung bei den Treibladungsanzündern.

89 Dem Vorlesungsmanuskript der UniBw Hamburg, 1981, entnommen, die Angaben finden sich aber auch in diversen anderen Quellen.

Name	Chem. Formel	Empfindlich gegen	Verpuffungstemp.	Umsetzungsgeschw.	Besonderheiten
Silberazid	AgN_3	Schlag, Stoß, Wärme, Reibung, Licht	275 °C	5100 m/s	Schlecht dosierbar, sehr reibempfindlich
Diazodinitrophenol	$C_6H_2N_4O_5$	Schlag, Stoß, Wärme, Reibung	größer 180 °C	ca. 6800 m/s	Verwendung in den USA unter dem Gebrauchsnamen DINOL oder DDNP

Viele Initialsprengstoffe werden in Mischungen verwendet, um ihre Eigenschaften besser ausnutzen zu können. Bleiazid findet Verwendung mit Bleitrinitroresorcinat oder als Anzündmittel mit Tetrazen. Auch Knallquecksilber wurde/wird als Anzündmittel genutzt. Aufgrund der negativen Korrosionseigenschaften und Giftigkeit der Verbrennungsprodukte wurde es mittlerweile weitgehend durch Sinoxid-Sätze verdrängt. Diese bestehen als Mischung aus Bleitrinitroresorcinat, Tetrazen und Additiven, die die Lager- sowie Anzündfähigkeit verbessern.

2.3.2 Militärische (Feststoff-)Sprengstoffe

Eines der größten Probleme des Militärs sind die begrenzten Möglichkeiten beim Mitführen von Munition in einem Gefechtsfahrzeug. Ein Kaliber lässt sich nicht unbegrenzt vergrößern, um die Menge an Sprengstoff in einem Geschoss zu erhöhen, da hier wiederum der Größe des Geschützes, dessen Transport und Bedienbarkeit Grenzen gesetzt sind.[90] Daher kommt es darauf an, einem militärisch zu nutzenden Sprengstoff möglichst viel Energie mitzugeben, um im Ziel die möglichst größte Zerstörung zu erreichen. Die Energieabgabe soll auf jeden Fall rasch, gleichmäßig und vor allem sicher erfolgen. Nur das garantiert bei vielen Geschossarten eine größtmögliche Wirkung im Ziel. Im Gegensatz zu zivilen Sprengstoffen müssen militärische Sprengstoffe besonders stoßunempfindlich sein, da im Waffenrohr das 20.000-Fache der Erdbeschleunigung auf ein Geschoss einwirkt. Ein Rohrdetonierer wäre fatal für die Waffe und auch deren Bedienung.

90 Eines der größten Kaliber hatte das deutsche 80-cm-Eisenbahngeschütz DORA. Das Sprenggeschoss beinhaltete ca. 700 kg Sprengstoff bei einer Gesamtmasse von 4,1 t. Für die Bedienung des Geschützes waren ca. 500 Soldaten nötig.

Bei neu zu beschaffender Munition werden LOVA-Eigenschaften[91] gefordert, die besondere Anforderungen an den Sprengstoff stellen. Sie sind bei der NATO in der STANAG 4439 festgelegt.[92]

Derzeit ist mit den herkömmlichen Sprengstoffen nur ein Teil der LOVA-Eigenschaften zu erfüllen. Daher wird zukünftig eine neue Generation von Sprengstoffen bzw. Sprengstoffmischungen eingesetzt werden müssen.

Eine weitere Forderung ist eine möglichst lange chemische Stabilität. Damit ist zum einen eine lange Lagerfähigkeit ohne Einbußen in der Leistung, zum anderen eine geringe Reaktion mit der Umwelt gemeint. Der Sprengstoff darf auch über längere Zeit nicht mit anderen in der Munition vorhandenen Stoffen, z. B. dem Metall der Geschosswandung, reagieren. Hier sind in der Regel Schutzanstriche aus Bitumen erforderlich, die auch nicht mit dem Sprengstoff reagieren dürfen.

Zurzeit werden folgende Sprengstoffe und Mischungen genutzt:[93]

Name	Chemische Formel	Verpuffungstemp.	Schmelztemp.	Explosionswärme	Umsetzungsgeschw.
Trinitrotoluol (TNT)	$C_7H_5N_3O_6$	300 °C	ca. 80 °C	4310 kJ/kg	6900 m/s
Oktogen (HMX)	$C_4H_6N_8O_8$	287 °C	280 °C	5116 kJ/kg	9100 m/s
Hexogen (RDX)	$C_3H_6N_6O_6$	230 °C	ca. 200 °C	5625 kJ/kg	8750 m/s
Pentaerythrittetranitrat (PETN)	$C_5H_9N_3O_{10}$	ca. 203 °C	141,3 °C	5860 kJ/kg	8400 m/s
Trinitrophenol, Pikrinsäure	$C_6H_3N_3O_7$	ca. 300 °C	122,5 °C	4350 kJ/kg	7350 m/s
Tetryl	$C_7H_5N_5O_6$	ca. 190 °C	ca. 129 °C	4251 kJ/kg	7850 m/s
Hexanitroisowurtzitan CL20	$C_6H_6N_{12}O_{12}$	220 °C	247 °C	6356 kJ/kg	9500 m/s bis 10300 m/s

Die Explosionswärme bezieht sich auf das Entstehen von flüssigem Wasser als einem der Reaktionsprodukte.

91 LOVA steht für Low-Vulnerable, wörtlich mit „geringe Verwundbarkeit" übersetzt. Hier geht es aber darum, dass die Reaktion der Munition auf ein besonderes Ereignis möglichst geringe Auswirkungen auf die unmittelbare Umgebung hat. Gemäß der STANAG 4439 und AOP 39 muss insensitive Munition harte Tests bestehen. Sie muss vor allem gegen Beschuss und gegen Brandeinflüsse unempfindlich sein. Dies wird vor allem durch neue Sprengstoffmischungen und Inliner erreicht.

92 Siehe dazu Anhang A6.

93 Die Daten sind aus mehreren Quellenangaben, u. a. dem Vorlesungsmanuskript über Munitionstechnik der Uni Bw Hamburg, 1981, zusammengesucht worden. Die Herstellerangaben variieren leicht, vor allem für Hexanitroisowurtzitan.

Zu den Sprengstoffen die folgenden Erläuterungen:

- Trinitrotoluol (und seine Mischungen) ist dabei immer noch einer der am meisten gebräuchlichen militärischen Sprengstoffe, vor allem wegen seiner guten Verarbeitungsmöglichkeiten und dem hohen Abstand zwischen der Schmelz- und der Verpuffungstemperatur. Er kann gepresst oder gegossen werden, wobei beim Gießen durch den Volumenverlust Lunker entstehen können. Hinzu kommt: TNT gilt als schwer entzündlich. Bei Lagerung unter warmen Bedingungen kann sich eine explosionsfähige Flüssigkeit absondern. Außerdem wird TNT mit zunehmendem Alter schlagempfindlicher.
- Hexogen lässt sich nur im festen Zustand verarbeiten, da Schmelz- und Verpuffungstemperatur sehr nahe beieinanderliegen. Hexogen wird nur mit anderen Sprengstoffen bzw. mit Wachs als Mischung eingesetzt. Zur schnelleren und zuverlässigeren Anzündung von großen Treibladungsmengen können Pulverkörner mit einer dünnen Schicht von Hexogen überzogen werden. Eine vielversprechende Weiterentwicklung ist eine Treibladungsmischung, die neben Nitrozellulose und anderen Stoffen auch Hexogen enthält.[94]
- Oktogen wird aufgrund der höheren Leistung gegenüber Hexogen mehr und mehr als Mischung in Hohlladungsgeschossen eingesetzt.
- Pentaerythrittetranitrat ist nicht gießbar, wird auch als Verstärkungs- und Übertragungsladung in Zündern genutzt. Mit Silikonöl versetzt ist der Sprengstoff schneid- und knetbar.
- Trinitrophenol wird auch als Färbemittel in der Medizin eingesetzt. Im kristallinen Zustand ist der Sprengstoff sehr empfindlich, auch bildet er mit Metallen Kristalle, sogenannte Metallpikrate.
- Tetryl wird nur gepresst eingesetzt, hauptsächlich als Verstärkungs- und Übertragungsladung oder in Mischungen.
- Hexanitroisowurtzitan ist einer der stärksten und sichersten chemischen Sprengstoffe, die in den letzten Jahren entwickelt wurden. Eine kommerzielle Nutzung ist aber derzeit noch nicht gegeben, da seine Herstellung zu teuer ist.

94 G. Jaiswal, M. Shaikh et al., RDX based enhanced Energy Propellant for Tank Gun Ammunition, erschienen in Propellants, Explosives, Pyrotechnics, Heft 3/2020, Wiley VCH-Verlag, Weinheim.

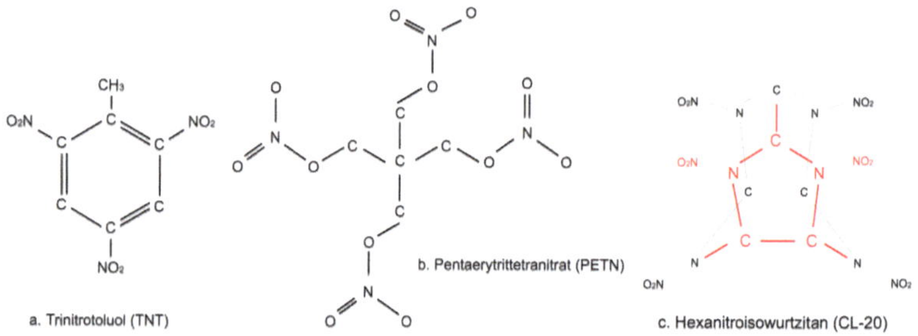

Bild 2.8: Die Kompliziertheit der Strukturformeln von Trinitrotoluol, Pentaerytrittetranitrat und Hexanitroisowurtzitan. Deutlich zu erkennen ist die Gemeinsamkeit der NO_2-Gruppen.

Eine besondere Eigenart der militärischen Sprengstoffe ist die negative Sauerstoffbilanz, zu erkennen an der grauen bis schwarzen Detonationswolke. Die Abschattung durch die Rußwolke ist bei TNT so stark, dass bei der Detonation eines Sprenggeschosses mit einer TNT-Füllung kein Detonationsblitz erkennbar ist.

Sprengstoffe werden auch als Mischungen eingesetzt. Dies geschieht in erster Linie, um die Empfindlichkeit herabzusetzen bzw. um die Bedingungen der STANAG 4439 für LOVA-Eigenschaften einzuhalten. Hauptsächlich wird dazu Nitrotriazolon (NTO), eine schwache Säure zugegeben, die die Empfindlichkeit des Sprengstoffes entscheidend verringert, aber die Leistungsfähigkeit sowie seine Gießbarkeit nicht beeinträchtigt. Weitere gewünschte Eigenschaften sind z. B. Knetbarkeit oder eine Gasschlagwirkung 14 sowie Brandwirkung zu bekommen.

Die beiden zuletzt genannten Eigenschaften erreicht man durch Metallzusätze, zumeist Aluminium.

Gebräuchliche Mischungen sind:[95]

Name	Ausgangsprodukte	Mischung	Detonationsgeschwindigkeit	Verwendung	Besonderheiten
Composition B, B-2	Hexogen, TNT	60:40	ca. 8000 m/s	Füllung von Bomben, Geschossen etc.	andere Mischungsverhältnisse möglich

[95] Auch diese Angaben sind aus mehreren Quellen zusammengesetzt, u. a. J. H. Köhler/R. Meyer, Lexikon der Explosivstoffe, Weinheim 1998.

Name	Ausgangs-produkte	Mischung	Detonations-geschwindig-keit	Verwendung	Besonder-heiten
Composition C, C2, C3 C4	Hexogen, Plastifizierungsmittel (Polyisobutylen)	88,3:11 78,7:21,3 77:23 90:10	bis 8040 m/s für C4	knetbarer Sprengstoff	
Hexal	Hexogen, Aluminium, Wachs	ca. 75:20:5	7900 m/s	Marinemunition, Flugabwehrgeschosse	hohe Gasschlag- und Brandwirkung
Torpex	Hexogen, TNT, Aluminium	42:40:18	7600 m/s	Bomben, Marinemunition	
PBXN-109	Hexogen, Aluminium, (Polybutadien, Dioctyladipad und Lack)	64:20:(16)	7600 m/s	Sprengstoff mit Gasschlagwirkung für Sprengungen	insensitiver Sprengstoff mit LOVA Eigenschaften
XF-11585	TNT, Nitrotriazolon, Hexogen, Aluminium, Wachs	31:21:27: 13,5:7,5	bis 7468 m/s	Artilleriegeschosse	schmelzbarer und insensitiver Sprengstoff mit LOVA Eigenschaften

2.3.3 Militärisch genutzte flüssige und gasförmige Sprengstoffe (Fuel Air Explosives – FAE)

Fuel Air Explosives, auch thermobarische Munition[96] genannt, unterscheiden sich von den üblichen Sprengstoffen durch die Nutzung des Luftsauerstoffs. Vorteilhaft ist, dass so die Nutzlast in der Munition

[96] Fuel Air Explosives ist der westliche, „thermobarische" der russische Begriff. Es gibt konstruktive Unterschiede zwischen beiden Systemen. Bei den westlichen Systemen werden in der Regel zwei Zündsysteme genutzt. Bei russischen Systemen, z. B. dem Brandgranatenwerfer PRO-A, wird eine Brandmasse im Ziel durch vier Sprengladungen fein zerstäubt und über einen Anzünd- und Verzögerungssatz angezündet, der durch den Zünder der Sprengladungen initiiert wird.

energetisch besser ausgenutzt werden kann, ein großer Nachteil ist die starke Abhängigkeit von Umweltbedingungen wie Wind und Sonneneinstrahlung.

Die ersten Entwicklungen begannen in Österreich während des Zweiten Weltkriegs zur Nutzung von Braunkohlestaub als Ersatzexplosivstoff aufgrund des allgemeinen Rohstoffmangels. Der Vorgang einer Staubexplosion war seit vielen Jahrhunderten durch Explosionen in Kohlebergwerken, Kornmühlen und Sägewerken bekannt und gefürchtet. Die Entwicklungen wurden während des Vietnamkrieges in den 1960er-Jahren durch die US-Army wieder aufgenommen und dienten hauptsächlich der Entlaubung von dichten Wäldern.

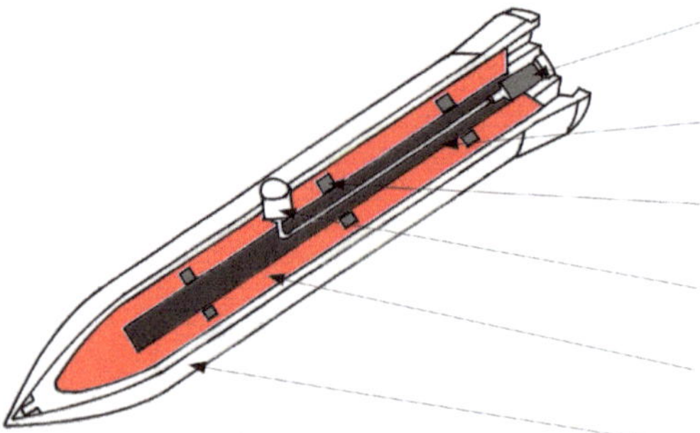

Bild 2.10: Prinzipskizze einer Bombe mit Fuel Air Explosives[97]

Über dem Zielgebiet wird eine Flüssigkeit oder ein Gas mithilfe einer Sprengladung fein zerstäubt, sodass es sich mit dem Luftsauerstoff vermischen kann. Das Gemisch bildet über dem Ziel eine Art Wolke mit großer Fläche in Richtung Ziel. Anschließend erfolgt eine (An-)Zündung,[98] ggf. durch eine weitere Sprengladung, die dieses explosive Gemisch zu einer Verpuffung bringt – ähnlich dem Vorgang in einem Benzinmotor. Bei hypergolen Flüssigkeiten ist diese zweite Sprengladung nicht nötig, hier erfolgt eine (An-)Zündung, sobald das Mischungsverhältnis ausreichend günstig ist. Dabei müssen Mischungsverhältnisse von 1,3 bis 6 % bei Benzin zu Luft bzw. 5 bis

97 Dies ist eine vereinfachte Darstellung der US-amerikanischen Sprengbombe Bomb-LifeUnit (BLU) -118, gezeichnet nach Angaben der Kampfmittelbeseitigungskräfte der US-Army.

98 Da es sich hier nicht um eine Stoßwelle zur Initiierung des Explosionsvorganges, sondern um eine Flamme handelt, ist der Begriff „Zündung" falsch. Man findet ihn aber so in der Literatur.

15 % bei Methangas zu Luft eingehalten werden, da ansonsten keine Verpuffung stattfindet. Derzeitig scheint es möglich zu sein, dieses Verhältnis zu gewährleisten, wie die Entwicklungen in den USA und in Russland zeigen. Die erzeugte Druckwelle ist in der Druckspitze kleiner als bei herkömmlichen Sprengstoffen, hält aber länger an.[99] Dadurch und aufgrund der großen Fläche der verpuffenden Gasmischung ist die zerstörerische Wirkung der Druckwelle auf weiche und halbharte Ziele bedeutend größer als bei der Nutzung eines herkömmlichen Sprengstoffs. Hinzu kommt die Hitzewirkung durch die große brennende Fläche, die so zu Sekundärbränden ebenfalls auf einer großen Fläche führt. Durch die Verpuffung und die Brände wird der Luft der Sauerstoff entzogen. Somit entwickelt sich starker und lang anhaltender Unterdruck in dem Zielgebiet mit heftigen Winden in Richtung des Explosionsortes. Der so entstehende Unterdruck führt beim Menschen zum Barotrauma, einem Erstickungstod durch Verletzungen der Atemorgane – selbst in Bunker- und Tunnelsystemen, sofern diese nicht luftdicht verschlossen sind. Hinzu kommen Vergiftungen durch die teilweise eingesetzten giftigen Flüssigkeiten und Gase, z. B. Ethylenoxid oder auch Propylenoxid.

FAE-Stoffe können bei kleinen Geschossen (russische „Brandgranatenwerfer") sowie bei Großbomben zum Einsatz kommen. Der sogenannte „Vater aller Bomben" wurde in Russland entwickelt und hat eine Sprengkraft von 44 t TNT-Äquivalent und befindet sich damit bereits im Bereich kleinster taktischer Atomwaffen.

2.3.4 Zivile Sprengstoffe (gewerbliche Sprengstoffe)

Gewerbliche Sprengstoffe nutzt man für technische Sprengungen jeder Art, sei es für Gebäudesprengungen, Sprengungen im Steinbruch oder im Bergbau. Hier kommt es nicht auf die reine Zerstörung des Materials an, sondern vielfach auf die Gewinnung von Rohstoffen oder den Erhalt von Strukturen in der Umgebung. Auch muss im zivilen Bereich auf die Herstellungs-, Transport- und Lagerkosten Rücksicht genommen werden – es muss preiswert sein. Daher müssen zivile Sprengstoffe viele unterschiedliche Eigenschaften aufweisen, werden vielfach nur für den speziellen Anwendungszweck hergestellt und haben ggf. auch nicht den Anspruch einer langen Lagerfähigkeit. Eines aber gilt hier wie für militärische Sprengstoffe: Sie müssen sicher zu handhaben sein.

[99] Der Druckverlauf ist im Bild 2.4 beschrieben.

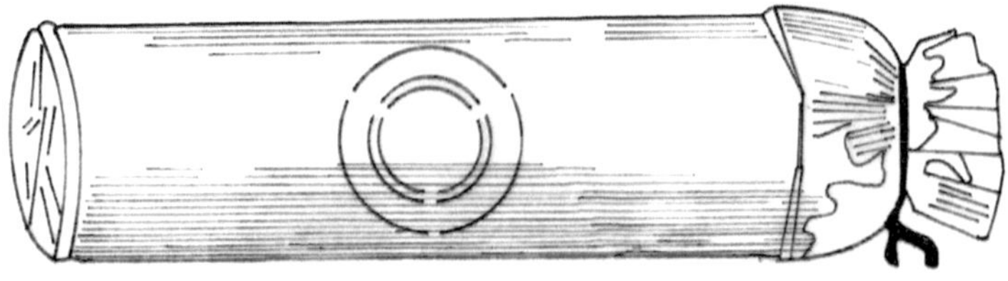

Bild 2.11: Eine typische Bohrpatrone,[100] wie sie bei Wetter- und Gesteinssprengstoffen zu finden ist.

2.3.4.1 Wetter- und Gesteinssprengstoffe

Wetter- und Gesteinssprengstoffe sollen eine schiebende Wirkung auf das Material ausüben. Ein Zerstören, ggf. mit einem weiten Splitter- oder Gesteinswurf, ist nicht erwünscht.

Man unterscheidet:

- Pulverförmige Gesteinssprengstoffe; Nach DIN 20163 sind dies pulverförmige Sprengstoffe zum Sprengen von Gestein und Erdreich in größerem Umfang.[101] Heute ist dies fast ausschließlich Ammoniumnitrat mit einem Kohlenstoffzusatz, z. B. Dieselöl oder Pflanzenöl. Die Anlieferung erfolgt in Säcken oder Tankfahrzeugen und muss vor Ort entsprechend angemischt werden. Bekannt ist dieser Sprengstoff auch unter dem Namen ANFO.[102] Seine Besonderheit ist: Er ist nicht mithilfe einer Sprengkapsel zur Detonation zu bringen, sondern benötigt eine Verstärkungsladung aus TNT oder PETN. Selten, aber außerhalb von Deutschland noch im Gebrauch ist Kaliumchlorat als Sprengstoff.

  Durch Mischen des Nitroglycerins mit Nitroglycol, Ammoniumnitrat sowie Trinitrotoluol und Dinitrotoluol bekommt man mit den Ammongeliten einen sicheren und leistungsfähigen Sprengstoff, der vor allem bei widrigen Umweltbedingungen unter Wasser und Temperaturen unter dem Gefrierpunkt eingesetzt werden kann. Nachfolger sind gelatinöse Gesteinssprengstoffe auf Nitroglycolbasis.

[100] Der Begriff „Bohrpatrone“ ist nach der derzeitigen Terminologie falsch, denn eine Patrone besteht aus einem (An-)Zünder, einer Wirkladung, einer Treibladung und einem Treibladungsanzünder. Ausgenommen sind hier reine Wuchtgeschosse, bei denen ein Zünder entfällt.

[101] Schwarzpulver ist hier ausgenommen.

[102] ANFO = AmmoniumNitrate – Fuel Oil.

- Sprengschlämme bestehen aus Ammoniumnitratlösungen auf wässeriger Basis. Sie werden u. a. bei Großbohrlochsprengungen eingesetzt. Sie sind pumpbar und können in Tankfahrzeugen angeliefert und vor Ort gemischt werden. Sie sind schwer zündbar und werden durch Einpumpen von Gasblasen vor Ort sensibilisiert. Die Leistungsfähigkeit kann durch Beigabe von trockenem Ammoniumnitrat sowie von Aluminiumspänen den geforderten Gegebenheiten angepasst werden.
- Gelatinöse Gesteinsprengstoffe werden auf Nitroglycerinbasis hergestellt. Am bekanntesten ist Dynamit, welches zur Sprenggelatine weiterentwickelt wurde. Sprenggelatine wird als elastische und schneidfähige Masse in schlauchartigen Papierverpackungen ausgeliefert. Es ist wasserunempfindlich und kann unter Wasser gelagert werden. Es ist leistungsfähiger als Dynamit und wird daher nur dort eingesetzt, wo leistungsfähige zivile Sprengstoffe benötigt werden.
- Wettersprengstoffe wurden für den Einsatz im Kohlebergbau entwickelt. Aufgrund von Salzbeigaben ist die Zeitdauer einer Detonationsflamme kürzer, als ein Methan-Luft- bzw. Kohlenstoff-Luft-Gemisch zum Anzünden benötigt. Sie werden in drei Klassen eingeteilt, wobei die Klasse I die geringste Sicherheitsklasse und Klasse III die höchste Sicherheitsklasse darstellt. Wettersprengstoffe der Klasse I (Kennfarbe gelb) bestehen aus Ammoniumnitrat und bis zu 50 % aus Inertsalzen. In der Klasse II (Kennfarbe gelb-grün) und III (Kennfarbe grün) setzt man sogenannte Salzpaare, z. B. Ammoniumchlorid und Kochsalz, ein, um durch feinstverteilten Salznebel eine Flammenbildung rasch zu beenden. Durch die Salzbeigaben ist die Lagerungsdauer zumeist auf wenige Monate begrenzt.
- In Zeiten von Rohstoffmangel oder politischer Repression wurde mit flüssigem Sauerstoff und Holz- oder Korkmehl gesprengt. Flüssiger Sauerstoff wurde dazu an die Sprengstelle transportiert und separat der Kohlenstoffträger (Holzkohle, Braunkohle oder Korkmehl) in Hülsen aus durchlässigem Fließpapier angeliefert. Erst kurz vor der Sprengung wurde die Hülse mit dem Kohlenstoffträger in den flüssigen Sauerstoff getaucht und in das Bohrloch eingebracht. Die Zündung erfolgte über eine speziell kräftigere Sprengkapsel, wobei anzumerken ist, dass die Zündung allgemein nicht sehr funktionssicher war.[103] Dieses Sprengverfahren wird heute nicht mehr angewendet.

---

[103] Siehe H. Knast, Spreng- und Zündstoffe, Braunschweig 1920.

2

Eine Zusammenstellung der wichtigsten Daten:[104]

Name	Zusammensetzung	Sauerstoffbilanz	Detonationsgeschw.	Explosionswärme	Preis
ANFO	Ammoniumnitrat und Mineralöle	0	von 2500 m/s bis 4000 m/s	ca. 4000 kJ/kg	gering
Cloratit 3	Kaliumchlorat und Holzmehl	?	3350 m/s	ca. 4300 kJ/kg	nicht mehr im Handel
Spreng-gelatine3	92 % Nitroglycerin 8 % Nitrozellulose	ca. 0	bis 8000 m/s	bis 6500 kJ/kg	mittel
EuroDyn2000[1] (Nachfolger der Spreng-gelatine)	Hauptsächlich Nitroglycol	0	ca. 6200 m/s	4509 kJ/kg	gering
Sprengschlämme	Ammoniumnitrat und Mineralöle sowie Aluminiumspäne und Mikrohohlkugeln	0	von 3000 ms bis 5000 m/s	ca. 3000 kJ/kg	gering
Riocoal D[2]	Ammoniumchlorid, Kochsalz, geringe Mengen an Nitroglycol	4,2	1500 m/s	1620 kJ/kg	?
Marsit[3]	Flüssiger Sauerstoff, Holzkohle, Korkkohle etc.	?	von 3000 m/s bis 5000 m/s	8600 kj/kg	sehr gering

1 Herstellerangabe von Orica, Troisdorf
2 Herstellerangabe von Maxam Deutschland GmbH, Doberschau-Gaußig
3 Gem. R. Papst, Flüssiger Sauerstoff und seine Verwendung im Bergbau, Verlag R. Oldenbourg, München und Berlin, 1917.

104 Quelle, wenn nicht anders angegeben: Wikipedia.

2.3.5 Selbstbaulaborate

Selbstbaulaborate gehören heutzutage weitgehend in den kriminellen oder terroristischen Bereich, müssen aber trotzdem erwähnt werden. Sie werden zumeist aus den Rohstoffen und mit den Möglichkeiten hergestellt, die vor Ort durch eine Regierung, Besatzungstruppe oder andere Ordnungsbehörden noch zugelassen werden.[105] Dabei ist zu erwähnen, dass im Prinzip fast jeder Stoff, der brennbar ist, in der Herstellung von Explosivstoffen genutzt werden kann. Ihre vielfach provisorische Herstellung und der Verzicht auf Qualitätskontrollen und Handhabungs-, Lagerungs- und Transportsicherheit bedingen eine größtmögliche Vorsicht beim Umgang mit diesen Stoffen.

Genannt werden müssen Stoffe wie Triazetonperoxid (TATP), Hexamethylentriperoxiddiamin (HMTD) oder auch die Armstrongsche Mischung, ohne hier weiter auf die Zutaten und Mischungsverhältnisse einzugehen. Ihre Leistungen hängen stark vom Reinheitsgrad, von der Kristallkörnung und der Alterung ab. Daher können nur Schätzwerte angegeben werden, die aus verschiedenen Quellen zusammengetragen wurden:

Name	Detonations-geschw.	Explosivstoffwärme
Triazetonperoxid	ca. 5300 m/s	unter 3000 kJ/kg
Hexamethylentriperoxiddiamin	ca. 5000 m/s	ca. 3300 kJ/kg

2.4 Treibstoffe

Die Treibstoffe dienen dazu, den Wirkteil der Munition an den Zielort zu transportieren. Treibstoffe können als Mischung, chemische Verbindung und Druckgas genutzt werden. Sie liegen in der Regel als feste Stoffe vor, können aber vor allem für größere Flugkörper auch in flüssigem Zustand zur Anwendung kommen.

105 Für die Europäische Union ist die Verordnung (EU) 2019/1148 über die Vermarktung und Verwendung von Ausgangsstoffen für Explosivstoffe vom 01.02.2021 einschlägig. Hierunter fallen u. a. die Rohstoffe Aceton, Aluminium, Salpetersäure, Wasserstoffperoxid, Nitromethan und Ammoniumnitrat.

Das Pulver ist die Seele jeder Schusswaffe. Ohne Pulver wäre sie nur ein totes Stück Eisen.[106]

Weiterhin werden Treibstoffe in Kartuschen zur Verrichtung von Arbeit genutzt. Hier wird die Gasentwicklung zum Treiben von Kolben und auch Aufbau von Drücken in Feuerlöschkartuschen genutzt.

Wie auch bei den Sprengstoffen kommt es darauf an, eine möglichst große Arbeitsleistung pro Volumen aus den Treibstoffen zu erhalten. Allerdings soll diese Arbeitsleistung schonend für das Waffenrohr, die Umwelt und das Bedienpersonal von den Treibstoffen abgegeben werden:

- geringe Belastung des Ladungsraumes und des Waffenrohres durch Druck und Hitze
- gleichmäßige Verbrennung
- rückstandsarme und vollständige Verbrennung in möglichst ungefährliche Stoffe[107]
- gefahrlose Handhabungs- und Transportsicherheit
- lange Lagerfähigkeit
- leichte Anzündbarkeit

Hinzu kommen die bereits bei den Sprengstoffen erwähnten LOVA-Eigenschaften. Hier ist vor allem das in festen Treibmitteln eingesetzte Bindersystem von Bedeutung. Binder haben die Aufgabe, die Treibladungspulverkörnchen zusammenzuhalten und dem Treibladungspulver eine Form zu geben. Nur so können Blättchenpulver, Röhrenpulver oder Kugelpulver ihre Form bekommen und sie auch trotz längerer Lagerung, Transport oder Ladetätigkeiten behalten, ohne sie dabei durch Zerbrechen, Abschaben oder Pulverisieren zu verlieren. In diesem Falle würden sich die Oberflächenstruktur und damit das Abbrandverhalten ändern. Eine somit entstehende größere Oberfläche bedeutet einen schnelleren Abbrand und einen rascheren Druckanstieg. Eine Zerstörung der Waffe könnte die Folge sein.

---

106 U. Gallwitz, Die Geschützladung, gedruckt im Auftrag des Heereswaffenamtes bei J. Neumann, Neudamm 1944.

107 Dies ist vor allem für Kampfräume und geschlossene Schießstände wichtig. Ansammlungen von Pulverrückständen sind reibempfindlich und können bei mechanischer Beanspruchung Verpuffungen auslösen. Daher ist es wichtig, vor allem in geschlossenen Schießständen auf Teppichböden und Ablagen aus Textilstoffen zu verzichten. Auch sollen Schießstände möglichst häufig und gründlich mit Wasser gereinigt werden, um explosive Stäube zu entfernen.

2.4.1 Initialtreibstoffe (Anzündmittel)

Moderne Treibstoffe benötigen in der Regel eine Anzündung durch einen Initialtreibstoff.[108] Initialtreibstoffe wandeln mechanische (Schlag- und Reibenergie), elektrische oder auch chemisch gespeicherte Energie in Wärmeenergie um. Die dabei entstehenden Flammen sollen die Treibstoffe möglichst verzugslos und sicher anzünden. Da auch die Initialtreibstoffe nur eine geringe Flammenbildung besitzen, muss bei großen Ladungsräumen die Anzündung durch sogenannte Beiladungen, zumeist aus Schwarzpulver, unterstützt werden. Ein Anzündverzug durch nasse Treibstoffe, zu lange Anzündkanäle oder auch zu weit in einem Ladungsraum verstreutes Treibmittel kann mehrere Sekunden bis Minuten dauern.[109] Versagt die Anzündung vollständig, entsteht ein Versager.

Einer der bedeutendsten Initialtreibstoffe der Vergangenheit war Knallquecksilber, es war billig und einfach herstellbar. Sein großer Nachteil war die Giftigkeit der Verbrennungsprodukte. Daher wurden schon seit den 1930er-Jahren Sinoxid-Anzündsätze genutzt, die mindergiftig sind. In geschlossenen Schießanlagen, die nicht mit Verbrennungsprodukten aus Blei, Antimon oder Barium belastet werden sollten, werden sogenannte Sintox-Anzündsätze genutzt.

2.4.2 Arbeitstreibstoffe

2.4.2.1 Feste Treibstoffe – Treibladungspulver

- Seit dem frühen Mittelalter wurde nur Schwarzpulver als Treibladungspulver genutzt, mit den Nachteilen Feuchteempfindlichkeit, starke Rauchentwicklung, Verschmutzung der Waffe mit bis zu 60% unverbrannten Rückständen und unterschiedlichen Leistungen. Schwarzpulver ist ein Gemenge aus ca. 15 % Holzkohle, 10 % Schwefel und 75 % Salpeter, wobei auch Mischungen mit geringerem Salpeteranteil bekannt sind. Erst mit Erfindung der nitrobasierten Pulver gab es einen Aufschwung in der Herstellung der Treibladungspulver. Trotzdem wird Schwarzpulver auch heute noch genutzt, etwa als Beiladung zur Verstärkung der Anzündflamme

---

[108] Ausgenommen sind davon die hypergolen Flüssigtreibstoffe, die sich bei Kontakt mit Luftsauerstoff selbst entzünden.

[109] Daher ist für jede Waffe, ggf. sogar in Abhängigkeit von der Munition, eine Wartezeit festgelegt, bis die Munition entladen werden kann. Diese Wartezeit kann zwischen 3 und 30 Minuten betragen.

und in Anzündschnüren[110] sowie in Böllern für Feuerwerke und als „Sprengpulver" in Steinbrüchen, wenn eine zertrümmernde Wirkung durch die Sprengstoffe unerwünscht ist. Die Umsetzungsgeschwindigkeit von ca. 250 m/s im unverdämmten Zustand kann je nach Menge (ab ca. 1 kg) und Verdämmung auf über 600 m/s ansteigen und dabei einen explosiven Charakter einnehmen.

Die Verbrennung von Schwarzpulver verläuft in mehreren Stufen.[111] Der Schwefel schmilzt bereits ab einer Temperatur von 98 °C und ab ca. 300 °C kommt es zu einer Reaktion zwischen Schwefel und Kaliumnitrat zu Kaliumsulfat und Stickstoffmonoxid. Durch die dabei entstehende Hitze schmilzt das Kaliumnitrat bei ca. 335 °C. Dies wird von der Holzkohle aufgesogen und reagiert mit dieser zu den Verbrennungsprodukten Kohlenmonoxid, Stickstoffmonoxid, Kaliumnitrit und weiteren Reaktionsprodukten. Dieses heiße und leichtentzündliche Gasgemisch reagiert dann heftig in einer Verpuffung bzw. Explosion.

Dabei wird heißes Gas produziert, welches zur mechanischen Arbeitsleistung, z. B. beim Abbau von Gestein oder als Antrieb von Geschossen und Raketen, ausgenutzt wird. Da der vollständige Reaktionsmechanismus von Schwarzpulver nach wie vor ungeklärt ist, erfordert die Herstellung von Schwarzpulversätzen sehr viel Erfahrung. Körnung, Verdämmung und Umweltbedingungen beeinflussen die Umsetzung in erheblichem Maße.

- Nitrocellulose ist im Gegensatz zu Schwarzpulver eine chemische Verbindung. Es wird, wenn es ohne weitere Zusätze verwendet wird, als einbasiges Pulver in Infanteriewaffen, weniger häufig in Hochleistungskanonen genutzt. Es wird im gelatinierten Zustand stranggepresst und erhält so seine endgültige Pulverkornform, je nach Einsatz als Blättchen-, Kugel- oder Röhrenpulver. Nitrocellulosepulver benötigt wie alle Pulver auf Nitrobasis Zusätze als Stabilisatoren in Form von Arkadit oder Zentralit (Harnstoff), um die Lagerungs- und Nutzungsdauer zu verlängern.[112] Bei

[110] Das ist, was im Volksmund unter Zündschnüren bekannt ist. Aber die richtige Bezeichnung ist Anzündschnur, beschrieben in Kapitel 7.3.3.2.

[111] P. Zilles, Protokoll zum Experimentalvortrag Pyrotechnik, Philipps-Universität Marburg 2002.

[112] Trotzdem ist die Lebensdauer von Treibladungspulver begrenzt. Für ziviles Treibladungspulver geben Büchsenmacher eine Lebensdauer von zehn Jahren an, siehe www.lutzmoeller.net/Munition/Pulverlebhaftigkeit.php. Militärisch genutztes Treibladungspulver untersteht in der Bundeswehr der Losüberwachung und kann nach eingehender Prüfung auch noch nach 40 Jahren genutzt werden.

hohen Temperaturen oder einem Aufbrauchen der Stabilisatoren nitriert Nitrocellulosepulver nach und wird empfindlicher. Dies kann zur Selbstentzündung führen. Das fertige Treibladungspulver wird abschließend noch mit Kampfer oberflächenbehandelt, um das Pulver in der Anfangsphase des Abbrandes zu phlegmatisieren, d. h., den Abbrand weniger schnell zu beschleunigen.[113] Weiterhin werden viele Pulversorten je nach Einsatzprofil mit einer Grafitbeschichtung versehen, um die elektrostatische Empfindlichkeit zu senken und die Transportsicherheit zu erhöhen. Nitrocellulosepulver gilt als rauchschwach und verbrennt zu 99 % rückstandsfrei.

- Nitroglycerinpulver (Ballistit) ist ein zweibasiges Treibladungspulver, das aus Nitrocellulose und Nitroglycerin hergestellt wird. Dabei wird Nitrocellulose in ein Wasserbecken eingerührt und anschließend Nitroglycerin hinzugegeben. Da keine weiteren Lösungsmittel genutzt werden, gilt es auch als „Pulver ohne Lösungsmittel – POL". Das Nitroglycerin wird von der Nitrocellulose aufgenommen, wobei der Nitroglyceringehalt zwischen 25 und ca. 40 % betragen kann. Das gelatinierte Pulver kann wieder stranggepresst und wie bereits oben beschrieben weiterverarbeitet werden. Nitroglycerinpulver gilt als rauchloses Pulver und verbrennt ebenfalls zu 99 % rückstandsfrei.
- Ein weiteres zweibasiges Pulver erhält man, wenn Nitrocellulose mit Diglykoldinitrat gelatiniert wird. Es hat eine niedrigere Abbrandtemperatur als Nitrocellulosepulver, jedoch ein höheres Gasvolumen. Es wird mit dem Zusatz von Nitroguanidin als dreibasiges Pulver genutzt, das als ideales kaltes Pulver gilt. Es hat eine niedrige Abbrandtemperatur, ist weniger aggressiv und schont somit den Ladungsraum und das Waffenrohr. Weiterhin ist es mündungsfeuerdämpfend, als Nachteil hat es aber eine etwas höhere Rauchentwicklung und einen höheren Masseeinsatz an Treibladungspulver. Dieses Pulver wird besonders in Waffen mit hoher Kadenz genutzt. Üblich ist eine Zusammensetzung von ca. 25 % Nitrocellulose, ca. 20 % Nitroglycerin, ca. 55 % Nitroguanidin und geringe Mengen an Centralit und Kryolith.

---

113 Gemäß A. G. Gorst, Pulver und Sprengstoffe, Moskau 1972, ist es durch phlegmatisiertes Treibladungspulver möglich, bei Pulver für einen Karabiner die Ladungsmasse um bis zu 30 % und die Mündungsgeschwindigkeit um 8 % zu steigern, ohne dabei den Maximalgasdruck in der Waffe zu erhöhen.

- Mehrbasige Treibladungspulver enthalten mehr als drei Komponenten. Dies sind u. a. Mischungen von Diethylenglykoldinitrat oder Triethylenglykoldinitrat, Cellulosenitrat (nitrierte Cellulose), Hydrocellulose (hydrierte Cellulose) und Nitroguanidin. Zur Erhöhung der Brisanz kann Pikrinsäure (TNP) oder Benzoltrinitrat (TNB) beigemischt werden.

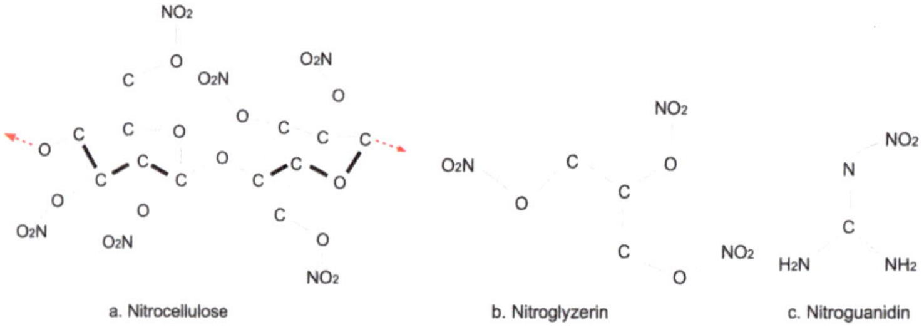

Bild 2.12: Verschiedene feste Treibstoffe: Nitrocellulose, Nitroglycerin und Nitroguanidin. Besonders zu erwähnen ist die Verkettung der Nitrocellulose.

Wie bereits in Kapitel 1.1.2 beschrieben können moderne Treibladungspulver in verschiedenen geometrischen Formen hergestellt und so für die Waffe und die jeweiligen Patronensorten bzw. Arbeitszwecke optimiert werden.

Für Raketentriebwerke werden neben den oben beschriebenen Treibstoffen auch „Composittreibstoffe" benutzt, die aus einer Mischung von Brennstoff, auch als Binder bezeichnet, und Sauerstoffträger bestehen. Als Binder eignen sich hauptsächlich Kautschuk oder kunstharzähnliche Verbindungen wie Polyvinylchlorid (PVC), Polyuretan oder Celluloseacetat. Diese Stoffe werden zusätzlich noch mit Ammoniumverbindungen und Leichtmetallpulver versetzt, um die Leistung zu steigern. Gerade Kunststoffverbindungen wie PVC eignen sich gut als Treibstoff in Feststoffraketenmotoren, da sie relativ unempfindlich gegen mechanische Einflüsse, z. B. Herunterfallen, sind. Risse in einem Raketenmotor führen unweigerlich zu einer unzulässigen Oberflächenvergrößerung und somit zum Platzen aufgrund des Überschreitens des maximal zulässigen Innendruckes.

Als Oxidatoren eignen sich gut Chlorate wie Natriumchlorat, Lithiumchlorat oder Kaliumchlorat. Leider führt dies beim Abbrand zu einem Salzsäurenebel, vor dem Besatzungen und Startgestelle entsprechend geschützt werden müssen.

Die Leistungsdaten sind:[114]

Name	Zusammensetzung / Chem. Verbindung	Umsetz-geschw.	Abbrand-temperatur	Abbrand-wärme	Besonder-heiten
Schwarz-pulver	15 % Holz-kohle 10 % Schwefel 75 % Salpeter	500 m/s	ca. 2000 °C	ca. 2700 kJ/kg	
Nitro-cellulose-pulver	Zellstoff und Salpetersäure $C_6H_7O_2(ONO_2)3$	2800 m/s bis 6300 m/s	3100 °C	5475 kJ/kg	kann Deto-nieren
Nitro-glycerin-pulver	Nitrocellulose Nitroglycerin	3000 m/s	3400 °C	bis 5200 kJ/kg	
Nitro-guanidin-pulver[115]	27,7 % Nitrocellulose 24,6 % Nitroglycol 47,7 % Nitroguanidin	?	2924 °C	3763 kJ/kg	nur mili-tärische Verwen-dung bei Maschinen-waffen

2.4.2.2 Flüssige und gasförmige Treibstoffe

Flüssige und gasförmige Treibstoffe werden derzeit nur bei Raketentreibstoffen genutzt. Es gibt nach wie vor Bestrebungen, flüssige und gasförmige Treibstoffe auch bei Geschützen zu nutzen. Diese sind aber bisher nicht über eine Prototypentwicklung herausgekommen.[116] Problematisch ist nach wie vor die Lagersicherheit über einen langen Zeitraum. Korrosive Flüssigkeiten wie Salpetersäure greifen die Tanks und Dichtungen an. Andere Stoffe wie z. B. Wasserstoffsuperoxid zersetzen sich bei längerer Lagerung ohne Zugabe von Stabilisatoren. Allerdings sind sie nach einer Beimischung dieser Stabilisatoren nicht mehr als Oxidator nutzbar.

---

114 Unter anderem aus: Waffentechnisches Taschenbuch der Fa. Rheinmetall, Düsseldorf 1972.

115 Andere Zusammensetzungen sind auch möglich.

116 Als Beispiel für eine gelungene Konstruktion ist hier die sogenannte Kartoffelkanone zu nennen. Doch Vorsicht: Die Kanone fällt unter die deutsche Waffengesetzgebung. Sie gilt derzeit als einschüssiger Vorderlader in einer Konstruktion nach 1871 und ist genehmigungs- bzw. erlaubnispflichtig.

Vier Gruppen von flüssigen/gasförmigen Treibstoffen lassen sich klassifizieren:

- Monergole sind Treibstoffe, die bereits in einem Tank als Einzelkomponente oder zusammengemischt bevorratet werden. Sie zerfallen bei Zuführen einer Anzündenergie in der Brennkammer in Verbrennungsgase und entwickeln somit den Schub. Der spezifische Impuls ist gering, diese Stoffe werden daher in der Regel nur für Hilfs- und Steuerantriebe eingesetzt.
- Bei Diergolen werden Treibstoff und Oxidator in getrennten Tanks untergebracht. Nutzbar sind neben flüssigem Wasserstoff auch Hydrazin, Kerosin und andere Treibstoffe, die auch bei Verbrennungsmotoren genutzt werden. Als Oxidatoren werden neben flüssigem Sauerstoff auch Wasserstoffsuperoxid und Salpetersäure genutzt. Die Stoffe werden erst in der Brennkammer durch Zerstäuben vermischt und ggf. mithilfe einer Anzündflamme zur Reaktion gebracht. Alle Kombinationen, die Sauerstoffdifluorid (OF_2) als Oxidator benutzen, sind selbstentzündlich. Andere wie z. B. Ammoniak und Salpetersäure können nur mithilfe eines Katalysators (Iridium) selbst zünden. Die erreichbaren spezifischen Impulse hängen sehr stark vom Oxidator ab. Wasserstoff als Treibstoff erreicht mit Sauerstoff als Oxidator einen spezifischen Impuls von 3830 Ns/kg, mit Sauerstoffdifluorid einen spezifischen Impuls von 4014 Ns/kg.[117]
- Triergole sind praktisch erprobt, z. B. flüssiger Sauerstoff, flüssiger Wasserstoff und Beryllium, Lithium oder Aluminium. Leistungssteigerungen in einer Höhe von bis zu 17 % sind möglich. Nachteilig sind das Mitführen eines weiteren Tanks und dessen Fördersysteme und Rohrleitungen.
- Lithergole bestehen aus einem festen Treibstoff und einem flüssigen bzw. gasförmigen Oxidator. Dabei strömt der Oxidator über die Oberfläche des Treibstoffes hinweg und soll so eine Verbrennung gewährleisten. Der Vorteil ist eine mögliche Steuerung des Verbrennungsablaufes bei einem geringeren Aufwand durch Wegfall eines Vorratstanks. Nachteilig ist das Abstimmungsverhältnis im Brennraum durch den Verlust an festem Treibstoff während des Brennvorgangs. Derzeit in der Nutzung bekannt ist Hydroxyl-terminiertes Polybutadien (HTPB) als Brennstoff und Distickstoffmonoxid als Oxidator im Triebwerk des

[117] Weitere Daten siehe: www.wikipedia.org/wiki/Raketentreibstoff.

ehemals kommerziellen Experimentalflugzeugs Spaceship One sowie der Weiterentwicklung SpaceShip Two, mit dem kommerzielle Flüge in den suborbitalen Weltraum unternommen werden.

2.4.3 Treibladungszusätze

In den Treibladungen werden neben dem eigentlichen Treibladungspulver weitere Stoffe zugegeben. Diese werden aus unterschiedlichen Gründen benötigt:

- Für eine Erhöhung der Lagerfähigkeit werden Stabilisatoren aus Arkadit oder Zentralit (Harnstoff) eingesetzt. Treibladungspulver auf Nitrobasis zerfallen im Laufe der Zeit in Stickoxide sowie salpetrige Säure und Salpetersäure. Diese beiden zuletzt genannten Stoffe reagieren mit dem Treibladungspulver und machen es zum einen empfindlicher und zum anderen brisanter. Das Pulver würde schneller abbrennen, der maximale Gasdruck der Treibladungsgase würde sowohl höher als auch eher erreicht. Aufgabe der Stabilisatoren ist es, mit den Zerfallsprodukten eine stabile Verbindung einzugehen und so die Lebensdauer des Treibladungspulvers zu verlängern. Ein fortschreitender Zerfall der Treibladung lässt sich bei großen Treibladungen, die in verschlossenen Stahlbehältern gelagert werden, sehr leicht feststellen. Der Überdruck aus nitrosen Gasen entweicht zischend beim Öffnen des Behälters.
- Bei Führungsbändern aus kupferhaltigen Legierungen kommt es bei hoher Temperatur und Reibung im Waffenrohr zu einer Diffusion des Kupfers in die Stahllegierung. Die Eigenschaften des Waffenrohrstahls verändern sich im Oberflächenbereich und führen zu einem erhöhten Verschleiß. Zusätzlich verengen die Kupferablagerungen das Kaliber und können im Extremfall zu einer Rohraufbauchung führen. Diese sogenannte Verkupferung wird durch Bleizugaben in der Treibladung vermieden. Das heiße Blei geht mit dem Kupfer eine leicht schmelzende Legierung ein, die dann durch die heißen Treibladungsgase aus dem Waffenrohr gespült werden. Im Sinne des Umweltschutzes werden die Bleiadditive zunehmend durch Bismuth- und/oder Zinnadditive ersetzt.
- Um die LOVA-Eigenschaften von Treibladungspulver zu verbessern, werden Additive eingesetzt, die die Empfindlichkeit gegenüber Beschuss oder Splittern herabsetzen, aber gleichzeitig gute Anzündeigenschaften gewähren. Hier setzt man große Erwartungen auf Fluoride.

- Zur Verminderung des Mündungsfeuers werden bei der Artillerie sogenannte Salzvorlagen verwendet, die wie bei Wettersprengstoffen genutzt die Temperatur der Treibladungsgase herabsetzen. Damit sind die Verbrennungsprodukte beim Kontakt mit Luftsauerstoff vor der Waffenrohrmündung nicht mehr anzündfähig und vermindern das Mündungsfeuer. Die Salzvorlagen führen allerdings zu einer stärkeren Rauchentwicklung, dies kann ausgenutzt werden, um die Identifizierung aus der Luft zu vermindern.

2.4.4 Neuartige Spreng- und Treibstoffe

Die Entwicklungen der letzten zweihundert Jahre führten vor allem in der Zeit vor dem Ersten Weltkrieg zu sehr hohen Leistungssteigerungen. Das Schwarzpulver als einer der Leistungsträger wurde durch Nitroverbindungen verschiedenster Art abgelöst. Durch die industrielle Herstellung von Ammoniak und Salpetersäure als Teil der Düngemittelproduktion war man vom Import von Salpeter unabhängig und konnte Explosivstoffe kostengünstig in großen Mengen herstellen. Heute kommen neue Anforderungen auf die zukünftigen Explosivstoffe zu, im Wesentlichen LOVA-Eigenschaften, Umweltverträglichkeit und Entsorgungsmöglichkeiten außer Vernichten durch Sprengen oder Abbrennen.

Kunststoffgebundene Sprengstoffe werden seit den 1950er-Jahren entwickelt. Hier werden vor dem Aushärten des Kunststoffes kristalline Explosivstoffe eingebettet. Dies verleiht dem Sprengstoff zum einen eine Stoßunempfindlichkeit und zum anderen eine Elastizität. In eine andere Richtung geht die Entwicklung neuartiger Explosivstoffverbindungen, z. B. Triaminitrinitrobenzol (TATB) – $C_6H_6N_6O_6$. Der Vorteil ist eine totale Unempfindlichkeit gegenüber Stößen, Feuer und Beschuss, nachteilig sind seine verzögerte Zündung und seine hohen Herstellungskosten. Ein weiterer, in der Entwicklung interessanter Stoff[118] ist DINGU, empfindlicher als Pentaerytrittetranitrat, dabei in der Leistung besser als Hexogen oder Oktogen.

Auch bei Treibstoffen wird es neue Stoffe geben, wenn auch die Entwicklung bei den flüssigen und gasförmigen Treibstoffen bisher nicht die gewünschten Erfolge gezeigt haben. Hier geht man dazu über, festes Treibladungspulver in Polymere einzuschließen, um so die Empfindlichkeit zu senken. In Kunststoff eingegossenes Hexogen wird dem Treibladungspulver zugegeben und auf Langzeitlagerung, Veränderung der Leistung und LOVA-Eigenschaften getestet. Die unter dem Namen CL-15 bekannte Treibladungspulvermischung

---

[118] Gemäß J. Köhler/ R. Meyer, Explosivstoffe, Weinheim 1998.

scheint eine zukünftige Alternative zu den herkömmlichen Treibladungspulvern zu sein.[119]

In der folgenden Tabelle sind neue Entwicklungen und deren Leistungen im Vergleich zusammengestellt:[120]

Name	Dichte in g/ml	Detonationsgeschw.	Verpuffungstemp.	GAP-Test
Hexogen (RDX)	1,82 g/ml	8850 m/s	220 °C	310
Oktogen (HMX)	1,91 g/ml	9100 m/s	270 °C	305
Nitroguanidin (Nigu)	1,72 g/ml	2500–8210 m/s	246 °C	–
Hexanitodiazocyclooctan (HCO)	1,845 g/ml	8800 m/s	<300 °C	?
Nitrotiazolon (NTO)	1,91 g/ml	8590 m/s	280 °C	260
Dinitroglycoluril (DINGU)	1,94 g/ml	8450 m/s	240 °C	190–210
Triaminotrinirobenzol (TATB)	1,94 g/ml	8000 m/s	350 °C	190

In dem GAP-Test wird die Empfindlichkeit eines Explosivstoffes gegenüber einer benachbarten Detonation gemessen. Bei diesem Verfahren wird der zu prüfende Explosivstoff einer definierten Explosion ausgesetzt. Zwischen beide Stoffe werden Dämpfungsscheiben, zumeist aus Plexiglas, gestellt. Je weniger Plexiglasscheiben benötigt werden, umso unempfindlicher ist der zu prüfende Explosivstoff gegen eine sogenannte sympathetische Detonation und umso besser sind seine LOVA-Eigenschaften.

Zusätzlich muss eine neu entwickelte Munition Prüfungen gem. der STANAG 4439 / AOP 39[121] bestehen, um als insensitiv zu gelten. Dies bedeutet, dass der Explosivstoff in einer Munition weder bei einem Brand in der Lagereinrichtung, noch bei Beschuss mit Handwaffenmunition oder bei einem Treffer von einem (Geschoss-)Splitter explodieren darf. Maximal soll er abbrennen. Bei Beschuss mit Hohlladungsmunition oder auch bei Detonation von benachbarter, gelagerter Munition darf es maximal zu einer „Explosion",[122] aber nicht zu einer Detonation kommen.

---

119 Siehe dazu: E. Shachar/ A. Gutman/ M. Goldberg/ S. Gali/ S. Welner, Surveillance Tests of a new LOVA Gun Propellant, 2006. Insensitive Munitions & Energetic Materials Technology Symposium, April 24-27, 2006.

120 Gemäß H. Schubert, Explosivstoffe – Stand und Ausblick, weitere Angaben unbekannt.

121 Siehe dazu Anhang A 6.

122 Explosion meint gem. der STANAG 4439 maximal eine schnelle Verbrennung, wobei das Zerlegen der Packgefäße und der Munition in große Wurfstücke möglich ist. Die Auswirkungen der Explosion sollen aber geringer sein als bei einer vollständigen Detonation der Munition.

2.5 Pyrotechnische Sätze

Pyrotechnische Sätze werden hauptsächlich zur Herstellung eines physikalischen Effektes genutzt. Die Wirkungen können akustischer, optischer, thermischer, elektrischer oder mechanischer Natur sein bzw. zeitverzögernd ein anderes Ereignis beeinflussen.

Ein pyrotechnischer Satz besteht mindestens aus einem Brennstoff und einem Oxidator – klassisch wird hier als Gemenge Schwarzpulver genutzt. Je nach Art des gewünschten physikalischen Effektes werden allerdings weitere oder andere Stoffe benötigt.

Schwarzpulver ist stark hygroskopisch, deshalb wird es zunehmend durch andere Gemenge zumeist aus Perchloratsätzen oder Metalloxiden als Oxidationsmittel und Metallen sowie Stickstoffverbindungen als Brennstoffe ersetzt. Dies erhöht die Lagerfähigkeit und Zuverlässigkeit der Sätze, führt aber teilweise zu einer höheren Reibempfindlicheit der Inhaltsstoffe.

Zur mechanischen Stabilität und zur Gewährleistung eines konstanten Abbrandes werden die Gemenge mit Bindemittel, zumeist Gummi oder Kunststoffen, aber auch Stearin, in die (Sub-)Munition eingepresst.

Die Anforderungen an die pyrotechnischen Sätze sind hoch, vor allem weil sie vielfach in der (militärischen) Ausbildung und bei Notlagen (Signalfeuer, Knallsätzen) eingesetzt werden.

2.5.1 Effektsätze

Akustische Knall- und Blitzsätze bestehen aus Magnesium oder Aluminium als Brennstoff und Chloraten als Oxidator. Die hohe Umsetzungsgeschwindigkeit bei schon geringem Masseeinsatz erzeugt einen lauten Knalleffekt, begleitet von einem Lichtblitz. Unerwünschte Lichteffekte können durch Rußstaub abgeschattet werden.

Bei Pfeifsätzen werden Chlorate, neuerdings Perchlorate, sowie Salze organischer Säuren eingesetzt, die in einer Metall- oder Pappröhre mit einer Frequenz von ca. 4000 Hz pulsierend abbrennen. Die Geometrie der Röhre und der Außendruck bestimmen dabei die Frequenz. Pfeifenähnliche Düsen am offenen Ende der Röhre sind unnötig, sie könnten auch verstopfen und zu einer Explosion führen.[123]

Blitzlichtsätze sollen bei der Verbrennung in kurzer Zeit eine hohe Lichtmenge ausstrahlen. In der Regel nutzt man hier Magnesiumpulver und Nitratverbindungen als Sauerstoffträger.

[123] B. Bach, Physik des Feuerwerks, Chemnitz 2016.

Lichtsätze werden zur Vorfeldbeleuchtung in Submunitionen, bei Alarmleuchtkörpern und als Leuchtspur in Geschossen genutzt. Die Anforderung an ihre Leuchtkraft ist sehr hoch, das ausgestrahlte Licht soll dem Tageslicht ähnlich sein, um gute Beobachtungs- und Erkennungsmöglichkeiten bieten zu können[124], und der Abbrand des Lichtsatzes soll möglichst langsam und gleichmäßig ablaufen, um eine lange Ausleuchtungszeit zu ermöglichen.

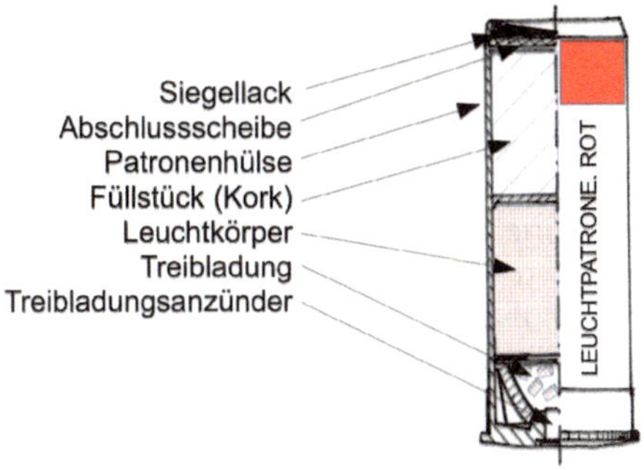

Bild 2.13: Eine typische Leuchtsignalpatrone (rot) im Kaliber 26,5 mm (= Schrotkaliber 4)

Die Sätze können je nach chemischer Zusammensetzung zum Beleuchten im sichtbaren oder IR-Bereich zusammengestellt werden. In der Regel nutzt man Holzkohlepulver, Schwefelblüte und Kaliumchlorat. Zur Erzeugung einer Lichtfarbe werden z. B. für rote Farbeffekte Strontiumnitrat und für grüne Farbeffekte Bariumntitrat genutzt.[125] Blaue Lichtsätze waren bisher schwierig oder nur mit giftigen Stoffen (Perchloraten) herzustellen. Durch die Verwendung von Kupfer(I)iodid lässt sich mittlerweile ein reines Blau unter verträglicher Umweltbelastung herstellen.[126] Weitere zumeist zivil genutzte Farben sind Gold (Eisen-Kohlenstoff-Titan-Mischung), Silber (Magnesium-Aluminium-Titan-Mischung) und Purpur (Strontium-Kupfer-Mischung). Die kommerzielle Nutzung der letztgenannten Farbeffekte ist allerdings noch sehr teuer.[127] Auch Mischformen sind möglich.

---

124 Nach A. G. Gorst, Pulver und Sprengstoffe, Moskau 1972, sollten gelb-grüne Spektralfarben überwiegen, da das menschliche Auge diese am besten aufnehmen kann.

125 Didaktik der Chemie, Universität Bayreuth 2016.

126 Neue chemische Mischung für blaue Flammen entdeckt, Ludwig-Maximilans-Universität, München 2014.

127 P. Zilles, Protokoll zum Experimentalvortrag Pyrotechnik, Philipps-Universität Marburg 2002.

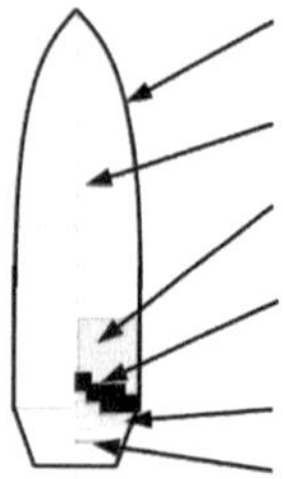

Bild 2.14: Geschoss mit Leuchtspur

Bei Leuchtspuren werden sogenannte Dunkelspuren vorgeschaltet, um den Schützen bei kurzen Flugentfernungen nicht zu blenden und ggf. den Standort des Schützen nicht preiszugeben. Die Leuchtspursätze bestehen aus Schwarzpulver mit Bariumnitrat, Kaliumnitrat und Aluminiumbeigaben.[128] Da die Lichtsätze hohe Intensitäten entfalten müssen, werden hier Aluminium- oder Magnesiumverbindungen in Pulverform eingesetzt. Alle Stoffe sollen möglichst nur feste Verbrennungsrückstände erzeugen. Zum einen sollen so Ablagerungen und Korrosion im Waffenrohr vermieden werden, zum anderen darf sich die Schwerpunktlage des Geschosses während des Fluges nicht ändern, um die ballistischen Eigenschaften des Geschosses nicht zu stören.

2.5.2 Rauch- und Nebelsätze

Farbrauch wird zur Markierung und zur Bestimmung der Windrichtung (Landeplätze) genutzt. Hier werden Aerosole aus Chinophthalonverbindungen (Lebensmittelfarbe) feinzerstäubt an die Umgebung abgegeben. Die Abgabe erfolgt mittels Brandsätzen aus Kaliumperchlorat und Milchzucker, dessen Abbrandtemperatur durch Zugabe von Salzen niedrig gehalten wird, um die Aerosole bei der Verbreitung nicht zu verbrennen.

Nebelmunition besitzt nur noch vereinzelt mit Schwarzpulver gefüllte Kammerhülsen zur Anzündung und schnellen Verbreitung des Nebelstoffes (z. B. eine Schnellnebelhandgranate). In der Regel wird heute mit rotem Phosphor gefüllte (Sub-)Munition eingesetzt, die nur noch über einen Schwarzpulversatz, teilweise auch verzögert, angezündet wird. Der rote Phosphor (RP) verbrennt dabei zu Phosphorpent-

[128] Rheinmetall, Waffentechnisches Taschenbuch, Düsseldorf 1977.

oxid, welches mit der Luftfeuchte zu Phosphorsäure reagiert und einen weißen Nebel bildet. Durch die heiß abbrennenden Pellets wird dabei die Wärmestrahlung eines sich dahinter befindlichen Fahrzeugs oder von Personen überdeckt.[129] Somit bieten Nebelmittel mit rotem Phosphor als Wirkmittel nicht nur im optischen, sondern auch im infraroten Sichtbereich einen wirksamen Schutz.

Ältere Nebelstoffe, die heute aufgrund ihrer Giftigkeit und wegen Problemen in der Handhabungs-, Transport- und Lagersicherheit keine größere Rolle mehr spielen, aber noch in vielen Armeen eingesetzt werden, sind Hexachlorethan – HC (Berger-Mischung), Titantetrachlorid – FM und weißer Phosphor – WP. Hexachlorethan und Titantetrachlorid bilden einen Salzsäurenebel, der mit Metallpartikeln versetzt ist. Neben einem Schutz nur im sichtbaren Bereich verätzt die Salzsäure die Atemwege. Weiterhin lagern sich die Metallpartikel in der Lunge ab und führen zu einem Platzen der Lungenbläschen.

Zukünftige Nebelstoffe werden auch einen Schutz gegen Sichtbarkeit im Radarbereich bieten müssen. Dies ist bei der Luftwaffe und Marine durch die Mischung der sogenannten Chaff und Flare gegeben, die bei einem vermuteten Angriff auf ein Luftfahrzeug oder Schiff von diesem ausgestoßen werden. Chaff sind feine Aluminiumstreifen, die auf die Frequenz der zu störenden Radargeräte abgestimmt sind. Flare sind heiße Teilchen, die einen anfliegenden Infrarotsuchkopf durch Überstrahlung zum kurzfristigen Abschalten zwingen sollen. Die heißen Verbrennungsgase bieten Täuschziele, die den Abgasen eines Triebwerks ähnlich sind. Somit erhöht sich für ein Luftfahrzeug die Chance zum Entkommen.[130]

2.5.3 Thermalbatterien

Thermalbatterien bestehen aus anorganischen Salzen (z. B. Natriumchlorid), die zwischen Lithiumanoden und Chromatkathoden eingebettet sind. Thermalbatterien sind wartungsfrei und zeichnen sich durch lange Lagerfähigkeit sowie hohe Energiedichte und mechanische Festigkeit aus. Bei einer Aktivierung des pyrotechnischen Satzes und Erzeugung hoher Temperaturen (bis ca. 800 °C) schmelzen die bei Raumtemperatur nicht leitenden Salze und erzeugen für einen kurzen Zeitraum (ca. 30 Sekunden) elektrische Energie, die z. B. in Lenkflugkörpern zur Zielauffassung, Datenübertragung und Steuerung genutzt werden kann.[131]

---

[129] P. Bott, Wehrtechnische Dienststelle der Bundeswehr, Meppen, o. Datum.
[130] Siehe dazu Kapitel 9.1.
[131] Diehl & Eagle-Picher, Produktinformation, Röthenbach 2017.

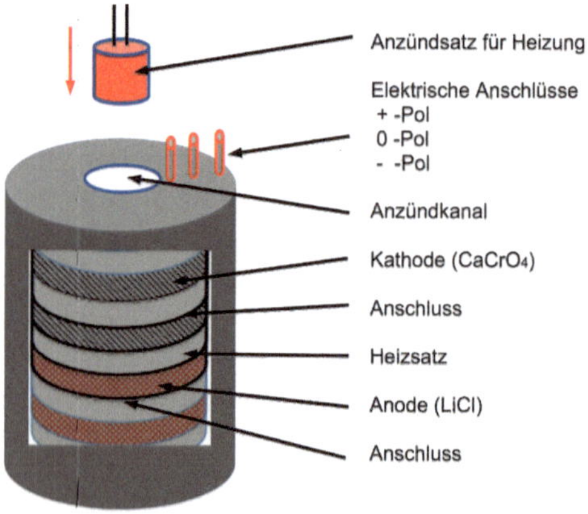

Bild 2.15: Prinzipskizze einer Thermalbatterie

2.5.4 Sonstige pyrotechnische Stoffe

Obwohl eigentlich ein Anzündmittel werden Streichhölzer trotzdem aufgrund ihrer chemischen Zusammensetzung bei der Pyrotechnik eingeordnet. Streichhölzer bestehen wie andere pyrotechnische Gegenstände aus einem Brennstoff und einem Oxidator. Je nach Anwendungsfall werden dafür unterschiedliche Mischungen benötigt. Das gebräuchliche Sicherheitsstreichholz besteht im Reibkopf aus Schwefel oder Antimonsulfit als Brennstoff sowie Kaliumchlorat als Oxidator. Die Reibfläche auf der Schachtel enthält roten Phosphor. Beim Anreiben des Streichholzes an der Reibfläche wird roter Phosphor mit Kaliumchlorat in Verbindung gebracht. Diese in größeren Mengen schon bei leichtem Druck hochexplosive (Armstrongsche) Mischung führt zu einer Reaktion und somit zum Entzünden des Brennstoffes im Reibkopf. Dies wiederum führt zum Anzünden des Streichholzes.

2.6 Brandstoffe

Brandstoffe dürften die ältesten chemischen Stoffe sein, die zu kriegerischen Zwecken eingesetzt wurden. Das sogenannte Griechische Feuer war eine selbstentzündliche Mischung, wahrscheinlich aus Naphtha, Arsensulfid und Kaliumnitrat.[132] Sie wurde etwa

[132] Alle drei Stoffe waren zu dieser Zeit bekannt und als Rohstoff einfach zu bekommen. Naphtha wurde aus den Erdölseen des mittleren Ostens gewonnen, Arsensulfid stand als Mineral (Realgar) zur Verfügung und Kaliumnitrat (Salpeter) findet man in Latrinen und Ställen. Siehe dazu auch J. Emsley, Mörderische Elemente, Weinheim 2006.

650 n. Chr. zuerst eingesetzt. Im Laufe der Jahrhunderte perfektioniert wird heute als Brandstoff neben Napalm[133] auch weißer Phosphor als eigenständiger Brandstoff verwendet. Sprengbrandmischungen enthalten dagegen Aluminiumspäne oder -pulver, welches neben der Gasschlagwirkung auch eine Brandwirkung im Ziel verursacht.

Auch panzerbrechende Munition kann eine hohe Brandwirkung haben. Abgereichertes Uran, in Verbindung mit Titan zu einem Sintermetall verbunden, hat neben der hohen Durchschlagskraft im Ziel eine große Brandwirkung nach dem Zieldurchgang.

2.7 Nukleare Sprengstoffe[134]

Herkömmliche Sprengstoffe speichern die Explosionsenergie in den chemischen Bindungskräften. Bei einer Initiierung – zumeist durch Druck – zerfällt die chemische Bindung und es wird die in den Elektronenhüllen gespeicherte Energie freigesetzt. Dabei verändern sich die Atomkerne nicht. Im Gegensatz dazu wird bei einer nuklearen Detonation Energie aufgrund von Vorgängen innerhalb der Atomkerne freigesetzt. Dabei verändert sich die Zusammensetzung aus Protonen und Neutronen im Kern. Es entsteht praktisch eine Umwandlung in ein anderes Element. Dabei entsteht neben Druck und Hitze auch die radioaktive Strahlung. Die Emission dieser Strahlungsarten ist eine deutliche Abgrenzung der nuklearen Sprengstoffe zu den chemischen Sprengstoffen.

Die Energiefreigabe lässt sich dabei entweder durch Kernspaltung oder durch Kernfusion erreichen. Die dazu genutzten nuklearen Sprengstoffe sind sehr unterschiedlich. Für eine Kernspaltung kamen bei den ersten beiden Kernwaffenabwürfen 1945 das Uranisotop U235 bzw. das Plutoniumisotop Pu239 infrage. Heute werden auch die Isotope U233 und U238 genutzt. Bei den Fusionssprengstoffen nutzt man zumeist mit Deuterium und Tritium die Isotope des Wasserstoffs.

---

133 Napalm (= Naphtha und Palmitinsäure) besteht aus Benzin, einem Verdickungsmittel (Ölsäure der Kokospalme) und Aluminiumseife bzw. Benzin und Polystyrol. Die Verbrennungstemperatur beträgt je nach Zusammensetzung etwa 1000 °C. Napalm ist weltweit geächtet, da schon kleinste Spritzer schlecht heilende Wunden auf der Haut hinterlassen. Es kann nur schwer mit Wasser gelöscht bzw. abgewaschen werden.

134 Neutronenbombe siehe Kapitel 5.7.2.

Im Grundsatz gibt es drei Funktionsprinzipien für die Auslösung einer Kettenreaktion bei einer Kernspaltung. Dabei müssen unterkritische Massen, bei denen die Anzahl der für eine Kernspaltung erzeugten Neutronen noch nicht ausreicht, zu einer überkritischen Masse zusammengeführt werden.

- Die erste Möglichkeit ist, zwei unterkritische Halbkugeln mittels konventionellen Sprengstoffs schlagartig zu beschleunigen und so eine überkritische Kugel zu erzeugen, in der genügend Neutronen entstehen, um eine Kettenreaktion in Gang zu bringen.
- Ein weiteres Funktionsprinzip ist es, die überkritische Masse auf ein größeres Volumen zu verteilen und so unterkritisch zu halten. Dabei bildet man die noch nicht überkritische Masse als Hohlkugel aus und umgibt diese mit einer Sprengstoffschicht. Durch die Detonation des Sprengstoffes wird der nukleare Sprengstoff nach innen beschleunigt, komprimiert und bildet so die überkritische Masse.
- Im dritten Verfahren durchsetzt man die überkritische Masse mit Materialien, die Neutronen absorbieren. Hier kommen Bor, Cadmium oder Indium infrage. Zur Auslösung der Kettenreaktion müssen diese Materialien, die zumeist in Stabform in die überkritische Masse hineingeschoben wurden, schlagartig herausgeschlagen werden.

$$^{1}_{0}\mathrm{n} + {}^{235}_{92}\mathrm{U} \rightarrow {}^{236}_{92}\mathrm{U} \rightarrow {}^{144}_{56}\mathrm{Ba} + {}^{89}_{36}\mathrm{Kr} + 3 \cdot {}^{1}_{0}\mathrm{n}$$

Bild 2.16: Eine mögliche Reihe der Spaltung eines Urankernes mittels eines Neutrons. Der Urankern spaltet sich in ein Barium- und ein Kryptonatom auf. Dabei werden drei Neutronen frei, die für weitere Kernspaltungen genutzt werden können.

Bei einer Kernfusion reicht es nicht aus, chemischen Sprengstoff zu verwenden. Es muss eine sehr große Energiemenge aufgebracht werden, um die Coulombschen Abstoßungskräfte der Atomkerne zueinander zu überwinden. Die Energie wird in der Regel in Form von Wärme zugeführt, wobei zu deren Erzeugung eine Kernspaltung aus einer Uran- oder Plutoniumkernspaltungsbombe vorausgehen muss. Neben Druck und Hitze entsteht bei den nuklearen Detonationen radioaktive Strahlung in Form von α-, β- und γ-Strahlung.

- Atomkerne mit einer Massenzahl von über 200 strahlen bei der Umwandlung von einem instabilen in einen stabilen Endzustand vorwiegend α-Strahlung ab. α-Strahlung ist eine Teilchenstrahlung und besteht aus einem elektrisch positiv geladenen Heliumkern. Die Halbwertszeit des instabilen Atoms kann sich von Bruchteilen einer Sekunde bis zu mehreren Millionen von Jahren erstrecken. Die Massezahl des Atomkerns nimmt bei der Absonderung des Heliumions um vier ab.

- Die β-Strahlung tritt bei dem Zerfall von leichten und schweren Atomkernen auf. Mit der Aussendung eines Elektrons wird auch ein Neutrino frei, welches sich aber aufgrund seiner elektrischen Neutralität und geringen Masse nur schwer beobachten lässt. Bei der β-Strahlung werden ein Elektron und ein Positron emittiert. Hier gibt es zwei unterschiedliche Zerfallsarten.
  - Der Beta-Minus-Zerfall führt zur Umwandlung eines Neutrons in ein Proton und ein Elektron. Das Elektron wird dabei emittiert.
  - Beim Beta-Plus-Zerfall wird ein Proton in ein Neutron umgewandelt. Dabei fängt das Proton ein Elektron aus der Elektronenhülle ein. Praktisch wird so ein Positron ausgesandt.
- Die γ-Strahlung ist eine sehr energiereiche elektromagnetische Wellenstrahlung mit hoher Frequenz. Gerade Atomkerne mit einem β-Zerfall befinden sich in einem angeregten Zustand. Durch das Ausstrahlen eines Gammaquadranten (Zeitdauer ca. 10–14 s) werden diese Atome in den Grundenergiezustand überführt. γ-Strahlung tritt auch unmittelbar bei einer Kernspaltungsdetonation auf. Wenn bei der Kernspaltung frei gewordene schnelle Neutronen mit hoher Geschwindigkeit auf einen Atomkern prallen, wird ein Teil der kinetischen Energie auf den Atomkern übertragen und dieser in einen angeregten Zustand versetzt. Haben die Neutronen nach mehreren Zusammenstößen einen Großteil der kinetischen Energie verloren, können sie von nicht spaltbaren Atomkernen zu einem „Compound-Kern" eingefangen werden. Auch hier wird durch die Emission von γ-Strahlung der Anregungszustand abgebaut. Dabei verändert sich weder die Massen- noch die Ordnungszahl des emittierenden Atomkerns.

Neben der radioaktiven Strahlung dürfen die anderen Effekte nicht außer Acht gelassen werden. Thermische Strahlung und Druck machen die Hauptanteile an der Energieaufteilung aus. Dabei ist zu beachten, dass die Temperatur im Detonationsbereich bis auf 10 Millionen °C anwachsen kann. Der nukleare elektromagnetische Impuls liegt in der Energieverteilung bei unter 1 % und kommt erst bei Detonationen in großen Höhen zum Tragen.[135]

[135] Siehe dazu Kapitel 5.7.2.

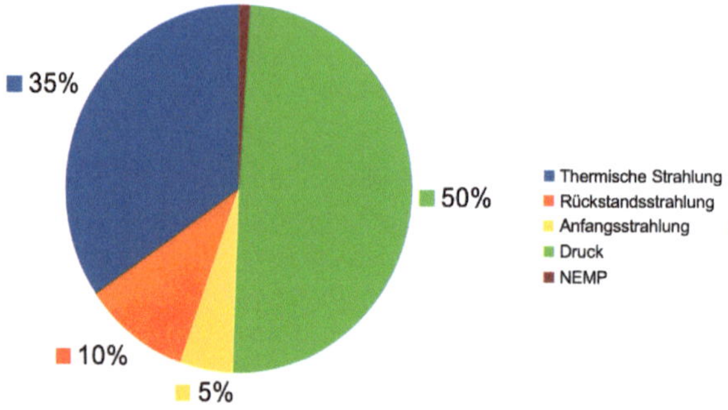

Bild 2.17: Energieaufteilung bei einer Kernspaltungsdetonation

Zur Abschätzung der Auswirkungen einer Kernwaffendetonation soll die nachfolgende Tabelle[136] dienen. Dabei ist zu beachten, dass hier nur der Bereich der taktischen Kernwaffen bis 100 kt TNT-Äquivalent betrachtet wird. Siehe dazu auch die Tabelle in Kapitel 2.2.1.

Detonationsstärke	**1 kt**	**10 kt**	**20 kt**	**50 kt**	**100 kt**
Maximale Steighöhe des Atompilzes	3700 m	8000 m	10.500 m	12.500 m	14.300 m
Anfangsstrahlung größer 30 Sv	550 m	900 m	1000 m	1150 m	1300 m
Anfangsstrahlung 7 Sv*)	650 m	1100 m	1200 m	1400 m	1600 m
Anfangsstrahlung 1 Sv**)	1050 m	1500 m	1650 m	1850 m	2050 m
Verbrennungen 3. Grades***)	350 m	900 m	1200 m	1900 m	2600 m
Verbrennungen 1. Grades***)	600 m	1600 m	2100 m	3200 m	4200 m
Schwere Lungenschäden***)	230 m	500 m	650 m	850 m	1100 m
Schwere Trommelfellschäden***)	500 m	1100 m	1400 m	1900 m	2400 m
Glasbruch bei 100 hPa***)	1000 m	2300 m	2800 m	3800 m	5000 m

Dazu folgende Anmerkungen:

*) Letale Dosis
**) Frühsymptome nach zwei Stunden
***) Für eine tiefe Luftdetonation sind die Druckradien um 10 % und die Verbrennungsradien um 80 % zu erhöhen.

136 Michael Schrenk, Atombomben, Truppendienst Nr. 387, Bundesministerium für Landesverteidigung, Wien 2022.

Kapitel 3: Rohrwaffen

Kapitel 3: Rohrwaffen

Rohrwaffen oder juristisch Schusswaffen sind gem. Begriffsbestimmung aus dem deutschen Waffengesetz: Gegenstände, die einen Lauf, militärisch Rohr, besitzen und durch die Geschosse getrieben werden. Dabei ist es unerheblich, ob diese „Gegenstände" militärisch, zivil, für einen Angriff, eine Verteidigung oder einen sportlichen Zweck genutzt werden. Hierzu zählen auch bestimmte Bolzenschussgeräte, wie sie z. B. auf Schlachthöfen zum Töten des Schlachtviehs oder zum Befestigen von Haken in Wänden genutzt werden.[137] Daneben ist auch das Kriegswaffenkontrollgesetz zu beachten, hier werden die Rohrwaffen in der Kriegswaffenliste[138] Maschinengewehre, Maschinenpistolen, vollautomatische und halbautomatische Gewehre genannt. Andere Rohrwaffen wie z. B. Kanonen, Haubitzen, Mörser und Maschinenkanonen werden unter dem Begriff „Kampffahrzeuge" aufgelistet. Man erkennt: Es ist nicht leicht, eine generelle Definition für eine Rohrwaffe zu finden.

Für die folgende Einteilung der Rohrwaffen wurden die Materialklassen der Versorgungsnummern[139] der Bundeswehr bzw. der NATO herangezogen. Sie unterteilt bei Munition die Kaliber in folgende Bereiche:

- 1305: Munition bis zu einem Kaliber von einschließlich 30 mm. Dies schließt die Munition für alle Hand- und Faustfeuerwaffen, Maschinengewehre und leichte Maschinenkanonen mit ein.
- 1310: Munition von einem Kaliber über 30 mm bis einschließlich 75 mm. Hier findet sich die Munition hauptsächlich für Maschinenkanonen, Granatmaschinenwaffen, leichte Mörser und leichte Panzerabwehrhandwaffen.
- 1315: Munition von einem Kaliber über 75 mm bis einschließlich 125 mm. Derzeit handelt es sich hier um Munition für Panzer, Marineschnellfeuerkanonen und leichte Artilleriegeschütze sowie Mörser.
- 1320: Munition von einem Kaliber über 125 mm. Dies ist die Munition, die hauptsächlich für Artilleriegeschütze und Mörser genutzt wird, zukünftig auch für Panzerkanonen.

---

137 Waffengesetz, Anlage 1 zu § 1 Absatz 4 aus dem BGBl. I (2002), S. 3994–3998, zuletzt geändert durch Verordnung vom 19.06.2020 (BGBl. I S. 1328) m. W. v. 27.06.2020.

138 Ausführungsgesetz zu Artikel 26 Absatz 2 des Grundgesetzes, Anlage zu § 1, Absatz 1 „Gesetz über die Kontrolle von Kriegswaffen" in der Fassung der Bekanntmachung vom 22.11.1990 (BGBl. I S. 2506), das zuletzt durch Artikel 25 des Gesetzes vom 19.12.2022 (BGBl. I S. 2606) geändert worden ist.

139 Eine Versorgungsnummer besteht aus 13 Ziffern, die ersten beiden stehen für die Materialgruppe, z. B. 10 für Waffen oder 13 für Munition. Danach kommt mit zwei Ziffern die Materialklasse wie oben beschrieben, gefolgt von einer zweiziffrigen Länderkennnummer und sieben Ziffern für die nationale Identifizierung des Versorgungsartikels.

Die Einteilung ist willkürlich und weder technisch noch historisch haltbar. Besser zu handhaben ist die Einteilung in einem Mix nach Einsatz und Träger der Waffe:

- Hand- und Faustfeuerwaffen: Dies sind Waffen, die von einer oder maximal zwei Personen getragen werden können. Faustfeuerwaffen können einhändig geschossen werden, z. B. Pistolen und Revolver. Weitere Waffen, die in diesem Bereich erwähnt werden müssen, sind Karabiner, Sturmgewehre, Maschinenpistolen und -gewehre sowie leichte Abwehrhandwaffen wie Panzerfäuste und Fliegerfäuste. Auch Waffen mit größerem Kaliber wie Granatmaschinenwaffen und Leichtgeschütze fallen in diese Kategorie.[140]
- Maschinenkanonen, die entweder infanteristisch von einer Gruppe von Soldaten eingesetzt werden können (leichte Feldkanonen) oder auf Fahrzeugen lafettiert werden. Wichtig ist, dass es automatische Schusswaffen sind.
- „rückstoßarme" Waffen wie Panzerfäuste und Leichtgeschütze
- Panzerkanonen und Artilleriegeschütze inklusive Mörser: Diese drei Rohrwaffentypen werden noch nach der Relation der Masse der zu verschießenden Nutzlast gegenüber der Masse der einzusetzenden Treibladung unterschieden:
  - Panzerkanonen: Hier ist das Verhältnis etwa 1:1.
  - Artilleriegeschütze: Auf jedes Kilogramm Nutzlast kommen etwa 0,33 kg Treibladungspulver, also 3:1.
  - Mörser: Hier ist das Verhältnis 10:1, also für jedes Kilogramm Nutzlast 0,1 kg Treibladungspulver.

Eine Einteilung nach dem Schießen in der oberen oder unteren Winkelgruppe[141] ist hier unzweckmäßig. Die Panzerhaubitze ist als Artilleriegeschütz in der Lage, in beiden Winkelgruppen zu schießen. Auch Mörser können sowohl in der oberen als auch in der unteren Winkelgruppe schießen und müssen nicht unbedingt nur Vorderlader sein. Der russische 120-mm-Panzermörser 2A60 ist ein Hinterlader mit gezogenem Rohr und verschießt im direkten Richten sogar Hohlladungsgeschosse zur Panzerabwehr.[142]

---

[140] Auch diese Einteilung ist mit Widersprüchen behaftet. So galt im ehem. Warschauer Pakt das Sturmgewehr als Maschinenpistole, z. B. die Maschinenpistole K, die Kalashnikov-Version der Nationalen Volksarmee. Siehe dazu auch: http://rwd-mb3.de/pages/mpi_k.htm.

[141] Siehe dazu Kapitel 1.3.1.1.

[142] Eingeführt auf Einachslafette 2B16 mit Mündungsbremse bzw. als 2S9 und 2S23 auf gepanzerten Fahrzeugen ohne Mündungsbremse.

Auch eine Einteilung nach der Rohrlänge ist heutzutage unzweckmäßig, da Haubitzen wie die 155-mm-Panzerhaubitze 2000 mit einem Rohr von 52 Kaliberlängen eher über das Rohr einer Kanone verfügen.

Weitere Möglichkeiten zur Einteilung sind die Unterscheidungen nach der Nachladefunktion (Einzellader, Mehrlader, halbautomatische oder vollautomatische Ladefunktion sowie Ladefunktion mit Eigen- oder Fremdantrieb) oder auch nach deren Funktion wie Panzerabwehrwaffen, Schiffskanonen, Flugzeugbewaffnung oder Jagdwaffen.

Zur Begriffsbestimmung: Ein Waffenrohr, auch Rohrseele[143] genannt, besteht aus dem „Lauf" einer Waffe und dem Patronenlager. Daher ist ein Waffenrohr länger als ein „Lauf".

Die Rohrlänge wird auch in sogenannten Kaliberlängen ausgedrückt. Das Waffenrohr des Kampfpanzers Leopard 2A6 hat die Rohrlänge L55. Das bedeutet eine Gesamtlänge von 55 Kaliberlängen x 120 mm = 6600 mm.

3.1 Theoretischer Aufbau einer Rohrwaffe

Eine Rohrwaffe besteht mindestens aus einem Rohr und einem festen oder beweglich verschließbaren Rohrende, dem Verschluss. Hinzu kommen ggf.

- Hilfseinrichtungen zum Nachladen der Waffe,
- Magazine,
- Richtantriebe und Ausgleicher,
- rückstoßdämpfende Einrichtungen wie Rohr- oder Mündungsbremsen und Rohrvorholer,
- rückstoßverstärkende Einrichtungen,
- Wärmeschutzhüllen,
- Rauchabsauger,
- Mündungsfeuerdämpfer oder -blenden,
- Datenübertragungseinrichtungen an und von der Munition sowie
- Visiereinrichtungen, Entfernungsmesser, Rechner für das Feuerkommando und Stabilisatoren.

[143] Nicht zu verwechseln mit dem Seelenrohr, dem innersten Rohr bei einem Mehrlagenrohr. Siehe dazu auch Bild 3.5.

Diese Hilfseinrichtungen sind historisch gewachsen und waren bei den ersten Feuerwaffen noch nicht vorhanden. Hier legte man die Feuerwaffe auf einer Mauerbrüstung ab und zielte über das Rohr.

3.1.1 Das Waffenrohr

An das Waffenrohr werden einige Anforderungen gestellt, die fordernd sind. Waffenrohre werden belastet durch den Gasdruck, die Temperatur, Reibung, den Abrieb, das Verdrehen durch die Drallbeschleunigung der Geschosse und die chemische Korrosion. Hinzu kommen raue Behandlung durch den Bediener, Transport- und Fahrbewegungen oder auch Einflüsse durch einen Gegner. Dazu kommen die taktischen Forderungen der einfachen und schnellen Bedienbarkeit, eines noch akzeptablen Gewichts und der Größe. Daher hatte man schon früh begonnen, Waffenrohre weiterzuentwickeln, ein Vorgang, der bis heute anhält.[144]

Der maximale Gasdruck ist dabei über die Jahre angestiegen und durch neue Fertigungsmöglichkeiten (z. B. Mehrlagenrohre der Flak 8,8 cm 41 und Autofrettage 120 mm BK Rh-120) sowie Materialien ist ein Ende noch nicht in Sicht.

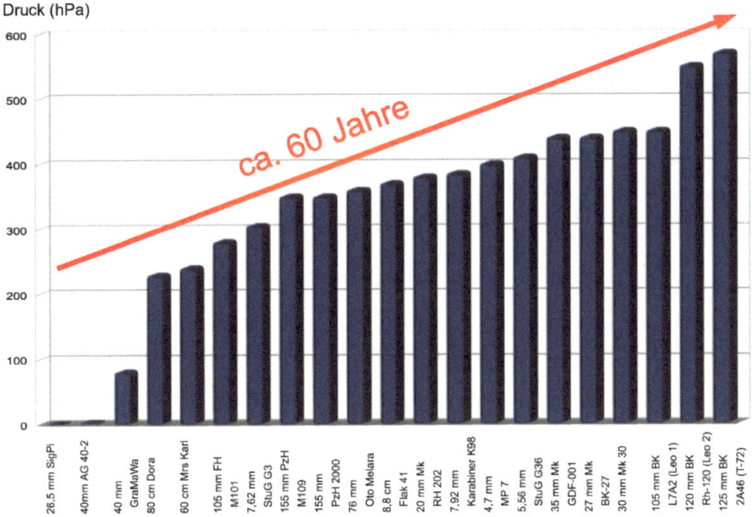

Bild 3.1: Steigerung des maximalen Gasdrucks im Waffenrohr anhand einiger historischer und neuzeitlicher Beispiele

144 Damit ist die technische Beschreibung einer Waffe und auch deren Munition bei der Drucklegung möglicherweise bereits veraltet und überholt.

3

Einfache Waffenrohre bestehen aus einem Metallrohr. Der Verschluss ist starr und fest mit dem Waffenrohr verbunden. Diese einfachen Vorderlader besitzen in der Regel glatte Rohre, wie sie heute noch bei einigen einfachen Mörsern zu finden sind.[145] Das Rohr wurde im hinteren Teil angebohrt, um eine Lunte zum Anzünden der Treibladung hindurchzuführen. Auch war die Rohrwandung im Bereich des Ladungsraumes und im angrenzenden Rohrbereich stärker bemessen, da hier der höchste Gasdruck auf das Waffenrohr wirkt. Näher zur Mündung konnte das Waffenrohr dann wieder schwächer ausfallen. Bei der Herstellung und Materialauswahl griff man auf die Erfahrungen aus dem Bau von Fässern zurück. Zusammengeschmiedete Dauben aus Eisen, als Behelf auch aus mit Umreifungen versehenem Holz, wurden so zu den ersten Kanonenrohren. Im weiteren Verlauf wurde zumeist Bronze genutzt, da man hier die Erfahrungen aus der Glockengießerei nutzbringend einsetzen und das erste Mal den Gasdruck steigern konnte. Trotzdem: Die Gasdrücke blieben gering, entsprechend gering waren auch die Schussentfernungen. Die Zielgenauigkeit war ebenfalls schlecht, da in der Regel nur mit nicht drallenden Stein- oder Gusseisenkugeln geschossen wurde. Der Anzündvorgang war unzuverlässig und dabei von der Luftfeuchte sowie der Länge der Anzündschnur abhängig.

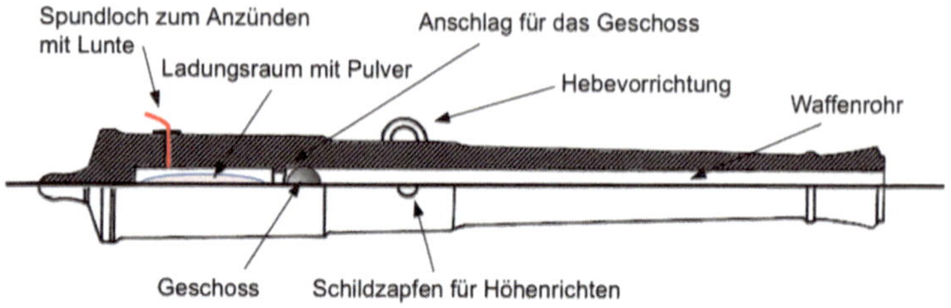

Bild 3.2: Ein einfacher Vorderlader im Halbschnitt. Man erkennt die wesentlichen Dinge für eine Rohrwaffe: Spundloch als Anzündvorrichtung[146], Ladungsraum (historisch „Kammer" genannt), Anschlag für das Geschoss (falls der Ladungsraum nicht einen kleineren Durchmesser hatte), Waffenrohr (historisch „Flug" genannt) und Höhenrichtmöglichkeit für eine Änderung der Schussweite.

---

[145] In den USA wurden um 1860 Vorderlader mit gezogenen Rohren entwickelt, die sogenannte Reed-Parrot-Geschosse verschießen. Bei den US-amerikanischen 107-mm-Mörsern wird diese Technik bis heute genutzt. Siehe dazu das Kapitel über Munition. Erste Vorderlader mit gezogenen Rohren wurden in Frankreich schon 1858 eingesetzt (System La Hitte).

[146] Historisch lautet der Begriff „Zündloch", heute wäre es das Anzündloch. Besser passt auch ein Begriff aus dem Fassbau: Spundloch.

Eine Weiterentwicklung fand in drei Bereichen statt:

- Verbesserung der Zielgenauigkeit durch Übertragung einer Drehbewegung auf das Geschoss[147]
- höhere Schussweite durch einen höheren Gasdruck
- schnellere Schussfolge durch einen beweglichen Verschluss und Nutzung vorgefertigter Patronen

Heute kommt es zusätzlich noch auf eine längere Lebensdauer der Waffenrohre an. Dies erreicht man durch eine entsprechende Oberflächenbehandlung. Verchromen der Waffenrohre ist eine Möglichkeit, zu verhindern, dass die stark korrosiven Verbrennungsrückstände die Rohrinnenwand sehr schnell angreifen. Auch kann man durch diese Maßnahmen die Reibung des Geschosses beim Rohrdurchgang vermindern. Allerdings besitzen Chrom- und Stahllegierungen unterschiedliche Wärmeausdehnungskoeffizienten, sodass es hier bei Erwärmung des Waffenrohres zu Spannungsrissen kommen kann. Dies führt dann zum Abplatzen der Chromschicht und macht das Waffenrohr unbrauchbar.

3.1.1.1 Glattrohre, gezogene Rohre und Polygonrohre

Zur Übertragung eines Dralls fräst man spiralförmig Nuten in das Waffenrohr, die sogenannten Züge. Die erhabenen Bereiche werden Felder genannt. Die Züge sind in der Regel breiter als die Felder. Die Tiefe der Züge bleibt über die Länge des Geschützrohres gleich. Die Kraftübertragung erfolgt beim Geschossdurchgang bei kleineren Kalibern über den Geschossmantel oder bei größeren Kalibern über das Führungsband an das Geschoss. Das Führungsband wird dabei im Übergangskegel eingeschnitten und dichtet somit das Waffenrohr zum Ladungsraum hin ab. Dabei entsteht unerwünschte Reibung, die zum einen Wärme erzeugt und zum anderen Verschleiß mit sich bringt. Deswegen nutzt man bei Waffen mit hoher Kadenz Polygonrohre, bei denen Reibung (Wärme) und Verschleiß geringer sind. Dies führt z. B. zu einem späteren Rohrwechsel beim Maschinengewehr.

Bild 3.3: Unterschied zwischen Glattrohr, Rohr mit Zügen und Feldern sowie Polygonrohr

[147] Die Zielgenauigkeit einer Feldschlange des 18. Jahrhunderts war noch nicht besonders gut: Getroffen werden konnte ein Strohballen auf eine Schussentfernung von 75 bis 125 m.

Die Vor- und Nachteile der drei Rohrtypen sind:

	Glattrohr	Rohr mit Zügen und Feldern	Polygonrohr
Nutzung bei	Panzerkanonen, Vorderladermörsern	Waffen mit geringer Kadenz	Maschinen-gewehren
Verschleiß	geringer	höher	geringer
Treff-genauigkeit	nur bei flügelstabili-sierter Munition gut	sehr gut	gut
Übertragung der Drallkräfte	keine vorhanden	sehr gut	gut
Fertigung	einfach durch Nach-arbeit mit spanender[148] Bearbeitung	spanende Bearbeitung	Hämmern von außen durch Umformen
Abdichtung im Rohr	sehr gut	gut	sehr gut

Die Zahl der Züge nimmt mit wachsendem Kaliber zu. So kann man die große Belastung bei der Übertragung der Kräfte an das Geschoss mindern. Ausbrüche, vor allem im Übergangsbereich vom Ladungsraum zum Waffenrohr, werden geringer und das Rohr kann länger genutzt werden. Als Abschätzung soll folgende Tabelle dienen:[149]

Waffe	Herstellerland	Kaliber	Züge
RH 202	Deutschland	20 mm	15
Bofors 40/L70	Schweden	40 mm	16
Oto Melara 76/62 compact	Italien	76 mm	24
MLE 1953	Frankreich	100 mm	30
Mk45	USA	127 mm	45

Züge und Felder können als Links- oder Rechtsdrall gefertigt werden. Eine historische Begründung für die eine oder andere Drehrich-

148 Die spanende Bearbeitung beginnt mit dem Bohren und Ausdrehen des Waffenrohres und endet mit dem Honen, einem Schneidverfahren, bei dem eine Oberfläche die endgültige Maßhaltigkeit und Oberflächengüte bekommt. Zwischenschritte können hier neben einer Wärmebehandlung auch die Autofrettage sein. Der Bearbeitungsvorgang und der Zweck der Autofrettage sind in Kapitel 3.1.1.2 beschrieben.

149 Nach einer Idee von J. Großkreutz, Grundlagen der Ballistik – Waffentechnik – Munitionstechnik, um Herstellerangaben ergänzt.

tung gibt es nicht, vor allem weil auch bisher nicht ermittelt werden konnte, wann die ersten Waffenrohre mit einem gezogenen Lauf gefertigt wurden.[150] Großbritannien fertigt die meisten Waffen mit einem Rechtsdrall, das Waffenrohr der französischen Maschinenpistole MAT49 wiederum hat einen Linksdrall, ebenso das französische Maschinengewehr Hotchkiss M1914. Auch das Waffenrohr der US-amerikanischen Pistole Colt M1911 hat einen Linksdrall.

Um die Belastung bei gezogenen Rohren zu vermindern, wird der Übergang vom Ladungsraum zum Waffenrohr fließend gestaltet. So können auch die Führungsbänder des Geschosses besser eingeschnitten und das Geschoss bei höheren Abgangswinkeln vor dem Schuss besser im Rohr gehalten werden. Bei nicht patronierter Munition wird das Geschoss händisch oder mit einer mechanisch-hydraulischen bzw. pneumatischen Vorrichtung in den Übergangskegel gerammt. Das Geschoss muss anschließend so festsitzen, dass es auch bei hohen Abgangswinkeln keinen Rückfaller gibt. In diesem Fall würde das Geschoss auf die Treibladung rutschen oder, falls der Verschluss noch geöffnet ist, in den Kampfraum fallen. Auch sind die Drallwinkel im Bereich des Übergangskegels kleiner und werden dann in Richtung auf die Mündung größer. Somit vermeidet man eine zu starke Drallbeschleunigung in der Anfangsphase des Schusses und damit eine zu starke Belastung von Waffenrohr und Geschoss. Dies wird progressiver Drall genannt.

Auch im Mündungsbereich muss die Rohrbelastung reduziert werden, um zum einen Ausbrüche im Mündungsbereich und zum anderen eine zu starke Verdrehung des Rohres zu vermeiden.

Das Einarbeiten der Züge ist einer der aufwendigsten Bearbeitungsschritte bei der Fertigung eines Waffenrohres. Auf speziellen Ziehbänken wird mit einem Ziehkopf die vorgegebene Drallart eingeschnitten. Erst nach dem Ziehen erfolgt die Endbearbeitung des Rohres wie die Bearbeitung der Außenflächen.

Bei kleineren Waffenrohren wird das Polygonprofil auf einer Hämmermaschine mittels umlaufender Schlagbacken eingehämmert. Ein weiterer Vorteil ist eine Gefügeverdichtung des Materials[151] und ein

---

[150] Kaiser Maximilian I. (1459–1519) hat in einem Dekret die „gezogenen Puchsen" (!) verboten, also muss es um diese Zeit schon Waffen mit gezogenen Läufen gegeben haben. Quelle dazu: www.forum.waffen-online.de/topic/410618-ab-wann-gezogene-läufe-bei-waffen/.

[151] Dieser Vorteil wurde bereits 1842 beschrieben in dem Buch „Neuer Schauplatz der Künste und Handwerker, Band 83 – Greeners Gewehrfabrication und Büchsenmacherkunst", Weimar 1842.

ungeschnittener Faserverlauf im Material. Hinzu kommt ein geringerer Materialverbrauch, da die spanabhebende Bearbeitung des Ziehens entfällt.

Bei Maschinenwaffen wird zusätzlich noch eine Geschossvorlagefähigkeit gefordert. Falls ein Geschoss im Waffenrohr stecken bleibt, z. B. weil die Anzündung oder die Treibladung fehlerhaft war, darf durch den Verschuss eines zweiten Geschosses, welches auf das erste Geschoss aufläuft, das Rohr nicht aufreißen.[152] Schützensicherheit ist ein Thema, das bei der Waffenentwicklung großgeschrieben werden sollte.

3.1.1.2 Vollrohre, Mehrlagenrohre und autofrettierte Rohre

Vollrohre werden heute nicht mehr aus Bronze gegossen, sondern in der Regel aus Stahl geschmiedet. Sie sind damit viel stärker belastbar als die Rohre der Bronzekanonen im Mittelalter. Trotzdem ist ihr Einsatzspektrum begrenzt und es mussten neue Wege beschritten werden. Bei jedem Schuss weitet sich das Waffenrohr durch den Gasdruck elastisch auf. Die Dehnung (und somit die Belastung) des Rohres ist an der Innenwandung größer als im Außenbereich. Kleinere Risse, die aus thermischen Gründen und durch die Kohlenstoffversprödung bei Waffenrohren auftreten und somit die Lebensdauer eines Waffenrohres begrenzen, weiten sich aus und führen irgendwann zu einem Platzen des Waffenrohres. Eine Steigerung des maximalen Gasdrucks kann daher nicht unbegrenzt erfolgen, da die Dicke eines Waffenrohres auf das Ansteigen der Belastung an der Rohrinnenwand keinen Einfluss hat. Die Belastungsgrenze an der Rohrinnenwand kann bereits überschritten sein, während an der Rohraußenwand nur ein Bruchteil dieser Belastung ermittelt werden kann. Aber irgendwann ist der Druck an der Innenwandung so groß, dass das Rohr reißt.

Ein weiteres Problem ist die Handhabung und der Transport. Dickere Waffenrohre bedeuten mehr Masse und Volumen, die zum Richten und zum Transportieren der Waffe erforderlich sind. Auch hier sind Grenzen gesetzt.

[152] Eine Forderung gem. „Evaluation procedures for future NATO Small Arms Weapon Systems", AC/225 (Panel III) D14.

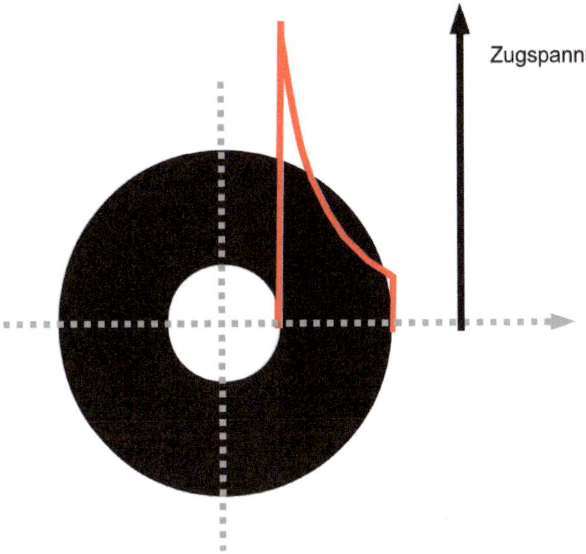

Bild 3.4: Zugspannung in einem Vollrohr[153] während des Schusses

Der erste Schritt zu einer Verbesserung der Situation war das Auftragen von Drahtlagen auf das Waffenrohr, eigentlich gedacht als Bandage. Durch gleichzeitiges Wickeln und Aufhämmern von heißen Drahtlagen auf ein Seelenrohr konnten dünnere Waffenrohre hergestellt werden, die höhere Gasdrücke aushielten. Beim Abkühlen der Drahtlagen zieht sich das Lagengewebe zusammen und erzeugt eine Druckspannung auf das Innenrohr, das sogenannte Seelenrohr. Beim Schuss muss dann zuerst diese Druckspannung durch die beim Schuss durch die Dehnung auftretende Zugspannung kompensiert werden, bevor das Waffenrohr sich ausdehnt und so eine ggf. schädliche Zugspannung auftritt. Diese Erkenntnis konnte man zur Entwicklung von Mehrlagenrohren nutzen. Ab etwa 1879 wurden auf ein Seelenrohr ein oder mehrere heiße Rohre aufgeschrumpft. Dabei kann man diese Mehrlagenrohre je nach erwarteter Rohrbelastung auch in einzelne Segmente unterteilen und diese entsprechend aufbringen. Ein so geschaffenes Rohr ist stärker belastbar. Es ist leichter und dies hat Einfluss auf die Größe der Richtantriebe und die Lafette. Insgesamt spart ein Mehrlagen-

153 Quelle: Waffentechnisches Taschenbuch, Rheinmetall, Düsseldorf 1977.

rohr Material und senkt die Herstellungskosten, da man nur das innere Rohr aus hochwertigerem Material fertigen muss.[154]

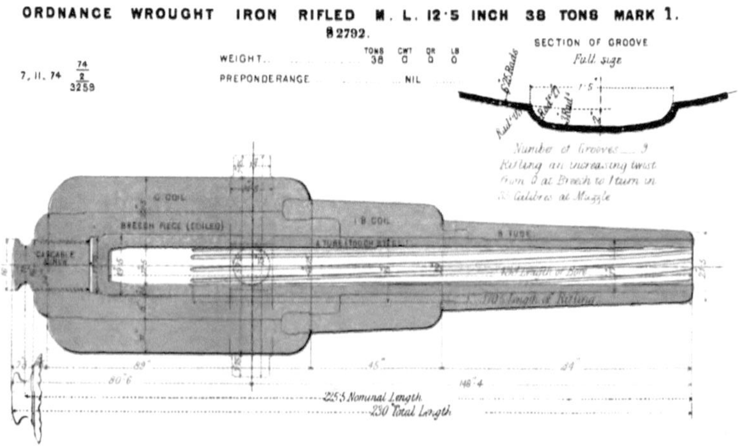

Bild 3.5: Vorderlader mit gezogenem Seelenrohr, eine britische Marinekanone cal 12.5 Zoll (31,7 cm), entwickelt 1879[155]

Mehrlagenrohre gibt es in verschiedenen Ausführungen:

- durchgehendes Mantelrohr, über die gesamte Länge auf ein Seelenrohr geschrumpft
- verschiedene Ringe, die mit unterschiedlichen Durchmessern auf das Seelenrohr geschrumpft werden
- Mantelrohr mit selbst tragendem Seelenrohr
- Mantelrohr mit auswechselbarem Futterrohr[156]
- Mischausführungen

[154] Gemäß Leitfaden für den Artillerieunterricht in der Kriegsmarine – Teil II: Geschützmechanik aus dem Jahr 1938 dauerte die Herstellung eines Geschützrohres im Kaliber 38 cm bei der Firma Krupp ca. zwei Jahre. Dabei wurden pro Waffenrohr 110 t Rohstahl verarbeitet. Die Herstellung eines modernen 125-mm-Waffenrohres D-81T (2A46) für den russischen Kampfpanzer T-90 dauert gem. Motowilichinskije Sawody in Kama (RUS) neun Monate.

[155] Quelle: J. F. Owen, Plate XVII in „Treatise on the Construction and Manufacture of Ordnance in the British Service", London 1879.

[156] Futterrohre dienten zuerst als Behelf, um ausgeschossene Rohre wieder nutzbar zu machen. Das alte Rohr wurde ausgebohrt und ein dünnes nicht selbst tragendes Rohr innen hineingepresst. In einem weiteren Schritt wurde bei der Konstruktion des Waffenrohres direkt die Möglichkeit eines Austausches vorgesehen.

Es ist möglich, auch mehrere Rohre auf das Seelenrohr aufzuschrumpfen. Dies führt zu einer noch gleichmäßigeren Belastung des Waffenrohres. Die Spannungsverteilung gestaltet sich in einem Mehrlagenrohr, bestehend aus drei Rohren, gem. Waffentechnischem Taschenbuch wie folgt:

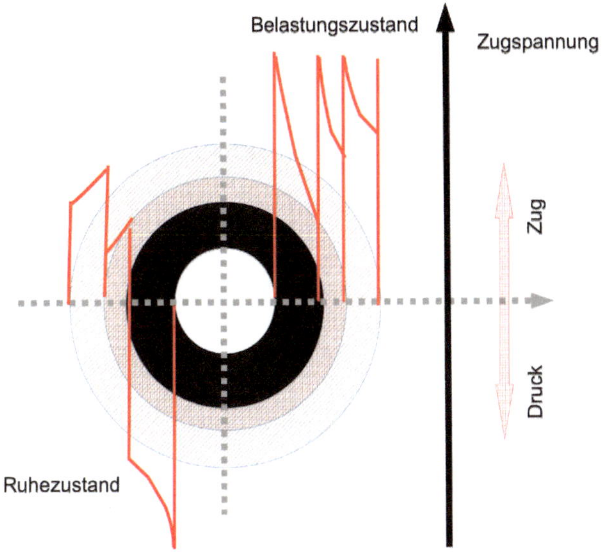

Bild 3.6: Spannungsverteilung in einem Mehrlagenrohr im Ruhezustand und während des Schusses[157]

Je mehr Rohre auf ein Seelenrohr aufgeschrumpft werden können, umso günstiger wird die Verteilung des Spannungsverlaufes in dem Gesamtsystem des Mehrlagenrohres. Dies führte bei hochbelasteten Kanonenrohren zur Entwicklung der Autofrettage[158]. Hierbei wird in dem Vollrohr vor den letzten Bearbeitungsgängen der zu belastende Bereich abgedichtet und mit einer Flüssigkeit gefüllt. Der zu belastende Bereich ist, wie bei den Mehrlagenrohren auch, der Bereich im ersten Drittel. Der Druck wird langsam und kontinuierlich bis über die Fließgrenze des Metalls erhöht. Die Rohrinnenwand wird geweitet und das Material an der Rohrinnenwand fließt leicht nach außen.

157 Quelle: Waffentechnisches Taschenbuch, Rheinmetall, Düsseldorf 1977.

158 Bereits schon beschrieben in einem Artikel von A. E. Guy, Auto-Frettage, erschienen in Army Ordnance, Vol. 1. No. 3, 11/12.1920 Fort-Gregg-Adams, USA.

Dieser Vorgang ist nicht mehr elastisch, d. h., bei Nachlassen des Druckes durch die Flüssigkeit schrumpft das Rohr nicht mehr zusammen. Auch an der Außenwand hat sich das Rohr gedehnt, hier aber elastisch. Jetzt hat das Material der Außenwand das Bestreben, sich wieder zusammenzuziehen und übt dabei einen Druck auf das Material in der Nähe der Rohrinnenwand aus. Diese Spannung wirkt beim Schuss der Spannung, die durch die erneute Dehnung des Waffenrohres entsteht, entgegen und muss erst aufgehoben werden, bevor das Waffenrohr sich dehnen kann. Damit erreicht man einen besseren Effekt als bei einem Mehrlagenrohr und kann das Waffenrohr bei sehr guter Stabilität beim Schuss leichter und rohstoffsparender bauen.

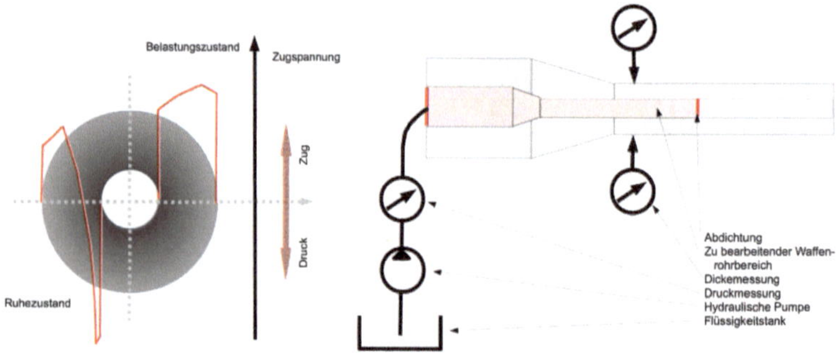

Bild 3.7: Spannungsverlauf im autofrettierten Waffenrohr[159] im Ruhezustand und während des Schusses. Rechts daneben dargestellt eine Vorrichtung zur Autofrettage.

Nach der Autofrettage erfolgt die endgültige Bearbeitung, d. h., das Aufbohren und das Honen des Innenrohres auf das exakte Kaliber und ggf. die weitere Oberflächenbearbeitung wie z. B. das Verchromen.

[159] Der Ingenieur Carl Puff aus Berlin-Spandau beschrieb im Jahr 1903 in seinem Patent den Aufbau und die Funktion einer Waffe mit konischem Rohr. Erste Realisierungen fanden aber erst in den 1930er-Jahren statt. Siehe auch: Waffentechnisches Taschenbuch, Rheinmetall, Düsseldorf 1977.

3.1.1.3 Sonderformen der Waffenrohre

- Konische Waffenrohre wurden in der Zeit vor dem Zweiten Weltkrieg von verschiedenen Herstellern entwickelt. Ein Patent auf diese Waffenrohre gab es bereits seit dem Jahr 1903.[160] Im Bereich des Ladungsraumes ist das Kaliber größer als im Bereich der Mündung. Vorteilhaft ist, dass die Geschosse im Rohr bei der Anfangsbeschleunigung einen großen Querschnitt besaßen und somit durch den Gasdruck eine möglichst hohe Kraft zur Beschleunigung übertragen werden konnte. Während des Rohrdurchlaufes wurden Manschetten an dem Geschoss zusammengedrückt und so das Kaliber des Geschosses verkleinert. Somit hatten die Geschosse in der Flugphase ein kleineres Kaliber und eine geringere Windangriffsfläche bzw. eine große Querschnittbelastung. Die Schussentfernung und auch die Aufschlaggeschwindigkeit im Ziel konnten auf diese Weise gesteigert werden. Nachteilig waren der große Fertigungsaufwand und der höhere Verschleiß. Mit Aufkommen der Treibspiegelgeschosse gab es auch bessere Möglichkeiten, die oben genannten Vorteile auszunutzen.
- Wechselläufe werden bei Maschinengewehren genutzt, um bei heißgeschossenen Rohren nach einem Rohrwechsel sofort weiter schießen zu können. Dies vermeidet aufwendige Kühlsysteme, wie sie bei wassergekühlten Maschinengewehren im Ersten Weltkrieg genutzt wurden.
- Gemäß Versailler Vertrag war es Deutschland nach dem Ersten Weltkrieg verboten, Pistolen im Kaliber über 8 mm zu nutzen. Daher wurden viele Pistolen durch Wechselläufe auf kleinere Kaliber, z. B. das Kaliber 7,65 mm x 17, umgerüstet. Andererseits gab es auch Pistolen im Kaliber 7,65 mm, die durch Austausch des Waffenrohres rasch und einfach in das Kaliber 9 mm x 19 umgebaut werden konnten.[161]
- Einsteckrohre werden in das eigentlich genutzte Waffenrohr eingeschoben, um bei Schießübungen kostspielige Vollkalibermunition einzusparen und ggf. auch den Gefahrenbereich zu verkürzen. Richtübungen für Artilleriegeschütze (z. B. 155 mm) lassen sich so in Kleinzielfeldern mit einer Munition im Kaliber 14,5 mm x 51 auf kurzer Reichweite durchführen.

---

[160] Der Ingenieur Carl Puff aus Berlin-Spandau beschrieb im Jahr 1903 in seinem Patent den Aufbau und die Funktion einer Waffe mit konischem Rohr. Erste Realisierungen fanden aber erst in den 1930er-Jahren statt. Siehe auch: Waffentechnisches Taschenbuch, Rheinmetall, Düsseldorf 1977.

[161] Hier ist stellvertretend die Pistole „Ortgies" zu nennen, deren Produktion 1922 durch die Alliierte Kontrollorganisation im Jahr 1923 verboten wurde.

3.1.1.4 Der Ladungsraum

Der Ladungsraum ist Teil des Waffenrohres und dient zur Aufnahme der Treibladung, die entweder als Beuteltreibladung oder in einer Treibladungshülse vorliegt. Der Ladungsraum besitzt heute einen kalibergleichen oder etwa 10 % größeren Durchmesser als das Waffenrohr und nimmt die Treibladung auf.[162] Die Verbindung zwischen Ladungsraum und gezogenem Rohr bzw. Glattrohr bildet der Übergangskegel. Der Ladungsraum wird rückwärtig abgeschlossen durch den Verschluss.

Ladungsräume können konstruktiv unterschiedlich ausfallen:

- Bei patronierter Munition ist der Ladungsraum leicht konisch und kann ggf. mit Entlastungsrillen versehen sein. Diese sollen ein Anbacken der Hülse bei heißgeschossenen Ladungsräumen verhindern und den Ausziehwiderstand herabsetzen. Aus dem gleichen Grund werden Ladungsräume vielfach verchromt.[163] Bei Pistolen und bei einigen kurzrohrigen Kanonen, z. B. bei der Panzerkanone 76 mm L23A1 (GBR), ist der Ladungsraum fast zylindrisch und kalibergleich.
- Bei Beuteltreibladungen und Treibladungsmodulen sowie bei Mörsern, die als Vorderlader genutzt werden, wird der Ladungsraum fast kalibergleich und zylindrisch ausgeführt.
- Sollte es in der Zukunft zur Nutzung von flüssigen Treibladungen kommen, die während des Schussvorganges kontinuierlich eingespritzt werden, kann der Ladungsraum kleiner ausfallen. Die derzeitige Entwicklung ist aber noch nicht serienreif.

3.1.1.5 Der Übergangskegel

Der Übergangskegel bildet den Übergang zwischen Ladungsraum und Lauf ab. Bis hierhin wird bei getrennt zu ladender Munition das Geschoss durch den Ladekanonier oder die Ladeautomatik mit Schwung in die Züge und Felder vorgetrieben. Bei patronierter Munition liegt der Hülsenmund im Übergangskegel an der Wandung

---

[162] Kleinere Ladungsräume finden sich bei älteren Vorderladerkanonen des frühen Mittelalters und bei der patronierten Munition der Granatpistole (40 mm x 46) bzw. der Granatmaschinenwaffe (40 mm x 53). Bei dieser Munition ist die Patrone in eine Hochdruck- und eine Niederdruckkammer unterteilt.

[163] Doch Vorsicht: Ist der Ausziehwiderstand zu gering, dann kann der Verschlussboden durch eine zu schnell nach hinten gleitende Patronenhülse beschädigt werden. Dies passiert z. B. dann, wenn das Patronenlager nach der Waffenreinigung vor dem ersten Schuss nur unzureichend entölt wurde. Hier spricht man vom sogenannten Hydraulikschuss, wenn die Hülse – wie geschmiert – den Ladungsraum verlässt.

des Waffenrohres an. Bei nicht patronierter Munition wird so das Führungsband des Geschosses in die beginnenden Züge und Felder hineingeschnitten, damit das Geschoss zum einen sicher in der Waffe sitzt und zum anderen eine gute Abdichtung in der Anfangsphase des Schusses erfolgen kann. Dies wird auch als „Ansetzen des Geschosses" bezeichnet. Falls das Geschütz in der oberen Winkelgruppe (d. h. mit einem Aufsatzwinkel von mehr als 45°) schießen soll, muss das Geschoss sehr fest angesetzt werden. Sogenannte Rückfaller können nicht nur die Treibladung, sondern auch die Waffe beschädigen. Bei modernen Geschützen gibt es hier eine Sperrklinke, die das Geschoss beim Zurückfallen stoppen soll.

Bei patronierter Munition wird das Geschoss bis zur Auslösung des Schusses durch die Würgerille in der Patronenhülse gehalten. Durch den Gasdruck weitet sich die Patronenhülse und legt sich an das Patronenlager an. Nachdem das Geschoss den Ausziehwiderstand aus der Patronenhülse überwunden hat, erfolgt eine Freiflugphase, die dann im vorderen Teil des Übergangskegels endet. Patronierte Geschosse werden somit erst während des Schusses in die Züge und Felder (falls vorhanden) eingepresst.

3.1.2 Bodenstück und Verschlusssysteme

Am Ladungsraum schließt sich das Bodenstück an, das den Verschluss aufnimmt. Der Verschluss hat die Aufgabe, das Rohr nach hinten abzuschließen und zu verhindern, dass Gasdruck unzulässigerweise entweicht und ggf. den Schützen oder die Besatzung im Kampfraum gefährdet.[164] Weitere Aufgaben können die Aufnahme einer Auslösevorrichtung und das Auswerfen der leeren Treibladungshülse sein.

Verschlüsse werden nach ihrer Bauart in

- stoffschlüssige (z. B. Vorderlader oder auch Revolver),
- formschlüssige (z. B. Hubkeil- oder Bajonettverschluss),
- kraftschlüssige (z. B. Masseverschluss) und
- sonstige (z. B. rückstoßarme Waffen)[165]

Verschlüsse unterteilt.

[164] Unfälle mit undichten Verschlüssen haben z. B. bei Panzerhaubitzen meist schwere Verletzungen für die Besatzung zur Folge.

[165] Siehe dazu Kapitel 3.2.

Alle form- und kraftschlüssigen Verschlüsse benötigen Energie zum Öffnen und Schließen. Diese muss entweder von der Waffenbedienung oder von der Waffe selbst oder von außerhalb geliefert werden. Die Energiequellen und deren Bezeichnung werden in Kapitel 3.1.4.5 ff. und 5.2.1 ff. beschrieben.

Weiterhin muss das Bodenstück entsprechend ausgeformt oder bearbeitet sein, um als Gegenlager für den Verschluss dienen zu können. Im Gegensatz zu den fest vergossenen stoffschlüssigen Verschlüssen der Bronzekanonen des Mittelalters werden heutige Bodenstücke mit Bajonettverschraubungen an das Waffenrohr geschraubt, um bei Instandsetzungsarbeiten oder bei Erreichen der Lebensdauer das Waffenrohr austauschen zu können.

Abhängig vom Verschluss gibt es zuschießende und aufschießende Waffen. Es wird immer die erste Bewegung des Verschlusses nach der Betätigung der Abfeuerung bzw. des Abzuges für die Bezeichnung der Waffe genommen. Bei zuschießenden Waffen läuft der Verschluss direkt vor dem Schuss auf die Patronenhülse auf, Beispiel Maschinenpistole MP2. Hier kann auf einen beweglichen Schlagbolzen verzichtet werden. Ein Dorn als Schlagbolzen an der der Hülse zugewandten Seite reicht aus, um den Treibladungsanzünder einer Patrone zu initiieren. Bei einer aufschießenden Waffe ist die erste Bewegung des Verschlusses das Öffnen, dies ist bei dem Sturmgewehr G36 der Fall. Der Verschluss besitzt einen im Verschluss gelagerten beweglichen Schlagbolzen, der durch die Abzugseinrichtung betätigt wird.

3.1.2.1 Stoffschlüssige Verschlüsse

Feste Verschlüsse werden genutzt, wenn die Treibladung und das Geschoss über die Mündung geladen werden können. Dieser Verschluss ist sehr sicher, einfach zu bauen und vom Rohstoffaufwand her leicht zu beschaffen. Bei Mörsern, die über die Mündung geladen werden, ist das Bodenstück entweder direkt mit dem Waffenrohr gegossen oder angeschraubt. Das Laden über die Mündung kann vorteilhaft sein, wenn nur in der oberen Winkelgruppe geschossen wird und die Platzverhältnisse begrenzt sind. Nachteilig ist ggf. eine geringere Feuergeschwindigkeit, der zusätzliche Einbau von Sicherheiten gegen eine Doppelladung und ein schwierigeres Rohrreinigen. In der Regel werden hier flügelstabilisierte Geschosse verschossen, ein Verschießen von drallstabilisierten Geschossen ist mit größerem Aufwand allerdings möglich.

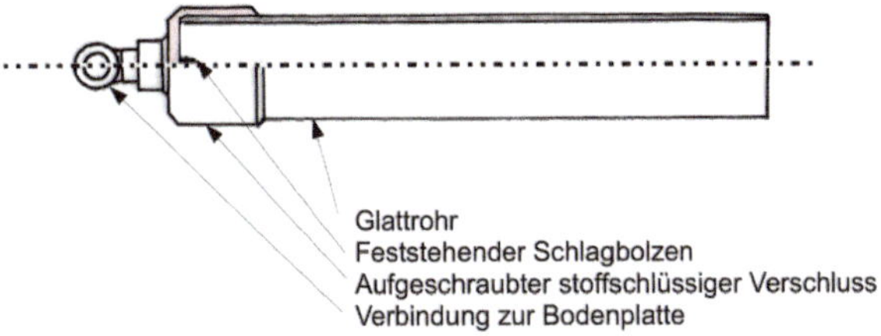

Bild 3.8: Einfacher Kommandomörser, wie er z. B. im Kaliber 60 mm eingesetzt wird. Der Schlagbolzen ist feststehend, eine Richteinheit existiert nicht. Der Verschluss ist aufgeschraubt, die Gasabdichtung erfolgt dabei über das Gewinde.

Eine weitere Gruppe der Waffen mit festen Verschlüssen bilden die Revolver und Revolverkanonen. Hier ist der Ladungsraum eine drehbare Trommel, die vor dem Verschuss der Munition in Linie zum Waffenlauf und einer festen Rückwand, dem Waffenboden, gedreht werden. Hier lässt sich nur patronierte Munition verschießen, wobei die Patronenhülse sich beim Schuss am Waffenboden abstützt. Ein Gasschlupf zwischen Trommel und Waffenlauf lässt sich durch eine beim Schuss nach vorne laufende Trommel vermeiden, die so die Lücke zwischen Trommel und Waffenlauf schließt. Dies wurde schon beim russischen Nagant-Revolver M1895 eingeführt. Hier schiebt sich beim Nachvornelaufen der Trommel die aus der Trommel nach vorne herausragende Patronenhülse in das Waffenrohr und dichtet so den Gasschlupf ab. Ohne dieses System und ohne Unterschallmunition machen Schalldämpfer bei Trommelrevolvern keinen Sinn, da der Explosionsknall der Treibladung durch den Gasschlupf in die Umgebung getragen wird.[166]

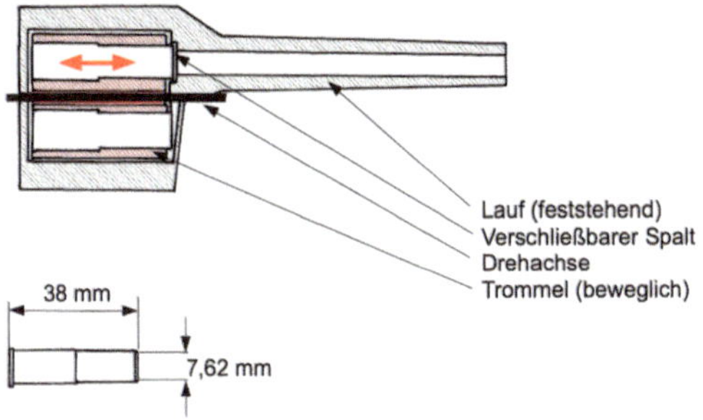

Bild 3.9: Revolver des Systems Nagant mit verschiebbarer Trommel, um den Gasschlupf zu verringern. Dafür sorgt zusätzlich die sehr lange Patronenhülse im Kaliber 7,62 mm x 38, bei der das Geschoss komplett in die Hülse eingelassen ist. Eine weitere Besonderheit bei diesem Revolver ist die Patronenhülse, die länger als die Revolvertrommel ist.

[166] Man sehe sich mal die diversen Spielfilme unter diesem Aspekt an!

Revolverkanonen werden als Flugzeugbewaffnung genutzt. Im Gegensatz zu Gatling-Maschinengewehren und -Kanonen hat die Revolverkanone den Vorteil einer höheren Zielgenauigkeit und somit eines geringeren Munitionsverbrauchs. Hier wird die Trommel während des Schussvorganges automatisch geladen und entladen.[167]

3.1.2.2 Formschlüssige Verschlüsse

3 Mit formschlüssigen Verschlüssen wurde bereits im frühen Mittelalter experimentiert. Die Misserfolge lagen zum einem in der ungenügenden Abdichtung (Liderung) der Block- und Keilverschlüsse und zum anderen in dem Verziehen des Gewindes bei den Schraubverschlüssen. Erst mit der Entwicklung der Feldkanone C/67 von Krupp kam es zu einem Durchbruch in der Technologie.[168]

Formschlüssige Verschlüsse gibt es u. a. als

- Schraubverschluss, auch Drehwarzenverschluss, bzw. Bajonettverschluss,
- Keilverschluss und
- Stützrollenverschluss.

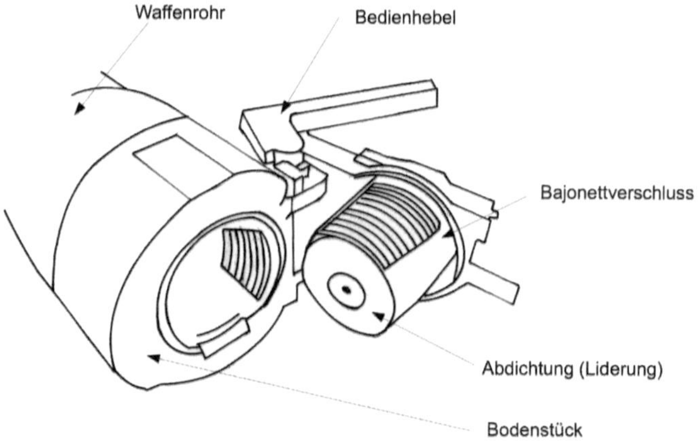

Bild 3.10: Bajonettverschluss für eine großkalibrige Waffe

---

167 Die heute genutzten Revolverkanonen, z. B. 30 mm x 115 GIAT DEFA 550 (FRA), 30 mm x 115 ADEN (GBR) und auch die deutsche Mauser-Kanone im Kaliber 27 mm x 145 BK-27, gehen auf die deutsche Revolverkanone 20 mm x 146 MG213C zurück, die zum Ende des Zweiten Weltkriegs als Prototyp fertig entwickelt war.

168 Die deutsche Feldkanone C/67 im Kaliber 8 cm wurde durch die Fa. Krupp im Jahr 1857 entwickelt und 1867 mit einem Rundkeilverschluss ausgestattet. Sie war damaligen Feldgeschützen weit überlegen. Bei einer Feuergeschwindigkeit von bis zu zehn Schuss pro Minute war die Waffe auf eine Schussentfernung von ca. 3500 m äußerst zielgenau.

Weitere Verschlussversionen sind sicherlich möglich, vor allem bei Neuentwicklungen.

Im Einzelnen:

- Der Schraubverschluss ist die konsequente Weiterentwicklung des stoffschlüssigen Verschlusses mit einem Gewindeabschluss. In diesem Fall lässt sich der mit einem Gewinde versehene Verschluss „abschrauben". Um die Ladezeiten zu verkürzen, werden bei Handwaffen sogenannte Drehwarzenverschlüsse und bei größeren (Artillerie-)Waffen Bajonettverschlüsse eingesetzt. Diese auch Längsverschlüsse genannten Bauteile verriegeln das Waffenrohr bei Handwaffen über die Drehwarzen oder bei größeren Kalibern über ein stufenförmiges Gewinde mit einer nur kurzen Drehbewegung von etwa 60° bis 90°. Aufgrund der größeren Länge eines Geschosses sind die Verschlüsse bei größeren Kalibern seitlich schwenkbar. Bei Handfeuerwaffen werden sie einfach nach dem Öffnen nach hinten gezogen. Die Abdichtung erfolgt bei großkalibrigen Waffen über einen sogenannten Liderungspilz, der beim Schließen des Verschlusses eine Gummimanschette in den Spalt zwischen Verschluss und Bodenstück presst; hier nutzt man in der Regel getrennte Munition. Bei Handwaffen erfolgt die Abdichtung über die Treibladungshülse.

  Schraubverschlüsse eignen sich gut für die manuelle Bedienung, automatische Bajonettverschlüsse sind bei großkalibrigen Waffen selten, bei Handwaffen häufiger zu finden. Von Vorteil ist die kurze und gewichtssparende Bauart des Bodenstückes. Nachteilig sind die geringe Schussfolge und die mögliche Fehlbedienung. Der Verschluss steht auch im unverriegelten Zustand bereits direkt hinter der Treibladung. Hier kann es zur Schussauslösung kommen, ohne dass der Verschluss vorher verriegelt ist.

  Die Anzündung der Treibladung erfolgt bei Handwaffen durch einen langen Schlagbolzen, der durch den Verschluss geführt wird, bei großkalibriger Munition durch einen separat zu ladenden Treibladungsanzünder, im angelsächsischen Sprachgebrauch „Primer". Im Prinzip ist der Treibladungsanzünder eine kleine Manöverpatrone mit hoher Flammleistung, die im Verschluss durch ein Schlagstück zur Auslösung gebracht wird.

- Der Keilverschluss ist der älteste formschlüssige Verschluss. Doch erst mit Aufkommen der patronierten Munition gelang eine zufriedenstellende Abdichtung des Waffenrohres. Ältere Keilverschlüsse bestanden aus zwei gegenläufigen Keilen, die miteinander verspannt wurden. Heute ist ein Keil mit nur einer leichten

Neigung von etwas mehr als 1° fest in dem Bodenstück integriert. Der gegenläufige Keil besteht aus einem quaderförmigen massiven Stahlstück, welches die Abfeuerungseinrichtung sowie ggf. bei modernen Kanonen die Schnittstelle für die Datenübertragung mit aufnimmt. Da bei patronierter Munition das Anzündelement in der Patronenhülse integriert ist, entfällt eine Aufnahme für den Treibladungsanzünder.

Keilverschlüsse werden je nach Platzverhältnissen und Einsatzszenario der Waffe gestaltet als

- Querkeilverschluss, wenn die Platzverhältnisse links und rechts neben dem Bodenstück ausreichend sind und die Besatzung nicht behindert wird. Hier fährt der Keilverschluss zur Seite hin auf. Dieses Szenario ist bei Panzerabwehrkanonen und Feldgeschützen der Fall, die in der unteren Winkelgruppe schießen.

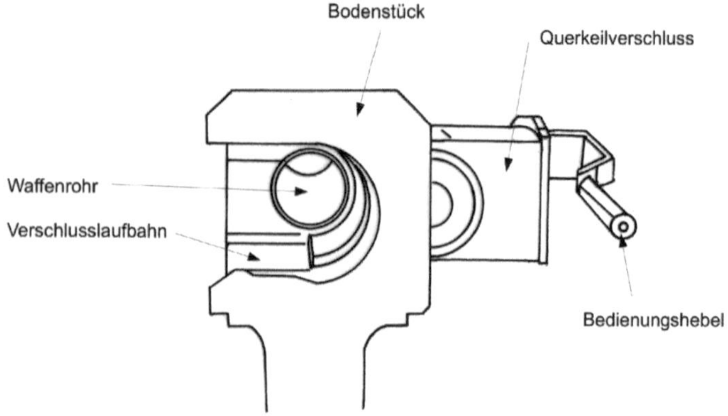

Bild 3.11: Der Querkeilverschluss.

- Hub- oder Steigkeilverschlüsse[169] werden genutzt, wenn die Platzverhältnisse links und rechts neben dem Bodenstück durch die Besatzung eingenommen werden müssen. Dies ist der Fall, wenn für die Waffe ein Kampfraum benutzt wird und hauptsächlich in der oberen Winkelgruppe geschossen wird. Durch die hohen Abgangswinkel ist der Platz unter dem Bodenstück begrenzt. Hier sind in der Regel leichte Haubitzen mit dem Hubkeilverschluss ausgestattet.

---

[169] Zur Begriffsbestimmung: Es wird immer die Richtung der Schließbewegung des Verschlusses für die Namensgebung genommen. Der Hubkeilverschluss schließt somit bei einer Bewegung des Verschlusses nach unten, der Fallkeilverschluss bei einer Bewegung des Verschlusses nach oben.

- Fallkeilverschlüsse nutzen den Platz unter dem Bodenstück aus, wenn die Bauhöhe im Kampfraum nach oben durch eine Dachpanzerung und zur Seite durch den Platz der Besatzung begrenzt ist. Dies ist der Fall bei Kampfpanzern, um die Silhouette des Turms möglichst niedrig zu gestalten. Der Platz links und rechts wird dabei vom Kommandanten und dem Richt- sowie Ladeschützen eingenommen.

Keilverschlüsse eignen sich besonders für großkalibrige Waffen mit schneller Einzelfeuerfolge. Der Schließ- und Öffnungsvorgang kann automatisiert werden, indem beim Laden die Patrone einen Rohrfühler ansteuert, der den (federvorgespannten) Mechanismus des Keilverschlusses betätigt und den Verschluss schließt. Das Öffnen des Verschlusses wird beim Rohrrücklauf durch eine Auflauframpe an der Rohrrücklaufbahn ausgelöst. Gleichzeitig werden das Schlagstück des Abfeuerungsmechanismus und ein Federpaket gespannt, welches dann wiederum das Schließen des Verschlusses übernimmt.

Der große Vorteil des Keilverschlusses ist, dass er sicherer ist als der Schraubverschluss, da erst nach einem vollständigen Verschluss die Abfeuerungseinrichtung über dem Anzünder liegt. Auch lässt sich der automatische Öffnungsvorgang bei dem Keilverschluss einfacher gestalten. Nachteilig ist seine größere Masse und dass er aufgrund der fehlenden Abdichtungsmöglichkeiten beim Schuss in der Regel nur mit einer Patronenhülse genutzt werden kann. Zur Vermeidung dieses Nachteils wurde durch die Firma Rheinmetall eine Abwandlung des Keilverschlusses entwickelt, der sogenannte Bodenverschluss. Hier wird das komplette Bodenstück in der Regel nach oben angehoben. Neben den Vorteilen eines Keilverschlusses kann getrennte Munition mit Beuteltreibladungen genutzt werden.

3.1.2.3 Kraftschlüssige Verschlüsse

Hierunter fallen die Masseverschlüsse. Beim Schuss wirkt der Gasdruck sowohl auf das Geschoss als auch auf den Patronenboden einer Hülse. Mit der Kraft

$$F = p \bullet A$$

wird die im Verhältnis zur Masse des Geschosses große Verschlussmasse gegen eine starke Feder zurückgedrückt. „p" ist dabei der in diesem Moment im Waffenrohr herrschende Gasdruck und „A" die Fläche des Patronenbodens. Durch die Massenträgheit wird der Bewegungsablauf verzögert, sodass bei kurzen Waffenrohren das Geschoss das Rohr verlassen hat, bevor sich der Verschluss wesentlich in Bewegung gesetzt hat. Die Bewegung des Verschlusses darf nicht zu früh beginnen, da sonst der Restgasdruck in der Hülse ausreicht, die Hülse aufzureißen und den Schützen zu gefährden. Eine Abdichtung des Waffenrohres erfolgt nur durch die Patronenhülse, sodass dieses System für getrennte Munition nicht nutzbar ist. Einfache Masseverschlüsse eignen sich sehr gut für Selbstladewaffen, da die leere Patronenhülse beim Schuss durch den Gasdruck nach hinten beschleunigt wird. Am Verschluss ist zur Unterstützung dieses Vorgangs ein Auswerfer integriert, der bei einem Versager oder Klemmen der Hülse den Verschluss nach hinten zieht.

Aufgrund des Gasdrucks „p", der auf den Verschluss wirkt, werden Waffen mit diesen Verschlüssen auch als direkte Gasdrucklader bezeichnet.

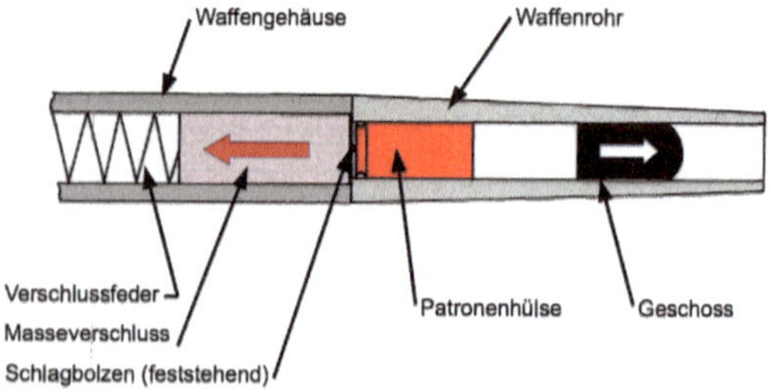

Bild 3.12: Einfacher Masseverschluss. Das Geschoss wird durch die Pulvergase in Richtung Mündung beschleunigt, die Patronenhülse gegen den Verschluss. Trägheitsverzögert bewegt sich der Verschluss gegen die Feder.

Man findet sie bei Pistolen, der Maschinenpistole UZI (MP2) und auch bei der Granatmaschinenwaffe GMW von Heckler & Koch im Kaliber 40 mm x 53.

Einfache Masseverschlüsse können nur bei recht schwachen Treibladungen eingesetzt werden. Die Weiterentwicklung ist der Masseverschluss mit Übersetzung.[170] Der Stützrollenverschluss ist eines der bekanntesten Verschlusssysteme der Neuzeit und wird vor allem bei Handwaffen genutzt, um eine große Gegenmasse herabsetzen zu können. Vertreter mit dem Stützrollenverschluss sind z. B. das Gewehr G3 sowie dessen Vorgänger[171] und Nachbauten. Der Stützrollenverschluss eignet sich gut für Maschinenwaffen und kann sowohl bei Gasdruckladern als auch bei Rückstoßladern zum Einsatz kommen.

---

170 Andere Bezeichnungen sind „halbstarrer Verschluss", „Stützrollenverschluss" oder verzögerter Masseverschluss.

171 Das Sturmgewehr G3 ist am Ende einer Evolution zu sehen, die mit der Entwicklung des Sturmgewehres 06H im Jahr 1943 beginnt. Zu Kriegsende 1945 waren ca. 30 Prototypen des Sturmgewehres 45 (M) fertiggestellt. Die Weiterentwicklung erfolgte in Frankreich als MAC und MA sowie in Spanien als CETME A bis CETME C. Das Sturmgewehr CETME C wurde dann zum Vorbild für das Sturmgewehr G3.

Wesentlich ist die Verriegelung des Verschlusses am Bodenstück über zwei Rollen. Die beiden Rollen greifen in das Bodenstück des Waffenrohres ein und bilden so eine feste Verbindung. Nach dem Brechen des Schusses wird diese feste Verbindung durch „Anstoßen" an die Verschlussmasse oder über einen Gaskolben gelöst. Die beiden Rollen fahren nach innen und geben so den Verschluss frei, der entweder durch die Massenträgheit oder über einen Gaskolben nach hinten bewegt werden kann.

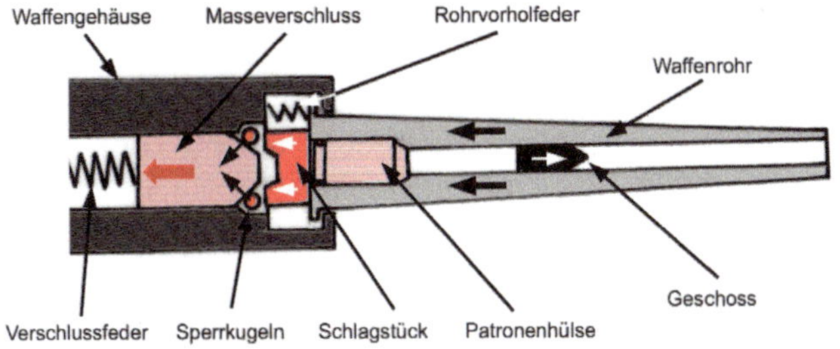

Bild 3.13: Masseverschluss mit Übersetzung (Stützrollenverschluss) und Rohrrücklauf. Das Geschoss wird beschleunigt in Richtung Mündung bewegt. Durch den Rückstoß bewegt sich das Waffenrohr in die entgegengesetzte Richtung gegen die Rohrvorholfeder. Das Schlagstück schlägt den Masseverschluss (hier zur besseren Übersicht bereits ein Stück zu weit zurückgeschlagen) gegen die Verschlussfeder. Dadurch werden die Sperrkugeln frei und das Schlagstück kann die Patronenhülse freigeben. Diese wird dann durch den Restgasdruck und die (hier nicht dargestellte) Auszieherkralle aus dem Patronenlager gezogen.

Der Stützrollenverschluss wird zu den formschlüssigen Verschlüssen gezählt, wenn seine Masse relativ klein ist. Er ist ein Masseverschluss mit Übersetzung, wenn wie im Bild 3.13 dargestellt seine Masse relativ groß ist und das Zurücklaufen hauptsächlich durch den Rückstoß initiiert wird. Beim Maschinengewehr MG3 wird dieser Rückstoß durch eine Vorrichtung an der Waffenrohrmündung, dem Rückstoßverstärker, verstärkt, um eine einwandfreie Waffenfunktion sicherzustellen.[172] Der Rückstoßverstärker ist in Kapitel 3.1.4.5 beschrieben.

3.1.3 Die Abfeuerung

Ein Problem der Waffentechnik war und ist, eine Anzündung der Treibladung zum richtigen Zeitpunkt zu ermöglichen. Dabei muss

172 Die korrekte Bezeichnung des Verschlusses am MG3 lautet „beweglich abgestützter übersetzter mehrteiliger Masseträgheitsverschluss mit direktem Gasantrieb über die Patronenhülse auf die Verschlussteile". Siehe dazu P. Dannecker, Deutsches Waffenjournal 11/2019.

der Wille des Schützen zum Abfeuern verzugslos und sicher an die Treibladung übergehen.

Die Auslösung einer Abfeuerung erfolgt mechanisch (historisch) über den Abzug oder elektrisch über einen Abfeuerungskontakt. Ein Leinenabzug ist bei Kanonen oder Geschützen dann erforderlich, wenn nach einer Instandsetzung an der Waffenanlage ein erster Überprüfungsschuss stattfinden soll und ein Aufenthalt im Kampfraum mit Risiken für Leib und Leben verbunden sein kann.

3.1.3.1 Die Lunte und andere historische Anzündmöglichkeiten

Die älteste und auch zeitlich ungenaueste und unsicherste Möglichkeit, eine Treibladung anzuzünden, wird über die Lunte vorgenommen. Die Lunte besteht aus einer Baumwollgeflechtschnur mit einem Durchmesser von ca. 6 mm. Sie wird durch eine Fackel des Kanoniers angezündet und gibt durch Glimmen eine Anzündenergie an die Treibladung weiter. Wichtig: Sie soll bei jedem Wetter, vor allem bei Regen, sicher funktionieren.

Die erste Weiterentwicklung war das Luntenschloss, bei dem die glimmende Lunte in einem Hahn eingespannt war, der bei Betätigung des Abzugs auf eine Pfanne mit Schwarzpulver gedrückt wurde.

3.1.3.2 Anzündung per Rad- oder Steinschloss

Das Radschloss stellte die erste sichere und zeitgenaue Abfeuerung dar. Es funktioniert ähnlich wie ein Zippo-Feuerzeug mit einem Reibrad und einem Stück Cereisen.[173] Dabei wurde das Reibrad durch eine Feder vorgespannt und durch den Abzug in Rotation versetzt. Der dabei entstehende Anzündfunke entzündete einen mit Schwefelkies (Pyrit) versetzten Anzündsatz (Zündkraut), der dann die Treibladung anzündete.

Das Steinschloss funktionierte ähnlich. Hier ist das Zündkraut witterungsgeschützt durch die Batterie in der Pfanne untergebracht. Weiterhin ist die dem Feuerstein zugewandte Seite nicht wie beim Radschloss geriffelt, sondern blank poliert. Entriegelt der Abzug den federvorgespannten Hahn, so schlägt dieser mit dem Feuerstein gegen die Batterie. Die Batterie öffnet sich. Gleichzeitig werden aus dem Material der Batterie Funken erzeugt, die das Zündkraut anzünden. Über den Anzündkanal wird die Anzündenergie an die Treibladung weitergeleitet und der Schuss bricht.

---

[173] Besteht zumeist aus 70 % Cer, einem Metall mit der Ordnungszahl 58 im Periodensystem, und 30 % Eisen.

Allzu viel weiter ist man heute bei der modernen Artillerie immer noch nicht. Zwar wurde das Rad- bzw. Steinschloss durch eine moderne mechanische Anzündung mittels eines beweglichen Schlagbolzens und eines Treibladungsanzünders abgelöst, jedoch ist die Weiterleitung des Anzündstrahls durch einen Anzündkanal auf die Beiladung bis heute üblich.

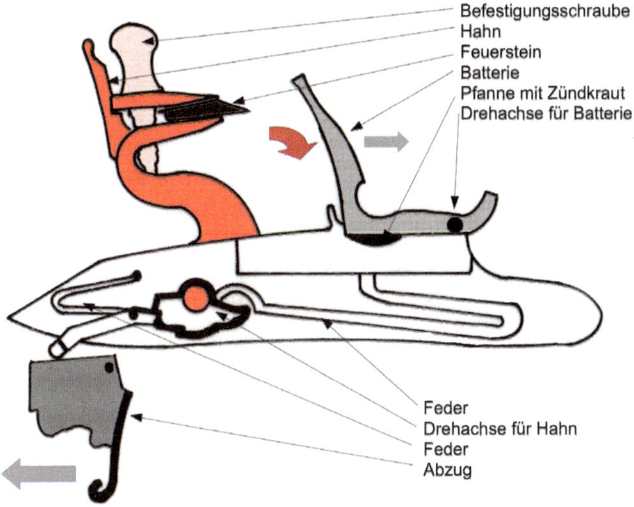

Bild 3.14: Das Steinschloss: Mit Betätigen des Abzugs schlägt der Feuerstein gegen die Batterie und erzeugt Funken zur Anzündung des Zündkrautes.[174]

Rad- und Steinschloss- und auch Luntenschlosswaffen sind „Single Action"-Waffen. Hierbei wird der Hahn vor dem Verschluss gespannt und durch Betätigen des Abzugs wird direkt der Hahn freigegeben.

„Double Action"-Waffen werden weiter unten beschrieben.

3.1.3.3 Mechanische Abfeuerung mit einem Schlagbolzen

Der starre Schlagbolzen bedingt eine Anzündung der Treibladung vom Bodenstück her. Dabei wird im Bodenstück, zumeist mittig, ein Stahlstift eingelassen, der die Treibladung allein durch die potenzielle Energie der in das Waffenrohr gleitenden Patrone zündet. Dieses System findet man heute bei einigen Mörsern kleinen Kalibers bis 80 mm. Hierbei handelt es sich um Glattrohrmörser, die zumeist

[174] Nach W. Hanauska, https://de.wikipedia.org/wiki/Steinschloss.

als Kommandowaffen ohne Richteinrichtung zwischen den Knien gehalten werden und bei denen man die Mörserpatrone einfach in das Rohr fallen lässt. Siehe dazu auch Bild 3.8.

Eine weitere Verwendung finden die starren Schlagbolzen bei einfachen Masseverschlüssen, wie sie in der Maschinenpistole MP2 (Uzi) und bei der 40-mm-Granatmaschinenwaffe von Heckler & Koch genutzt werden.

Bei den meisten Verschlüssen gibt es aber einen beweglichen Schlagbolzen, der ggf. über eine Feder vorgespannt wird. Der Schlagbolzen ist zumeist in der Seelenachse angebracht, damit der Treibladungsanzünder der Patrone jederzeit vom Schlagbolzen getroffen werden kann.[175] Die Federvorspannung kann durch das separate Spannen eines Hahns (als Teil der Abzugsvorrichtung), über das Zurück- und Wiedervorlaufen des Verschlusses oder über das Abkrümmen des Abzugs erfolgen. Letzteres wird dann auch als „Double Action" bezeichnet, weil hier zwei Vorgänge zum Brechen des Schusses notwendig sind.

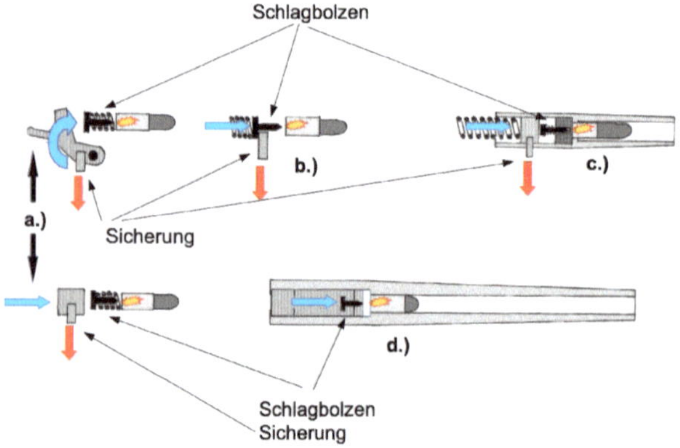

Bild 3.15: Verschiedene Möglichkeiten der mechanischen Anzündung:
a) Prellschlagbolzen wie bei einem Revolver üblich
b) vorgespannter Schlagbolzen, als Beispiel die Pistole P7
c) frei beweglicher Schlagbolzen des Maschinengewehrs MG3 und des Sturmgewehrs G36
d) feststehender Schlagbolzen der Maschinenpistole MP2 (Uzi) bzw. der Granatmaschinenwaffe

175 Bei Waffen mit kleinen Kalibern ist auch die Randfeueranzündung möglich. Hier wird der Anzündsatz in einem Rand außen am Hülsenboden eingebracht. Rückstoßarme Waffen nach dem Gegenmassenprinzip haben eine Randfeueranzündung, die von der Seite auf die Treibladung einwirkt, so z. B. die leichte Panzerfaust 44 mm.

Um bei einem Auftreten von Versagern eine weitere Möglichkeit zum Abfeuern zu erhalten, besitzen die Verschlüsse vielfach eine Wiederspannmöglichkeit. Hier kann ohne Öffnen des Verschlusses die Schlagbolzenfeder z. B. über den Hahn erneut gespannt werden.

3.1.3.4 Elektrische Abfeuerung

Elektrische Abfeuerungen besitzen ebenfalls einen beweglichen Schlagbolzen, der in den Treibladungsanzünder einsticht. So sollen Korrosionen oder auch ein Schutzlacküberzug auf dem Treibladungsanzünder durchschlagen und ein sicherer Anzündvorgang gewährleistet werden.

Elektrische Abfeuerungen besitzen als eine Polverbindung den Ladungsraum und als andere Polverbindung den Schlagbolzen. Zweipolige Schlagbolzen für die Abfeuerung sind ungewöhnlich, jedoch kann durchaus im Verschluss ein weiterer Schlagbolzen als Kontaktstift für eine Zünderprogrammierung vorhanden sein.

Elektrische Abfeuerungen lassen sich zeitlich genauer steuern. Dies ist von Vorteil bei Waffen, bei denen es jederzeit auf eine rechtzeitige Anzündung in einer entsprechenden Waffenstellung ankommt, z. B. bei Gatling-Kanonen, die durch eine Mündungsblende schießen (20-mm-Gatling-Kanone in dem Flugzeug Phantom II) oder auch bei stabilisierten Waffenanlagen, bei der die Kanone zunächst nachgeführt werden muss, bevor der Schuss brechen darf.

Elektrische Abfeuerungen bedingen eine Notabfeuerung bei Ausfall des elektrischen Versorgungsnetzes in einem Kampffahrzeug. Dies wird durch sogenannte Stoßgeneratoren sichergestellt.

3.1.3.5 Sonstige Abfeuerungen

Neben der herkömmlichen mechanischen bzw. elektrischen Abfeuerung werden im Zuge der Forderungen für eine bessere munitions- und waffentechnische Sicherheit neue Möglichkeiten untersucht. Hierunter zählen die

- induktive Anzündung mithilfe eines magnetischen Impulses,
- elektro-thermisch-chemische Anzündung durch Nutzung eines Plasmastrahls und
- Anzündung per Laserstrahl.

Zweck dieser Entwicklungen ist, unempfindliche Anzündmechanismen zu entwickeln, um die Nutzung der sehr empfindlichen Initialanzündstoffe mit ihren in Kapitel 2.4.1 beschriebenen Nachteilen, z. B. ihrer Giftigkeit, vermeiden zu können.

- Kontaktlose induktive Anzündungen haben weiterhin den Vorteil, dass die Fehlerquelle „Kontaktschluss" durch Verschmutzung bzw. Korrosion entfällt. Auch könnte bei vollverbrennbaren Patronenhülsen der bisher noch vorhandene metallische Treibladungsanzünder entfallen, der mithilfe der Resttreibladungsgase durch das Rohr ausgespült wird. Hierbei wird die Anzündenergie durch ein Spulensystem im Verschluss und eine Empfängerspule in der Treibladung übertragen. Nachteilig ist, dass das Bodenstück und der Verschluss aus nicht magnetischen Werkstoffen hergestellt werden müssen.
- Bei elektro-thermisch-chemischen Kanonen soll zwischen zwei Elektroden durch einen Lichtbogen ein Plasma erzeugt werden, das dann die Treibladung anzündet. Ziel ist es auch hier, besonders unempfindliche Treibladungen, ggf. sogar inerte Stoffe für einen Antrieb des Geschosses zu nutzen.
- Lasersysteme bringen punktgenau eine sehr hohe Energie in die Treibladung. Dieser Vorgang eignet sich derzeitig noch nicht für eine Anzündung, da die Linsen des Lasersystems vor den hohen Temperaturen und auch Verschmutzung geschützt werden müssen. Hier sind die Lösungen noch nicht ausgereift.

3.1.4 Anbauteile am Waffenrohr

Durch Anbauteile lässt sich zum einen die Funktionssicherheit erhöhen, aber auch Masse einsparen bzw. die Trefferwahrscheinlichkeit verbessern. Viele Teile sind durch eine Art Evolution der Waffentechnik entstanden und heute nicht mehr wegzudenken.

3.1.4.1 Der Kompensator

Bei der Handhabung einer Faust- bzw. Handfeuerwaffe entsteht beim Schuss ein Drehmoment, welches für ein Hochschlagen der Waffe sorgt. Rohrwaffenmündungen von Hand- und Faustfeuerwaffen werden vielfach asymmetrisch ausgeführt, sodass ein Teil des Gasdruckes nach unten auf eine schräge Verlängerung des Waffenrohres drückt. Damit wird die Mündung der Waffen beim Schuss weitgehend stabil gehalten. Kompensatoren können auch zur Seite wirken und so auf den Zielfehler eines Schützens eingestellt werden. Ein weiterer Vorteil ist, dass Gaswirbel im Mündungsbereich verringert werden. Es soll so ein stabileres Abgangsverhalten des Geschosses ermöglicht werden. Nachteilig ist eine höhere Knall- und Verbrennungsgasbelastung sowie ggf. eine Gefährdung durch unverbrannte Treibladungsreste für den Schützen und ggf. weitere Schützen in der näheren Umgebung.

Auffällige Kompensatoren findet man am russischen Sturmgewehr AKM und an der polnischen Maschinenpistole PM-63.

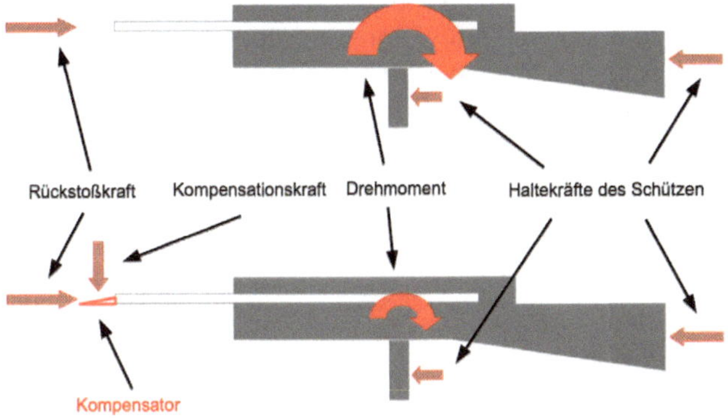

Bild 3.16: Kräfte und Drehmomente beim Schuss. Durch die Haltekräfte des Schützen und die Rückstoßkraft wird auf die Waffe ein Drehmoment ausgeübt. Durch einen Kompensator kann man dieses Drehmoment verkleinern.

3.1.4.2 Das Laufgewicht

Eine weitere Möglichkeit, das Hochschlagen einer Faust- bzw. Handfeuerwaffe zu reduzieren, ist das Anbringen von Zusatzgewichten in der Nähe der Mündung. Durch die zusätzliche Masse erhöht sich das Ruhegefühl für den Schützen, auch wird die Waffe kopflastiger. Nachteilig ist die größere Massenträgheit bei einem schnellen Zielwechsel sowie die Massenzunahme an sich.

Laufgewichte werden hauptsächlich bei Sportwaffen angebracht.

3.1.4.3 Der Mündungsfeuerdämpfer

Der Mündungsfeuerdämpfer wird hauptsächlich bei Handwaffen, Maschinengewehren und leichten Maschinenkanonen eingesetzt. Zweck ist, den Mündungsblitz, der durch das Nachverbrennen der Treibladungsgase und unverbrannte Resttreibladung entsteht, durch Abkühlen der Gase im Mündungsbereich zu verringern. Dies verhindert eine Entdeckbarkeit der Stellung des Schützen oder des Waffensystems, vor allem bei Nacht. Die Gastemperatur muss unter die Entflammtemperatur gesenkt werden. Dies geschieht durch eine Verlängerung des Waffenrohres an der Mündung. Diese Verlängerung besitzt Gasaustrittsöffnungen, an denen die heißen Treibladungsgase vorbeistreichen und sich anschließend mit der Umgebungsluft vermischen. Dadurch wird ein anzündfähiges Gasgemisch verhindert.

Bei Schnellfeuergewehren (Sturmgewehren) ist der Mündungsfeuerdämpfer asymmetrisch gearbeitet. Es sollen mehr Treibladungsgase nach oben entweichen, um so die Mündung der Waffe beim Feuerstoß nach unten zu drücken. Somit kann ein frühzeitiges Hochschlagen der Waffe vermieden werden. Damit erfüllt ein Mündungsfeuerdämpfer gleichzeitig die Aufgabe des Kompensators. Daher ist es notwendig, den Mündungsfeuerdämpfer in einer definierten Stellung zum Gesamtsystem auf die Mündung aufzuschrauben.

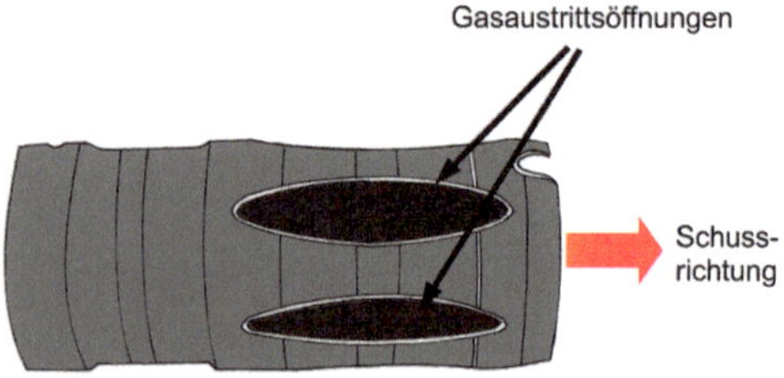

Bild 3.17: Der Mündungsfeuerdämpfer des Sturmgewehrs G3, man beachte die unterschiedlich großen Gasaustrittsöffnungen.

Mündungsfeuerdämpfer sind anfällig gegen Verschmutzung. Während Geschosse der Gefechtsmunition in der Regel Schnee und lockeres Erdreich aus dem Mündungsfeuerdämpfer herausschieben, werden Übungsgeschosse aus Plastik abgebremst. Der nachfolgende Gasdruck pilzt das Übungsgeschoss auf und kann somit den Mündungsfeuerdämpfer auseinanderdrücken.

Viele Mündungsfeuerdämpfer können auch für die Abfeuerung von Gewehrgranaten genutzt werden. Dazu wird die Gewehrgranate auf den Mündungsfeuerdämpfer aufgesteckt. Diese Vorrichtung wird im südost- und osteuropäischen Sprachgebrauch auch als Tromblon bezeichnet.[176]

3.1.4.4 Die Mündungsbremse

Der Rückstoß einer Waffe kann beträchtlich sein. Er belastet den Schützen oder die Lafette, sorgt für einen recht langen Rohrrücklauf und führt somit zu einigen Nachteilen. Andererseits verlässt ein beträchtlicher Teil der Treibladungsgase hinter dem Geschoss die Waffenrohrmündung ungenutzt mit hohem Druck und hoher

[176] Historisch gesehen ist „Tromblon" die Bezeichnung für einen kurzläufigen Vorderlader mit einer trichterförmig vergrößerten Mündung, der im 17. bis 19. Jahrhundert genutzt wurde. Die trichterförmig erweiterte Mündung sollte beim Ladevorgang ein Verschütten der Treibladung (Schwarzpulver) verhindern.

Geschwindigkeit (Nachwirkung). Die Mündungsbremse soll diese überflüssigen Treibladungsgase ausnutzen, sie reduziert damit den Rücklaufimpuls, die Rücklaufgeschwindigkeit und die Rücklaufenergie der zurücklaufenden Waffenteile. Durch ihre Masse senkt sie die Rücklaufgeschwindigkeit zusätzlich. Weiterhin ist eine Mündungsbremse eine Rohrverlängerung, wenn auch mit einem 1,1-Fachen des Rohrdurchmessers. Die Treibladungsgase können so länger auf das Geschoss einwirken. Die Reduzierung wirkt aber nur so lange fort, wie Treibladungsgase aus der Mündung strömen. Theoretisch kann eine Mündungsbremse die Auswirkungen des Rückstoßes um bis zu 80 % vermindern. Praktisch sind Werte bis ca. 50 % zu erreichen.

Nachteilig sind die große Masse und die Rohrverlängerung. Der Schwerpunkt des Waffenrohres verschiebt sich weiter nach vorne, die Masse zum Richten des Waffenrohres wird größer, der Rohrdurchhang kann zunehmen und durch die Umlenkung des Gasdruckes zur Seite bzw. nach hinten sowie durch die Abgabe der heißen Treibladungsgase in die unmittelbare Umgebung der Waffe entsteht eine erhebliche Knall- und Druckbelastung. Die dabei ggf. entstehende Staubwolke führt auch zu einer raschen Entdeckbarkeit der Stellung.

Mündungsbremsen wirken, indem man die Treibladungsgase auf eine oder mehrere Prallflächen leitet. Man unterscheidet drei Arten von Mündungsbremsen:

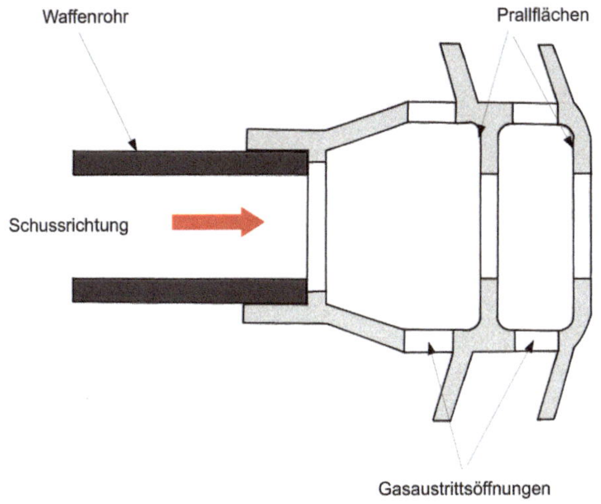

Bild 3.18: Aktive Mündungsbremsen mit großen Prallflächen findet man bei Feldhaubitzen.

- Die aktive Mündungsbremse besitzt eine oder mehrere großflächige Prallflächen mit einem Durchtritt für das Geschoss, der etwa dem 1,1-Fachen des Kalibers entspricht. Die dem Geschoss folgenden Gasschwaden treffen auf die Prallflächen und werden nach links und rechts zur Seite umgeleitet. Dabei drücken sie die Prallflächen nach vorne und reduzieren so den Rückstoß der Waffe. Eine zweite oder auch dritte Prallfläche erhöht den Wirkungsgrad der Mündungsbremse mit den oben beschriebenen Nachteilen.
- Die reaktive Mündungsbremse besitzt an der Mündung eine Prallfläche, die aber geschlossen ist. Die Treibladungsgase sollen durch mehrere, radial angebrachte Bohrungen entweichen, die sich im hinteren Teil der Mündungsbremse befinden. Die Bohrungen leiten die Schwaden nicht nur zur Seite, sondern teilweise auch nach hinten um. Dadurch verbessert sich der Wirkungsgrad der Mündungsbremse, aber es erhöhen sich auch die negativen Auswirkungen auf die Umgebung und Besatzung bzw. den Schützen. Eine Kompensatorwirkung kann durch entsprechende Bohrungen ebenfalls erzielt werden.

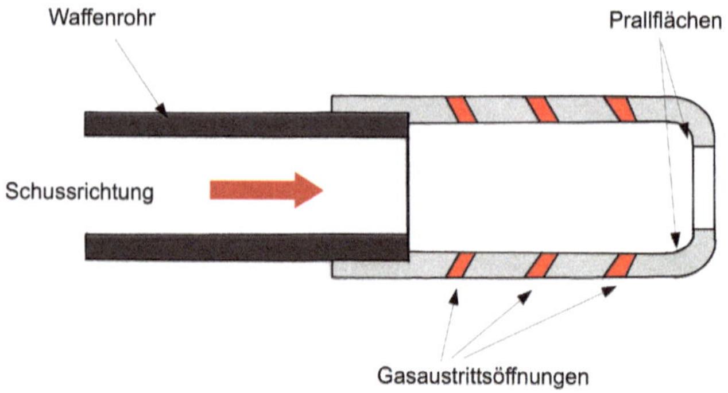

Bild 3.19: Reaktive Mündungsbremse, z. B. bei einer Flugzeugbordmaschinenkanone

- Die aktiv-reaktive Mündungsbremse ist eine Kombination aus den beiden oben angesprochenen Typen. Die Mündungsbremse ist kompakter, aber dafür nicht so leistungsfähig wie die aktive Mündungsbremse. Die Gasaustrittsöffnungen können ggf. auch einen leichten Winkel nach hinten besitzen, sofern die Besatzung vor den Auswirkungen der nach hinten geleiteten Treibladungsgase geschützt ist.

Weitere Sonderformen sind die Schlitz- und die Lochmündungsbremse. Diese Sonderformen sind teilweise der Notwendigkeit geschuldet, Treibspiegelmunition zu verschießen. Die Treibspiegel müssen über die gesamte Rohrlänge geführt werden, da sonst die Gefahr besteht, dass sie sich in der Mündungsbremse verkanten und hängen bleiben. Dies wurde z. B. für die Maschinenkanone RH 202 für das Kaliber 20 mm x 139 realisiert.

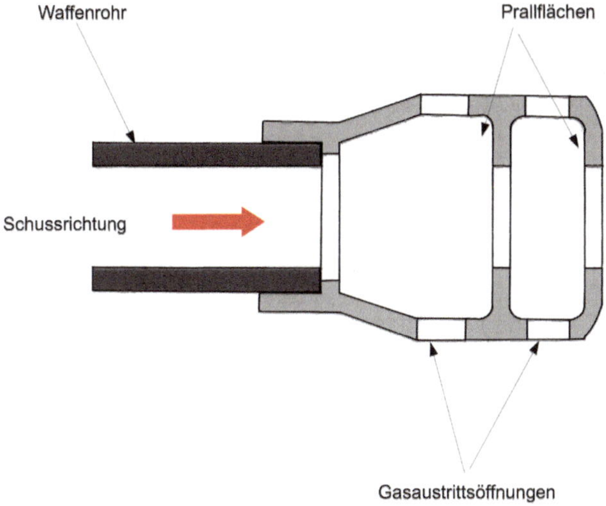

Bild 3.20: Aktiv-reaktive Mündungsbremse, wie sie bei einigen älteren Kampfpanzerkanonen zu sehen ist

Für die Leistungsfähigkeit einer Mündungsbremse werden Kennwerte ermittelt:

- Die Triebziffer I_M kennzeichnet die verhältnismäßige Änderung des Rücklaufimpulses der Waffe ohne Mündungsbremse (I_{Ro}) zu der Waffe mit Mündungsbremse (I_{Rm}).[177] Die Daten werden experimentell ermittelt. Dabei ist zu beachten, dass der Impuls auch masseabhängig ist und sich bei I_{Rm} die Masse der rücklaufenden Teile um den Anteil der Mündungsbremse vergrößert:

  $I_M = (I_{Ro} - I_{Rm}) / I_{Rm}$

  Dabei ist I_{Ro} der Impuls ohne und I_{Rm} der Impuls mit Mündungsbremse.

[177] Gemäß Waffentechnischem Taschenbuch, Rheinmetall, Düsseldorf 1977.

- Die Leistungsziffer s_M bezieht sich auch auf die Impulse, aber hier der Treibladungsgase:

  $s_M = (I_{Lo} - I_{Lm}) / I_{Lm}$

- Eine weitere Möglichkeit ist, das Verhältnis der kinetischen Energien beider Fälle zu berechnen. Dies führt zum Wirkungswert h_M. Hier ist ebenfalls zu berücksichtigen, dass die Masse der Mündungsbremse bei E_{Rm} zu den rücklaufenden Massen hinzugerechnet werden muss.

  $h_M = (E_{Ro} - E_{Rm}) / E_{Rm}$

Gemäß dem Bezug lassen sich Wirkungswerte bis zu 80 % erzielen, allerdings mit dem Nachteil einer hohen Knall- und Druckbelastung, was zu einer höheren Entdeckbarkeit führen kann. Daher haben Mündungsbremsen in der Praxis Werte zwischen 30 % und 50 %.

3.1.4.5 Der Rückstoßverstärker

Wie in Kapitel 1.1.4 beschrieben werden beim Schuss gut 50 % der Energie der Treibladungsgase nicht ausgenutzt. Dieses Potenzial nutzt man bei Maschinenwaffen durch Umlenken der hinter dem Geschoss strömenden Treibladungsgase aus. Wie in Kapitel 3.1.2.3 beschrieben nutzt ein Masseverschluss mit Übersetzung nach dem Brechen des Schusses den Rückstoß zum Entriegeln und ggf. Wiederladen aus. Vielfach reichen die Impulse der über die Mündung entweichenden Treibladungsgase und des Geschosses nicht aus, um einen Nachladevorgang sicher durchzuführen. Hier sind neben dem Entriegeln und Zurückführen des Verschlusses, Ausziehen der leeren Hülse, Spannen von Federn, Zuführen einer neuen Patrone und Schließen des Verschlusses Arbeiten durchzuführen, die sehr viel Energie verbrauchen. Durch den Rückstoßverstärker kann eine sichere Funktion der Waffe gewährleistet werden.

Die dem Geschoss nachströmenden Treibladungsgase[178] versuchen, sich im Rückstoßverstärker zu entspannen, und prallen dabei auf einen sich verengenden Trichter. Die Treibladungsgase werden somit auf eine Prallfläche oder einen Lauftrichter umgelenkt und drücken diese Fläche bzw. den Trichter mit dem beweglich gelagerten Rohr gegen eine Feder nach hinten. Mit Nachlassen des Gasdrucks im Waffenrohr bewegt die Feder das Rohr samt Rohrführungshülse wieder nach vorne in die Ausgangsstellung. Fast gleichzeitig kann eine neue Patrone zugeführt und der Verschluss wieder verriegelt werden.

[178] Das heißt die sogenannte Nachwirkung.

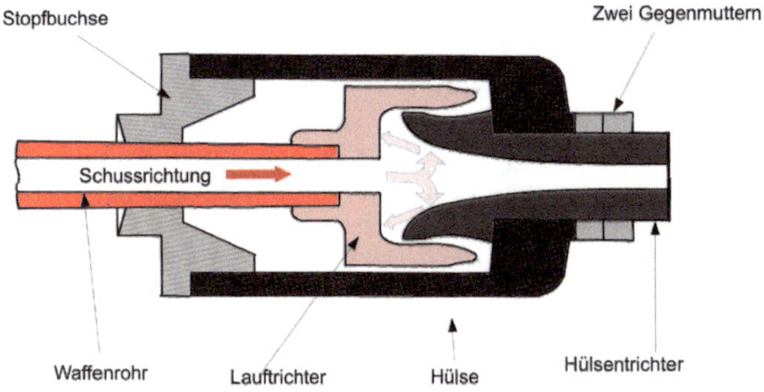

Bild 3.21: Der Rückstoßverstärker aus dem Maschinengewehr 08/15. Die Treibladungsgase drücken zum einen gegen den Hülsentrichter und vermindern so den Rückstoß auf die Waffe. Die Treibladungsgase drücken zum anderen auf den Lauftrichter und verstärken so den Rückstoß für das Waffenrohr.[179]

Rückstoßverstärker mit starrer Verriegelung werden seit mehr als 100 Jahren in der Waffentechnik eingesetzt. Der Rückstoßverstärker wirkt nur auf das frei bewegliche Waffenrohr. Dabei heben sich die Impulse in der Waffe auf. Wichtig ist: Für die Waffe als Gesamtsystem wirkt er wie eine Mündungsbremse, also rückstoßdämpfend.

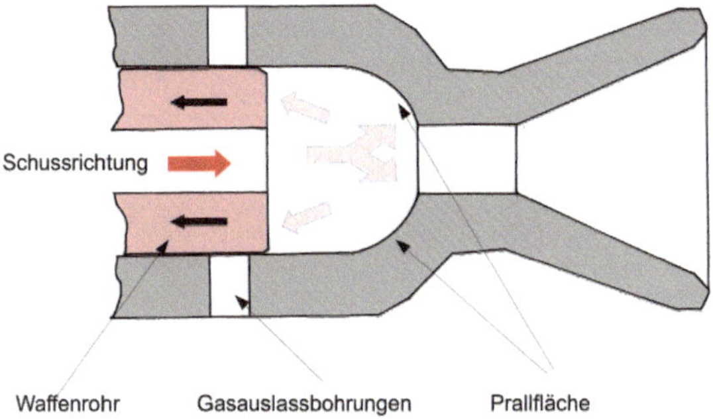

Bild 3.22: Prinzipskizze des Rückstoßverstärkers im Maschinengewehr MG3

3.1.4.6 Das Gasableitrohr

Eine weitere Möglichkeit, die unter Druck stehenden Treibladungsgase auszunutzen, ist, einen geringen Teil der Gase durch eine Bohrung im Waffenrohr zu entnehmen. An der Bohrung ist ein Gas-

[179] Die Zeichnung wurde entnommen: F. von Merkatz, Unterrichtsbuch für die bayrischen Maschinengewehrcompagnien, Gerät 08, ca. 1907.

ableitrohr angeschlossen, das in einem Arbeitszylinder mit Gaskolben endet. Nachdem das Geschoss die Bohrung im Rohr passiert hat, kann eine geringe Menge der Verbrennungsgase in das sogenannte Gasableitrohr und in den Gaszylinder strömen. Das unter hohem Druck stehende Gas betätigt in dem Gaszylinder einen Kolben, der dann den Verschluss entriegelt und gegen eine Feder aus der verriegelten Stellung nach hinten bewegt. Über die Auszieherkralle wird die Hülse aus dem Ladungsraum gezogen, ausgeworfen und der weitere Ladevorgang durch Vorschnellen und Verriegeln des Verschlusses mithilfe der Verschlussfeder vorgenommen.

3

Diese Art der Arbeitsverrichtung durch die Treibladungsgase eignet sich besonders für Drehverschlüsse, wie sie am Sturmgewehr G36 und an dem „Automat Kalaschnikow" AK-47 und deren Nachbauten genutzt werden. Dabei unterscheiden sich Sturmgewehre verschiedener Bauart in der Wegstrecke, die der Gaskolben zurücklegt. Beim Sturmgewehr AK-47 ist der Gaskolben mit dem Verschlussträger verbunden. Beide Bauteile legen somit den gleichen Weg zurück (long-stroke-piston). Beim Sturmgewehr G36 überträgt der Gaskolben mit kürzerem Hub die Bewegungsenergie über eine Antriebsstange auf den Verschlussträger, der dann separat zurückläuft (short-stroke-piston).

Nachteilig ist bei beiden Systemen eine mögliche Verschmutzung des Gasableitrohres und des Gaszylinders durch Verbrennungsrückstände der Treibladung.

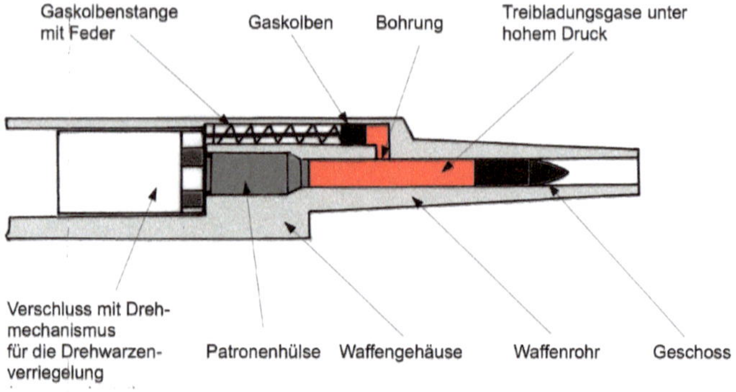

Bild 3.23: Prinzip eines Gasdruckladers mit Drehwarzenverschluss. Der Gaskolben drückt dabei nicht nur den Verschluss nach hinten, er muss über einen komplizierteren Mechanismus auch noch durch Drehen der Drehwarzen den Verschluss öffnen. Bei dem Sturmgewehr AK-47 ist die Rückholfeder an der Gaskolbenstange angebracht. Bei anderen Systemen kann die Feder auch hinter dem Verschluss liegen.

3.1.4.7 Die Ausziehkralle

Der Auswurfvorgang einer Patronenhülse ist von verschiedenen Faktoren abhängig:

- leere Patronenhülse
- volle Patronenhülse (z. B. bei einem Versager)
- Gefechtsmunition mit einer Metallhülse
- Manöver- oder Übungsmunition mit einem Hülsenboden aus Metall und einer Hülsennachbildung aus Kunststoff
- heißgeschossenes Patronenlager
- sauberes oder verschmutztes Patronenlager
- veröltes, klebendes Patronenlager[180]

In jedem dieser Fälle muss eine Hülse zuverlässig aus dem Patronenlager herausgezogen und im vorgesehenen Winkel von der Waffe weggeschleudert werden. Dabei dürfen weder der Schütze noch Nachbarschützen gefährdet werden.

Die Ausziehkralle ist in der Regel Teil des Verschlusses, beweglich, aber federbelastet am Verschluss angebracht und greift beim Ladevorgang in eine Auszieherrille am Patronenboden bzw. über den Patronenrand an der Patronenhülse vorbei.[181] Durch die federvorgespannte Verbindung mit dem Verschluss zieht die Kralle die Patronenhülse beim Zurückgleiten des Verschlusses aus dem Patronenlager heraus. Die Hülse schlägt beim Rücklauf des Verschlusses an den Auswerfer und wird somit gedreht und von der Auszieherkralle weggeschoben. Bei Patronen, die aus einem Magazin zugeführt werden, wird das Auswerfen durch die Folgepatrone unterstützt, die durch die Magazinfeder in Richtung Verschluss gedrückt wird. Hohe Rücklaufgeschwindigkeiten und große Patronenmassen belasten das Waffengehäuse erheblich, sodass der Auswerfer federnd gelagert sein kann.

---

180 Ein Vorkommnis mit Munition aus den Einsatzländern: Um die Ersatzmunition nicht zu verlieren, wurde sie zeitweilig in den Tropenkisten mit Panzertape an der Innenseite des Deckels festgeklebt. Wird diese Munition irgendwann verschossen, wirken die teilweise nicht mit bloßem Auge sichtbaren Klebereste wie ein Verkleben mit der Heißklebepistole, da die hohen Drücke und Temperaturen zwischen Patronenhülse und Ladungsraum optimal für eine Herstellung einer festen Verbindung sind. Konsequenz: Die Waffe wird unbrauchbar.

181 Für die unterschiedlichen konstruktiven Ausführungen der Patronenböden und ihre Benennungen siehe Kapitel 3.4.

3

3.1.4.8 Das Manöverpatronengerät

Für realitätsnahe Übungen ohne scharfen Schuss werden Manöverpatronen,[182] zivil auch Platzpatronen genannt, genutzt. Manöverpatronen sollen neben einer Knall- und seltener einer Rauchentwicklung auch die Ladefunktionen einer Waffe realitätsnah abbilden. Hinzu kommt eine Kennzeichnung der genutzten Waffe, sodass unterschieden werden kann, ob es sich um eine Waffe im Manöver- oder Gefechtsmodus handelt. Dazu wird der Mündungsfeuerdämpfer gegen das Manöverpatronengerät ausgetauscht.[183] Durch das Verschließen der Mündung wird ein definierter Austritt der Treibladungsgase erreicht, die bei der Simulation von Duellsituationen den vermeintlichen Gegner nicht gefährden.

Für eine einwandfreie Funktion von halb- und vollautomatischen Waffen ist es notwendig, den Gasdruck im Waffenrohr so hoch zu halten, dass ein Rückstoßverstärker oder eine Gasableitung den nötigen Arbeitsgasdruck bekommt. Dies geschieht zum einen durch die Nutzung von sehr progressivem Treibladungspulver und zum anderen durch einen Ventilkörper, der z. B. anstelle eines Mündungsfeuerdämpfers auf die Mündung geschraubt wird. Aufgrund der Verschmutzung durch Schmauchablagerungen des Treibladungspulvers muss sich das Ventil reinigen und auch auf die Waffe einstellen lassen. Daher besitzen Manöverpatronengeräte ggf. eine Einstellschraube.

Zu beachten ist, dass ein Manöverpatronengerät bei der Verwendung von Manöverpatronen den Gefahrenbereich vor der Waffe zwar minimiert, aber nicht vollständig aufhebt. Durch das Ventil verlassen immer noch heiße, unter Druck stehende Verbrennungsrückstände des Treibladungspulvers die Waffe und führen zum sogenannten Morgentau-Effekt. Feuchtigkeit im Waffenrohr und unverbrannte Treibladungsreste der Manöverpatrone bewirken explosive Ablagerungen im Waffenrohr, die – sofern sich irgendwann genügend Ablagerungen im Waffenrohr befinden – beim Anzünden einer Manöverpatrone schlagartig mit dem Pulver aus der Manöverpatrone umsetzen. Dieses sehr heftige Abbrennen einer überhöhten Pulverladung kann zum Abreißen des Manöverpatronengerätes und somit zu einer Gefährdung anderer Übungsteilnehmer führen.[184]

---

182 Manöverpatronen werden in Kapitel 6 beschrieben.

183 Das Manöverpatronengerät verhindert nicht den Verschuss von Gefechtsmunition. Das Geschoss der Gefechtsmunition durchschlägt ein Manöverpatronengerät und führt zur Splitterbildung des Gerätes. Auch werden fehlerhaft oder nicht vollständig aufgeschraubte Manöverpatronengeräte selbst zu Geschossen, wenn sie mit einer Manöverpatrone verschossen werden. Die Flugweite eines abgerissenen Manöverpatronengerätes für Waffen im Kaliber 7,62 mm x 51 liegt bei 150 m!

184 Dagegen hilft ausnahmsweise: REINIGEN!

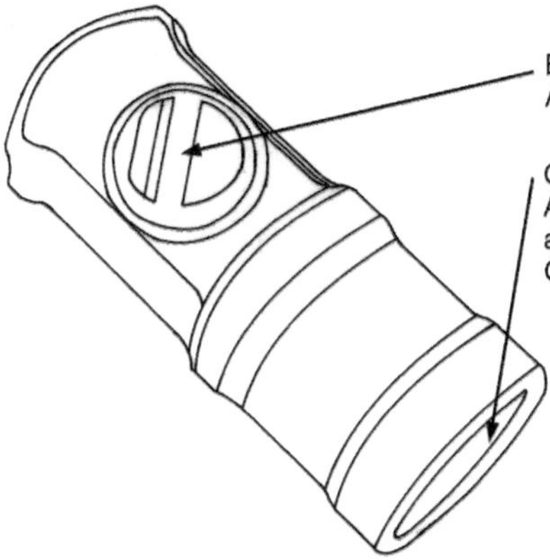

Bild 3.24: Das Manöverpatronengerät des Gewehrs G36 bzw. des Gewehrs G3. Es gibt andere Ausführungsformen, so auch das sogenannte Sicherheitsmanöverpatronengerät.

Die Mündungen von frei verkäuflichen Schreckschuss- und Gaswaffen werden durch einen rot eingefärbten Stern oder Balken aus Metall gekennzeichnet, der einen großen Teil der Waffenmündung verschließt und so wie ein Manöverpatronengerät wirkt. Gleichzeitig lässt sich die Waffe durch das sichtbare Kennzeichen als Schreckschuss- und Gaswaffe identifizieren.

3.1.4.9 Der Schalldämpfer

Schalldämpfer werden hauptsächlich bei Hand- oder Faustfeuerwaffen eingesetzt und vermindern (nur!) den Knalldruck der expandierenden Treibladungsgase.

Dabei ist zu berücksichtigen, dass an einer Hand- oder Faustfeuerwaffe mehrere Schallquellen auftreten:

- Der Geschossknall wird verursacht durch den Machschen Kegel, sofern ein Geschoss verwendet wird, dessen Mündungsgeschwindigkeit im Überschall liegt.
- Die austretenden heißen Treibladungsgase an der Rohrmündung, deren Austrittsgeschwindigkeit ebenfalls im Überschallbereich liegen kann, erzeugen einen weiteren Überschallknall.
- Die rasch verbrennende Treibladung in der Waffe liefert den Explosionsknall.

- Das Nachladen der Waffe ist deutlich zu hören, hauptsächlich erzeugt die Bewegung des Verschlusses die Geräusche, und ggf.
- bei halb- und vollautomatischen Waffen das unkontrollierte Auswerfen der leeren Treibladungshülse und deren Aufschlagen auf dem Boden.

Hinzu kommt, dass sich bei Revolvern zwischen der Trommel und dem Waffenrohr in den meisten Fällen ein Spalt befindet, durch den Treibladungsgase austreten und somit die Dämpfung durch einen Schalldämpfer bei Revolvern nur unvollständig erfolgen kann.[185]

Während der Geschossknall nur durch Verwendung von Unterschallmunition mit einer Mündungsgeschwindigkeit von weniger als ca. 320 m/s vermieden werden kann, ist es bedingt möglich, den Schalldruck der austretenden Treibladungsgase zu reduzieren.[186]

Die Dämpfung des Schalldrucks kann durch vier Effekte erreicht werden:

- Expansion der Treibladungsgase durch ein großes Raumvolumen vor der Rohrmündung: Hier reicht schon ein einfaches weites Rohr, welches vor die Mündung gesetzt wird.
- Abkühlung der Treibladungsgase und somit Verringerung des Gasvolumens: Dies erreicht man durch ein Drahtgewebe, durch das das heiße Treibladungsgas strömt, oder durch Flüssigkeiten, die durch das heiße Gas verdampfen.
- Verwirbelung durch Reflexion und Reduzierung der Strömungsgeschwindigkeit: Trichterförmige Scheiben oder auch Gummiabdichtungen, die durchschossen werden müssen, sorgen für eine Verzögerung beim Austritt der Gase.
- Eine weitere Möglichkeit, die in der Autoindustrie beim Schalldämpfer im Auspuff schon lange angewandt wird, ist die Frequenzmodulation des Schussknalls. Großvolumige Schalldämpfer lassen den Schuss dumpfer klingen. Niederfrequente Geräusche werden von Menschen angenehmer empfunden als hochfrequente, obwohl die Knalldruckbelastung gleich hoch ist.

---

185 Der Nagant-Revolver ist durch die bewegliche Trommel die Ausnahme.

186 Die Schallleistung eines Gewehres beträgt ca. 160 dB(A), ein guter Schalldämpfer kann hier eine Verminderung des Knalldruckes um ca. 30 dB(A) erreichen. Dies entspricht immer noch der Lautstärke eines startenden Jets in weniger als 10 m Abstand und wird nur bei Pistolen und Gewehren, nicht bei Revolvern erreicht. Somit sind auch schallgedämpfte Waffen deutlich zu hören.

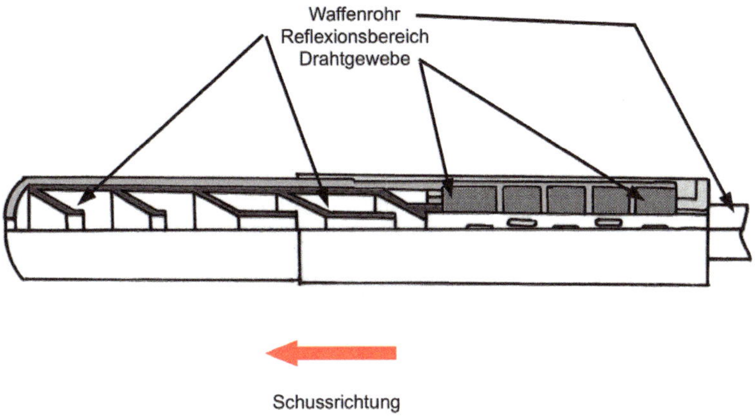

Bild 3.25: Dieser Schalldämpfer besteht aus zwei unterschiedlichen dämpfenden Bereichen, einem Drahtgewebe zur Abkühlung und Expansion der Treibladungsgase und einem Reflexionsbereich zur Aufrechterhaltung eines Mindestgasdruckes für die Nachladefunktion sowie zur weiteren Reduzierung der Geschwindigkeit der Treibladungsgase.[187]

Die Senkung des Schalldrucks hat auch negative Auswirkungen. Viele halb- und vollautomatische Waffen laden bei der Benutzung von Schalldämpfern nicht oder nur unzuverlässig nach, da Gasdruck und Rückstoß zeitlich nicht mehr auf die Waffe abgestimmt sind. Für den Schützen kommt es zu einer stärkeren Belastung durch Treibladungsgase, weil ein höherer Prozentsatz der Treibladungsgase über das Patronenlager nach hinten entweicht. Hinzu kommt eine höhere Gesamtmasse des Systems und eine veränderte Schwerpunktlage der Waffe, was wiederum Auswirkungen auf die Treffgenauigkeit hat, wenn der Schütze das Schießen mit Schalldämpfer nicht gewohnt ist.

Auch die Temperatur von Waffe und Schalldämpfer scheint eine Rolle zu spielen. Der erste abgegebene Schuss soll um ca. 6 dB(A) lauter sein als die Folgeschüsse. Vielfach wird versucht, dieses Phänomen durch den Einsatz von Flüssigkeiten, Schäumen und Gel im Schalldämpfer zu unterdrücken.

[187] Vereinfachte Darstellung des Schalldämpfers der Maschinenpistole MP5SD aus dem Jahr 1971.

3.1.4.10 Der Rauchabsauger

Die Verbrennungsrückstände des Treibladungsanzünders und der Treibladung sind gesundheitsgefährlich. Über viele Jahre wurde zum Anzünden Knallquecksilber genutzt, heute sind es ungefährlichere Sinoxid-Sätze.[188] Aber auch die Treibladung produziert viele gesundheitsgefährliche Gase, hauptsächlich Stickoxide und Kohlenmonoxid sowie Ruß. Bei Hand- und Faustfeuerwaffen stellt sich das Problem nur in geschlossenen Schießständen – hier wird über Entlüftungsanlagen abgesaugt. Bei Kampffahrzeugen mit geschlossenem Kampfraum ist dies aufgrund der Menge der pro Schuss entstehenden Verbrennungsgase nur schwer möglich. Trotzdem kommt es darauf an, dass nur eine möglichst geringe Menge dieser schädlichen Gase in den Kampfraum dringt.

Ein weiteres Problem stellt das Nachflammen der nur unvollständig verbrannten heißen Treibladungsgase beim Öffnen des Verschlusses dar. Dies führt zu weiteren giftigen Gasen im Kampfraum sowie zu einer Stichflamme. Beides gefährdet die Besatzung zusätzlich.

Der Rauchabsauger ist ein Druckbehälter, der über Bohrungen mit dem Waffenrohr verbunden ist. Er wird gefüllt, nachdem das Geschoss an den Bohrungen des Rauchabsaugers vorbeigeglitten ist. Dabei herrscht im Waffenrohr zwischen Geschoss und Bodenstück ein Überdruck von mehreren Hundert hPa, sodass auch in dem relativ kleinen Druckbehälter genügend Treibladungsgase gespeichert werden können, um anschließend das Waffenrohr von schädlichen Gasen frei zu spülen. Das Füllen geschieht entweder über Ventile, Füllbohrungen oder die eigentlich schräg gestellten Bohrungen, die zum Ausspülen der Treibladungsgase genutzt werden. Mit nachlassendem Gasdruck im Waffenrohr entleert sich der Druckbehälter. Nun wirken die in Richtung Mündung weisenden schräg gestellten Bohrungen wie eine Injektorstrahlpumpe und reißen die im Waffenrohr befindlichen restlichen Treibladungsgase in Richtung der Mündung mit. Mit Öffnen des Verschlusses werden auch die Gase aus dem Ladungsraum abgesaugt, sodass die kühlere Umgebungsluft aus dem Kampfraum in den Ladungsraum strömt.

Je näher der Rauchabsauger am Ladungsraum angebracht ist, umso höher ist der einfüllbare Gasdruck und somit der Wirkungsgrad. Dies führt allerdings durch Kavitation zu einem erhöhten Verschleiß im Bereich der Bohrungen. Auch die Geschossgeschwindigkeit hat einen

---

[188] Ungefährlicher heißt aber nicht, dass die Verbrennungsrückstände ungiftig sind!

Einfluss auf die Position des Rauchabsaugers. Bei langsamen Geschossgeschwindigkeiten ist der Rauchabsauger näher an der Rohrmündung angebracht, bei hohen Geschossgeschwindigkeiten eher weiter am Bodenstück. Heutzutage wird bei Kampfpanzern mit einer hohen Mündungsgeschwindigkeit der Geschosse der Rauchabsauger im mittleren bis hinteren Bereich des Waffenrohres angebracht.

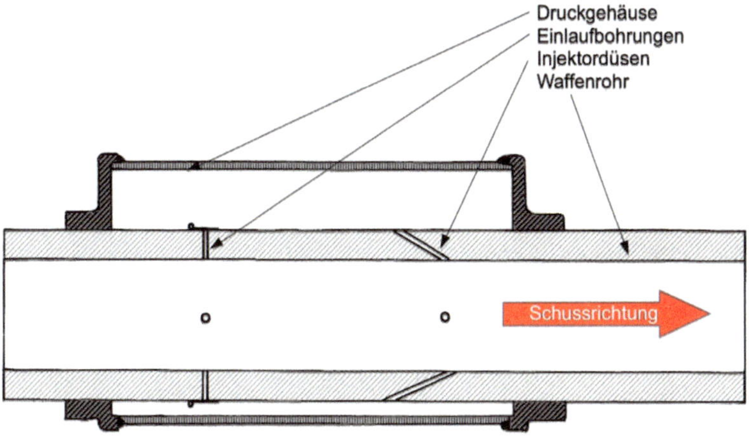

Bild 3.26: Schnitt durch ein Waffenrohr mit Rauchabsauger

Seit den 50er-Jahren des letzten Jahrhunderts wurden daher Rauchabsauger zuerst bei Kampfpanzern und später auch bei der Panzerartillerie eingeführt.[189]

Reste der Verbrennungsgase, die sich in der Patronenhülse befinden, können nicht durch den Rauchabsauger entfernt werden. Hier zeigt sich der Vorteil der recht kurzen Hülsenböden der teilverbrennbaren Patronenhülsen gegenüber den herkömmlichen langen Hülsen.

Obwohl der Rauchabsauger aus Kunststoff, Glasfaser oder Blech besteht und somit nur eine geringe Masse gegenüber dem Waffenrohr aufweist, hat er zusätzlich einen Einfluss auf die Rücklaufgeschwindigkeit des Waffenrohres, da er eine Masse besitzt, die bei den zurücklaufenden Massen hinzugerechnet werden muss.

[189] Bei westlichen Kampfpanzern war dies zuerst der Aufklärungspanzer M-41 mit einer 76-mm-Kampfpanzerkanone und bei östlichen Kampffahrzeugen der Kampfpanzer T-54A mit einer 100-mm-Kanone. Andere Panzer wurden nachgerüstet, z. B. der Panzer M-26 „Pershing“ (USA).

3.1.4.11 Die Wärmeschutzhülle

Einseitige Sonneneinstrahlung und kalter Wind können dazu führen, dass sich ein langes Waffenrohr unterschiedlich stark ausdehnt und somit verbiegt. Die durch die Sonne erwärmte Seite dehnt sich aus, die durch den Wind abgekühlte Seite zieht sich entsprechend zusammen. Dies kann durch einen Kollimator an der Mündung des Waffenrohres gemessen und ausgeglichen werden, kostet aber Zeit. Bei einer Duellsituation, z. B. Kampfpanzer gegen Kampfpanzer, muss die Erstschusstrefferwahrscheinlichkeit möglichst hoch und der Richtvorgang in sehr kurzer Zeit abgeschlossen sein. Daher musste ein entsprechender Schutz geschaffen werden.

Wärmeschutzhüllen bestehen aus glasfaserverstärktem Kunststoff und werden über die gesamte Rohrlänge aufgebracht. Sie eignen sich nicht für kleinkalibrige Schnellfeuerwaffen, da die hier entstehende Wärme nicht abgeführt werden kann.

3.2 Besondere Waffensysteme – rückstoßarme Waffen

Bisher wurde davon ausgegangen, dass das Rohr im hinteren Teil durch einen festen oder entfernbaren Verschluss beim Schuss verschlossen wird. Gerade in den letzten 100 Jahren wurden Waffen entwickelt, die durch Ausnutzung von Strömungsmechanismen oder den Einsatz von Gegenmassen auch ein Waffenrohr ohne Verschluss zulassen.

Diese Waffen sind zudem rückstoßarm, da entweder eine Gegenmasse in Form von Eisenpresslingen oder anderen schweren, aber leicht verteilbaren Stoffen vorhanden ist oder durch eine Düse oder anderweitig ein Teil der Treibladungsgase nach hinten ausgestoßen wird. Dabei ist festzustellen, dass diese Waffen keine Startgestelle für Raketen sind.[190]

Der Treibladungsverbrauch bei diesen Waffen ist sehr groß, nur ca. 20 % der Treibladung werden für die Beschleunigung des Geschosses eingesetzt. Der Rest wird zum größten Teil als heißes Gas hinter der Waffe ausgestoßen.

---

[190] Im angelsächsischen Sprachgebrauch spricht man von „Anti-Tank-Rockets" und meint damit leichte Panzerabwehrhandwaffen, z. B. Panzerfäuste. Die erste US-amerikanische Panzerabwehrhandwaffe war die Bazooka, eine echte Rakete, die aus einem Rohr gestartet wurde. Raketenähnlich ist bei heutigen Panzerabwehrhandwaffe nur der Raketenzusatzantrieb, den einige „Panzerfäuste" zur Reichweitensteigerung besitzen.

3.2.1 Die Düsenkanone

Ähnlich wie bei einer Mündungsbremse wird bei Düsenkanonen der hohe Druck der Treibladungsgase ausgenutzt, um den Rückstoß zu vermindern. Dabei gibt es verschiedene Prinzipien:

Bei der 84-mm-Panzerfaust „Carl Gustav", dem britischen 120-mm-Leichtgeschütz[191] Wombat und bei dem russischen 82-mm-Leichtgeschütz SPG-9 ist im hinteren Waffenrohr statt eines Bodenstückes eine zur Seite klappbare Venturi-Düse eingesetzt. Nach dem Laden der Patrone wird diese Düse wie ein drehbarer Bajonettverschluss angeklappt und verriegelt. Beim Abschuss und Aufbau des Gasdruckes verhindert eine Dämmscheibe am Boden der Patronenhülse ein Ausströmen der Treibladungsgase in Richtung der Venturi-Düse. Erst bei vollständiger Anzündung der Treibladung und Erreichen eines Mindestgasdruckes bricht die Scheibe und die Bruchstücke werden durch die Düse ausgestoßen. Mit Öffnen des Patronenbodens erhöht sich auch im Übergangsbereich zwischen Ladungsraum und Venturi-Düse der Gasdruck und dient als Abstützung für eine Beschleunigung des Geschosses nach vorne. Die Gase strömen nun nicht nur nach vorne in Richtung Mündung, sondern auch nach hinten in Richtung Düse. Im engsten Querschnitt der Düse steigt die Durchflussgeschwindigkeit der auch nach hinten beschleunigten Treibladungsgase. Dort sinkt der Gasdruck. Kurz hinter dem engsten Querschnitt erreichen die Treibladungsgase Schallgeschwindigkeit. Die so beschleunigten Treibladungsgase werden in der abschließenden Lavaldüse weiter über die Schallgeschwindigkeit beschleunigt und lassen sich nach hinten gerichtet schubbildend in Richtung der Waffenmündung einsetzen.[192] Das Waffenrohr wird entgegen der einsetzenden Rückstoßbewegung wieder nach vorne beschleunigt und bleibt aufgrund der Massenträgheit somit in Ruhe. Da die Mündungsgeschwindigkeit bei diesen Waffen gering und somit auch die Reichweite begrenzt ist, werden vielfach Raketenzusatzantriebe zur Reichweitensteigerung eingesetzt.

[191] Der Begriff „Leichtgeschütz" bezieht sich auf einen deutschen Sprachgebrauch aus dem Zweiten Weltkrieg. Da bei Leichtgeschützen durch den Wegfall von Rohrbremsen, Rohrvorholern sowie einem dünneren Waffenrohr eine Gewichtsersparnis erfolgt, hat sich der Begriff eines leichteren Geschützes verfestigt. Im angloamerikanischen Sprachgebrauch spricht man von „Recoilless Rifle" – rückstoßfreies Gewehr.

[192] Hier ist nicht die Schallgeschwindigkeit der Umgebungsluft gemeint. Die Schallgeschwindigkeit in heißen und komprimierten Gasen ist bedeutend höher. Siehe dazu Kapitel 1.1.2.

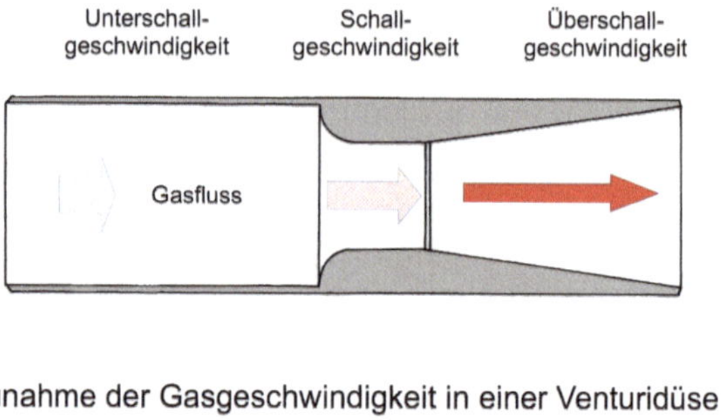

Bild 3.27: Schnitt durch eine Venturi-Düse

3.2.2 Leichtgeschütze nach dem Kromuskit-Prinzip

Moderne Leichtgeschütze nutzen das Kromuskit-Prinzip aus. Hier wird eine seitlich perforierte Patronenhülse geladen, deren Löcher vor dem Verschuss durch verbrennbare Pappe verschlossen ist. Im Gegensatz zu der Düsenkanone ist der Hülsenboden massiv. Beim Abschuss verbrennen die Pappverschlüsse und die Treibladungsgase können unter hohem Druck in eine ringförmige Kammer strömen, die nach hinten offen ist. Gleichzeitig wird das Geschoss nach vorne beschleunigt. In der ringförmigen Kammer kann ein Teil der Treibladungsgase sofort nach hinten in eine lavaldüsenähnliche Öffnung abströmen, ein weiterer Teil drückt auf den vorderen Teil der Kammer. Dies führt insgesamt zu einem Beschleunigen des Waffenrohres nach vorne. Der Rückstoß kann auf diese Weise kompensiert werden.

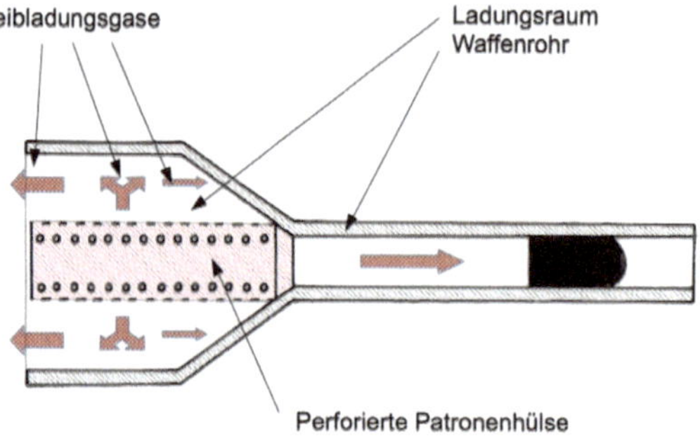

Bild 3.28: Prinzip des Leichtgeschützes

Die US-amerikanischen Leichtgeschütze 120 mm M-28 und 155 mm M-29 waren mit der taktischen Kernwaffe Davy-Crockett ausgestattet.

Die maximale Kampfentfernung betrug 2 km bzw. 4 km, die Sprengkraft wird je nach Einstellung mit 0,1 kt oder 0,5 kt TNT-Äquivalent angegeben.

3.2.3 Waffen mit Gegenmassen (Davis-Kanone)

Hier besteht das Waffenrohr aus einem einfachen stabilen Rohr, welches mit einer speziellen Patrone geladen wird. Dabei wird die Treibladung zwischen dem Geschoss und einer sogenannten Gegenmasse angeordnet. Gemäß dem Impulserhaltungssatz

$I = m_{geschoss} \bullet v_{geschoss} = m_{gegenmasse} \bullet v_{gegenmasse}$

mit m für die jeweiligen Massen und v für die jeweilige Geschwindigkeit

muss der Impuls des Geschosses dem Impuls der Gegenmasse entsprechen, damit das Waffenrohr rückstoßarm nicht aus der Ruhelage bewegt wird. Der Einfluss der Treibladung soll hier vernachlässigt werden.

Mit Brechen des Schusses werden durch den Gasdruck das Geschoss nach vorne und die Gegenmasse nach hinten beschleunigt. Da die erreichbare Mündungsgeschwindigkeit in der Regel sehr gering ist, ist die maximale Kampfentfernung ebenfalls sehr gering oder es muss das Geschoss durch einen Raketenzusatzantrieb außerhalb des Waffenrohres nachbeschleunigt werden.

Die Gegenmasse verlässt den hinteren Teil des Waffenrohres in einer nicht zu unterschätzenden Energie. In der Regel werden Eisenpresslinge – neuerdings auch gepresste Kunststoffkugeln, Flüssigkeiten oder Gel auf Wasserbasis – verwendet, die im Waffenrohr nach hinten beschleunigt werden und nach Verlassen des Waffenrohres zerstäuben. Ein Aufenthalt in unmittelbarer Nähe des hinteren Waffenrohres ist tödlich.[193] Daher ist der recht große Gefahrenbereich von 25 m oder mehr hinter der Waffe zwingend frei zu halten und nur bei wenigen Waffentypen ist ein Verschuss aus geschlossenen Räumen möglich. Durch die hohe Knall- und Druckbelastung sowie Rauch- und Staubentwicklung hinter dem Waffenrohr ist die Stellung des Schützen leicht aufklärbar. Die großen Vorteile dieser Waffe sind aber die einfache Bedienung, eine sehr kostengünstige Herstellung und die leichte Waffenmasse.

---

193 Bei der Erstellung des Buches geschah der letzte bekannte tödliche Unfall mit einer Panzerfaust in der Bundeswehr im Jahr 2017.

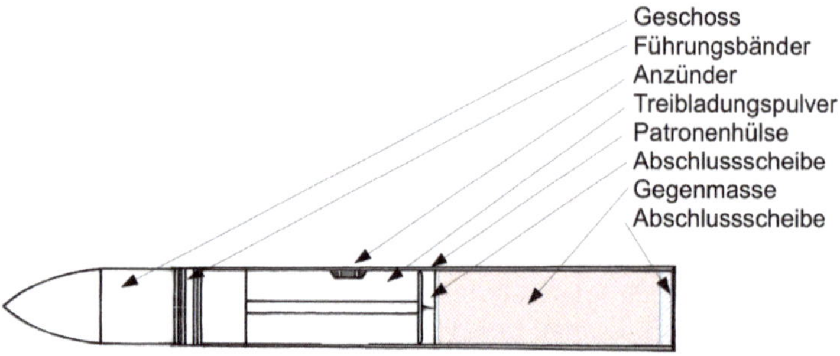

3

Bild 3.29: Patrone für die Davis-Kanone.[194] Die Gegenmasse besteht aus 6,25 lbs (ca. 2,83 kg) Schrot.

3.3 Lebensdauer von Waffenrohren

Waffenrohre halten nur eine begrenzte Anzahl von Schüssen aus. Aggressive Treibladungsgase, hohe Temperaturen und hoher Druck sowie der Wechsel zwischen Druck- und Zugbelastung belasten ein Waffenrohr, hinzu kommt der Verschleiß (Reibung) durch den Geschossdurchgang. Hohe Gasgeschwindigkeiten führen zu Auswaschungen und zuletzt ist übermäßiges Waffenreinigen als Faktor für den Waffenverschleiß zu nennen.

Als Richtschnur sind folgende Schussbelastungen zu nennen:[195]

Panzerkanonenrohre	1500 Vergleichsschuss
Haubitzenrohre	2000 Standardschuss
Maschinenkanonenrohre	10.000 Schuss
Maschinengewehrrohre	20.000 Schuss – bei frühzeitigem Rohrwechsel
Pistolen(-rohre)	10.000 Schuss – bei nicht so häufigem Waffenreinigen[196]

[194] Aus der Patentschrift C. Davis, Fixed Ammunition for Use on Air Craft, US-Patent Nr. 1,108,717 vom 25.08.1914.

[195] Gemäß J. P. Großkreutz, Grundlagen der Ballistik – Waffentechnik – Munitionstechnik, Aachen 2017.

[196] Trotz sorgfältigem Entölen des Waffenrohres einer Pistole vor dem ersten Schuss verbleiben Ölrückstände im Patronenlager. Diese führen bei den ersten zwei bis drei Schüssen zum sogenannten Hydraulikschuss. Bedingt durch den Ölfilm wird die Patronenhülse nur unzureichend durch den Gasdruck im Patronenlager gehalten und vorzeitig durch den Gasdruck mit hoher Geschwindigkeit gegen den Verschlussboden geschleudert. Dies führt zuerst zu einem größeren Verschlussabstand und im weiteren Verlauf zum Reißen des Schlittens.

Bei Panzermunition wurde der Vergleichsschuss eingeführt, da ein langsam fliegendes Quetschkopfgeschoss mit niedrigeren Gasdrücken ein Waffenrohr wesentlich schwächer beansprucht als ein rasant fliegendes KE-Geschoss.

Der Verschleiß einer Waffe hat im Wesentlichen vier Ursachen:

- Der Durchlauf des Geschosses im Waffenrohr führt zu mechanischem Abrieb durch Reibung der Führungsbänder und des Zentrierwulstes an der Innenwandung des Waffenrohres. Dabei ist zu beachten, dass bei gezogenen Rohren auch eine Drallbeschleunigung des Geschosses die Züge und Felder belastet. Ausbrüche sind die Folge. Führungsbänder aus Kupfer oder Kupferlegierungen bilden Ablagerungen, die das Kaliber verkleinern, dies führt wiederum zu einer stärkeren Reibung. Hinzu kommt der Abrieb durch die heißen und schnell strömenden Treibladungsgase. Durch den Druck weitet sich das Waffenrohr, es können mikroskopisch kleine Risse entstehen, die sich mit Zunahme der Schussbelastung ausweiten.
- Die Erwärmung des Waffenrohres führt zu einer thermischen Belastung, die sich wiederum in Rissen, aber auch in einer Änderung des Metallgefüges des Waffenrohres auswirkt. Die Temperatur der heißen Verbrennungsprodukte einer Treibladung liegt in der Regel bei 3000 °C oder darüber. Eine übermäßige Erwärmung des Waffenrohres, z. B. durch sehr lange Feuerstöße oder einen unterlassenen Rohrwechsel, birgt die Gefahr des Aufplatzens. Unterschiedliche Ausdehnungskoeffizienten der Waffe führen bei zu starker Erwärmung zu einer zusätzlichen Treffpunktablage, die nicht konstant ist und somit nicht über ein Verlegen des Haltepunktes korrigiert werden kann. Auch im Waffenrohr können Materialien mit unterschiedlichen Ausdehnungskoeffizienten verarbeitet worden sein. Bei einer Hartverchromung des Waffenrohrs kann sich die Chromschicht ablösen, wenn die Spannungen durch die thermische Belastung zu groß werden.
- Die aggressiven Verbrennungsrückstände des Treibladungspulvers sind Grund für eine chemische Belastung des Waffenrohres. Chemische Vorgänge werden im Allgemeinen durch Druck und Hitze gefördert. Kohlenstoff- und Stickstoffatome können durch Mikrorisse unter hohem Druck in das Gefüge des Waffenrohrstahls eindringen und die Stahleigenschaften verändern, der Stahl wird spröde und neigt bei Druckbelastung zum Reißen.

Schwefel- und Stickoxide dringen in Mikrorisse ein und führen bei der späteren Lagerung des Waffenrohres (und Eindringen von Umgebungsluft inklusive der Luftfeuchtigkeit) zur Korrosion des Waffenrohres an der Innenseite.

- Fehlerhafte Werkstoffwahl sowie deren unzureichende Wärme- und Nachbehandlung (z. B. durch Laserhärtung an besonders gefährdeten Bereichen) sollten spätestens bei der Waffenerprobung ausgeschlossen werden. Der Werkstoff sollte zäh sein und nicht zum Sprödbruch neigen. Gerade tiefe Außentemperaturen machen einem Werkstoff für ein Waffenrohr zu schaffen und können die Rissbildung im Waffenrohr beschleunigen.[197]

Ein Großteil dieser Belastungen kann durch zielgerichtete Waffenreinigung, frühen Rohrwechsel und Feuerzucht gemindert werden. Auch Additive zum Treibladungspulver, die Verwendung möglichst kalter Pulver und eine entsprechende Waffen- und Rohrkonstruktion können helfen. Dickwandige Rohre sind in der Lage, mehr Wärmeenergie aufzunehmen. Glattrohre haben einen geringeren Verschleiß als Polygonrohre und diese einen geringeren Verschleiß als gezogene Rohre. Eine Innenverchromung hilft, die Korrosion zu verhindern. Auch gekühlte Waffenrohre sind seit mehr als 100 Jahren im Gebrauch. Allerdings lässt sich der Verschleiß nur herauszögern und nicht vermeiden.

Gemäß STANAG 4110[198] wird die Belastung durch den Innendruck auf

- die Rohrwaffe mit Rohr, Verschluss und Anbauteilen,
- das Geschoss,
- die Treibladung und
- das Gesamtsystem mit Rohrwaffe, zurücklaufenden Teilen, Geschoss und Treibladung

beschrieben.

---

197 Gemäß Waffentechnischem Taschenbuch, Rheinmetall, Düsseldorf 1977, werden Rohrstähle für den uneingeschränkten Gebrauch nur zugelassen, wenn die kritische Spannungsintensität (Risszähigkeit) K_{IC} mindestens einen Wert von K_{IC} = 3430 $Nmm^{-3/2}$ bei –20 °C erreicht. Sie wird zumeist über speziell vorbereitete Kompaktzugproben für den jeweiligen Werkstoff ermittelt. Siehe dazu auch W. Bergmann, Werkstofftechnik 1, München 2013.

198 STANAG 4110, Definition of Pressure Terms and their Interrelationship for Use in the Design and Proof of Cannons or Mortars and Ammunition, Edition 4, 30.11.2005.

Es werden die Drücke in Bezug auf die

- Belastung durch die Munitionssorte (Hartkern-, Hohlladung- oder Quetschkopfgeschoss),
- Position im Waffenrohr und
- Festwerte

unterschieden.

Weiterhin ist zu berücksichtigen, dass die Waffen und deren Munitionssorten in allen Klimazonen (-50 °C bis +70 °C) einsetzbar sein sollen.

Daraus ergeben sich folgende Gasdrücke, die für eine Abschätzung einer Waffenkonstruktion zu berücksichtigen sind:

- Extreme Service Condition Pressure (ESCP), die größte Belastung unter extremen Bedingungen, die Mindestanforderung an Ladungsraum und Rohr
- Cannon Fatigue Design Pressure (CannonFDP), der rohrbezogene Dauerfestigkeitsdruck
- Maximum Operation Pressure (MOP): Der Maximaler Einsatzgasdruck liegt drei Standardabweichungen über den ESCP.
- Extreme Maximum Operation Pressure (EMOP), maximaler Einsatzgasdruck unter Extrembedingungen, die Worst-Case-Abschätzung für die Festlegung des späteren Prüfgasdrucks: EMOP liegt weitere 1,75 Standardabweichungen über dem MOP.
- Cannon Design Pressure (CDP), der Konstruktionsgasdruck, der statistisch bei einer Nutzung von 1.000.000 Schuss einmal überschritten werden darf
- Cannon Permissable Maximum Pressure (CPMP), der zulässige Maximalgasdruck, der statistisch bei 13 von 10.000 Schuss unter extremen Bedingungen erreicht werden darf

Die Berechnung ist aufwendig, da sie jede Änderung beim Entwurf, der Konstruktion und der Erprobung einer Waffe sowie deren Munitionssorten und unterschiedliche Treibladungen berücksichtigt. Die konstruktiv zu berücksichtigende Belastung liegt bei einer Berechnung nach der STANAG 4110 etwa 30 % über dem Gasdruck unter extremen Einsatzbedingungen (ESCP).

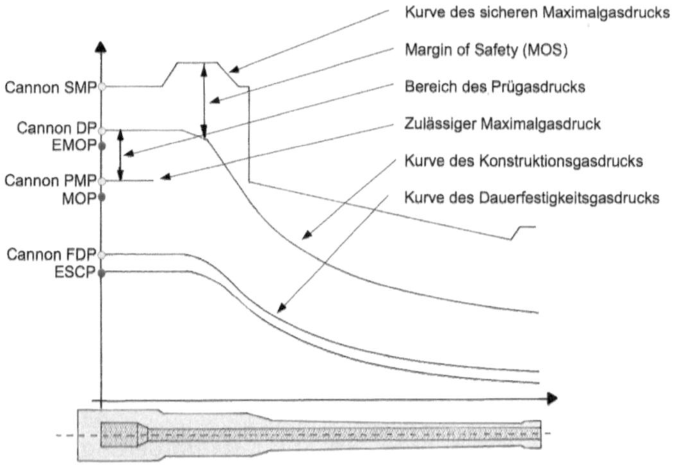

Bild 3.30: Bildliche Darstellung der STANAG 4410

3.4 Die unterschiedlichen Kaliberangaben

Die Kaliberbestimmung erfolgt bei Rohren mit Zügen und Feldern sowie Polygonrohren am jeweils geringsten Querschnitt, also von Feld zu Feld. Die Kaliberangaben zwischen Europa und dem angloamerikanischen Raum sind nicht vergleichbar. In Europa wird das Kaliber in Millimeter angegeben, im angloamerikanischen Sprachraum wird das Kaliber in Zoll und ggf. nach dem Waffenhersteller/Treibladungshülsenentwickler angegeben. Die Angaben in Zoll sind auch nicht immer korrekt, zum einen gibt es gerundete Angaben, zum anderen wird das Kaliber auch mal um einen hundertstel Zoll oder einen Millimeter „verschoben“, falls es zwei inkompatible Waffensysteme im gleichen Kaliber gibt.[199] Vor der Zahl steht die Angabe „cal“ und ein Punkt, wenn das Kaliber kleiner als ein Zoll ist.[200]

[199] So der Fall zur Unterscheidung des Waffensystems 105 mm x 617 für Kampfpanzerkanonen und 106 mm x 607 für das Leichtgeschütz M40. Letzteres hat eigentlich das Kaliber 105 mm.

[200] Eine weitgehend vollständige Auflistung aller Maßangaben für Pistolen-, Revolver- und Gewehrpatronen findet man entweder im Bundesgesetzblatt Jahrgang 1976 Teil I, Seite 3784–3810 „Maßtafeln für Patronen- und Kartuschlager und für Munition“ oder bei der „Ständigen Internationalen Kommission für die Prüfung von Handfeuerwaffen“ (frz. Commission internationale permanente pour l'épreuve des armes à feu portatives – CIP) unter https://www.cip-bobp.org/de.

Gebrauchsname	Europäische Angabe (Kaliber x Hülsenlänge)	Angloamerikanische Angabe
9 mm Browning	9 mm x 17	cal.380 ACP
9 mm Makarow	9 mm x 18	(9 mm Police)
9 mm Parabellum	9 mm x 19	(9 mm Luger)
9 mm P.A.K.[201]	9 mm x 22	–
9 mm Magnum	9 mm x 32	cal.357 Smith & Wesson Magnum
12,7 mm (NATO)	12,7 mm x 99	cal.50 Browning Machine Gun
7,62 mm NATO	7,62 mm x 51	cal.308 Winchester
6,8 mm (NATO)	6,8 mm x 51	cal.277 Fury
5,56 mm NATO	5,56 mm x 45	cal.223 Remington

Bei Geschossen wird immer der größte Durchmesser, bei Waffenrohren der kleinste Durchmesser als Maß angegeben. Daher gibt es im Bundesgesetzblatt eine Tabelle für die Munition und eine für die Waffe.

Kaliberangaben können mit Zusätzen versehen werden, die besondere konstruktive Ausführungen am Boden der der Patronenhülse kennzeichnen.[202]

Art der Hülse	Zusatzzeichen	Beispiel
Auszieherrille	–	7,62 mm x 51 für NATO
Auszieherrand	R	7,62 mm x 54R für Nagant
Hülse mit Bund	B	23 mm x 152B für ZSU-23
Hülse mit unterkalibrigem Patronenboden	RB	20 mm x 80RB für Flugzeug MG FFM
Hülse mit Ausziehrille und Ausziehrand	RR	57 mm x 165RR für 57 mm FlaK N-57
Hülse mit Ausziehrille und schmalem Ausziehrand	HR (engl. SR)	13,2 mm x 92HR für 13,2 mm Mauser „Tank und Flieger"-Gewehr

201 Pistole Automatik Knall.

202 Das ist leider nicht immer der Fall. Beim ukrainischen Scharfschützengewehr im Kaliber 12,7 mm x 114HL steht die Abkürzung HL für „Horizons Lord", d. h. die Bezeichnung des Gewehrs.

Bild 3.31: Unterschiedliche Konfigurationen von Patronenhülsen, weitere Möglichkeiten sind denkbar.

Für Schrotmunition erfolgt wiederum eine andere Art der Kaliberbestimmung. Das Kaliber gibt an, wie viele kalibergleiche Kugeln aus einem angloamerikanischen Pfund Weichblei (453,59 g) hergestellt werden können. Zur Unterscheidung zu anderen Rohrwaffenkalibern wird an die Kaliberangabe ein „g" für gauge (englisch für Spur oder Kaliber) angehängt. Die folgende Tabelle gibt eine Auswahl der Kaliber, das kleinste Schrotkaliber hat 32 g:

Schrotkaliber	Metrische Angabe	Masse der Bleikugel
1 g	42,4 mm	453,59 g
2 g	33,7 mm	226,8 g
4 g	26,7 mm	113,4 g
8 g	21,2 mm	56,7 g
12 g	18,5 mm	37,8 g
16 g	16,8 mm	28,4 g

Die Angabe der Hülsenlänge erfolgt in Millimetern und bezieht sich auf die Länge der Hülse nach dem Schuss mit nach vorne geöffneter aufgefalteter Patrone. Für jedes Schrotkaliber gibt es unterschiedliche Hülsenlängen zwischen 65 mm und 89 mm. Daher muss die Hülsenlänge bei der Schrotpatrone mit angegeben werden, z. B. 12 g/70.

Kapitel 4: Lafetten und Anbauteile

Kapitel 4: Lafetten und Anbauteile

Beim Abschuss wird das Geschoss in Richtung der Mündung sowie bei gezogenen Rohren in eine Rotationsbewegung beschleunigt. Nach dem Impulserhaltungssatz wirken im und auf das Waffenrohr diese Kräfte als Gegenkräfte und müssen aufgefangen werden, da sich sonst das Waffenrohr unkontrolliert nach hinten bewegen und zusätzlich zur Seite drehen würde.

Bei Waffensystemen mit größeren Kalibern ist es die Aufgabe der Lafette, diese Kräfte aufzufangen und ggf. verzögert oder vermindert an den Waffenträger, z. B. an das Fahrwerk eines Kampffahrzeuges, weiterzugeben.

Die Lafette wird unterteilt in die Oberlafette und die Unterlafette. Die Oberlafette ist direkt mit dem Waffenrohr durch die Rohrwiege und ggf. die Höhenrichteinrichtung verbunden. In der Rohrwiege kann das Rohr beim Schuss zurücklaufen. Hier werden die Rücklaufkräfte des Waffenrohres aufgenommen und weitergeleitet. Die Oberlafette ist mit der Unterlafette zumeist über die Seitenrichteinheit verbunden. Die Unterlafette kann ein Fahrwerk, ein Schiff oder ein Bauwerk sein. In der Unterlafette werden die Kräfte verzögert aufgenommen und dann an die Umgebung abgegeben. Bei Luftfahrzeugen mit einem starren Waffenrohr übernimmt das Luftfahrzeug die Aufgabe der Unter- und der Oberlafette. Hier wird mit dem gesamten Luftfahrzeug gerichtet.

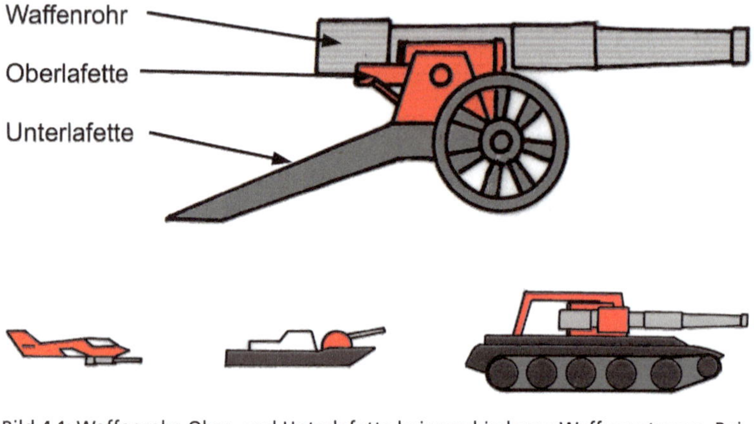

Bild 4.1: Waffenrohr, Ober- und Unterlafette bei verschiedenen Waffensystemen. Bei Luftfahrzeugen ist die Begriffsbestimmung ggf. widersprüchlich.

4.1 Die verschiedenen Lafetten

4.1.1 Unterlafetten

4.1.1.1 Stationäre Unterlafetten

Rohrwaffen ab einem Kaliber von etwa 15 mm können nicht mehr mithilfe eines einfachen Zwei- oder Dreibeins gehalten, gerichtet und geschossen werden. Hier sind neben der Masse der Waffe die Rückstoßkräfte auf den Schützen zu groß. Somit werden Unterlafetten benötigt, die die Waffenmasse und die Rückstoßkräfte je nach Einsatzzweck der Waffe aufnehmen. Je nach Bodenbeschaffenheit müssen die Unterlafetten vor Beginn des Einschießens im Boden „festgeschossen" werden, um bei späteren Feuerkommandos ein Nachrichten des Geschützes durch Absacken des Bodens zu vermeiden.

- Die Spreizlafette eignet sich für Waffen, die hauptsächlich in der unteren Winkelgruppe schießen. Die Feuerlinie ist sehr niedrig, sodass die Geschütze sehr gut im Gelände getarnt werden können. Die Spreizlafette besteht aus zwei schwenkbaren Längsholmen, die auf der einen Seite beweglich mit der begrenzten Seitenrichteinheit verbunden sind und auf der anderen Seite zur Abstützung einen Erdsporn besitzen. Die Rückstoßkräfte werden somit beim Schuss durch die Längsholme und die Erdsporne an den Erdboden (Umgebung) weitergegeben. Durch das dabei auftretende Drehmoment neigen die Spreizlafetten zum Hochschlagen der Waffe. Ist der Schwerpunkt der Waffe sehr hoch angebracht, muss die Waffe durch zusätzliche Gewichte beschwert werden.[203] Ein weiterer Nachteil ist, dass der Richtbereich der Waffe durch die begrenzte Seitenrichteinheit – sofern vorhanden – und die Längsholme eingeschränkt wird. Muss sehr stark nach links oder rechts geschwenkt werden, ist die Unterlafette aufwendig zu drehen.
- Die Kreuzlafette findet man häufig bei Waffen, die zumeist in der oberen Winkelgruppe und mit sehr häufig wechselnden Seitenrichtbereichen schießen, z. B. Flugabwehrkanonen. Die Kreuzlafette besitzt in der Regel einen Pivotzapfen als Seitenrichteinheit und Verbindung von Ober- und Unterlafette. Hier ist es möglich, die Oberlafette um 360° (oder artilleristisch ausgedrückt um 6400-) zu drehen. Die Kreuzlafette ist in der Lage, die Kräfte unabhängig von der Seitenrichtung der Waffe an die Umgebung, zumeist den Erdboden, weiterzugeben.

[203] Dies ist z. B. bei der 40-mm-Granatmaschinenwaffe von Heckler & Koch zu finden. Hier muss ab einer bestimmten Feuerhöhe der Waffe ein Sack mit Steinen oder Erde in der Lafette eingehängt werden.

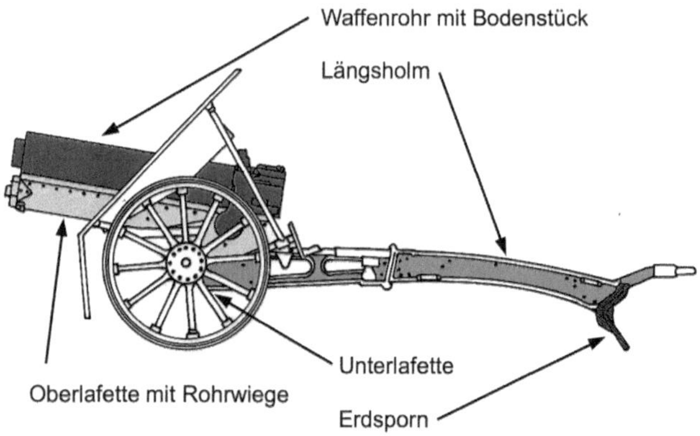

Bild 4.2: Feldhaubitze mit Längsholm und Erdsporn

- Bodenplatten eines Mörsers stellen ebenfalls eine Unterlafette dar. Die Bodenplatte hat eine Vertiefung, die sogenannte Kugelpfanne, in der eine Verlängerung des Bodenstücks, die sogenannte Kugel, eingreift. Die Rückstoß- und die Massekräfte werden über Kugel und Kugelpfanne direkt in den Erdboden geleitet. Gerichtet wird entweder über ein Zweibein oder durch Festhalten des Waffenrohres durch den „Richtkanonier". Für eine sichere Standfestigkeit sorgen am Zweibein ein Erdsporn und ein Sporntellen. Bei größeren Kalibern wird die Verbindung zwischen Waffenrohr und Zweibein durch ein oder zwei Stoßdämpfer abgefedert.

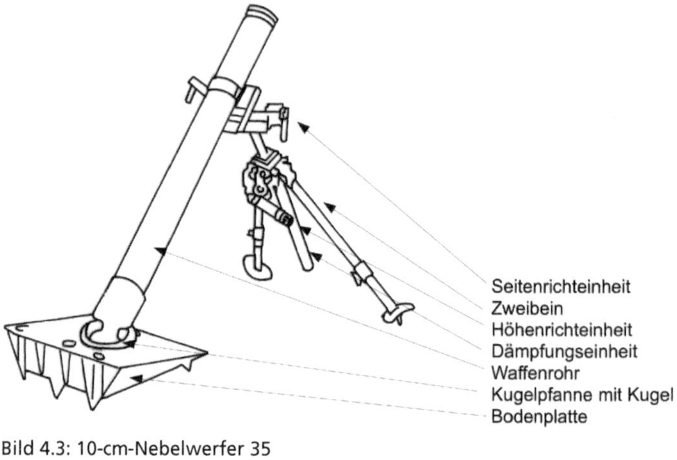

Bild 4.3: 10-cm-Nebelwerfer 35

4.1.1.2 Selbstfahrlafetten

Bei beweglichen Waffensystemen besteht die Unterlafette aus dem jeweiligen Fahrzeug. Dies können Schiffe, Flugzeuge oder Fahrzeuge sein. Hier müssen weitere Maßnahmen getroffen werden, um die Rückstoß- und Massekräfte aufzufangen und weiterzuleiten.

Schiffe und Flugzeuge besitzen eine biegesteife Rumpfkonstruktion, die die Unterlafette bildet. Hier werden die Schusskräfte durch den Schiffskörper an das umgebende Wasser bzw. beim Luftfahrzeug an die Umgebungsluft abgegeben. Die Erschütterungen wirken dabei auch auf die Maschinenanlagen und Triebwerke, sodass hier ggf. Maßnahmen zur Dämpfung der Schiffsanlagen unternommen werden müssen.

Starrflügler haben zumeist eine starre Bordkanone und es wird durch die jeweilige Fluglage gerichtet. Hier sind Ober- und Unterlafette verschmolzen.[204]

Drehflügler können eine richtbare Bordkanone besitzen, hier bildet der Waffenturm die Oberlafette, auch wenn diese ggf. unter oder seitlich an dem Hubschrauber hängt. Der Hubschrauber wiederum übernimmt die Aufgabe der Unterlafette.

Bei Landfahrzeugen sind teilweise aufwendige Konstruktionen notwendig, um zu verhindern, dass das Fahrzeug beim Schuss Schaden nimmt oder durch Hüpfen bzw. Schwingen die vorgegebene Position verlässt. Sowohl bei Ketten- aus auch Radfahrzeugen können absenkbare Erdsporne ein Zurücklaufen des Waffensystems beim Schuss verhindern. Kettenfahrzeuge haben einen sehr geringen Bodendruck und können auf glattem, rutschigem Untergrund wegleiten. Erst moderne Panzerhaubitzen kommen ohne Erdsporn aus. Hier werden die Kräfte durch das Kettenfahrgestell und dessen Federwege vollständig absorbiert. Dabei muss ein Nachfedern des Fahrzeugs möglichst verhindert werden. Die Abstimmung des Kettenfahrwerks darf dabei nicht zulasten der Geländegängigkeit gehen. Hier gibt es bei einigen Fahrgestellen die Möglichkeit, den Federweg zu blockieren. Dies wird besonders bei Fahrzeugen, die als Mörserträger genutzt werden, in Betracht gezogen.

Artilleriegeschütze auf der Basis von Radfahrzeugen haben vielfach seitlich ausfahrbare Stabilisatoren als Stützen, um die Standfestigkeit des Geschützes beim Schuss zu erhöhen und ein Nachrichten des

---

204 Eine Ausnahme bildet u. a. das US-amerikanische Flugzeug AC-130 in verschiedenen Konfigurationen, u. a. als AC-130J „Ghostrider" mit einer 105-mm_Haubitze M102 bewaffnet. Die Waffen an Bord dieses „Gunships" sind beweglich an der Backbord- bzw. Steuerbordseite im Flugzeugrumpf eingebaut und können begrenzt gerichtet werden.

Geschützes nach jedem Schuss zu vermeiden. Bei einigen Geschütztypen muss das Räderlaufwerk komplett vom Erdboden entkoppelt werden.[205]

Noch neu ist es, das Nachfedern der Unterlafette eines Räderlaufwerkes durch eine Waffenstabilisierungsanlage zu kompensieren und so auf ein kompliziertes Abstützen des Laufwerkes vor dem Schuss zu verzichten. Ziel ist es, mit einer Panzerhaubitze auch aus der Fahrt sicher schießen und treffen zu können. Nur so ist es möglich, nach einer Aufklärung z. B. durch Schallmessen[206] einem artilleristischen Gegenschlag auszuweichen.

Veraltet und nicht mehr in der Nutzung sind Eisenbahngeschütze. Kleinere Geschütze bis zum Kaliber von ca. 15 cm konnten mit einem Schildzapfen auf dem Fahrgestell gedreht werden. Bei größeren Kalibern bis 80 cm mussten aufwendige Gleisanlagen zum Richten erstellt werden. Der Rückstoßimpuls wurde über Klauen an das Gleisbett übertragen. Bei einer reinen Räderbremsung rutschte ein deutsches 28-cm-Geschütz K5 bis zu 10 m auf dem Gleisbett nach hinten, bei einer Klauenbremsung noch gut 1 m.[207]

4

Bild 4.4: 28-cm-Kanone K5 (E). Dieses deutsche Geschütz mit einer Rohrlänge von ca. 20,5 m schoss ein 255,5 kg schweres Geschoss auf eine Höchstschussreichweite von 62.400 m.

4.1.2 Oberlafetten

Die Oberlafette ist die Schnittstelle zwischen dem Waffenrohr und der Unterlafette, d. h. dem Fahrzeug, Flugzeug oder Schiff. Sie lagert zumeist um die Seitenrichtachse drehbar auf der Unterlafette. In der

[205] Hier kann als Beispiel die tschechische Panzerhaubitze DANA im Kaliber 152 mm bzw. 155 mm genannt werden. Die Panzerhaubitze ist auf einem modifizierten Fahrgestell des Lkw TATRA 815 entwickelt worden. Das Fahrgestell wird vor dem Schuss durch mehrere Hydraulikstempel vollständig angehoben.

[206] Siehe dazu Kapitel 1.6.1.7.

[207] Mehr dazu siehe: W. Gückelhorn/D. Paul, Eisenbahnartillerie, Einsatzgeschichte der deutschen Eisenbahnartillerie im Westen 1940-45, Helios-Verlag, Aachen 2014.

Oberlafette sind die Höhenrichteinrichtung (mit dem Schildzapfen als Lagerung der höhenrichtbaren Teile), der Ausgleicher, die Rohrbremsen, der Rohrvorholer, eventuell die Ladeeinrichtung und die Zieleinrichtungen integriert.[208]

Bei größeren Rohrkalibern findet man auf Kampffahrzeugen und auf Schiffen den Waffenturm als Oberlafette. Diese sogenannte Turmlafette kann neben dem Höhenrichtteil noch den Verkantungsträger aufnehmen. Damit wäre die Waffenanlage dreidimensional ausrichtbar. Dies ist besonders auf Schiffen wichtig, da die Krängung des Schiffes nicht wie bei einem Landkampffahrzeug durch das Fahren in eine günstigere Stellung ausgeglichen werden kann.[209] Bei Landfahrzeugen hat sich die dreidimensionale Waffenanlage trotz seit Jahren bekannten Konzepten bisher nicht durchgesetzt.

Bei Turmlafetten wird in der Regel eine Drehkranzlagerung genutzt.

Da die Fertigung einer Turmlafette aufwendig ist, wurden vor allem im Zweiten Weltkrieg aufgrund von Rohstoff- und Kapazitätsmangel Kasemattenlafetten bei Kampffahrzeugen eingesetzt. Hier entfällt der Turm, das Fahrzeug ist von der Silhouette her sehr niedrig und die Gesamtmasse kann zugunsten einer größeren Wendigkeit gering gehalten werden. Dabei wird eine begrenzte Seitenrichtbarkeit ohne Bewegung der Fahrzeugwanne von ca. 10˙ in Kauf genommen. Die Fahrzeuge wurden vor allem als Jagdpanzer eingesetzt.[210]

4.2 Die Waffenlagerung

4.2.1 Verbindung von Ober- und Unterlafette

Die Verbindung zwischen Ober- und Unterlafette wird zumeist durch die Seitenrichteinrichtung hergestellt. Hier gibt es je nach Waffeneinsatz unterschiedliche Lösungsansätze:

- Der Pivotzapfen, auch Drehzapfen genannt, besteht aus einem senkrecht in einer Bodenplatte gelagertem Zapfen und nimmt als senkrechte Kraft die Gewichtskraft sowie mit zwei horizontalen

208 Eine Oberlafette ohne Höheneinrichtung besitzt der leichte französische Kampfpanzer AMX-50. Hier wird der gesamte Panzerturm in der Höhe mitgerichtet. Ein Schildzapfen entfällt somit. Die Konstruktion hat sich aufgrund der Abdichtungsprobleme gegen Wasser, ABC-Kampfmittel und in der Panzerung nicht bewährt.

209 Ein Kippen der Waffenanlage in Schussrichtung – bei Landfahrzeugen „Hang" und bei Schiffen „Kippwinkel" genannt – kann über den Aufsetzwinkel ausgeglichen werden. Bei einem quergekippten Geschütz ändert sich zusätzlich die Seitenrichtung. Die Ablage zur Seite ist dabei bedeutend größer als bei der Länge der Geschossflugbahn.

210 Der letzte Vertreter dieser Fahrzeugtypen war der schwedische Stridsvagn-103, ausgestattet mit einer 105-mm-Panzerkanone. Hier war die Panzerkanone starr mit der Wanne verbunden. Sowohl die Höhen- als auch die Seitenrichtung wurde ausschließlich durch die Fahrzeugwanne vorgenommen. Er ist mittlerweile außer Dienst gestellt.

Kräften die Schusskräfte auf. Diese Art der Lagerung eignet sich gut für leichte Maschinenwaffen und Flugabwehrwaffen, die sowohl in der unteren als auch in der oberen Winkelgruppe wirken müssen und bei denen die Feuerhöhe keine Rolle spielt.

- Die Lafettenlagerung kommt bei Feldgeschützen zum Einsatz und beinhaltet eine starre Verbindung zwischen der Unter- und Oberlafette. Gegebenenfalls gibt es wie bei Kasemattengeschützen üblich eine geringe Seitenrichtmöglichkeit. Die Kraftverteilung ist gleich der Lagerung durch den Pivotzapfen.
- Der Drehkranz ist eine typische Lagerung für Kampffahrzeuge mit einem geschlossenen Kampfraum wie Kampfpanzer und Panzerhaubitzen. Hier wirken zwei senkrechte Lagerkräfte und eine waagerechte Lagerkraft auf die Unterlafette. Eine geringe Bauhöhe und Lastverteilung auf einen Drehkranz mit großem Durchmesser gestatten bei der Oberlafette auch Massen von mehreren Tonnen.

- Die Kugelpfanne ist typisch für einfache Mörserkampfsysteme. Bei größeren Mörserkalibern ab ca. 80 mm stützt sich das Mörserrohr zusätzlich durch ein Zweibein ab, welches am oberen Bereich des Rohres mit einer Rohrschelle befestigt ist. Das Richten erfolgt in kleinen Bereichen (nur Schusskorrekturen) durch den Seitentrieb sowie durch den Höhentrieb am Zweibein. Die Senkrechtstellung des Mörserrohres wird durch den Verkantungstrieb ausgeglichen, an dem eine Libelle zur Einstellung befestigt ist.
- Das „Rapert" ist eine schlittenartige Oberlafette zur Vor- und Rückwärtsbewegung von Schiffsgeschützen. Bei kleineren Schiffskanonen waren diese mit einfachen Blockrädern aus Holz ausgestattet. Die beim Schuss rücklaufenden Kanonen wurden durch die Reibung der Räder auf dem Schiffsboden und durch Brooktaue, die an der Schiffswand verankert waren, abgebremst. In der Regel reichten 30 cm Rücklauf aus, um die Kanone neu zu laden und anschließend wieder mit Seitentaljen (Flaschenzügen) nach vorne zu schieben. Bei größeren Geschützen war das Rapert ein Schlitten, der beim Schuss auf einer Holzbahn zurücklief. Diese aufwendige Konstruktion, die bei Landgeschützen nicht bekannt ist, ist auf Schiffen nötig, damit auch bei Seegang ein Geschütz beim Schuss nicht unkontrolliert zurückläuft. Dies könnte bei einer plötzlichen Schlingerbewegung des Schiffes zu einer Gefährdung der Bedienungsmannschaft führen.[211]
- Bei modernen Schiffswaffen muss in drei Dimensionen gerichtet werden, um die Wellenbewegungen ausgleichen zu können.

[211] Der Vorgang ist ausführlich beschrieben in R. Brommy/ H. von Littrow, Die Marine, Wien u. a. 1878, neu aufgelegt als Nachdruck, Paderborn 2015.

Hier wird die weitere Drehbewegung durch den Verkantungsträger erreicht. Somit steht die Waffenplattform bzw. die Oberlafette immer waagerecht.

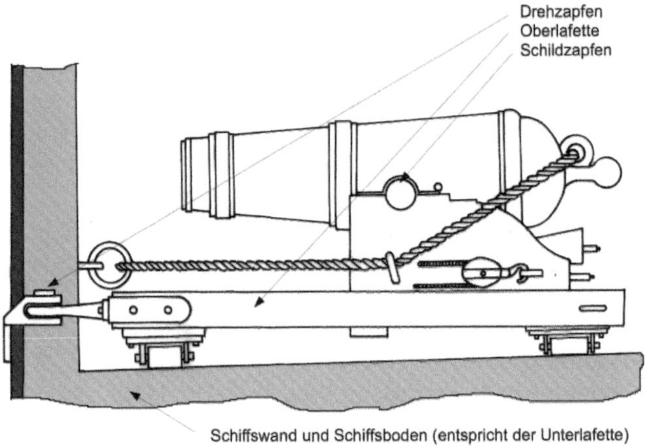

Bild 4.5: Das Rapert, eine frühe Art des Rohrrücklaufes, mit ca. 14 Mann als Rohrvorholer

4.2.2 Die Rohrlagerung

Jedes Waffensystem hat eine irgendwie geartete Rohrlagerung. Daraus bestimmt sich, wann und wie die Kräfte, die auf das Waffensystem wirken, an die Umgebung abgegeben werden.

Es werden unterschieden:

- Die vollkommen starre Lagerung: Das Waffenrohr kann die Kräfte ohne Verzögerung an die Umgebung abgeben. Dies ist z. B. bei einem auf dem Erdboden stehenden Mörser der Fall.
- Rücklauf und Abbremsen des Waffenrohres über eine hydraulische Rohrbremse: Die Abbremsung beginnt beim Rücklauf des Rohres. Die gesamte Rücklaufenergie wird in der Rohrbremse in Wärme umgesetzt. Es wird daher ein Rohrvorholer benötigt. Diese Variante wird wegen erheblicher Nachteile – Schwingen der Lafette vor dem Geschossaustritt und damit größerer Abgangsfehlerwinkel durch die Schwingungen – nur theoretisch zur Abschätzung der Kräfte bei der Konstruktion einer Waffe genutzt.
- Rücklauf und Abbremsen des Rohres über eine hydraulische Rohrbremse: Das Abbremsen beginnt aber erst nach einem vorgegebenen Rücklaufweg, zumeist nach dem Ende des Wirkens der Gaskraft, das Geschoss hat somit das Waffenrohr verlassen.

Auch hier wird die gesamte Energie in Wärme umgesetzt. Diese Art des Abbremsens wird derzeit bei fast allen schweren Waffen, z. B. Panzerkanonen und Artilleriegeschützen, angewandt.

- Rücklauf und Abbremsen des Waffenrohres über eine Feder, direkt bei Beginn des Rücklaufes: Es können nur gedämpfte Federn eingesetzt werden, damit nicht die gesamte Rücklaufenergie in eine Vorlaufenergie umgesetzt wird. Dies würde zu einer Zerstörung der Waffenanlage führen. Beim Einsatz von Gummi- oder beschichteten Tellerfedern werden etwa 30 % und bei Ringfedern etwa 67 % der Federarbeit in Wärme umgesetzt.[212]
- Rücklauf und Abbremsen über eine Feder, aber erst nach dem Ende des Wirkens der Gaskraft: Das Geschoss hat dann das Waffenrohr bereits verlassen.
- Die schwimmende Lagerung als Sonderfall: Der Schuss bricht beim Vorlaufen des Waffenrohres. Das Abbremsen wird dabei zumeist über eine Feder vorgenommen. Diese Variante ist besonders bei Maschinenwaffen anzutreffen, wo es nicht so besonders auf die Zielgenauigkeit ankommt.

a.) Starre Lagerung

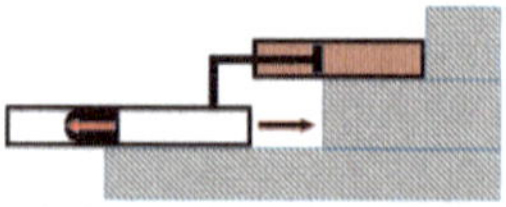

b.) Hydraulische Abbremsung

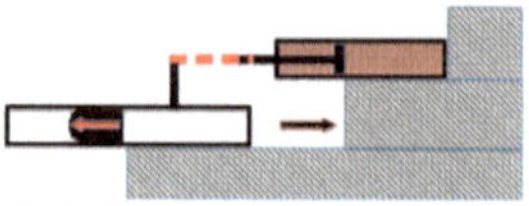

c.) Hydraulische Abbremsung mit freiem Rücklaufweg

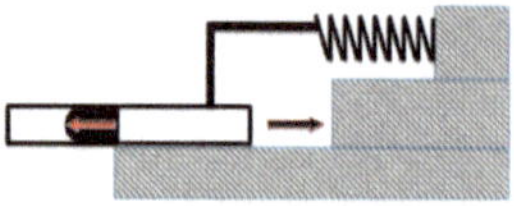

d.) Abbremsung mittels einer Feder

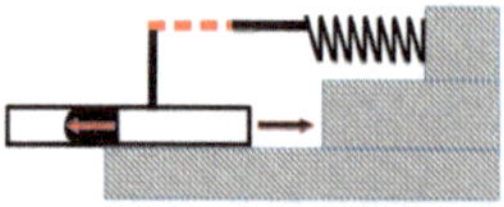

e.) Abbremsung mittels einer Feder und freiem Rücklaufweg

[212] Angaben aus: Waffentechnisches Taschenbuch, Rheinmetall, Düsseldorf 1977.

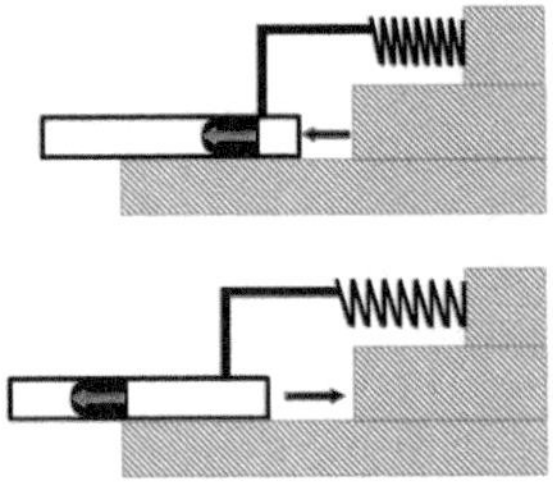

f.) Abbremsung mittels einer Feder und schwimmender Lagerung

Bild 4.6: Die verschiedenen Rohrlagerungen, man beachte die Waffenrohrbewegung bei der schwimmenden Lagerung – zuerst durch die gespannte Feder in Schussrichtung und anschließend in eine Rücklaufbewegung übergehend

4.2.3 Die Rohrwiege

Bei Waffenrohren, für die ein Rohrrücklauf vorgesehen ist, nimmt die Rohrwiege das Waffenrohr auf und bildet gleichzeitig die Schnittstelle zur Höhenrichteinrichtung. Sie nimmt weiterhin die Gewichtskräfte des Waffenrohres und die Drehmomente beim Schuss auf und leitet sie innerhalb der Oberlafette weiter. Die Rohrwiege liegt mit dem Schildzapfen in den Schildzapfenlagern der Oberlafette und ermöglicht so ein vertikales Schwenken des Waffenrohres. Innerhalb der Rohrwiege ist das Waffenrohr längsbeweglich und kann beim Schuss zurückgleiten, dabei werden die Rückstoßkräfte über die Rohrbremsen an die Oberlafette abgegeben.

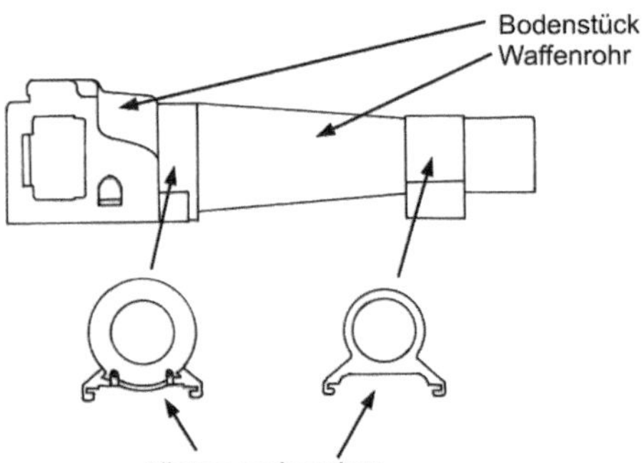

Bild 4.7: Aufnahme des Waffenrohres für eine Trogwiege

Je nach Einsatzzweck der Waffe gibt es unterschiedliche Rohrwiegen:

- Die älteste Version der Rohrwiegen ist die Trog- oder Kastenwiege. Sie wurde und wird heute noch bei Feldgeschützen angewandt. Das Rohr steht auf oder hängt an zwei Gleitschienen, die mit der Oberlafette verbunden sind. Aufgrund der Länge der Gleitlager kann der Rohrrücklauf entsprechend lang ausgelegt werden, dies wirkt sich schonend auf die Bauteile der Ober- und Unterlafette aus. Beim Schuss wird das Gegenmoment des Dralls über die gesamte Länge des Gleitlagers auf die Oberlafette übertragen, das Rohr verdreht sich somit nur unwesentlich gegenüber der Seelenachse. Bei einer Erwärmung des Rohres erwärmt sich das Gleitlager nur indirekt über die Verbindungsstellen zum Waffenrohr, es dehnt sich daher bei schneller Schussfolge nicht so stark aus wie z. B. eine Jackenwiege. Somit kann das Lager sehr passgenau konstruiert werden. Das wiederum wirkt sich positiv auf die Schussgenauigkeit aus. Der Schildzapfen kann je nach Einsatzzweck der Waffe über die gesamte Länge der Rohrwiege angebracht werden. Sollte ein großer Höhenrichtbereich nötig sein, dann ggf. sogar im Bereich des Bodenstückes des Waffenrohres. Da die Feuerhöhe der Trog- bzw. Kastenwiegen sehr gering ist, werden diese auch heute noch bei Feldgeschützen verwendet.
- Die Jackenwiege oder Rohrwiege besteht aus einem relativ kurzen Rohr, in dem das Waffenrohr gelagert wird. Die Gleitlagerverbindung besteht aus der entsprechend bearbeiteten Außenhülle des Waffenrohres und der Innenseite der Jackenwiege. Außen an der Rohrwiege ist der Schildzapfen befestigt. Hier können auch noch weitere Funktionselemente der Waffe, z. B. eine Zweitbewaffnung, eine Panzerblende oder eine Zieloptik, angebracht werden. Durch die kompakte Bauweise eignet sich die Jackenwiege für den Einbau in gepanzerte Fahrzeuge. Sie hat allerdings den Nachteil, dass sich die Wärme des Waffenrohres direkt auf das Lager überträgt, hier sind entsprechende Toleranzen in die Waffenkonstruktion mit aufzunehmen. Dieser Nachteil wird durch die räumliche Anbringung der Rohrbremsen und des Rohrvorholers ausgeglichen. In der Regel haben Waffen mit der Rohrwiege zwei Rohrbremsen, aber nur einen Rohrvorholer. Somit wird das Rohr bei einer Bewegung immer „schräg" gegen einen Anschlag gezogen. Auch das Gegenmoment des Dralls muss hier durch die Rohrbremsen und den Rohrvorholer aufgenommen werden.
- Die Turmwiege ähnelt der Jackenwiege. Allerdings ist die Jackenwiege starr mit der Oberlafette verbunden, der Schildzapfen entfällt somit. Gerichtet wird in Höhe und Seite mit dem gesamten

Turm. Damit können platzverbrauchende Richtantriebe innerhalb des Turmes entfallen. Auch für eine Ladeautomatik ist diese Wiegenart von Vorteil, da hier die Ladeautomatik immer in der Längsachse zum Verschluss steht und ein zeitaufwendiges Positionieren der Waffenanlage in eine spezielle Ladestellung entfällt. Nachteilig sind ein geringer Höhenrichtbereich sowie die Kopplung von Höhen- und Seitenrichtanlagen in der Fahrzeugwanne.

- Vollständig ohne Höhen- und Seitenrichtanlagen kommt die Wannenwiege aus. Hier ist das Waffenrohr starr in der Jackenwiege eingebaut. Ein Richten des Waffenrohres ist nur noch über die Fahrzeugwanne möglich. Dies bedingt eine hohe Mobilität des Kampffahrzeuges sowie ein teilweise höhenverstellbares Fahrwerk.[213]

4.2.4 Die Rohrbremse

Bei fast allen Waffen werden die Rücklaufenergie und die rücklaufenden Massen in irgendeiner Weise aufgefangen und an die Umgebung abgeleitet. Bei Karabinern übernimmt der Schütze diese Aufgabe. Bei Selbstladehandwaffen wird ein Teil der Rücklaufenergie für den Nachladevorgang benutzt und der Rest als Rückstoß an den Schützen weitergegeben. Bei größeren Kalibern ist dies nicht mehr möglich, sodass andere Mechanismen zur Vernichtung der Rücklaufenergie eingesetzt werden müssen.

In der Vergangenheit haben einfache Systeme Schlitten als Lafette benutzt und so die Rücklaufenergie durch Reibung des Schlittens über den Erdboden bzw. wie beim Rapert durch das Verschieben über das Schiffsdeck vernichtet. Hier rutscht die gesamte Oberlafette nach hinten und wird durch Muskelkraft nach dem Fertigladen mittels eines oder mehrerer Flaschenzüge wieder in die Schussposition gezogen. Dies hat den Nachteil, dass beim Landkampf nur aus Stellungen geschossen werden konnte, bei denen ein Geschützrücklauf möglich war. Eine Verbesserung trat durch die Nutzung von schiefen Ebenen auf, die in Form von Keilen hinter dem Geschütz ausgelegt wurden. Das Geschütz lief nach dem Schuss die schiefe Ebene hinauf und konnte anschließend mit wenig Personalaufwand wieder in die Feuerposition geschoben werden.

Aktuell werden nur noch Feder- oder hydraulische Rohrbremsen genutzt. Neben der Einsparung von Personal und Zeit sind sie kompakt und können auch leichter auf den Einsatzzweck ausgerichtet werden.

---

213 Hydraulisch verstellbare Fahrwerke bei Kampfpanzern sind nicht neu, wurden aber bisher nur beim schwedischen Stridsvagn-103 in Serie eingesetzt. Der russische Kampfpanzer T-14 Armata hat zumindest bei den beiden vorderen und bei der hintersten Laufrolle eine hydraulische Höhenverstellung.

Bei kleineren und mittleren Kalibern bis etwa 60 mm ist es möglich, das Waffenrohr über Federn abzubremsen und so auch den Vorlauf sicherzustellen. Dabei werden Gummi- und Tellerfedern, aber auch Ringfedern eingesetzt.

Bei größeren Waffenkalibern werden ausnahmslos hydraulische Rohrbremsen genutzt. Hier wird, analog zu Stoßdämpfern bei Kraftfahrzeugen, die Rücklaufenergie des Waffenrohres in Bewegungsenergie der Flüssigkeit, in der Regel Hydrauliköl oder Glycerin, und Wärmeenergie umgewandelt. Der Kolben der Bremse ist mit dem Waffenrohr, die Zylinderwandung mit der Oberlafette verbunden. Bei Geschützen, die einen großen Höhenrichtbereich besitzen, lässt sich die Durchflussmenge durch den Kolben über eine Regelstange verändern. Beim Schießen in der oberen Winkelgruppe muss das Waffenrohr stärker abgebremst werden. Dies ist notwendig, um bei großen Erhöhungen zu verhindern, dass das Bodenstück des Waffenrohres in der Fahrzeugwanne oder am Erdboden aufschlägt. Hier wirkt zu den Rücklaufkräften auch noch die Gewichtskraft des Waffenrohres. Beim Schießen in der unteren Winkelgruppe und bei genügend Freiraum kann ein längerer Rücklaufweg ausgenutzt und so das Waffenrohr sanfter abgebremst werden. Damit wird verhindert, dass die „Waffe springt“, wie es teilweise bei älteren Feldkanonen ohne Rohrbremsen zu beobachten ist. Die Regelstange[214] muss daher so verstellbar sein, dass die Durchlässe im Kolben mehr oder weniger Flüssigkeit durchleiten und somit die Bremskraft und der Bremsweg je nach möglichem Rücklaufweg eingestellt werden können. Beim Schießen in der oberen Winkelgruppe ist ein kürzerer Rohrrücklauf möglich, da die auftretenden Kräfte hauptsächlich in Richtung Erdboden wirken.

Die dabei entstehende Abwärme ist beträchtlich. Schon bei langsam schießenden Waffensystemen ist daher ein Wärmeausgleichsbehälter nötig, um die Ausdehnung der sich erwärmenden Bremsflüssigkeit auszugleichen. Ein weiteres Problem ist, dass die sich erwärmende Flüssigkeit mit zunehmender Temperatur an Zähigkeit verliert. Somit geht Bremswirkung verloren, was dazu führen kann, dass das Waffenrohr unzulässig weit zurückläuft. Ein Gradmesser für die Zähigkeit ist die Ausdehnung der Bremsflüssigkeit. Hier gibt es eine einfache Anzeige, die vor einer Überhitzung der Bremsflüssigkeit und somit vor einem zu weiten Rohrrücklauf warnt.

[214] Der Begriff „Regelstange“ ist gem. der Regel- und Steuerungstechnik falsch. Die „Regelstange“ steuert den Durchfluss und damit die Bremswirkung, somit müsste es Steuerstange heißen. Aus historischen Gründen der Waffentechnik wird aber der Begriff „Regelstange“ beibehalten.

Beim Vorlauf des Waffenrohres werden ein oder mehrere Ventile geöffnet, die ein leichteres Zurückströmen der Flüssigkeit gewährleisten sollen. Dies führt zum einen zu einem geringeren Zeitverlust bis zur Feuerbereitschaft und zum anderen zu einer weniger großen und weiteren Erwärmung der Flüssigkeit beim Zurückströmen.

Das Waffenrohr sollte sanft in die vordere Position gleiten. Um ein heftiges Anschlagen des Waffenrohres in der vorderen Position zu verhindern, besitzt die Rohrbremse einen sogenannten Vorlaufhemmdorn, eine weitere kleine Rohrbremse, die allerdings erst beim Vorlaufen kurz vor dem Erreichen der vorderen Rohrposition wirkt. Bei kleineren Kalibern werden auch Anschlagpuffer aus Gummi oder Kunststoff genutzt.

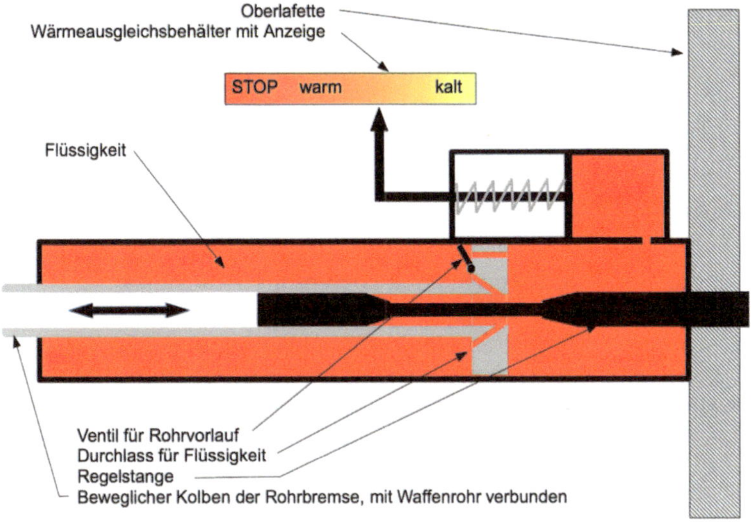

Bild 4.8: Hydraulische Rohrbremse mit Wärmeausgleichszylinder und Anzeige

Rohrbremsen werden in der Regel paarweise angebracht, wobei eine der Rohrbremsen auch mit dem Rohrvorholer kombiniert werden kann. Eine Besonderheit bieten hier Kampfpanzer, da der unter Panzerschutz nutzbare Platz begrenzt ist. Hier wird die Rohrbremse inklusive des Rohrvorholers im Bereich der Walzenblende konzentrisch um das Waffenrohr gebaut. Das Waffenrohr übernimmt dabei die Funktion des beweglichen Kolbens und der Innenwandung des Bremszylinders. Die Außenwandung des Bremszylinders wird durch die Rohrwiege gebildet.

Problematisch ist hier die Wärmeabfuhr, da sich die Bremsflüssigkeit durch das Waffenrohr zusätzlich erwärmt.[215]

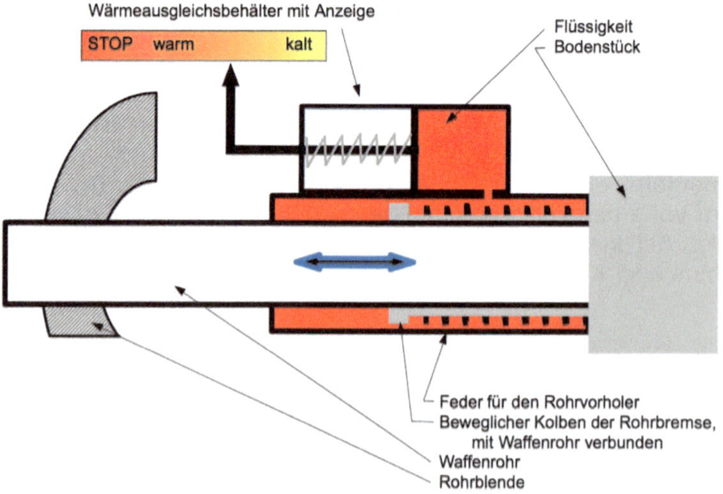

Bild 4.9: Konzentrische Rohrbremse mit integriertem Federvorholer sowie Wärmeausgleichszylinder und Anzeige. Ein Ventil für einen Rohrvorlauf fehlt.[216]

Hydraulische Rohrbremsen haben den großen Nachteil einer Brandgefahr bei Beschuss des Kampffahrzeuges. Wie auch bei dem Ersatz der hydraulischen Waffen- und Turmrichtantriebe durch elektrische Stellmotoren sind auch hier elektrische Rohrbremsen und Rohrvorholer nach dem Prinzip einer Wirbelstrombremse in der Entwicklung.

4.2.5 Der Rohrvorholer

Nach dem Abbremsen des Waffenrohrs in der hintersten Position ist es notwendig, das Waffenrohr wieder in die vordere, die Schussposition, zu bewegen. Dies kann auf mechanischem, pneumatischem oder hydraulischem Wege ausgeführt werden.

215 Ein solches System wurde in der 105-mm-Panzerkanone M68 des US-amerikanischen Kampfpanzers M60 eingebaut. Wärmeprobleme beim Rohrrücklauf führten bei kalten Rohren zu einem Versagen der Verschlussöffnung, während bei zu warmer Bremsflüssigkeit der Rohrrücklauf zu lang war und das ebenfalls zu Problemen mit der Verschlussöffnung führte. Erst durch eine vierstufige Verstellmöglichkeit an der Verschlusssteuerleiste konnte das Problem weitgehend behoben werden.

216 Vereinfacht dargestellt nach: www.kotsch88.de/g_105mm-m68.htm, ähnlich auch in: Waffentechnisches Taschenbuch, Rheinmetall, Düsseldorf 1977.

- Federrohrvorholer sind die ältesten Vertreter der Rohrvorholer. Beim Rohrrücklauf wird eine Feder zusammengedrückt, die sich beim Vorlauf des Waffenrohres wieder entspannt und so das Rohr in die Schussposition drückt. Nachteilig ist hier die nicht einstellbare Vorholerkraft, die durch den Federweg vorgegeben ist. Daher werden Federrohrvorholer bei größeren Waffenkalibern heute nicht mehr genutzt.[217]
- Der hydropneumatische Rohrvorholer besteht aus einem Vorratszylinder mit einem unter Druck stehenden Gas, zumeist Stickstoff, und einem flüssigkeitsgefüllten Bremszylinder. In diesem befindet sich ein Kolben, der beim Zurücklaufen des Waffenrohres die Flüssigkeit über Bohrungen in den mit Gas gefüllten Vorratszylinder drückt. Der Gasdruck von bis zu 200 hPa wird zum Vorlaufen des Waffenrohres ausgenutzt, indem die Flüssigkeit wieder aus dem Vorratszylinder in den Bremszylinder gegen den Kolben gedrückt wird. Um eine Durchmischung und ein Schäumen der Flüssigkeit zu verhindern, wurden in der Weiterentwicklung des hydropneumatischen Rohrvorholers Gas und Flüssigkeit durch einen Dichtkolben getrennt.
- Pneumatische Rohrvorholer arbeiten nur mit vorgespannten Gasen, ebenfalls zumeist Stickstoff. Sie haben die hydropneumatischen Rohrvorholer abgelöst und sind heute Standard.

Kombinationen mit einer Rohrbremse sind möglich, ein Beispiel ist im vorhergehenden Kapitel beschrieben.

4.2.6 Der Ausgleicher

Im Gegensatz zu den Feldgeschützen des 19. Jahrhunderts sind die Waffenrohre immer länger geworden, um den Gasdruck besser ausnutzen zu können. Hinzu kommt, dass bei Waffen, die sowohl in der unteren als auch in der oberen Winkelgruppe schießen sollen, zum einen Wert auf eine niedrige Feuerhöhe gelegt und zum anderen eine hohe Leistung beim Schießen in der oberen Winkelgruppe verlangt wird.[218] Damit hat sich auch der Schwerpunkt des Waffenrohres weiter in Richtung der Mündung verschoben und befindet sich bei modernen Waffen nicht mehr im Bereich des Schildzapfens. Negative Auswirkungen sind höhere Richtmomente, Schwingungen

[217] Das Maschinengewehr MG3 besitzt einen Federrohrvorholer, der im hinteren Gehäuseteil auf der linken Seite eingebaut ist.

[218] Besonders auffällig ist dies bei der deutschen 8,8-cm-Flak 41, bei der die Schildzapfenachse weit hinter dem Bodenstück des Waffenrohres liegt. Die Waffe war durch die niedrige Feuerhöhe sehr gut einsetzbar im Erdkampf, musste aber als Flugabwehrgeschütz auch fast senkrecht nach oben schießen können.

und größere Bauteile für die Richtmaschinen. Bei Hochleistungswaffen, z. B. weitreichenden Artilleriegeschützen, bei denen kleinste Richtbewegungen ausgeführt werden müssen, ist eine genaue und leichtgängige Höhenrichteinheit zwingend erforderlich. Auch bei Panzer- oder Schiffskanonen mit einer Waffenstabilisierungsanlage ist ein Ausgleicher nötig, um die Schwankungen durch Fahren im Gelände oder Seegang rasch und genau nachzurichten. Durch den Ausgleicher wird der Schwerpunkt des Waffenrohres je nach Höhenrichtbereich künstlich soweit verschoben, dass die negativen Auswirkungen vermieden werden können. Dabei wird der Ausgleicher z. B. bei Feldhaubitzen zwischen Ober- und Unterlafette eingesetzt.

Wie auch bei den Rohrbremsen und den Vorholern gibt es hier federbetätigte und pneumatische sowie hydropneumatische Ausgleicher. Auch Kombinationen sind möglich:

- Die federbetätigten Ausgleicher können je nach Befestigungsort (oberhalb oder unterhalb der Rohrwiege) an der Waffe auf Zug- oder Druckkräfte ausgelegt werden. Die Federart ist vielfältig, es kommen Schrauben-, Spiral- oder Drehstabfedern zum Einsatz. Die federbetätigten Ausgleicher sind wartungsarm und nur gering temperaturanfällig. Ausgleicher mit Drehstabfedern sind über Hebelarme verstellbar. Allerdings benötigen federbetätigte Ausgleicher ein größeres Volumen und sind schwerer als die pneumatischen Vorholer. Sie werden eingesetzt, wo der Raumbedarf keine Rolle spielt, so z. B. bei Feldartilleriegeschützen.
- Die pneumatischen Vorholer besitzen die gegenteiligen Eigenschaften. Klein und von geringer Masse sind sie stärker temperaturabhängig und benötigen ggf. zur Wartung des Druckspeichers Pflege. Sie werden zumeist in Kampffahrzeugen mit geschlossenen Kampfräumen und auf Schiffen eingesetzt. Als Speichermedium wird heute nicht brennbarer Stickstoff genutzt.
- Hydropneumatische Ausgleicher wurden nur in geringem Maße eingesetzt, wo große Massen eines Waffenrohres von Hand schnell gerichtet werden müssen.[219]

[219] Dem Verfasser ist hier nur die leichte Feldhaubitze l.F.H. 18/39 im Kaliber 10,5 cm bekannt. Sie besaß zwei hydropneumatische Vorholer, die je links und rechts am Waffenrohr, hinter dem Schutzschild, angebracht waren.

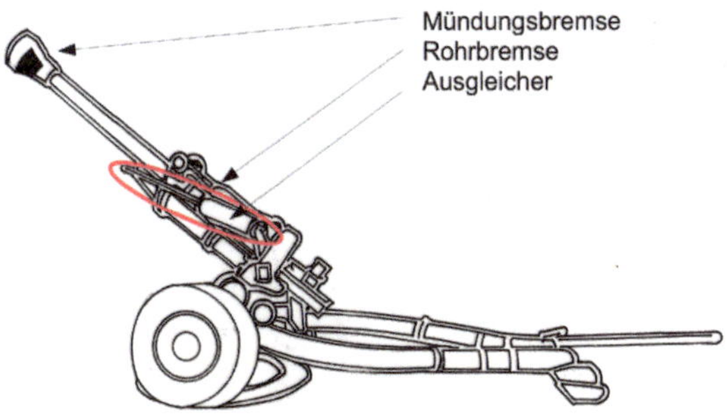

Bild 4.10: Ausgleicher an einer Feldhaubitze

4.2.7 Ladeeinrichtungen

Ladeeinrichtungen werden benötigt,

- um Personal zum Laden einer Waffe einzusparen,
- falls die Masse der Munition, eines Geschosses oder einer Patrone für ein Tragen zu schwer ist,
- falls das Ansetzen im Geschütz aufgrund der Masse und der Größe durch das Personal nicht mehr sicher handhabbar ist,
- um die Feuergeschwindigkeit zu erhöhen und
- um längere Schussfolgen durchhalten zu können.

Rohrwaffen können nach dem Automatisierungsgrad der Ladetätigkeiten eingeteilt werden:[220]

- Handbetätigte Rohrwaffe: Hier müssen vor und nach jedem Schuss alle Vor- und Nachbereitungen von Hand durchgeführt werden. Beispiele dafür sind der Vorderlader und auch die Signalpistole.
- Handbetätigte Mehrlader: Dies ist z. B. eine Rohrwaffe mit einem internen oder externen Magazin. Die Munition wird von Hand ggf. mithilfe eines Ladestreifens in ein Magazin eingeführt. Das Magazin befindet sich entweder in der Waffe wie z. B. bei einem Karabiner K98 oder wird wie bei einem Scharfschützengewehr durch ein Magazin an der Waffe eingesetzt. Der Munitionsvorrat ist zumeist auf wenige Schuss begrenzt.

[220] Einteilung gem. der ehemaligen Zentralen Dienstvorschrift der Bundeswehr ZDv 30/41 „Begriffe der Logistik und Rüstung", zuletzt aufgelegt im Jahr 1999 mit Bearbeitungsstand von 2005. Die ZDv 30/41 war vom Geheimhaltungsstand her „offen". Die ZDv 30/41 ist in der Terminologiedatenbank der Bundeswehr aufgegangen und derzeit nicht öffentlich zugänglich.

- Teilautomatische Rohrwaffe: Hier laufen nach jedem Schuss bestimmte Vorgänge automatisch ab, z. B. der Hülsenauswurf und das Nachladen einer Patrone aus einem Magazin. Dies ist z. B. bei Pistolen der Fall. Bei einem Kampfpanzer kann dies das Öffnen des Verschlusses nach dem Schuss und das Auswerfen der Patronenhülse sein.
- Automatische Rohrwaffe: Nach jedem Schuss werden die gesamten Funktionsvorgänge des Auswerfens der Patronenhülse und des Nachladens ausgeführt. Das Anzünden der Treibladung wird ebenfalls in diesen Vorgang mit einbezogen, solange der Abzug gekrümmt wird und genügend Munition in einem Magazin, Gurt, Ladestreifen oder einer sonstigen Vorrichtung vorhanden ist. Hier muss noch unterschieden werden, woher die Energie für die Funktionsvorgänge bezogen wird. Dies können automatische Rohrwaffen mit Eigenantrieb sein, wobei sich hier die Frage stellt, woher die Energie für den ersten Ladevorgang bezogen wird (siehe den Spannschieber bei dem Maschinengewehr MG3), und automatische Rohrwaffen mit Fremdantrieb, z. B. bei einem Gatling-Maschinengewehr.[221]

Um den Munitionsvorrat an der Rohrwaffe sicherzustellen, gibt es unterschiedliche Möglichkeiten, die sich vom Kaliber, den Einsatzarten und dem Einbau an der Rohrwaffe ableiten:

- Magazine können für jedes Kaliber intern oder für kleinere Kaliber extern eingebaut oder angebracht werden. Sie können in einen automatischen Vorgang eingebunden oder von Hand be- und entladen werden. Bei Hand- und Faustfeuerwaffen sind die Magazine zumeist rechteckige oder runde Blech- oder Plastikbehälter. Magazine besitzen heute eine Magazinfeder für eine sichere Zuführung der Patronen.[222]
  - Rechteckige Kastenmagazine werden zumeist intern in Gewehren genutzt, sie können teilweise ausgebaut werden und bestehen heute zumeist aus Kunststoff.

---

221 Vollautomatische Rohrwaffen wurden auch für größere Kaliber entwickelt, so auch für den Vorläufer des Kampfpanzers Leopard 2, den sogenannten Kampfpanzer 70 (Main Battle Tank 70), der eine vollautomatische Rohrwaffe im Kaliber 152 mm bekommen sollte. Die Entwicklung wurde 1969 wegen technischer Probleme eingestellt.

222 Dies war nicht immer der Fall. Bei sogenannten Repetierarmbrüsten werden bereits im 3. Jahrhundert v. Chr. Pfeile aus einem Magazin über die Schwerkraft zugeführt. Die Repetierarmbrust wurde über einen Kettenantrieb und eine Winde angetrieben und kann bei einer Kadenz von zehn Pfeilen in 15 Sekunden als ein Vorläufer des Maschinengewehres gelten. Siehe dazu auch Kapitel 5.7.4.

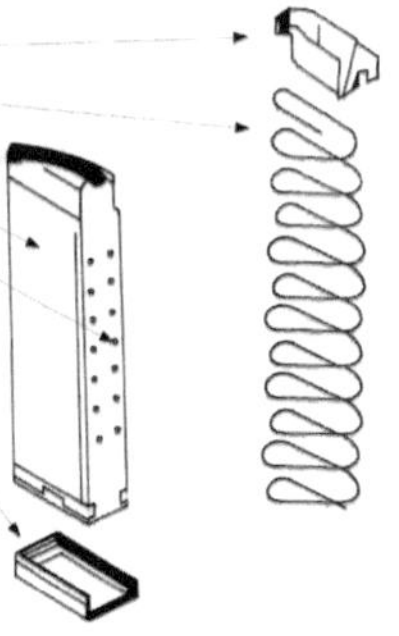

Bild 4.11: Stangenmagazin für eine Pistole

- Rechteckige Stangenmagazine haben eine Kapazität von bis zu etwa 45 Schuss. Sie sind zumeist ein- oder zweireihig. Zur besseren Ausnutzung der Federkraft im Magazinboden können die Magazine leicht gebogen sein.
- Tellermagazine sind flach und die Patronen werden im Kreis mit der Spitze zum Mittelpunkt gelegt. Tellermagazine bieten somit eine geringe Feuerhöhe für die Waffe. Sie werden heute u. a. in Kampffahrzeugen und bei Marinegeschützen genutzt, um die Silhouette kleinzuhalten.[223 und 217]
- Runde Trommelmagazine können bei Handwaffen bis zu 200 Schuss aufnehmen, bei Luftfahrzeugen über 600 Schuss und bei Marinegeschützen je nach Kaliber etwa 80 bis 100 Schuss.[224] Durch ihre runde Bauweise sind sie zumindest bei kleineren Munitionsmengen weniger sperrig als ein Stangenmagazin. Die Kapazität ist bei Handwaffen durch die Federkraft begrenzt, um einen sicheren Ladevorgang in der Waffe gewährleisten zu können. Um bei Trommelmagazinen die Feuerhöhe gering zu halten, gibt es z. B. für das Sturmgewehr G36 Doppeltrommelmagazine mit einem Fassungsvermögen von je 100 Patronen pro Magazin, somit 200 Patronen Gesamtfassungsvermögen.

---

223 Der Kampfpanzer T-72 hat ein sogenanntes Ladekarussell im unteren Teil der Wanne. Je nach Typ des Kampfpanzers befinden sich 39 bis 44 Patronen in zwei Reihen unter der Drehbühne des Turms. Bei einer Geschwindigkeit von 70° pro Sekunde ist die angewählte Munition rasch verfügbar und wird automatisch geladen.

224 Bei der Marine wird die Munition in vielen Fällen in einem oder mehreren Magazinen direkt unter dem Geschützturm bereitgehalten. Dabei kann die Munition senkrecht wie bei dem 76-mm- bzw. 127-mm-Oto-Melara-Geschütz oder waagerecht wie bei der 40-mm-Bofors-Zwillingskanone vorgehalten werden. Diese Magazine müssen dann bei Bedarf nachgefüllt werden. Dies kann zumindest beim 127-mm-Oto-Melara-Geschütz während des Schießvorganges erfolgen.

- Röhrenmagazine wurden zumeist bei Gewehren im 19. Jahrhundert genutzt, heute nutzt man sie u. a. bei Schrotflinten (Pumpguns). Dabei können sich die Röhren längs des Waffenrohres oder im Schaft befinden. Über Unterhebelrepetierer wird die leere Patronenhülse ausgeworfen und die Waffe nachgeladen. Dabei ist zu bedenken, dass diese Magazine nicht verwendet werden können bei der Nutzung von Spitzgeschossen und einer Zentralfeueranzündung. Hier würde die Geschossspitze in den Treibladungsanzünder der vorher geladenen Patronen stoßen.

- Fest an der Waffe angebrachte Trommeln in Verlängerung der Seelenachse des Waffenrohres findet man in Revolvern seit der Erfindung des Radschlosses im 16. Jahrhundert. Die Trommel kann fest oder ausschwenkbar sein. Einem Kaliber ist theoretisch nach oben keine Grenze gesetzt, so gibt es Granatrevolver bis zum Kaliber 40 mm.

- Patronengurte wurden zuerst als wiederverwendbare Dauergurte aus Hanf hergestellt. Sie waren nässeempfindlich, neigten zum Aufquellen und somit zu Ladehemmungen. Sie wurden schon rasch durch Metallgliedergurte abgelöst, die eine Drahtspirale als Verbindung zwischen den einzelnen Gurtgliedern aus Federstahl besitzen. Auch diese waren als Dauergurte konzipiert. Heute werden Dauergurte nur noch für Übungszwecke genutzt. In der Regel werden bei Einsatzmunition Zerfallgurte eingesetzt. Die gefüllten Patronengurte werden meist in einer Munitionskiste aus Metall oder Kunststoff neben der Waffe an der Lafette in vorbereiteten Halterungen befestigt oder direkt neben der Waffe abgestellt. Somit erfolgt die Patronenzuführung senkrecht zur Seelenachse der Waffe. Bei Maschinenkanonen wird vielfach mehr als eine Munitionssorte benötigt. Hier werden Doppelgurtzuführer eingesetzt, um z. B. panzerbrechende und Sprengmunition verschießen zu können.

- Endlosgurte werden hauptsächlich bei Flugzeugkanonen mit fest angebautem Munitionsmagazin eingesetzt. Hier wird zum einen dem Endlosgurt die Patrone entnommen und nach dem Schuss die leere Patronenhülse wieder in den Gurt zurückgesteckt. Bei diesem System ist die Gefahr einer Beschädigung des Luftfahrzeuges durch den Zerfallgurt oder die Patronenhülse gebannt.

Für kleinere und auch größere Kaliber gibt es unterschiedliche Hilfsmöglichkeiten, um den Ladevorgang zu beschleunigen:

- Ladestreifen werden in der Regel zum Füllen von externen oder internen Magazinen genutzt. Einfache Ladestreifen, z. B. für das System Mauser, werden nur in einem Schlitz am hinteren Teil des Magazins angesetzt und die Patronen in das Magazin abgestreift.
- Beim System Mannlicher wird der Laderahmen komplett in das Magazin eingeschoben und verbleibt bis zur letzten Patrone im Magazin. Er fällt dann entweder nach unten heraus oder wird federvorbelastet nach oben ausgeworfen.[225]

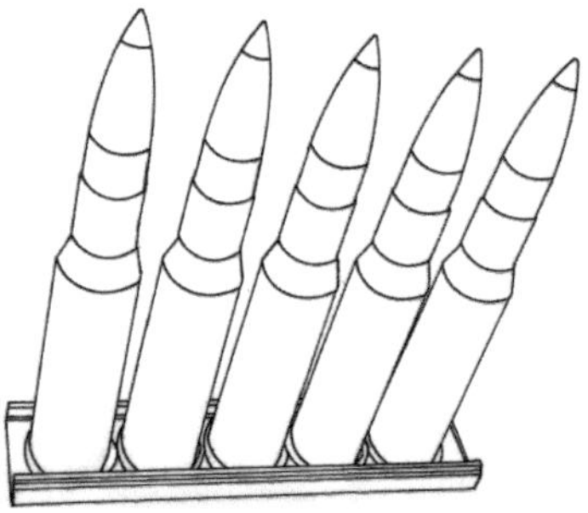

Bild 4.12: Ladestreifen für das Beladen eines Magazins

- Für Revolver gibt es Speedloader oder Half-Moon-Clips, die ein rasches Nachladen von mehreren Patronen erlauben. Diese Bauteile sind nicht zwingend erforderlich für den Ladevorgang, ihre Nutzung führt allerdings zu einer Zeitersparnis.

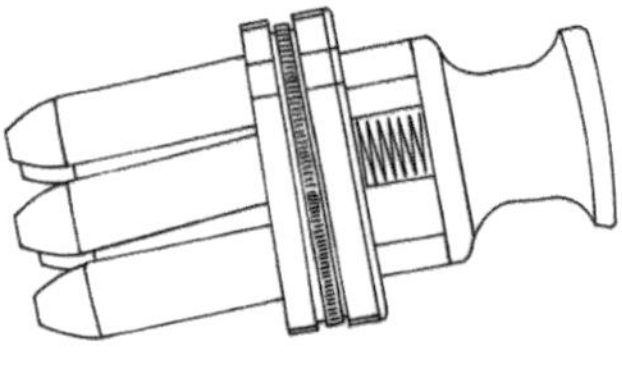

Bild 4.13: Speedloader für Trommelrevolver – ein Click für fünf Patronen

- Selbst für die Panzerartillerie gibt es spezielle Nachladefahrzeuge, um automatisiert nachladen zu können.[226]

225 So beim US-amerikanischen Gewehr M1 Garand – für den Schützen sehr gewöhnungsbedürftig.

226 Als Beispiel dafür ist das US-amerikanische Nachladefahrzeug M992A2 zu nennen. Es wurde erstellt auf der Basis des Fahrgestells der Panzerhaubitze M108/M109 mit einer Kapazität von 96 kompletten Schuss im Kaliber 155 mm sowie vier sogenannten Copperhead-Schuss, lasergesteuerter Suchzündermunition im Kaliber 155 mm.

- Gurtkästen werden hauptsächlich für Maschinenwaffen der Infanterie genutzt, z. B. Maschinengewehre und Granatmaschinenwaffen. Sie haben beim Kaliber 7,62 mm x 51 ein Fassungsvermögen von bis zu 250 Patronen bzw. beim Kaliber 40 mm x 53 von 32 Patronen. Ein runder Gurtkasten (Gurttrommel) mit einem Fassungsvermögen von 29 Patronen wird für das Kaliber 30 mm bei der russischen Granatmaschinenwaffe AGS-17 genutzt.[227]

4.2.8 Fremdantriebe

Waffen, deren Energie für den Ladevorgang nicht dem Gasdruck oder dem Rückstoß bzw. Rücklauf des Waffenrohres entnommen werden können, sind fremd angetriebene Waffen. Sie haben den Vorteil, nicht von einem Brechen des Schusses abhängig zu sein. Feder- oder Gasspeicher für eine Pufferung der Energie zum Nachladen werden nicht benötigt, ebenso wenig Nachladekartuschen oder andere Hilfsmittel bei einem Versager. Die Versager können in der Regel einfach ausgestoßen und der Funktionsvorgang des Ladens kann erneut begonnen werden. Auch laufen die Schussvorgänge sanfter und von der Kadenz kontrollierbar ab. Die Schussgeschwindigkeit ist in der Regel variabel und kann den Einsatzgegebenheiten angepasst werden. Nachteilig ist, dass fremd angetriebene Maschinenwaffen einen komplexen Antrieb benötigen und beim Anlaufen und Abbremsen eines Feuerstoßes langsamer reagieren als Waffen mit Eigenantrieb. Anzündverzögerungen können sich fatal auswirken, wenn keine Vorkehrungen für eine sichere Ableitung des Geschosses getroffen werden.[228] Auch wird für den Fall eines Ausfalls der Energieversorgung eine Notabfeuerung benötigt.

Man unterscheidet:

- Als manuellen Fremdantrieb die Handbetätigung, z. B. bei Karabinern und Scharfschützengewehren, wenn es beim Schuss auf große Entfernungen auf Zielgenauigkeit ankommt.
- Den pneumatischen Antrieb, der im Bereich der NATO bei Gatling-Kanonen in Waffenbehältern für Kampffahrzeuge genutzt wird (GAU-13, USA): Der Vorteil der Pneumatik liegt in der schnellen An- und Abbaumöglichkeit ohne aufwendiges Lösen von Verschraubungen. Die Kadenz ist im Allgemeinen geringer als bei hydraulisch angetriebenen Gatling-Kanonen.

[227] Die Waffe kann auch mit offenen Endlosgurten genutzt werden.

[228] Munition, die in Luftfahrzeugen mit fremdangetriebenen Waffen verwendet werden soll, unterliegt ggf. einer maximalen Flugzeit. So soll eine Alterung der Treibladung und des Anzünders durch häufige und größere Luftdruckunterschiede (und damit einem Eindringen von Feuchtigkeit in die Treibladungshülse) vermieden werden. Feuchtigkeit ist ein Grund für eine verzögerte Anzündung.

- Den hydraulischen Antrieb, der aufgrund der Brandgefahr in Kampfräumen selten, häufiger in Luftfahrzeugen bei fest eingebauten Waffensystemen angewandt wird. Hier gibt es auch Hybridantriebe, wobei durch Elektromotoren Hydraulikpumpen angetrieben werden, die dann das Waffensystem mit Energie versorgen (GAU-8, USA).
- Den elektrischen Antrieb, wie er für die meisten Gatling-, Revolver- und die Kettenkanonen üblich ist. Hybridantriebe sind möglich, z. B. bei russischen Gatling-Waffen, die den elektrischen Antrieb als eine Art Anlasser nutzen, der bei Erreichen der Mindestdrehzahl ausgespurt wird. Bei Versagern oder anderweitigem Abfallen der Drehzahl setzt dann der Anlasser wieder ein und dreht das Rohrbündel weiter.

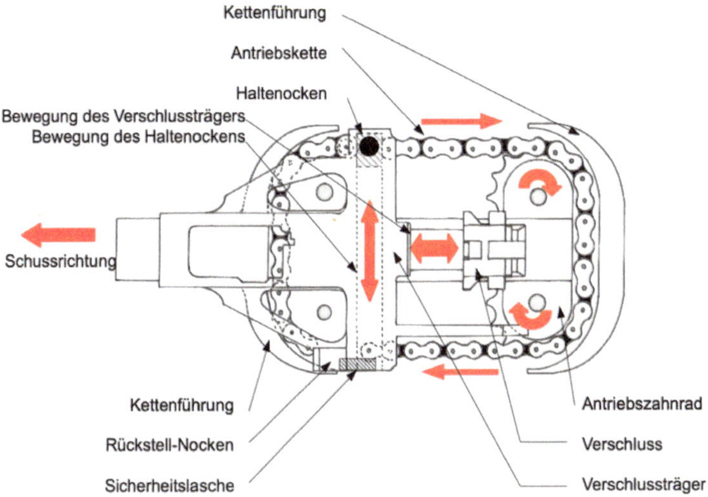

Bild 4.14: Die Kettenkanone M242 im Kaliber 25 mm x 137[229]

Legende:

1. Zuführen des Gurtes, der Verschluss befindet sich in der hintersten Stellung
2. Die Patrone wird aus dem Gurt gestoßen und zugeführt.
3. Die Patrone befindet sich im Patronenlager, der Verschluss bewegt sich nach vorne.
4. Der Bajonettverschluss verriegelt die Waffe.
5. Der Schuss bricht.
6. Der Bajonettverschluss entriegelt.

229 Funktion der Waffe gem. Gary's Combat Vehicle Refence Guide, 2010, www.inetres.com/gp/military/cv/weapon/M242.html.

7. Die (leere) Patronenhülse wird ausgezogen.
8. Die (leere) Patronenhülse wird ausgestoßen.

4.2.9 Kühlung von Waffensystemen

Beim Schuss erwärmt sich das Waffenrohr durch die Verbrennung der Treibladung und auch geringfügig durch die Reibung des Geschosses im Rohr. Ungleichmäßige Erwärmung führt zu einer Ablage beim Schuss. Eine zu hohe Erwärmung des Waffenrohres kann eine Änderung im Gefüge des Waffenrohrstahls zur Folge haben. Rissbildung und Abplatzen der Innenverchromung sind die Folge. Wird das Waffenrohr über längere Zeit unzulässig erwärmt, z. B. durch einen sehr langen Feuerstoß, kommt es zum Cook-off-Effekt. Hier erfolgt die Selbstzündung einer Treibladung im Patronenlager. Weitere negative Folge ist bei Waffen mit hydraulischen Rohrbremsen eine zu hohe Erwärmung des Hydrauliköls in der Bremse. Damit verlängert sich der Rohrrücklauf unzulässig und das Schießen muss eingestellt werden.

Bei den meisten Maschinengewehren mit einer Luftkühlung gilt es, einen Rohrwechsel nach etwa 120 bis 150 Schuss Gefechtsmunition sowie nach 100 Schuss Übungs- oder Manövermunition durchzuführen. Diese Angaben sind zusätzlich abhängig von Sonneneinstrahlung, Wind, Umgebungstemperatur, Schießrhythmus, Munitionssorte und Verschlussstellung.

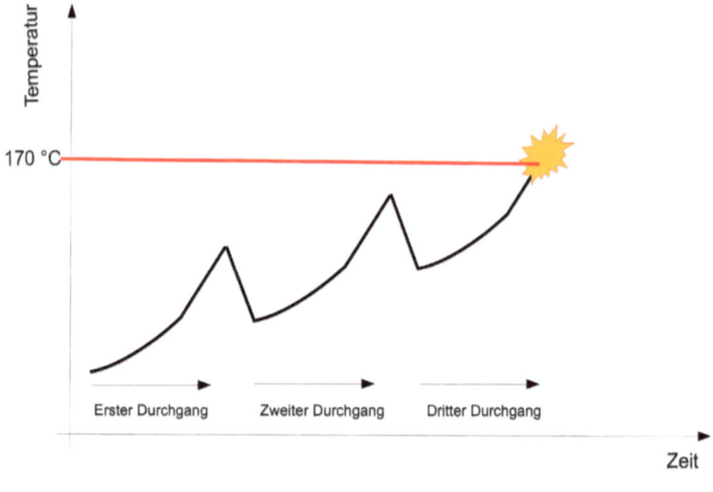

Bild 4.15: Erwärmung eines Waffenrohrs bis zum Cook-off bei ca. 170 °C Treibladungstemperatur.

Bei Maschinenkanonen ist der Vorgang ähnlich, jedoch durch die niedrigere Schussfolge zumeist nicht so problematisch. Eine Ausnahme bilden hier Gatling-Kanonen mit Kadenzen von mehr als 1000 Schuss pro Minute. Hier wird der Feuerstoß nach wenigen Sekunden unterbrochen, um die höchstzulässige Rohrtemperatur nicht zu überschreiten.

Die Wasserkühlung wurde bereits im Ersten Weltkrieg bei Maschinengewehren[230] angewandt, sie ist heute fast ausschließlich bei schnellfeuernden Marinegeschützen üblich.[231] Kühlmäntel werden dabei nur noch vereinzelt genutzt. Wie bei dem 76-mm-Oto-Melara-Geschütz wird das zur Kühlung benötigte Seewasser durch Kühlkanäle in der Waffenrohrwandung gepumpt und tritt unterhalb der Mündung im sogenannten Versaufloch aus. Der Kühlvorgang beginnt mit Auslösen des Schusses und endet temperaturabhängig.

4.3 Zielen und Richten

4.3.1 Mechanische Visiere

4.3.1.1 Die Visiergeometrie

Das größte Problem beim Zielen stellt das menschliche Auge dar. Bei der Betrachtung eines Gegenstandes muss sich die Augenlinse an die jeweilige Entfernung anpassen. Beim Zielen über ein mechanisches Visier hat das Auge drei Gegenstände zu betrachten: Kimme, Korn und Ziel. Alle drei Objekte können nicht gleichzeitig scharf gesehen werden. Für Kimme und Korn gibt es daher Vorgaben, die den Abstand zueinander und auch die Dimensionen bei vorgegebener Hauptzielentfernung bestimmen. Bei einem Abstand a vom Auge zur Kimme und einem Abstand von Kimme zu Korn mit n • a ist das erforderliche Größenverhältnis von Kimme zu Korn 1/n. Wenn bei einem Gewehr der Abstand von Kimme zu Korn etwa viermal so groß ist wie der Abstand von Auge zu Kimme, dann sollte die Einkerbung

---

230 Eines der bekanntesten Maschinengewehre auf deutscher Seite war das MG08 mit 4 l Kühlflüssigkeit, später als MG 08/15 mit reduziertem Flüssigkeitsvorrat von 2,8 l im Gebrauch. Die luftgekühlte Version für den Einsatz in Luftfahrzeugen war die Weiterentwicklung des MG14 sowie vom MG 08/18. Ab ca. 600 Schuss in schnellen Feuerstößen war das MG08 so heiß, dass die Kühlflüssigkeit kochte.

231 Eine Ausnahme ist die 30-mm-Zwillingskanone 9-A-623K für den Kampfhubschrauber Mi-24P / HIND F.

in der Kimme einem Viertel der Größe des Korns entsprechen. Bei einem angenommenen Zielabstand von 300 m, einer Zielhöhe von 1,7 m und einer Zielbreite von 0,6 m sowie einem Abstand von Auge zu Kimme von 30 cm erscheint das Ziel in der Kimme etwa 1,7 mm hoch und 0,6 mm breit.[232] Damit sollte die Kimme eine Vertiefung von 1,0 mm x 1,0 mm haben und das Korn 4 mm breit am Fuß, 4 mm hoch und 1 mm breit an der Spitze sein.

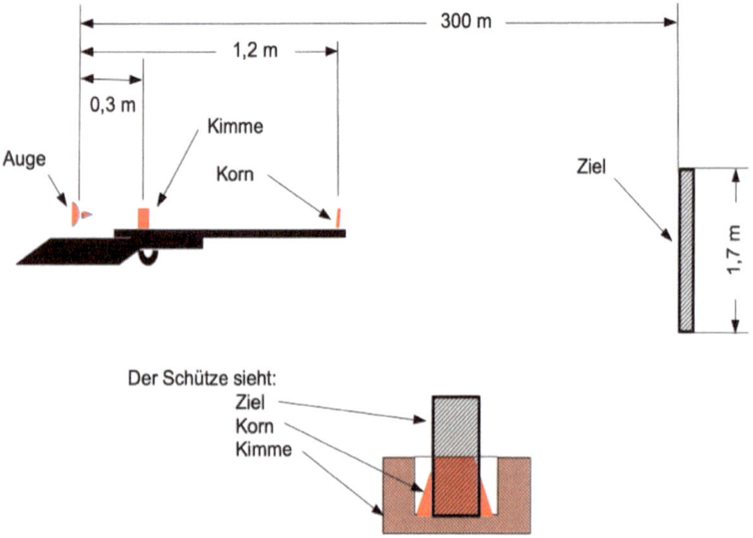

Bild 4.16: Die Verhältnisse beim Zielen

4.3.1.2 Visierformen

Mechanische Visiere gibt es in unterschiedlichen Bauformen:

- Die U- und die V-Kimme findet man zumeist bei militärischen Gewehren für mittlere und weite Entfernungen, in der Regel mit einem Balken- oder Dachkorn versehen. Die beiden Kornarten haben gegenüber dem Spitzkorn den Vorteil, dass sich das Ziel besser in der Kimme zentrieren lässt.

[232] R. Günther, Allgemeine Geschichte der Handfeuerwaffen, eine Übersicht ihrer Entwicklung, Leipzig 1909.

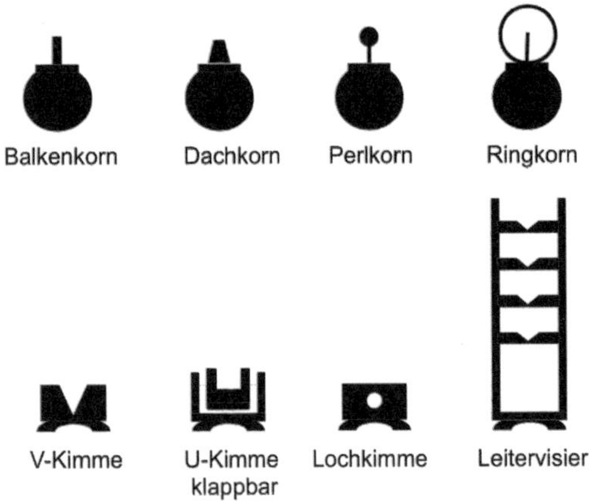

Bild 4.17: Verschiedene Möglichkeiten für Kimme und Korn

- Die Diopter- oder Lochkimme hat sich auf kurze Entfernungen und bei sportlichem Schießen bewährt. Hier wird die Diopterkimme zumeist mit einem Ringkorn genutzt.
- Zumeist ohne Kimme schießt man mit dem Perlkorn auf kurze Entfernungen. Hier wird – praktisch wie im Mittelalter – über die Rohrmündung grob gezielt. Diese Visierform findet man meist bei Schrotflinten, wo aufgrund der Streuung ein genaues Zielen nicht nötig ist, aber der Schuss schnell fallen soll.
- Flugabwehrvisiere werden für das direkte Richten von Maschinengewehren und -kanonen genutzt. Die Kimme besteht dabei aus mehreren Kreisen oder kreisähnlichen Gebilden, die einen Anhalt für die Fluggeschwindigkeit und Flugrichtung geben sollen. Der Unterschied zwischen einem Punkt auf dem Kreiskornvisier bzw. einem Bereich auf dem Fla-Visier[233] des MG3 und dem Mittelpunkt entspricht der Vorhaltestrecke. Diese ist geschwindigkeits- und richtungsabhängig.

Die Kimme kann zum Schießen auf unterschiedliche Entfernungen als Treppen- oder Leitervisier konstruiert werden. Beim Sturmgewehr G3 wurden die unterschiedlichen Entfernungseinstellungen über eine drehbare Loch- bzw. V-Kimme dargestellt.

[233] Das Fla-Visier des MG3 ist eine Art Ellipsen-Visier. Das Ellipsen-Visier projiziert das Treffbild in die scheinbare horizontale Ebene des Flugzieles.

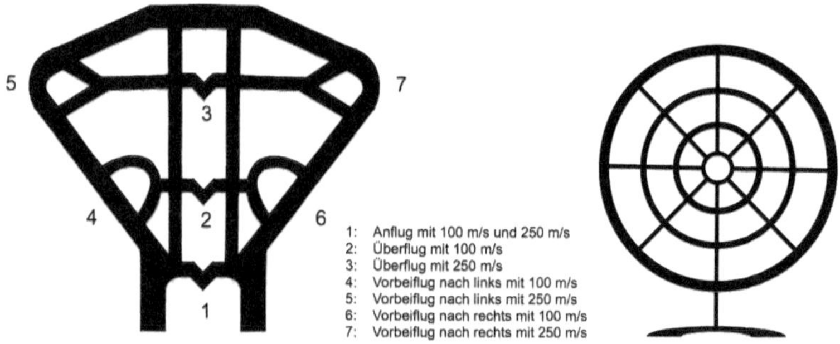

Bild 4.18: Flugabwehrvisiere mit Vorhaltestrecken und Flugrichtung, links Fla-Visier des MG3 und rechts Fla-Visier, wie es z. B. auf dem veralteten FlaPz M42 mit einer Zwillingskanone 40 mm /70 der Fa. BOFORS zu sehen ist.[234]

4.3.2 Optische Visiere

Da das menschliche Auge nicht in der Lage ist, Kimme, Korn und Ziel gleichzeitig scharf zu sehen und somit die Entfernung abzutasten, wurde schon recht früh bei der Entwicklung von Schusswaffen nach einer Lösung des Problems gesucht. Optische Visiere wurden als sogenannte Zielgläser etwa ab dem 16. Jahrhundert verwendet und in den darauffolgenden Jahren immer weiter verbessert. Sie waren Einzelstücke und erst mit der Industrialisierung gelang es, eine größere Stückzahl in guter Qualität und bezahlbar herzustellen.

4.3.2.1 Das Zielfernrohr

Mit dem Zielfernrohr ist es möglich, das Ziel als Bild in einer vorbestimmten Ebene abzubilden. Wenn das Absehen (umgangssprachlich Fadenkreuz) ebenfalls in dieser Ebene angebracht werden kann, ist es für das menschliche Auge möglich, Ziel und Visier zur gleichen Zeit scharf zu sehen. Durch die zusätzliche Möglichkeit, das Bild zu vergrößern, können Einzelheiten des Zieles besser erkannt und identifiziert werden. Dies erhöht die Treffsicherheit in hohem Maße.

Heute werden keine Einzellinsen, sondern Linsenkombinationen für ein Zielfernrohr genutzt, um optische Effekte wie Unschärfen oder Schlierenbildung, auszuschließen. Ein Problem dabei ist zum einen die Reflexion an der Seite des Lichteinfalls (Objektiv), die ggf. die Stellung des Schützen verrät, und zum anderen die Lichtverluste pro

[234] Dies entspricht NICHT dem Fla-Visier des MG42

Linse. Zielfernrohre sind somit hochwertige und empfindliche Anbauteile, wobei militärische (Scharfschütze) und zivile (zumeist Jäger) Komponenten durchaus gleichwertig sind.[235]

Bei der Bezeichnung eines Zielfernrohres sind zwei Kenngrößen wichtig: zum einen die Vergrößerung und zum anderen der Objektivdurchmesser. Alle anderen Angaben kann man daraus bestimmen. Ein Zielfernrohr mit den Daten 10 x 40 hat somit eine Vergrößerung um den Faktor 10 und einen Objektivdurchmesser von 40 mm. Teilt man den Objektivdurchmesser durch den Faktor der Vergrößerung, bekommt man als Ergebnis die Größe der Austrittspupille, im Beispiel 4 mm. Das Quadrat der Austrittspupille ergibt die Lichtstärke, hier 16. Und die Dämmerungszahl d erhält man aus der Wurzel des Produktes aus Objektivdurchmesser $Ø_{Obj}$ und Vergrößerung F_{Vergr}:

$d = \sqrt{(Ø_{Obj} \bullet F_{vergr})} = 20.$

4

Das Zielfernrohr besteht im Wesentlichen aus folgenden Bauteilen:

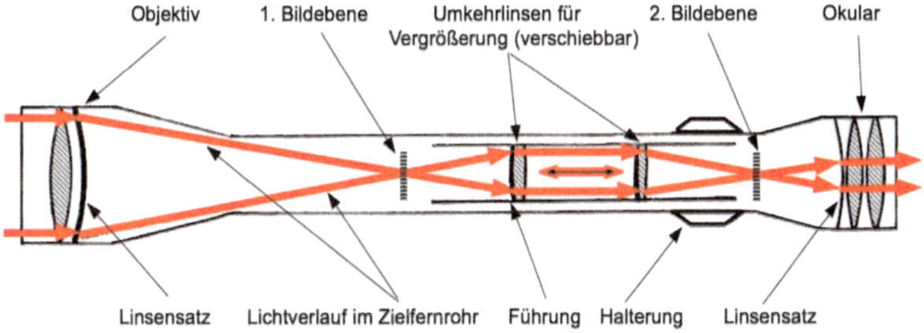

Bild 4.19: Aufbau eines Zielfernrohres

Im Objektiv wird der Lichteinfall gebündelt. Dabei gilt: je größer der Durchmesser der Linse, umso heller das Bild. Beim Durchgang durch eine Glaslinse verliert das Licht etwa 4 % an Helligkeit. Bei guten Zielfernrohren werden die Linsenoberflächen mit aufgedampften Mineralstoffen oberflächenvergütet. Dieses Verfahren setzt die Helligkeitsverluste auf unter 1 % herab und vermindert die Entdeckbarkeit des Zielfernrohres durch Reflexionen. Dadurch erhalten die Linsen ihr purpurfarbenes bis blaues Aussehen.

[235] In beiden Weltkriegen wurden in Deutschland Jagdzielfernrohre eingezogen und militarisiert, d. h. es wurden (zumeist) die Gewehrnummer des jeweiligen Scharfschützengewehres eingraviert und die Elevationsscheibe mit Entfernungsmarken versehen.

Die Objektivlinse erzeugt ein Zwischenbild in der ersten Bildebene. Hier ist es möglich, das Absehen[236] oder Fadenkreuz einzusetzen. Diese Variante hat den Vorteil, dass bei variabler Vergrößerung mit einer entsprechenden Strichplatte eine behelfsmäßige Entfernungsermittlung möglich ist. Nachteilig ist, dass sich bei einer Vergrößerung des Zieles auch gleichzeitig die Fäden des Fadenkreuzes größer darstellen und sie so Teile des Zieles verdecken können.

Mit den beiden Umkehrlinsen wird die Vergrößerung (ggf. variabel) eingestellt und eine weitere Bildebene erzeugt. Auch in dieser Bildebene lässt sich das Absehen einbauen. In diesem Fall bleibt es von der Dimension her immer gleich groß, auch wenn man das Zielbild durch Verändern des Abstandes der Umkehrlinsen zueinander in der Größe verändern kann. Die Okularlinse nimmt die zweite Bildebene auf und bereitet das Bild für das Auge vor.

Weitere Linsen können das Zielfernrohr aufwerten, z. B. eine Fokussierlinse (Parallaxelinse) vor der ersten Bildebene, um das Bild für verschieden weit auseinanderliegende Entfernungen scharf zu stellen. Auch lässt sich der Vergrößerungsfaktor durch das Einfügen einer Feldlinse hinter der ersten Bildebene weiter strecken.

Das Absehen soll eine gute Erkennbarkeit auch unter schlechten Lichtverhältnissen bieten, es kann daher ggf. beleuchtet werden. Auch soll es möglichst wenige Details vom Ziel verdecken und das Auge vom Wesentlichen, dem Ziel, nicht ablenken sowie ein Schätzen der Entfernung ermöglichen. Weiterhin soll es dem Schützen Hinweise auf eine Verkantung der Waffe geben und alle Informationen schnell liefern, nämlich sofort. Dabei darf das Auge nicht überanstrengt werden. Da die Schützen unterschiedliche Gewohnheiten und Veranlagungen haben, sich die Anforderungen an das Absehen mit Art und Form des Zieles und dessen Entfernungen ändern können, gibt es sehr viele Formen und Größen von Absehen. Dünnste Absehen haben als Material den Faden von Spinnweben mit einer Dicke von ca. 0,0025 mm, danach folgen Silber- und Platindrähte für Fadenkreuze mit einer Dicke von 0,02 mm bis zu 0,1 mm, Glasfäden für Halbkreuze im Bereich von 0,05 mm bis 0,1 mm und Stahldrähte für Horizontalfäden und Zielstachel mit einer Dicke bis 0,1 mm. Das Einbringen von mehreren Absehen auf einer Drehscheibe für entsprechende Schussentfernungen ist möglich, wird aber nur für Spezialfernrohre bei Scharfschützen genutzt. Durch die hohen

[236] Siehe dazu Bild 4.20.

Mündungsgeschwindigkeiten sind diese Sondereigenschaften weitgehend überflüssig. Eine „kleine" Auswahl an Absehen zeigt das Bild 4.20:

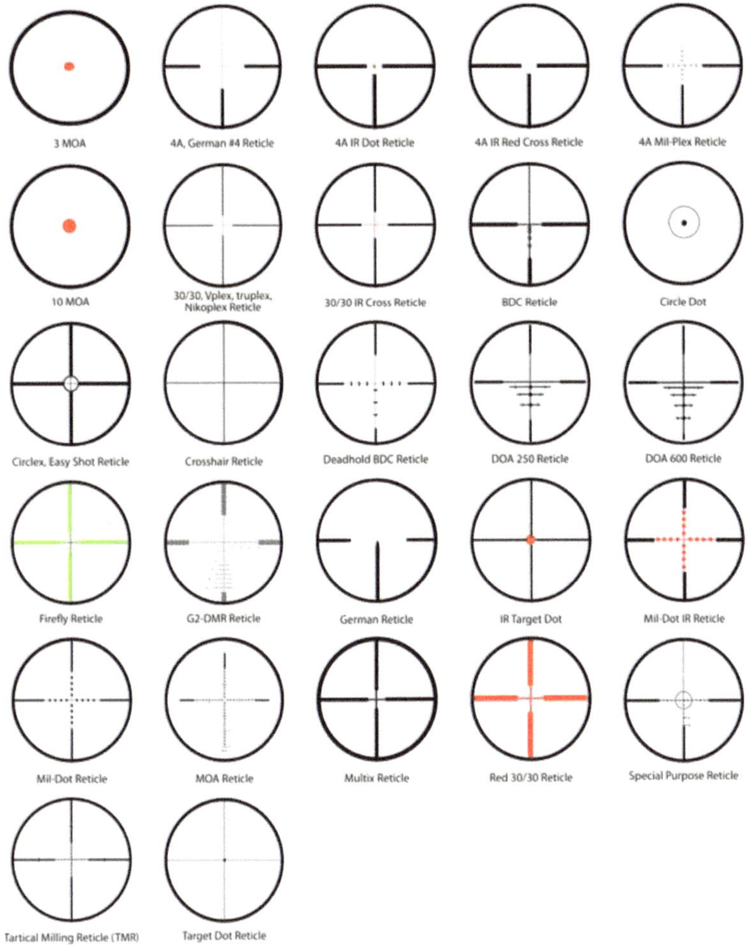

Bild 4.20: Verschiedene Absehen, beleuchtbar[237]

[237] Mit Dank an „The Savannah Arsenal Project": www.savannaharsenal.com.

4.3.2.2 Das Reflexvisier

Das Reflexvisier wird seit Beginn des 20. Jahrhunderts genutzt und ist somit in der Entwicklung einige Jahre jünger als das Zielfernrohr. Es benötigt grundsätzlich eine Lichtquelle zur Darstellung des Leuchtpunktes. Die Lichtquelle kann durch eine Leuchtdiode, früher durch eine kleine Glühbirne oder durch eine radioaktive Quelle, zumeist Tritium, erzeugt werden. Das macht das Reflexvisier wartungsabhängig, da Batterien in Abständen und die Tritiumquelle nach ca. zwölf bis 15 Jahren getauscht werden müssen.

Im Reflexvisier wird das Absehen von außerhalb der Visierlinie mittels eines halbdurchlässigen Spiegels in die Visierlinie hineinprojiziert. Durch den Spiegel selbst oder durch Kollimatorlinsen wird dabei das Absehen optisch auf die Hauptkampfentfernung oder auf unendliche Entfernung fokussiert. Der Schütze sieht somit durch das Visier immer das Ziel und den Leuchtpunkt. Dabei markiert der Leuchtpunkt immer den Treffpunkt, unabhängig von der Stellung des Auges.

Derzeit werden drei unterschiedliche Baumuster genutzt:

- Einspiegeln des Absehens mittels eines Systems aus Kollimatorlinsen und einem planen halbdurchlässigen Spiegel: Das Absehen befindet sich außerhalb der Visierlinie. Nach diesem Prinzip arbeiten die Headup-Displays[238] in der Luftfahrt und bei einigen Kraftfahrzeugen. Bei Fahrzeugen wird die Entfernung auf ca. 3 m vor der Motorhaube, bei Luftfahrzeugen auf die unendliche Entfernung eingestellt.
- Bei Handfeuerwaffen nutzt man einen dichroitischen Spiegel, um das Bild des Absehens in die Visierlinie einzukoppeln. Der Spiegel ist dabei gekrümmt und ermöglicht eine kompakte Bauweise. Das Absehen selbst befindet sich außerhalb der Visierlinie.
- Heute nur noch bei optischen Geräten angewandt wird die Möglichkeit, das Absehen innerhalb der Visierlinie einzubauen und über einen gekrümmten halbdurchlässigen Spiegel einzukoppeln. Waffentechnisch ist nur die Anwendung bei der Panzerabwehrwaffe M18/M19 Bazooka (USA) bekannt.

[238] Die Bezeichnung „Headup-Display" mag darüber hinwegtäuschen, dass diese Visierform schon im Zweiten Weltkrieg von Jagdfliegerpiloten genutzt wurde, in Deutschland z. B. das Visier Revi C12/A aus dem Jahr 1937.

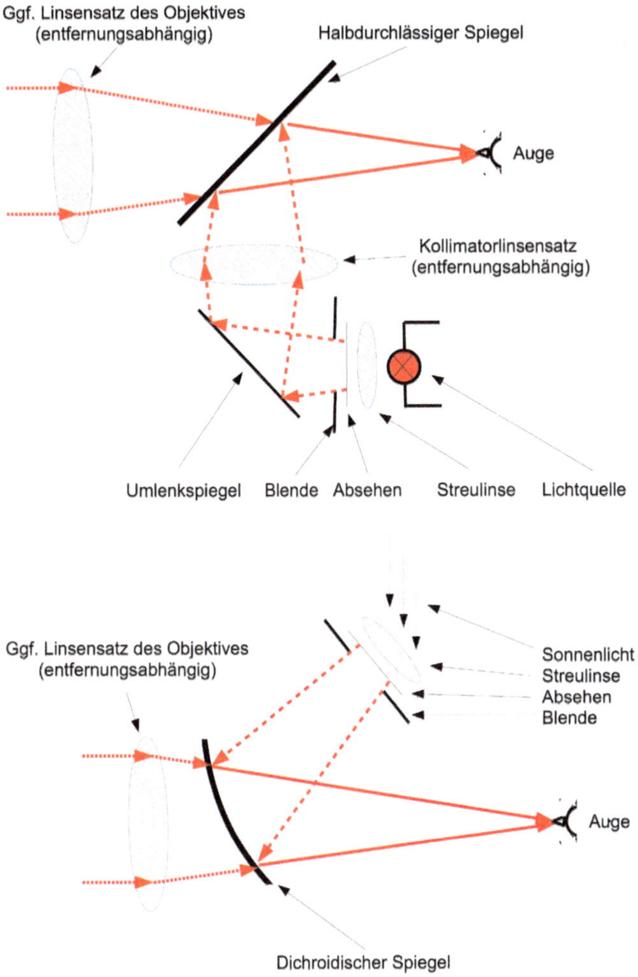

Bild 4.21: Oben das Reflexvisier für ein Jagdflugzeug, hier Prinzipskizze des EZ-42 (DEU), und unten ein Reflexvisier für eine Handwaffe mit der Nutzung des Umgebungslichtes zum Beleuchten des Absehens

4.3.3 Zielhilfsmittel

Witterung und Dunkelheit schränken die Chancen zur Auffassung und Identifizierung eines Zieles stark ein. Zur Führung eines Nachtkampfes wurden daher Möglichkeiten entwickelt, sich gegenüber einem Gegner Vorteile durch entsprechende Zielhilfsmittel zu verschaffen. Man unterscheidet:

- Aktive Systeme: Das Ziel wird von der eigenen Waffenanlage oder vom Schützen beleuchtet. Das kann durch eine Taschenlampe geschehen, die der Schütze auf das Ziel richtet.
- Halbaktive Systeme: Das Ziel wird von einer abgesetzten Position, einer anderen Waffenanlage oder einem Schützen beleuchtet. Eine weitere Person richtet die Taschenlampe auf das Ziel.
- Passive Systeme: Das Ziel kann durch Ausnutzung anderer Ortungssysteme oder Energiequellen betrachtet werden. Man wertet Richtung und Entfernung zum Ziel z. B. durch akustische Systeme (Mikrofone) aus.

4.3.3.1 Aktive Systeme und halbaktive Systeme

Neben dem Zielscheinwerfer im Weißlicht kann ein Ziel mit Infrarotlicht (IR-Licht) und Radarwellen gesucht, erfasst und identifiziert werden. Wenn es nur um das Erfassen geht, kann auch ein mit der Waffe eingeschossener Laserpointer genutzt werden. Allen diesen Systemen ist gemein, dass sie aufklärbar sind.

IR-Licht ohne Hilfsmittel ist für einen außenstehenden Betrachter nicht sichtbar und kann bei Tag sowie Nacht gleichermaßen genutzt werden. IR-Licht ist störbar durch andere IR-Quellen wie z. B. Feuer. Fensterglas wird im Allgemeinen nicht durchdrungen, ebenso wenig Plastikfolien. Dunst und Nebel reduzieren die Reichweite. Daher haben aktive IR-Systeme nur noch eine untergeordnete Rolle, die große Ausnahme bildet hier die IR-Lasertechnik zur Bestimmung der Zielentfernung und -richtung und zur Steuerung von Lenkflugkörpern.

Radarwellen werden im großen Maße eingesetzt. Zum einen zur Suche, zum anderen als Bestimmung von Richtung und Entfernung zum Ziel und zum Dritten auch zur Identifizierung. In der Regel werden kurze Impulse ausgesandt, deren reflektiertes Echo durch moderne Elektronik ausgewertet werden kann. Hier wird das Doppelimpulsprinzip angewandt. Durch die Laufzeit und den Winkel des Echos kann die Entfernung und Richtung bestimmt werden. Die Frequenzänderung des Echosignals führt zur Geschwindigkeitsermittlung.

Bei akustischen Systemen ist das Echolot zu nennen. Es funktioniert ähnlich wie das Radarsystem, mit Schall- und nicht mit elektromagnetischen Wellen, und wird zur Suche von Unterwasserobjekten genutzt.

4.3.3.2 Passive Systeme

- Die Bildverstärkertechnik wurde während des Zweiten Weltkriegs entwickelt und in ihrer Leistungsfähigkeit und Standfestigkeit laufend verbessert. Der Bildverstärker wird auch Restlichtverstärker genannt, da heutige Systeme auch bei fast völliger Dunkelheit das vorhandene Restlicht um den Faktor 60.000 und höher verstärken, bei einer Lebensdauer von mehr als 10.000 Betriebsstunden.

Ein Bildverstärker wandelt die an der Photokathode ankommenden Photonen in Elektronen um. Diese werden in einer Mikrokanalplatte verstärkt und auf einem Phosphorschirm erneut in Photonen umgewandelt. Die Mikrokanalplatte besteht aus sehr vielen leicht schräg gestellten Metallröhren mit einem Durchmesser von wenigen Mikrometern. Zwischen der Kathode und dem Phosphorschirm (= Anode) wird eine Hochspannung angelegt. Die von der Kathode zur Anode wandernden Elektronen fliegen durch die engen Röhren, schlagen an den Wänden an, reißen weitere Elektronen mit sich und verstärken so die geringe Lichtausbeute der Photokathode. Das Bild kann am Phosphorschirm als Schwarz-Weiß-Bild betrachtet werden, die Helligkeit ist dabei einstellbar. In der gesamten Baugruppe herrscht ein Vakuum wie in einer Fernsehbildröhre.

4

Restlichtverstärker sind kompakte Bauteile, die separat oder als Vorschaltbaugruppen für Zielfernrohre adaptiert werden können.[239]

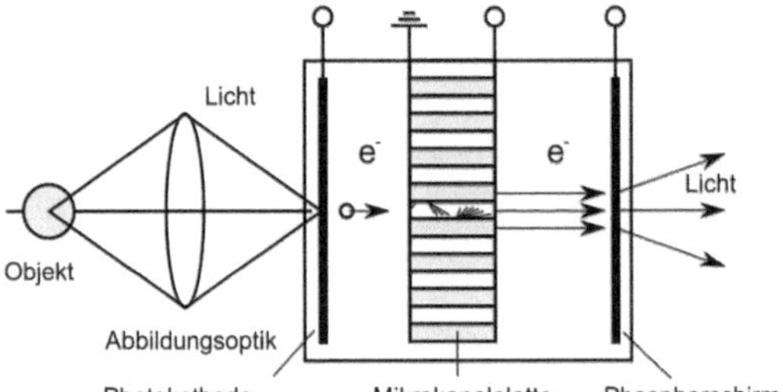

Bild 4.22: Prinzipskizze eines Restlichtverstärkers:[240] Der Abstand zwischen der Photokathode und dem Phosphorschirm beträgt ca. 1 mm.

- Bei einem Wärmebildgerät wird der Temperaturunterschied von Objekten gegenüber der Umgebung ausgenutzt. Mit ihnen kann man sich auch bei widrigen Wetterverhältnissen (Nebel oder Schneefall) ein gutes Bild von der Umgebung bis zu einer

---

[239] Hier ist die Deutsche Waffengesetzgebung zu beachten! Stand 2018 ist die Nutzung als Nachtzielvorsatzgerät, Nachtzielgerät und Nachtjagdoptik in Deutschland ohne BKA-Genehmigung verboten (Anlage 2 zu §2 des WaffG).

[240] Aus Wikipedia: www.wikipedia.org/wiki/Bildverstärker.

Entfernung von ca. 1000 m machen. Tarnmaterial wird durchdrungen, sofern das Tarnmaterial für Wärmestrahlung (= IR-Strahlung) durchlässig ist. Bilder des Wärmebildgerätes sind grobkörniger, nur schwarz/(grün)/weiß und können nur als Ergänzung des Bildes aus dem vom Auge sichtbaren Spektralbereich gelten.

Die Optiken bestehen aus empfindlichen Spezialgläsern, da normales Fensterglas kein IR-Licht durchlässt. Derzeit sind die Anlagen soweit miniaturisiert, dass sie sogar für jagdliche Zwecke[241] eingesetzt werden können.

Wärmebildgeräte unterscheiden sich im Prinzip nur wenig von elektronischen Kameras. Die Detektoren sind für entsprechend langwelligere elektromagnetische Strahlung ausgelegt. Die von den Detektoren dort weitergeleiteten elektronischen Signale können je nach Anwendungszweck als Grün(-Grau-)stufenbild oder mit Falschfarben versehen werden. So ist es möglich, die Temperaturunterschiede (= Graustufen) farbig darzustellen, um z. B. zu heiße oder zu kalte Bereiche festzustellen.

Die in den Detektoren verbauten Sensoren fallen je nach zu betrachtendem Wellenlängenbereich sehr unterschiedlich aus. Bei kurzen Wellenlängen werden Siliziumsensoren verarbeitet, die den fotoelektrischen Effekt ausnutzen. Im langwelligen Bereich verarbeitet man z. B. Mikrobolometer-Arrays, die die Wärmestrahlung über die Erwärmung einer Sensorzelle detektieren. Je nach Erwärmung der Zelle ändert sich dessen elektrischer Widerstand, der eine Spannungs- oder Stromänderung zur Folge hat.

Man unterscheidet:

- Gekühlte Detektoren für Wärmebildgeräte bestehen aus einer Matrix von Fotozellen. Diese Matrix ist in einem vakuumversiegelten Gehäuse unter Kühlung untergebracht. Je nach Anwendung und geforderter Empfindlichkeit muss der Detektor auf Temperaturen zwischen 4 K und 110 K heruntergekühlt werden.[242] Die Kühlung wird entweder durch flüssigen Stickstoff oder durch Peltier-Elemente sichergestellt. Beides ist aufwendig und kostet Energie bzw. Transportkapazität. Auch muss hier ein Zeitvorlauf zum Herunterkühlen der Detektoren in die Messüberlegungen mit einberechnet werden.
- „Ungekühlte" Detektoren sind leichter, sofort betriebsbereit und billiger. Hier ist es nur wichtig, den Detektor während der Messung auf einer gleichbleibenden Temperatur zu halten. Dies kann durch

[241] Auch hier ist die Deutsche Waffengesetzgebung zu beachten. Der Einsatz von Wärmebildgeräten als Vorsatzgerät vor Zielfernrohren wird derzeit je nach Bundesland unterschiedlich gehandhabt (Anlage 2 zu § 2 des WaffG).

[242] 0 °C entspricht 273,15 K.

die Unterstützung von Peltier-Elementen erreicht werden. Ungekühlte Systeme nutzen die thermoelektrischen Grundlagen aus, sie liefern schlechtere Ergebnisse als gekühlte Systeme.

4.3.4 Entfernungsmesser[243]

Zur Ermittlung des Aufsatzwinkels muss entsprechend der Geschossflugbahn die Entfernung zwischen Waffe und Ziel ermittelt werden. Dies kann durch Schätzen geschehen, z. B. durch Vergleiche zu Gegenständen, deren Entfernung bekannt ist. Eine Art des Schätzens ist der Vergleich zu Messlatten, die im Absehen des Zielfernrohres eingearbeitet sind, sofern die Größe des Zieles bekannt ist. Ähnlich funktionierte der Pankrat im 90-mm-Kanonenjagdpanzer. Hier wurde angenommen, dass ein Ziel eine Breite von 3 m hat. Zwei Scheren wurden dann so lange verstellt, bis das Ziel eingepasst werden konnte. An einer Skala konnte die so geschätzte Entfernung abgelesen werden.

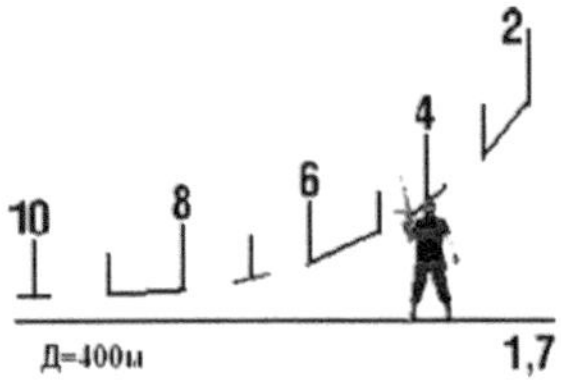

Bild 4.23: Stadiametrischer Entfernungsmesser in einem Zielfernrohr

4.3.4.1 Optische Entfernungsmesser

Hier unterscheidet man grob aktive und passive Entfernungsmesser. Je nach Einsatzzweck hat der eine oder andere Typ seine Vor- und Nachteile.

- Zu den passiven Entfernungsmessern gehören der Koinzidenzentfernungsmesser oder Winkelentfernungsmesser sowie der Raumbildentfernungsmesser. Beim ersten Typ wird das Bild des Zieles mit zwei verschiedenen Optiken aufgenommen, die in einer festgelegten Entfernung parallel zueinander stehen. In einer Optik ist der Austrittsspiegel fest, in der zweiten drehbar eingebaut. Nun wird der drehbare Spiegel so weit gedreht, bis beide Bilder deckungsgleich sind. Zur besseren Erkennbarkeit kann man beide Bilder so schneiden, dass bei einem Bild nur das Oberteil und beim anderen Bild das Unterteil des Zieles zu erkennen ist.

---

[243] Schall- und Lichtmessverfahren sowie die Radarvermessung von Geschossen durch die aufklärende Artillerie werden in diesem Kapitel nicht behandelt. Hier handelt es sich um verschiedene Verfahren zur Ortung von Feuerstellungen der gegnerischen Artillerie. Siehe dazu auch Kapitel 1.6.1.7.

Sind beide Teile ohne Übergang zu einem Bild verschmolzen, ist die Entfernung ermittelt (Schnittbildverfahren). Beim Mischbildverfahren werden die Bilder unterschiedlich eingefärbt und sind transparent zu erkennen. Auch hier ist die exakte Entfernung ermittelt, wenn beide Bilder deckungsgleich sind.[244]

- Beim Raumbildverfahren wird ein Zielstachel „räumlich" neben dem Zielbild bewegt. Ist der Richtschütze der Ansicht, dass sich der Zielstachel räumlich neben dem Ziel befindet, ist die exakte Entfernung ermittelt. Dieses Messverfahren benötigt sehr viel Erfahrung, wird aber von ausgebildeten Richtschützen als die schnellere und bessere Variante angesehen.

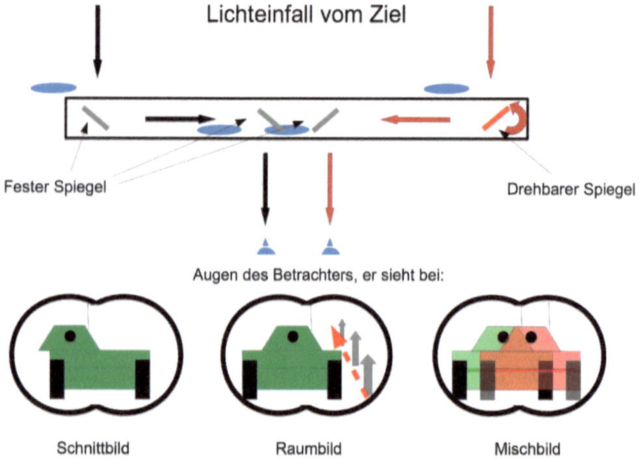

Bild 4.24: Optische Entfernungsmesser und was der Betrachter in der Optik sieht

- Zu den aktiven Entfernungsmessern gehören die Laser- und Radarentfernungsmesser. Sie können detektiert und aufgeklärt werden. Bei beiden Systemen wird die Laufzeit des Lasers bzw. Radarsignals gemessen, welches als Echo wieder bei dem Sender ankommt. Dazu wird ein möglichst kurzer Impuls ausgesandt, um die Detektierbarkeit zu erschweren.

[244] Gemäß Angabe der Fa. ZEISS hat ein Koinzidenzentfernungsmesser mit einer Basis von 4 m bei einer Zielentfernung von 10.000 m einen Mindestmessfehler von 67 m (18-fache Vergrößerung) bzw. 43 m (28-fache Vergrößerung). Bei 20 km Zielentfernung wachsen die Mindestzielfehler auf 369 m bzw. 173 m an.
Gemäß S. Breyer, Schlachtschiffe und Schlachtkreuzer 1921–1997, Koblenz 2002, hatten die Schlachtschiffe „Bismarck" und „Scharnhorst" Entfernungsmesser mit einer Basis von 10,5 m.

Über die gemessene Laufzeit kann so die Entfernung errechnet werden:

l = (c • t) / (2 • n), mit der Lichtgeschwindigkeit c, der Laufzeit t und dem Brechungsindex n.[245]

Dieses Verfahren funktioniert im Bereich von wenigen Zentimetern bis hin zu etwa 10 km.

4.3.4.2 Radarentfernungsmesser

Für Entfernungsmessungen über größere Distanzen wird das Radarsystem in gleicher Weise wie das Lasersystem genutzt. Aufgrund der größeren Wellenlängen gibt es hier kaum Probleme durch die Dämpfung der Atmosphäre bzw. das thermische Rauschen.[246]

4.3.4.3 Akustische Entfernungsmesser

Seit mehr als 100 Jahren werden in der Marine akustische Entfernungsmesser eingesetzt. Niederfrequente Systeme zur Überwachung arbeiten im Frequenzbereich von 50 Hz bis 1,5 kHz. Mittelfrequente Systeme zur genauen Bestimmung der Richtung und Entfernung nutzen Frequenzen bis zu 15 kHz. Torpedosonare nutzen noch höhere Frequenzen, hier aber nimmt die Reichweite mit zunehmender Frequenz ab. Noch höhere Frequenzen über 100 kHz sind nur noch für die Minenjagd auf kurze Entfernungen brauchbar, hier spielt die Dämpfung im Wasser eine große Rolle.

4.3.5 Richtmittel

In einer modernen Armee ist es mithilfe von GPS und Laserentfernungsmesser einfach geworden, ein Geschütz in einer Feuerstellung auf ein Ziel zu richten. Trotzdem ist es möglich, mithilfe von Notverfahren oder auch für kleinere Steilfeuerwaffen (Kommandomörser) ohne größere technische Hilfsmittel eine Waffe in einer Feuerstellung einzurichten.

Der „Aufsatz" dient zur Einstellung des Aufsatz- oder Erhöhungswinkels. Da vor allem beim indirekten Richten durch den Aufsatzwinkel auch die Schussweite bestimmt wird, wird der Aufsatz auch Entfernungsaufsatz genannt. Er besteht aus einem mechanischen Richtmittel, dem Richtantrieb und einem optischen Richtmittel, einer Winkelskala, die zumeist voneinander getrennt an der Waffe angebracht sind.

---

245 Der Brechungsindex für Luft beträgt gem. Normatmosphäre auf Meereshöhe 1,00028. Auch die Lichtgeschwindigkeit ist von der Atmosphäre abhängig und beträgt in bodennaher Luft ca. 299.710 m/s.

246 Die Anfänge der Radartechnik wurden bereits im Jahr 1904 durch Christian Hülsmeyer in Deutschland gelegt. Die Ortung von Schiffen bis zu 3 km Entfernung gelang mithilfe von 50-cm-Wellen (600 MHz). Ein Interesse der deutschen Kriegsmarine bestand allerdings nicht.

Im 18. Jahrhundert wurde der Aufsatz aus Holz mit mehreren Lochkimmen – und unten einer Ausnehmung – gerundet wie das Kanonenrohr. Der Richtschütze setzte den Aufsatz etwa beim Anzündloch auf das Rohr – daher der Name „Aufsatz" – und visierte durch eine Kimme und über ein Korn oder einen Kreidestrich über der Mündung das Ziel an. Zur richtigen Wahl der Kimme wurde die Entfernung geschätzt. Dann nahm er die Rohrerhöhung vor, bis es einigermaßen passte. Für Mörser und Haubitzen gab es Messingquadranten, mit denen man den Winkel der Rohrerhöhung maß.

Der Aufsatz besteht heute aus einem mechanischen Richtmittel, dem Richtantrieb und einem optischen Richtmittel, einer Winkelskala, die zumeist voneinander getrennt an der Waffe angebracht sind.

Weiterhin muss das Geschütz vor dem Schuss horizontal ausgerichtet werden, um eine Verkantung beim Schuss zu vermeiden. Dazu dienen Längs- und Querhorizontrierungsantriebe, die mit Libellen (Wasserwaagen) ausgestattet sind.

Zum Justieren von Optik und Aufsatz wird der Libellenquadrant genutzt. Er besteht aus einem Viertelkreiswinkelmesser mit einer Wasserwaage. Notdürftig kann der Libellenquadrant auch zum Einstellen des Aufsatzwinkels genutzt werden. Dafür besitzen Artilleriegeschütze eine geschliffene Auflagefläche am oder in der Nähe des Bodenstückes, die sogenannte Quadrantenfläche, in die der Libellenquadrant eingesetzt wird.

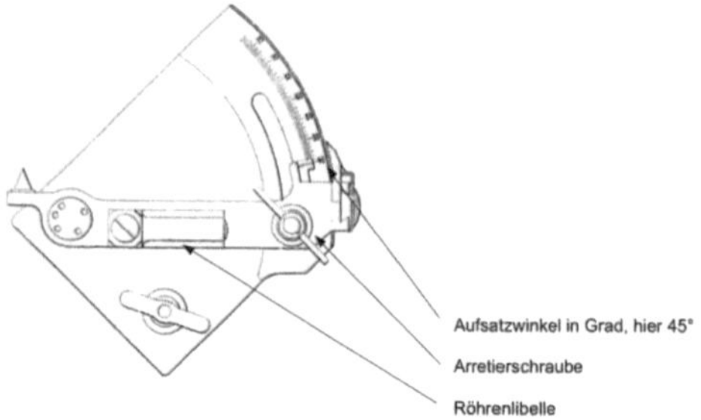

Bild 4.25: Libellenquadrant für ein Artilleriefeldgeschütz.

4.3.6 Richtantriebe

Historische Geschütze (Feldschlangen) mussten mit der gesamten Lafette gerichtet werden. Das war zeit- und personalaufwendig. Schwere Waffenanlagen und solche, die schnell aus- und nachgerichtet werden können, lassen sich nur noch mithilfe mechanischer Unterstützung richten. Hier ist in der Regel eine Höhen- und eine Seitenrichtmaschine erforderlich.

Trotz der hohen Kräfte beim Schuss müssen die Richtmaschinen ein Auswandern des Waffenrohres verhindern. Gleichzeitig dürfen sie die Stellbewegungen durch einen Richtkanonier oder einen Motor nicht blockieren. Daher setzt man Gewindespindeln oder Schneckenantriebe ein, die eine Bewegung von der Waffenseite her unterbinden, aber jederzeit Richtbewegungen zulassen.

Möglich sind drei unterschiedliche Antriebe:

- Mechanisch über eine Kurbel: Dies wird bei kleineren Geschützen und bei älteren Kasemattenpanzern durch den Richtkanonier vorgenommen. Bei größeren Geschützen gibt es einen Richtkanonier für das Höhen- und einen für das Seitenrichtgetriebe. Diese Lösung wird auch in modernen Kampffahrzeugen als Hilfsantrieb bei Ausfall der hydraulischen oder elektrischen Hauptrichtanlage genutzt.
- Hydraulisch über einen Ölmotor (z. B. bei Kampfpanzern mit 360°-Richtmöglichkeit) für die Seitenrichtung und einen Hydraulikzylinder für die Höhenrichtung: Trotz sehr schneller sowie genauer Reaktionsmöglichkeit, kleinen Einbaumaßen und hoher Zuverlässigkeit wird diese Möglichkeit aufgrund der Brandgefahr durch das Hydrauliköl nicht mehr genutzt.
- Elektrische Stellantrieb: Sie sind durch die Schrittmotortechnik sehr genau, kompakt und ebenso zuverlässig sowie kraftvoll wie hydraulische Antriebe. Durch Wegfall des Hydrauliköls ergeben sich eindeutige Vorteile. Daher werden in modernen Kampffahrzeugen überwiegend elektrische Richtantriebe eingebaut.

4

4.3.7 Stabilisieren und Nachführen von Waffenanlagen

Bei gleichzeitigem Fahren und Schießen im Gelände sowie auf See ist es zwingend erforderlich, die Waffen gegenüber den Fahrzeug- und Schiffsbewegungen zu stabilisieren. Bei einer zweidimensionalen Stabilisierung werden die Korrekturen durch den Höhen- und Seitenrichtantrieb vorgenommen. Eine dreidimensionale Stabilisierung, die eine Verkantung der Waffenanlage ausschließt, benötigt zusätzlich noch einen Verkantungsträger. Ein Verkantungsträger wird hauptsächlich auf Schiffen eingesetzt, bei Kampfpanzern hat er sich nicht durchsetzen können.[247]

Es werden verschiedene Möglichkeiten zur Stabilisierung bzw. Waffennachführung genutzt:

- Stabilisieren der gesamten Waffenanlage inklusive der Optik: Der Schütze hält die Optik auf das Ziel gerichtet.

---

[247] Im Waffentechnischen Taschenbuch der Fa. Rheinmetall, Düsseldorf 1972, zeigt das Bild 814 einen Entwurf für einen Kampfpanzerturm, der in drei Dimensionen stabilisiert werden kann.

- Stabilisieren der Optik und Nachführen der Waffe: Auch hier hält der Schütze die Optik auf das Ziel gerichtet.
- Stabilisieren der Optik auf das Ziel durch eine elektronische Zielerkennung: Der Schütze weist der Waffenanlage das Ziel zu. Die Waffenanlage führt Optik und Waffe selbsttätig den Bewegungen des Ziels gegenüber des Kampffahrzeugs nach. Ein ähnliches System ist bei den sogenannten Fire-and-Forget-Lenkflugkörpern bereits realisiert. Hier steuert sich der Lenkflugkörper nach der Zielzuweisung und dem Abfeuern selbstständig in das Ziel.

Russische Kampfpanzer besaßen als erste je einen Wende- und einen Lagekreisel für die Berechnung, mit denen zum einen die Richtungsänderung und die Änderung der Position ermittelt werden konnten. Bei westlichen Panzern wurde zuerst mit je einem Kreisel die Waffe in Höhe und Seite stabilisiert, später kamen weitere Kreisel hinzu, die aber im Gegensatz zu dem russischen System von der Waffe getrennt in Turm und Wanne eingebaut wurden.

Die Stabilisierung einer Waffenanlage bedingt einen hohen Energieaufwand. Sie ist schwerfällig und behindert den Schützen bei der Beobachtung, da die komplette Waffenanlage gerichtet werden muss. Daher wurden Zieloptiken von der eigentlichen Waffe getrennt. Bei modernen Kampfpanzern wird somit nur noch die Zieloptik stabilisiert und die Waffe entsprechend nachgeführt. Der Vorteil ist, dass der Schütze das Ziel kontinuierlich beobachten kann, ohne Verzögerungen durch das Richten einer schweren Masse in Kauf nehmen zu müssen, und dass bei sich bewegenden Zielen Vorhalte und Aufsetzwinkel in die Berechnung der Ballistikdaten einbezogen werden können. Nachteilig ist ggf. eine leichte Verzögerung, bis der Schuss bricht, da die Stabilisierung des Zielfernrohres Vorrang vor der Stabilisierung der Waffe hat.[248]

Die Auslösung und somit das Brechen des Schusses erfolgt über einen elektrischen Impuls an den Treibladungsanzünder in dem Moment, wenn die Waffenanlage auf das Ziel ausgerichtet ist.

Mittlerweile werden neben den Kampfpanzern und Schiffen auch Panzerhaubitzen und -mörser mit einer Waffenstabilisierungs- oder Nachführanlage ausgestattet. Die Reaktionszeiten der aufklärenden Artillerie und die Übermittlung des Feuerkommandos für einen Gegenschlag lassen nach dem Auslösen des ersten Schusses ein Verweilen von länger als 180 Sekunden in der Feuerstellung nicht mehr zu.[249]

---

[248] Für weitere Informationen über Historie, Technik und Baugruppen siehe: www.kotsch88.de/stabi-grundlagen.htm.

[249] Vorreiter sind hier die deutsche Panzerhaubitze RCH-155, welche bei einer Geschwindigkeit von bis zu 30 km/h aus der Bewegung schießen kann, sowie das finnische Mörserkampfsystem NEMO.

Kapitel 5: Begriffsbestimmung bei Waffen

Kapitel 5: Begriffsbestimmung bei Waffen

5.1 Infanteriewaffen und Waffen bis zu einem Kaliber von unter 20 mm

Hervorgegangen aus dem von einem Mann zu bedienenden Brüstungsgeschütz sind die Infanteriewaffen heute spezialisiert. Man unterscheidet im Wesentlichen die Faust- und die Handfeuerwaffen, eine Begriffsbestimmung, die je nach Land und technischem Bereich nicht durchgängig haltbar ist. Druckgaswaffen werden in einem eigenständigen Abschnitt behandelt, da sie nicht auf das Kaliber der Infanteriewaffen beschränkt sind.

5.1.1 Faustfeuerwaffen

5

Faustfeuerwaffen oder gem. Waffengesetz auch Kurzwaffen genannt werden mit einer oder zwei Händen ohne Abstützung bedient.[250] Sie existieren als ein- oder mehrrohrige Waffen sowie als Einzellader oder Selbstlader. Die Mündungsgeschwindigkeit dieser Waffen liegt zumeist unter der Schallgrenze von 330 m/s. Bei historischen Waffen sind die Geschosse aus Blei und kugelförmig, neuere Waffen verschießen rundnasige oder kegelstumpfförmige Geschosse mit einer Weichbleifüllung, seltener mit einem Stahlkern oder mit einer Leuchtspur. Die Masse der Treibladung entspricht in etwa 10 % der Geschossmasse. Die Waffen werden zumeist als Verteidigungswaffe nur für kurze Schussentfernungen bis maximal 50 m eingesetzt.[251] Für Sportschützen und Sammler gibt es auch Pistolen und Revolver mit Zielfernrohren, weitere Anbauteile wie Laserpointer oder Taschenlampe sind bei modernen Faustfeuerwaffen möglich.

Man unterscheidet:

- Steinschloss- und Radschlosspistolen. Diese wurden zumeist als einschüssige Vorderlader konstruiert. Bei beiden Waffentypen wird über Reibung ein Anzündfunke erzeugt, der das sogenannte Zündkraut, eine feinkörnige Schwarzpulvermischung, anzündet. Beim Steinschloss wird der Anzündfunke durch einen Feuerstein ausgelöst, der auf eine glattpolierte Fläche „geschlagen" wird,

---

250 Der Begriff „Kurzwaffe" umfasst neben den originären Faustfeuerwaffen wie Revolver und Pistole auch die Maschinenpistole und Druckluft- und Federdruckwaffen. Dabei sollte die Waffenrohrlänge 30 cm und die Gesamtlänge der Waffe 60 cm nicht überschreiten.

251 Für einige Pistolen, z. B. für die Pistole Luger 08, gibt es Anschlagschäfte, 7"-Rohre und Leitervisiere, sodass diese Waffe wie eine Maschinenpistole auch für weitere Entfernungen genutzt werden kann.

beim Radschloss wird Schwefelkies (Pyrit) gegen ein sich schnell drehendes geriffeltes Rad gedrückt.[252] Beide Mechanismen benötigen dazu eine Feder, die vor dem Schuss aufgezogen bzw. gespannt werden muss.

- Rohrbündelpistolen sind mehrrohrige Vorder- bzw. Hinterlader, die in der Regel für den Einsatz bei speziellen Marinekräften konstruiert wurden, z. B. die deutsche Pistole H&K P11 oder die russische Pistole SPP-1. Beide Waffen besitzen eine elektrische Abfeuerung und verschießen Pfeile, die unter Wasser eine Reichweite von ca. 30 m haben.[253] Historische Vorgänger im Landeinsatz sind die Deringer-Pistolen, mehrläufige kleine Taschenpistolen, bei denen das Rohrbündel für den Folgeschuss unter das Schlagstück gedreht werden musste.
- Revolver besitzen nur ein Waffenrohr, hier wird die Munition in einem drehbaren, trommelartigen Patronenlager mit Platz für fünf bis sechs Patronen bevorratet. Die Trommel muss für den Folgeschuss von Hand oder über einen Hebelmechanismus weitergedreht werden. Man unterscheidet dazu die beiden Abfeuerungs-(Abzugs-)arten „Single Action" und „Double Action". Beim „Single Action"-Abzug (oder auch Normalabzug) wird nur das gespannte Schlagstück ausgelöst. Vor dem nächsten Schuss muss die Trommel manuell weiterbewegt und das Schlagstück gespannt werden. Beim „Double Action"-Mechanismus (dem Spannabzug) wird mit der Betätigung des Abzugs das Schlagstück gespannt und die Trommel in die nächste Schussposition gedreht. Die Länge des Waffenrohres kann extrem kurz (z. B. ein 2"-Rohr beim Smith & Wesson .38 Special) oder sehr lang sein. Ein Beispiel für einen Revolver mit einem langen Waffenrohr ist der Colt Buntline mit einer Rohrlänge von 12".[254] Durch den zumeist vorhandenen Spalt von wenigen hundertsteln bis zehnteln Millimetern zwischen Trommel und Waffenrohr ist der Wirkungsgrad des Revolvers niedriger als der einer Pistole, hier entweicht ein Teil der Treibladungsgase ungenutzt. Auch ist der Einsatz von Schalldämpfern nutzlos, da der Explosionsknall ebenfalls über den Spalt nach außen dringt.[255]

---

252 Dieser Vorgang wird heute noch bei Benzinfeuerzeugen genutzt.

253 Für den Unterwasserschuss siehe Kapitel 1.6.2.4.

254 Ob es diese Waffe tatsächlich gab, ist fraglich. Beschrieben wird die Waffe in S. N. Lake, Wyatt Earp – Frontier Marshal, Pocket Books, New York 1994. 12"-Rohre waren aber bei dieser Waffe üblich.

255 Eine Ausnahme ist hier der Nagant-Revolver, bei dem die Trommel vor dem Schuss nach vorne bewegt wird. Über die sehr lange Patronenhülse wird so der Spalt zwischen Trommel und Waffenrohr geschlossen und ein Gasschlupf vermieden. Siehe dazu auch Kapitel 3.1.2.1.

- Selbstladepistolen sind mehrschüssige Faustfeuerwaffen. Die Patronen werden hier in einem Magazin bevorratet, das zumeist als Stangenmagazin ausgeführt ist und durch das Griffstück in die Waffe eingeführt wird. Die Munitionskapazität ist zumeist höher als bei Revolvern, doppelreihige Magazine bis ca. 20 Schuss sind möglich, im Ausnahmefall auch mehr durch angesetzte Trommelmagazine.[256] Ein weiterer Vorteil ist die höhere Feuergeschwindigkeit, da das Schlagstück mit dem Nachladevorgang bereits wieder gespannt wird. Von Nachteil ist eine kompliziertere Mechanik, die zumindest in der Vergangenheit zu einem höheren Reinigungsaufwand oder der Gefahr von Störungen geführt hatte. Dies ist durch moderne Werkstoffe und Treibladungen weitgehend ausgeschlossen. Wie bei Revolvern sind sehr kurze oder auch längere Waffenrohre möglich, jedoch selten über eine Länge von 7". Der Übergang zu Maschinenpistolen ist fließend.
- Reihenfeuerpistolen sind Selbstladepistolen, die einen kurzen Feuerstoß von zumeist drei Schuss verschießen können. Höhere Schussfolgen sind durch das Hochschlagen der Waffe beim Schuss kaum sinnvoll. Durch einen Anschlagschaft als Zubehör lässt sich die Zielgenauigkeit verbessern. Der Besitz von Reihenfeuerpistolen ist in Deutschland für Zivilpersonen nur mit einer Sondergenehmigung oder baulicher Veränderung erlaubt, sie werden im Allgemeinen als Kriegswaffen eingestuft.
- Maschinenpistolen sind ein Bindeglied zwischen den Faustfeuerwaffen und den Handwaffen.[257] Je nach Herkunftsland werden auch Sturmgewehre als Maschinenpistolen bezeichnet, obwohl Maschinenpistolen historisch Pistolenmunition verschossen haben[258] und auch als wirkungsvolle Nahkampfwaffe für den Grabenkrieg während des Ersten Weltkriegs konzipiert wurden. Durch eine Schulterstütze, größere Magazinkapazität und ein ggf. längeres Waffenrohr liegt die Gebrauchsschussweite höher als 50 m, aber in der Regel unter 100 m. Für einige Selbstladepis-

---

[256] Für die Pistole Luger 08 wurde ein Trommelmagazin mit 32 Schuss im Kaliber 9 mm x 19 entwickelt (es heißt Trommelmagazin, nicht Schneckenmagazin. Siehe dazu „Anleitung zur langen Pistole 08 mit ansteckbarem Trommelmagazin", Berlin Reichsdruckerei 1917). Für die österreichische Pistole Glock 17 und weitere Pistolen dieses Herstellers ist ein 50-Schuss-Trommelmagazin erhältlich.

[257] Konstruktiv stimmt diese Aussage nicht immer. Es gibt Selbstladekarabiner, bei denen der Verschluss eher einer Pistole zuzuordnen ist. Als Beispiel mag der italienische Karabiner M39 dienen, dessen formschlüssiger Verschluss (Rückstoßlader mit kurz zurückgleitendem Lauf) dem der Pistole P38 bzw. P1 ähnelt.

[258] Spätestens mit der Einführung der Maschinenpistole MP7 vom H&K ist dies vorbei. Die Patrone 4,6 mm x 30 besitzt eine flaschenförmige Patronenhülse und ein Geschoss, das eher einem Gewehrgeschoss ähnelt.

tolen gibt es Umbausätze, um diese zu Maschinenpistolen zu erweitern. Hierbei ist allerdings zu bedenken, dass eine Maschinenpistole eine Kriegswaffe ist.

- Eine Sonderrolle nehmen die großkalibrigen Signal- und Granatpistolen ein. Für Signalpistolen ist eines der gebräuchlichsten Kaliber das Schrotkaliber 4 (= 26,5 mm), moderne Granatpistolen nutzen zumeist das Kaliber 40 mm.[259] Trotz des großen Kalibers sind die Waffen leicht, zumeist aus Aluminium oder dünnem Stahlblech gefertigt. Dies stellt besondere Anforderungen an die patronierte Munition. Rückstoß und Gasdruck dürfen hierbei nicht zu groß, die Schussentfernung und die Geschossmasse aber noch entsprechend groß sein, um eine Wirkung im Ziel zu erreichen. Dies wird bei modernen Signal- und Granatpistolen durch ein Hochdruck-Niederdruck-System in der Treibladungshülse erreicht.[260] Signal- und Granatpistolen sind in der Regel einschüssige Waffen[261] mit einem Kipplaufverschluss.[262] Während Signalpistolen ein glattes Waffenrohr haben, haben Granatpistolen ein gezogenes Waffenrohr, um die Trefferquote zu erhöhen. Granatpistolen können auch als Anbauwaffe unter einem Sturmgewehr verwandt werden.

5.1.2 Handfeuerwaffen

Handfeuerwaffen oder Langwaffen werden mit zwei Händen und mit einer Auflage sowie Schulterstütze bedient. Bei den Handfeuerwaffen unterscheidet man ein- und mehrläufige Handfeuerwaffen sowie Einzellader, halbautomatische Lader und vollautomatische Lader. Bedingt durch das längere Waffenrohr, aber auch durch Patronen mit größeren Treibladungsmassen liegen die Geschossgeschwindigkeiten zwischen 300 m/s und über 1200 m/s. Moderne Geschosse sind meist ogival und können neben einem Weichbleieinen Stahlkern, eine Leuchtspur oder sogar Brand- bzw. explosive Stoffe beinhalten. Vielfach werden Gewehre mit Anbauteilen ausgestattet. Eines der ältesten Anbauteile ist z. B. das Seitengewehr (Bajonett), ein weiteres der Lade- und Putzstock. Bei modernen

---

259 Ein Vorläufer war die Kampfpistole der ehem. deutschen Wehrmacht im Kaliber 26,7 mm. Neben einer Sprenggranate (Wurfkörper 361) konnte auch eine Hohlladungsgranate (Wurfkörper 42) verschossen werden.

260 Siehe Kapitel 6.7.

261 Auch Granatrevolver im Kaliber 40 mm x 46 sind bekannt, z. B. die südafrikanische Waffe MGL.

262 Eine Ausnahme ist die US-amerikanische Granatpistole M203. Hier wird das Waffenrohr nach vorne aufgeschoben. Dies begrenzt die Möglichkeit, Patronen mit einer längeren Granate, z. B. Meldegranate, zu verschießen.

Waffen sind weitere vielfältige Anbauteile wie Zielfernrohr, Nachtsichtgerät, Granatpistole oder auch Pistolengriff und Zweibein möglich. Begünstigt wird dies durch die normierte Picatinny-Schiene, die 1995 als Norm-Schnittstelle bei der NATO eingeführt wurde.

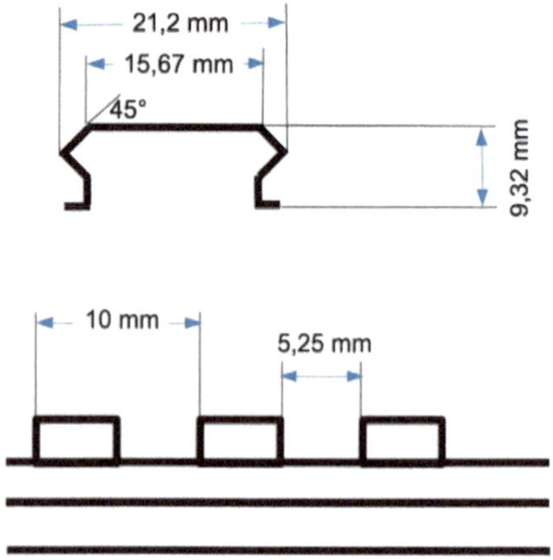

Bild 5.1: Maße der Picatinny-Schiene

Folgende Unterteilung ist eine Möglichkeit:

- Einzellader unterteilen sich in eine Vielzahl von Typen. Allen gemein ist, dass jeder Schuss einzeln von Hand nachgeladen werden muss. Bei historischen Vorderladern geschieht dies unter Zuhilfenahme des Ladestockes, bei modernen Hinterladern durch Nachladen aus einem vorher gefüllten internen Magazin. Bei historischen Waffen erfolgt die Abfeuerung wie bei den Stein- und Radschlosspistolen. Einzellader mit gezogenen Waffenrohren werden auch „Büchsen"[263] bezeichnet. Einzellader können ein Magazin besitzen oder ähnlich wie Trommelrevolver mit einer Trommel für einen Munitionsvorrat ausgestattet sein. Ein Magazin ist heute zumeist als Stangenmagazin ausgeführt, während im 19. Jahrhundert Röhrenmagazine bei den Unterhebelrepetierern genutzt wurden.
  - Die Muskete ist die Nachfolgerin der Arkebuse, des Brüstungsgewehres mit Luntenschloss. Die Muskete hat ein längeres Waffenrohr. Somit konnten für die Geschosse höhere Mündungsgeschwindigkeiten konzipiert werden. Bei einem hohen

263 Dazu im Gegensatz die Flinte, die ein großkalibriges glattes Waffenrohr besitzt, z. B. die Schrotflinte.

Gesamtgewicht von bis zu 15 kg wurde die Waffe vielfach in einen Gabelstock gelegt, um besser zielen und feuern zu können. Die Treffgenauigkeit lag bei einer Entfernung von 75 m bei ca. 60 % und nahm darüber hinaus drastisch ab. Auf 300 m Kampfentfernung lag die Trefferquote unter 20 %.

- Karabiner sind kurzläufigere Infanteriegewehre mit einer Gesamtlänge von weniger als 1 m. Sie wurden als Waffe berittener Kräfte eingesetzt und unterschieden sich historisch gesehen nur durch kürzere Schäfte und Waffenrohre von den Musketen.[264]
- Scharfschützengewehre sind Gewehre mit langen, gezogenen Waffenrohren. Sie waren in der Militärhistorie zunächst Jagdwaffen, erst in der Mitte des Ersten Weltkriegs kamen speziell gefertigte Scharfschützengewehre auf.[265] Sie sind fast immer Einzellader mit einem Stangenmagazin und sehr geringer Munitionszuladung, da die Selbstladeeinrichtung durch das Zurücklaufen von beweglichen Waffenteilen die Präzision der Waffen beeinflussen könnte. Als optisches Visier werden Zielfernrohre bis zu einer 24-fachen Vergrößerung eingesetzt, hinzu kommen Laserentfernungsmesser, eine Schaftunterstützung, Zweibein und andere Anbauteile. Mündungsbremsen sind möglich, aber unüblich, da sie die Stellung des Scharfschützen verraten. Je nach Kaliber können Kampfentfernungen von mehr als 1500 m erreicht werden. Die Kaliber sind im Allgemeinen größer als 7,62 mm x 51 und reichen bis zum Kaliber von 14,5 mm x 114 und auch noch darüber hinaus. Aufgrund von Abmaßen und taktischen Erfordernissen kann ein Scharfschützengewehr auch eine „Zweimannwaffe" sein, falls der zweite Mann als Beobachter eingesetzt wird.
- Panzerabwehrgewehre oder Tankgewehre wurden zum Ende des Ersten Weltkriegs als Abwehrwaffen gegen die neu entwickelte Panzertruppe eingesetzt. Sie unterscheiden sich

5

264 Heute ist die Abgrenzung schwierig. Es gibt Maschinenpistolen mit langen Waffenrohren (z. B. die britische Thompson-MP) und kurzrohrige Sturmgewehre (z. B. das französische FAMAS). Hier verschwimmen die Begriffe. Auch die eingesetzte Munition ist kein Kriterium mehr, so wird in der MP7 ein Geschoss genutzt, das nicht mehr eindeutig der Pistolenmunition zuzuordnen ist. Ein Zwitter ist auch das österreichische Sturmgewehr AUG, das je nach Waffenrohr und Patronenlager Pistolen- oder Gewehrmunition verschießen kann.

265 Dies war auch der Vereinheitlichung der Kaliber geschuldet. Beispielhaft dafür ist der Untergang des britischen 95. Schützenregimentes (95th Rifles) bei Waterloo (18.06.1815), die einheitlich mit dem Baker-Jagdgewehr ausgestattet waren. Allerdings waren die Gewehre vielfach Unikate und benötigten trotz einheitlichem Kaliber jeweils unterschiedliche Munition. Dies ist heute nicht anders, siehe dazu Anhang A2.

von den Scharfschützengewehren durch ein größeres Kaliber zwischen 13 mm und 20 mm, eine ggf. Mehrkammermündungsbremse, gepolsterte Schulterstütze und eine robuste Ausstattung. Derzeitig scheinen mit den Anti-Materiel-Rifles die Unterschiede zwischen diesen beiden Gewehrtypen zu verschwimmen, da es mittlerweile auch Zielfernrohre gibt, die den heftigen Rückstoß schadlos überstehen. Während im Ersten Weltkrieg die Kampfentfernung unter 200 m lag, um die Panzerung eines damaligen Kampfpanzers zu durchschlagen, können mit modernen Wolframcarbidgeschossen heute auf 1000 m ca. 1 cm einer Panzerung mit einer Härte von 500 Brinell[266] durchschlagen werden.

- Halbautomatische Gewehre besitzen eine Nachladevorrichtung, die über den Rückstoß oder den Gasdruck die leere Patronenhülse ausstößt und eine neue Patrone aus einem Magazin in das Patronenlager nachführt. Sie können mit Zielfernrohren oder anderen Anbauteilen ausgerüstet werden oder diese standardmäßig besitzen. Halbautomatische Gewehre sind durch bauliche Maßnahmen nicht befähigt, Dauerfeuer zu schießen. Ein Umbau ist in der Regel nicht mit einfachen Mitteln möglich.[267] Halbautomatische Gewehre sind zumeist aufschießende Waffen, d. h., die Waffe ist feuerbereit, wenn die nächste Patrone zugeführt und der Verschluss verriegelt ist.
- Vollautomatische Gewehre oder Schnellfeuergewehre bzw. Sturmgewehre sind in der Lage, je nach Bauart kurze Feuerstöße abzugeben. Am Feuerwahlhebel kann dabei von Einzelfeuer auf einen Drei-Schuss-Feuerstoß oder auf Dauerfeuer umgeschaltet werden. Dabei ist zu beachten, dass die thermische Rohrbelastung bei Feuerstößen in der Regel zu einem Nachlassen der Treffgenauigkeit führt. Ohne Unterstützung mit einem Dreibein ist die Treffgenauigkeit trotz Kompensatoren oder entsprechend ausgestatteten Mündungsfeuerdämpfern bei einem Feuerstoß mit mehr als drei Schuss gering. Auch sie können mit Zielfernrohr oder anderen Anbauteilen ausgestattet werden. Dazu kommen Stangenmagazine mit einer Kapazität von bis zu 45 Schuss oder Trommelmagazine mit bis zu 200 Schuss. Auch vollautomatische Gewehre sind zumeist aufschießende Waffen und unterscheiden sich so von den Maschinengewehren.

266 Maß für die Härte eines Stoffes.

267 Das Sturmgewehr G3 konnte als halbautomatisches Gewehr unter der Bezeichnung HK41 auch in Deutschland mit Waffenbesitzkarte erworben werden. Diese Waffe wurde auch unter dem Namen „Reservistengewehr" bekannt.

Beginnend in den 1970er-Jahren und mit der Einführung des G36 fortgesetzt schrumpften die Kaliber weltweit von 7,62 mm auf 5,56 mm rsp. 5,45 mm. Mittlerweile hat eine Gegenbewegung eingesetzt. Die kleineren Kaliber haben sich als zu leistungsschwach in der Mannstoppwirkung und im Durchschlag erwiesen. Neben der Rückkehr zum alten Kaliber 7,62 mm werden derzeit auch neue Wege beschritten. Nachdem die US-Army sich im Jahr 2022 für das Kaliber 6,8 mm x 51 „Fury" entschieden hat, scheint dieses Kaliber innerhalb der NATO beste Chancen für die Nachfolge der Kaliber 7,62 mm x 51 und (sic!) 5,56 mm x 45 zu haben. Die Patrone im Kaliber 6,8 mm hat eine höhere Durchschlagsleistung als eine Patrone im Kaliber 5,56 mm und ist auf weite Distanzen präziser als die Patrone im Kaliber 7,62 mm.

5.1.3 Maschinengewehre

Diese Waffen zählen zu den Kriegswaffen und schießen überwiegend nur in der Feuerart Feuerstoß/Dauerfeuer. Gegebenenfalls lässt sich die Feuergeschwindigkeit (Kadenz) oder auch die Schussanzahl einstellen oder begrenzen. Die Zuführung der Munition erfolgt in der Regel über Patronengurte mit Längen von über 50 Patronen oder über Stangen- oder Trommelmagazine. Historische Maschinengewehre waren wassergekühlt, da es erst seit ca. 100 Jahren einen Stahl gibt, der den thermischen und mechanischen Belastungen über eine größere Schusszahl weitgehend standhält. Ein Rohrwechsel bei diesen Waffen war zudem sehr zeitintensiv. Durch Einführung von Polygonrohren wurde die Belastung der Rohre weiter gesenkt, sodass heute bis 120 Schuss pro Feuerstoß möglich sind.[268] Weitere Möglichkeiten, die Standfestigkeit der Waffe zu erhöhen – und damit die Störungsanfälligkeit zu vermindern – werden durch massivere Waffenrohre und die Waffenkonstruktion (z. B. Zeitpunkt der Zuführung der Folgepatrone) erreicht.

Maschinengewehre sind in der Regel zuschießende Waffen. Das heißt, erst nach dem Abkrümmen läuft der Verschuss in die vorderste Stellung und führt dabei die nächste Patrone zu. Dies führt in Feuerpausen zu einer Kühlung des Waffenrohres und verlängert so ebenfalls die Standfestigkeit, führt aber durch die Bewegung des Verschlusses vor dem Schuss zu einer schlechteren Treffgenauigkeit.

Maschinengewehre werden in einem Kaliber von 5,45 mm x 39,5 bis zu 14,5 mm x 114 gebaut. Als Abgrenzung zu den Maschinenkanonen

[268] Ein guter und vorausschauender MG-Schütze wechselt auch schon früher das Rohr, wenn es die taktische Lage zulässt.

wird ein Kaliber von unter 20 mm definiert. Maschinengewehre sind Zweimannwaffen und für eine gute Zielgenauigkeit mindestens mit einem Zweibein einzusetzen. Sie werden auch als Unterstützungswaffe in Fahrzeugen jeglicher Art eingesetzt.

Je nach taktischer Rolle des Fahrzeugs können die Lafetten unterschiedlich gestaltet werden:

- Die Feldlafette oder Erdziellafette ermöglicht das treffgenaue Schießen von einem Dreibein auf Entfernungen bis ca. 1200 m. Ein Streuen in Breite und Tiefe ist ebenfalls möglich. Dabei ist der Schwenkbereich eingeschränkt. Die Feldlafette ist zusammenklappbar und kann von einem zweiten Mann getragen werden.
- Die Drehringlafette wird auf einem Fahrerhaus oder an einer Luke eines Kampffahrzeuges befestigt. Das Maschinengewehr ist in jede Richtung drehbar und hat auch einen großen Höhenrichtbereich. Somit kann die Waffe zur Flugabwehr und zur Bekämpfung von Erdzielen eingesetzt werden.
- Der Einsatz des Maschinengewehres in der Blende eines Kampffahrzeuges lässt nur die Bekämpfung von Erdzielen zu. Das Maschinengewehr ist starr befestigt und wird mit der Hauptwaffe gerichtet.
- Die Pivot-Lagerung wird zumeist auf Schiffen genutzt. Seeziel- und Luftzielbekämpfung ist durch einen großen Höhen- und Seitenrichtbereich möglich.

Maschinengewehre können als Waffen mit Eigen- oder Fremdantrieb konstruiert werden. In der hier festgelegten Definition ist das einmalige Spannen der Verschlussfeder vor dem ersten Schuss nicht als Fremdantrieb anzusehen.

Maschinengewehre gibt es als einrohrige Waffen bzw. als mehrrohrige Waffen, den sogenannten Rohrbündelwaffen oder Gatling-Waffen. Dies ist das älteste Prinzip für ein Maschinengewehr, eingeführt bereits 1861 im amerikanischen Bürgerkrieg und fremd angetrieben durch Muskelkraft. Der Vorteil einer Gatling-Waffe liegt in der höheren Kadenz – bis zu 4000 Schuss in der Minute – und einer Verteilung der Rohrbelastung auf mehrere Waffenrohre. Dabei kann das Rohrbündel einer Gatling-Waffe bis zu neun Waffenrohre beinhalten. Eine technische Grenze gibt es hier nicht. Nachteilig sind die bedeutend höhere Masse und die Reaktionszeit von der Betätigung des Abzugs bis zum Brechen des Schusses. Hinzu kommt eine schlechtere Treffgenauigkeit, hervorgerufen durch die Drehbewegung des Rohrbündels und der somit hervorgerufenen Seitwärtsbewegung des Geschosses. Auch besitzen die Waffen heute zumeist einen Fremdantrieb oder andere Hilfsmittel zum Starten des Schussablaufes – hier reicht ein Spannen der Verschlussfeder mit der Hand nicht mehr aus. Somit sind die Verschlüsse zwangsgeführt und von dem Funktionieren der Treibladungsanzündung meist unabhängig.[269] Daher müssen die Waffen gegenüber einem einrohrigen Maschinengewehr massiver ausgeführt sein, da es sonst im Falle einer verzögerten Anzündung der Treibladung zu Beschädigungen an der Waffe kommen kann.

Für schwere Maschinengewehre ist die Verwendung von Geschossen mit Inhaltsstoffen üblich, z. B. Brand- oder Explosivstoffe zur Flugabwehr.

5.1.4 Schrotflinten

Schrotflinten dienen zur Jagd, als Sportwaffe[270] und als polizeiliche bzw. militärische Sonderwaffe. Während historische Schrotflinten mit einem Steinschloss ausgestattet waren, hat sich heute die Anzündung über einen Hahn sowie mit Zentralfeueranzündung durchgesetzt. Schrotflinten haben für den Verschuss von Schrot glatte Waffenrohre.

Die Begriffsbestimmung ist schwierig, je nach Konstruktion unterscheidet man:

- einschüssige Flinten, zumeist mit Kipplaufverschluss,
- mehrschüssige Flinten, und hier:
  - Querflinten, bei denen zwei Waffenrohre nebeneinander angeordnet sind. Hier überwiegt auch der Kipplaufverschluss.
  - Bockflinten mit übereinanderliegenden Waffenrohren unter dem Glattrohr für den Schrotverschuss sowie
- Drillinge mit zwei nebeneinanderliegenden Glattrohren für den Schrotschuss und einem darunterliegenden, gezogenen Waffenrohr. Zu beachten ist, dass der Drilling nur zwei Abzüge hat. In der klassischen Variante lässt sich mit dem vorderen Abzug wahlweise der rechte Schrotlauf oder der gezogene Lauf betätigten, mit dem hinteren Abzug der linke Schrotlauf.

---

[269] Das russische vierrohrige Maschinengewehr 9-A-622 im Kaliber 7,62 mm x 54R wird über einen Gleichstrommotor „angelassen", danach wird die Energie dem Gasdruck entnommen. Bei einem Versager spurt der Motor wieder ein und bewegt das Rohrbündel weiter. Bei dem russischen vierrohrigen Maschinengewehr 9-A-624 im Kaliber 12,5 mm x 108 wird ein Federpaket gespannt, das für den ersten Schuss die Energie gespeichert hat. Auch danach übernimmt der Gasdruck die weitere Bewegung der Waffe. Beim Stopfen wird das Federpaket erneut gespannt. Im Falle eines Versagers wird eine Durchladepatrone zur weiteren Bewegung der Waffe genutzt.

[270] Z. B. zum Tontaubenschießen, das aber auch mit größeren Waffen geht, der Klassiker: www.youtube.com/watch?v=Ad6u57u6atQ.

- Repetierer, die in der Waffe ein Magazin beinhalten und somit mehrschüssig sind, als Vorderschaft- oder Unterhebelrepetierer mit einem Röhrenmagazin unter dem Waffenrohr, das bis zu acht Patronen fassen kann

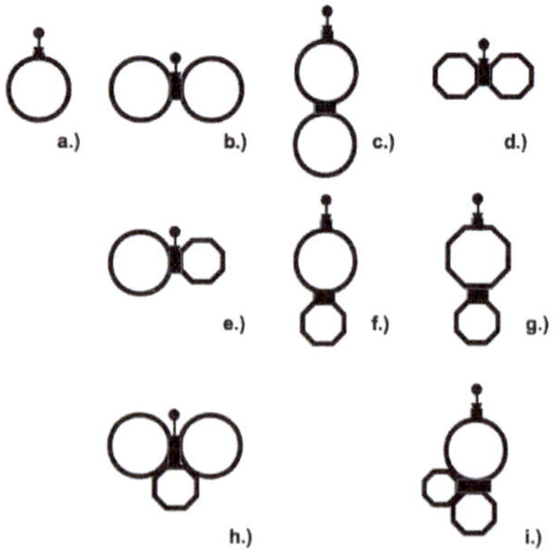

a.) Einläufige Schrotflinte
b.) Querflinte
c.) Bockflinte
d.) Doppelbüchse
e.) Querbüchsflinte
f.) Bockbüchsflinte
g.) Bockdoppelbüchse
h.) Drilling
i.) Bockdrilling

Bild 5.2: Eine Auswahl der Kombinationsmöglichkeiten bei einer Schrotflinte sowie anderen Jagdwaffen

5

Schrotflinten dienen bei der Polizei vielfach zur raschen Selbstverteidigung und zum Verschuss von Sondermunition. So können auch Elektroschocker (Taser) bis zu einer Reichweite von maximal 25 m mit Schrotflinten verschossen werden.

Militärisch werden Schrotflinten eher als „Türöffner" bei spezialisierten Kräften sowie in der Kampfmittelabwehr zum Öffnen von verdächtigen Gegenständen eingesetzt.

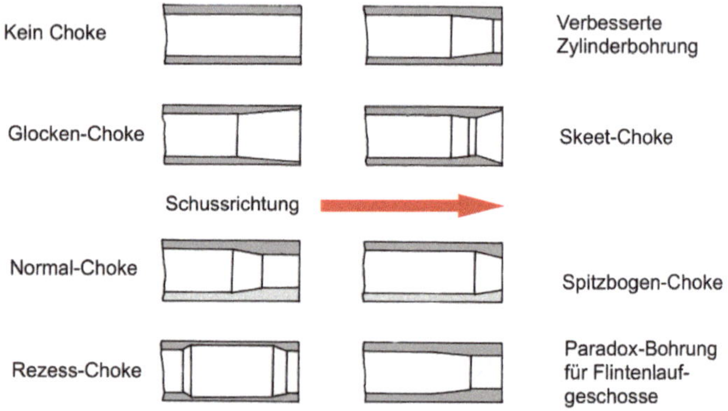

Bild 5.3: Unterschiedliche Mündungsformen (Choke) bei Schrotflinten

Eine Besonderheit der Schrotflinten ist eine Verengung der Mündung zwischen 0,1 mm und 1 mm, der sogenannte Choke. Durch den Choke wird die Schrotgarbe auch auf größere Entfernungen länger zusammengehalten. Für jagdliche Zwecke kann dies von Vorteil sein, wenn man auf weite Entfernungen schießt. Bei der Jagd auf eine kurze Entfernung und auf kleine Ziele kann man unter Umständen so vorbeischießen, da sich die Schrotgarbe nicht früh genug entfaltet. Chokes sind in der Regel austauschbar (es gibt ¼-, ½-, ¾- und Vollchokes) und können bei Bedarf von der Mündung her ein- oder aufgeschraubt werden.

5.2 Maschinenkanonen

Der Übergang von einem Maschinengewehr auf eine Maschinenkanone ist technisch gesehen fließend und wurde recht willkürlich auf das Kaliber ab einschließlich 20 mm festgelegt. Beide Waffen unterscheiden sich in diesem Grenzbereich nur unwesentlich, sofern die Maschinenkanonen einen Eigenantrieb besitzen. Auch bei der zu verschießenden Munition gibt es kaum Unterschiede, Maschinenkanonen verschießen ebenfalls Hartkern-, Spreng- und Sprengbrandgeschosse. Man könnte die Grenze bei der Handhabung und dem Transport ziehen, eine Maschinenkanone beginnt dort, wo die Waffe nicht mehr von einer Person getragen bzw. gehandhabt werden kann.[271]

Die obere Grenze kann ebenfalls nicht einfach festgelegt werden. In der Regel beschränken sich Maschinenkanonen auf das sogenannte Mittelkaliber, das, auch willkürlich festgelegt, bei einem Kaliber von ausschließlich 76 mm endet. Schnellfeuernde Marinewaffen, auch Schnellfeuerkanonen genannt, sind aber auch noch in größeren Kalibern, z. B. im Kaliber 127 mm x 680, anzutreffen.[272]

Außer Feuerstößen sind Maschinenkanonen in der Lage, einen gezielten Einzelschuss abzugeben.

Neben einer Gurtzuführung aus einem Magazinkasten können Trommelmagazine oder Ladeclips zum Einsatz kommen. Bei großkalibrigen

5

---

271 Zur Einteilung, dass Maschinengewehre Geschosse (d. h. Projektile mit einem inerten Kern) und Maschinenkanonen Granaten (d. h. Projektile mit Inhaltsstoffen) verschießen, siehe W. Pfeifer (Hrsg.), Etymologisches Wörterbuch des Deutschen, Edition Kramer im Rhenania Buchversand, Koblenz 2010. Dies entspricht nicht der Terminologie der Bundeswehr. Zur Unterscheidung zwischen Geschossen und Granaten: Geschosse werden verschossen und Granaten werden geworfen. Inhaltsstoffe spielen hier keine Rolle.

272 Die Feuergeschwindigkeit beträgt bei der US-amerikanischen Marinekanone MK45Mod4 ERGM im Kaliber 127 mm x 680 noch 16 bis 20 Schuss pro Minute. Das Magazin fasst dabei bis zu 500 Patronen.

Marinewaffen sind die Trommelmagazine unter der Waffe im Geschützturm eingebaut.

Für den Einsatz gegen unterschiedliche Ziele wird entweder eine sogenannte taktische Gurtung[273] oder ein Mehrweggurtzuführer mit einer Wahlmöglichkeit für zwei oder mehrere unterschiedliche Gurte genutzt.

Maschinenkanonen können für ein Einsatzszenario besonders geeignet sein. Dies hängt im Wesentlichen von der Bauhöhe der Lafette ab, nicht von der Waffe an sich.[274] Bei einer niedrigen Bauhöhe ist der Höhenrichtbereich eingeschränkt, aber die Waffe gut hinter einer niedrigen Deckung geschützt. Gegebenenfalls muss bei der Lafette auch Rücksicht auf eine leichte Zerlegbarkeit für einen Transport genommen werden. Hier bietet sich ein Dreibein an.

Schützenpanzer nutzen ebenfalls Maschinenkanonen als Hauptwaffe, zumeist in einem Kaliberbereich von 20 mm bis 40 mm. Bei Flugabwehrpanzern wird dieser Kaliberbereich bis 57 mm ausgedehnt. Die Flugzeugbewaffnung reicht ebenfalls bis ca. 40 mm – nur für Marinewaffen ist, auch aufgrund der Baugröße eines Schiffes, die Grenze nach oben offen.

Ebenfalls mit Ausnahme der Marinewaffen wird die Maschinenkanone nur im direkten Richten eingesetzt. Durch tempierbare Zünder[275] kann in Verbindung mit einem Laserentfernungsmesser auch ein Ziel hinter einer Deckung bekämpft werden. Dazu wird eine Datenübertragungseinrichtung von der Waffe zum Zünder benötigt. Dies kann durch eine Vorrichtung am Ladungsraum, durch eine Antenne innerhalb des Mündungsfeuerdämpfers bzw. der Mündungsbremse an der Waffenrohrmündung oder per Laserstrahl von der Waffe auf eine Fotodiode am Zünder des bereits fliegenden Geschosses erfolgen.

5.2.1 Maschinenkanonen mit Eigenantrieb

Hier wird die Energie für den Antrieb wie bei den meisten Maschinengewehren aus dem Rückstoß bzw. aus dem Gasdruck gewonnen. Für den ersten Schuss wird in der Regel wie bei den Maschinengewehren

---

[273] In diesem Fall werden verschiedene Munitionssorten beim Hersteller oder in einem Munitionsdepot vorgegurtet, z. B. zwei Patronen mit Sprenggeschossen und eine Patrone mit einem Hartkern. Auch die Anzahl der Geschosse mit einem Leuchtspursatz kann variieren.

[274] Ein gutes Beispiel ist hier die Flugzeugkanone für die Luftfahrzeuge Tornado und Eurofighter im Kaliber 27 mm x 145. Die gleiche Waffe wird auch mit geringen Änderungen als Marineleichtgeschütz auf Booten und Schiffen eingesetzt.

[275] Siehe Kapitel 10.

auch eine Spannvorrichtung der Verschlussfeder genutzt. Dieses Spannen, das nicht als Fremdantrieb anzusehen ist, kann per Hand, aber auch über einen hydraulischen oder elektrischen Hilfsantrieb erfolgen. Der Hilfsantrieb ist zumeist Teil der Lafette. Diese, fast ausschließlich leichten Maschinenkanonen zeichnen sich für die Nutzung als Feldkanone, Bewaffnung von Luftfahrzeugen, Flugabwehrkanone auf Schiffen sowie in Außenlastbehältern von Luftfahrzeugen aus. Neben einrohrigen Maschinenkanonen werden in Russland auch Gatling-Maschinenkanonen im Kaliber 23 mm und 30 mm eingesetzt, die ihre Energie für den Antrieb aus dem Gasdruck beziehen.[276]

Granatmaschinenwaffen sind ebenfalls Maschinenkanonen und verschießen ebenfalls Geschosse, die allerdings in einer deutlich gekrümmten Flugbahn ihr Ziel erreichen.[277] Als schwere Unterstützungswaffe der Infanterie sind sie im Kaliberbereich zwischen 30 mm und 40 mm angesiedelt. Sie haben in der Regel eine Zuführung der Patronen durch einen Gurt oder ein Trommelmagazin. Aufgrund des Rückstoßes und der Masse werden diese Waffen auf einer mit Steinen oder Sand beschwerten Dreibeinlafette oder von einer fernbedienbaren (leichten) Waffenstation auf einem Fahrzeug eingesetzt.[278] Um die Masse zu begrenzen und die Waffe von wenigen Personen transportierbar zu erhalten, sind die Verschlusssysteme einfach aufgebaut, im Prinzip sind es einfache Rückstoßlader mit einem Masseverschluss. Sie unterscheiden sich deutlich von den Kanonen durch ein sehr kurzes Waffenrohr und eine besondere Konstruktion der Patronen.

5.2.2 Maschinenkanonen mit Fremdantrieb[279]

Maschinenkanonen mit Fremdantrieb können je nach Lafette oder Kampffahrzeug elektrisch, hydraulisch oder per Druckluft angetrieben werden. Fremdantriebe werden genutzt, wenn die für einen Schussvorgang nötige Energie aus anderen Quellen nicht ausreicht oder eine Steuerung der Kadenz vorgenommen werden soll.

---

276 Dies sind die russischen Gatling-Maschinenkanonen Gsch-6-23 im Kaliber 23 mm x 115 und Gsch-6-30 im Kaliber 30 mm x 165. Sie werden bei Luftfahrzeugen und auf Booten sowie Schiffen eingesetzt. Die 23-mm-Gatling-Kanone erreicht dabei eine Kadenz von bis zu 10.000 Schuss pro Minute.

277 Geschosse, die aber als Granaten bezeichnet werden, da ihr Verschuss aufgrund der niedrigen Fluggeschwindigkeit und der gekrümmten Flugbahn eher einem Wurf gleicht.

278 Seltener ist der Einsatz aus Luftfahrzeugen. Von der russischen Granatmaschinenwaffe AGS-17M im Kaliber 30 mm ist das Schießen aus der Seitentür eines Hubschraubers bekannt, die russische Granatmaschinenwaffe 9-A-800, eine Weiterentwicklung der Granatmaschinenwaffe AGS-17M, wird aus dem Kanonenbehälter 9-A-8669 von verschiedenen Luftfahrzeugen aus eingesetzt.

279 Siehe auch Kapitel 4.2.8 „Fremdantriebe".

Ein Fremdantrieb hat mehrere Vorteile:

- Es wird kein Zwischenspeicher für eine Speicherung der nötigen Energie zwischen zwei Schüssen benötigt.
- Die Zuführung der Munition kann ruckfrei erfolgen und belastet somit die Munition weniger stark.
- Der sanftere Anlauf einer Maschinenkanone mit Fremdantrieb belastet die Zuführung ebenfalls weniger stark.
- Die beweglichen mechanischen Teile in einer Waffe (Verschluss und Zuführung) werden weniger stoßartig belastet. Dies führt zu einer höheren Dauerfestigkeit der Waffenanlage.
- Ein Versager wird ohne Wartezeit ausgestoßen.
- Maschinenkanonen mit Fremdantrieb sind sehr zuverlässig, da hier Munitionsmängel nicht unbedingt zu einer Störung an der Waffenanlage führen müssen – sofern sich die schadhafte Patrone wieder ausziehen lässt.

Nachteilig können sich die beiden letztgenannten Vorteile auswirken. Sollte es sich um eine Anzündverzögerung handeln, kann die Treibladung während des Entladevorganges zur Wirkung kommen. Daher müssen fremd angetriebene Waffen durch entsprechende Mechanismen vor einer Splitterwirkung durch eine zerlegende Patronenhülse geschützt werden. Dies kann durch eine massivere Ausführung der Hülsenableitung, aber auch durch einen Stopp des Schussvorganges geleistet werden. Bei einem Anzündversager muss auf jeden Fall das Patronenlager sicher entladen sein, bevor die nächste Patrone zugeführt wird. Ebenso nachteilig: Bei Ausfall der Energieversorgung ist die Waffe nicht mehr einsatzbereit.

Man unterscheidet bei Maschinenkanonen:

- Die Revolverkanone, bei der der Lade- und Entladevorgang über eine Trommel mit drei bis sechs Kammern erfolgt. Sie ist einrohrig und erreicht durch ihren speziellen Ladevorgang eine sehr hohe Kadenz, bis ca. 2500 Schuss pro Minute.[280]

---

[280] So die französische Revolverkanone GIAT 30 für das Kaliber 30 mm x 150.

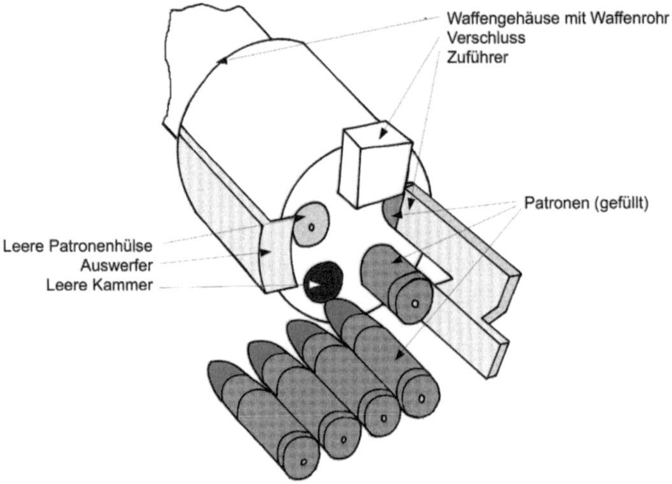

Bild 5.4: Prinzipskizze einer Revolverkanone mit fünf Kammern. Die Drehrichtung läuft gegen den Uhrzeigersinn.

- Die Kettenkanone (Chain-Gun) ist eine einrohrige Maschinenkanone, die die Bewegung einer motorangetriebenen Endlosrollenkette in eine Verschlussbewegung umsetzt. Ein Elektromotor mit ca. 2,5 kW Leistung treibt dabei die Kette an. Ein Kettenglied ist mit einem Steuernocken ausgestattet, der den Verschluss vor- und zurückbewegt sowie den Verschluss mit dem Waffenrohr verriegelt. Bild 4.14 verdeutlicht den Lade-, Schuss- und Entladevorgang. Die Kadenz der Waffe ist bis zu einer vom Gasinnendruck des Waffenrohres abhängigen Größe vom Einzelfeuer bis zum Feuerstoß stufenlos regelbar. Die maximale Feuergeschwindigkeit liegt bei ca. 625 Schuss pro Minute.[281] Ein besonderes Merkmal der Kettenkanone ist die kompakte Bauweise, wodurch sie sich für alle Fahrzeug-, Flugzeug- und Schiffsarten gut eignet.
- Die Gatling-Kanone hat den großen Vorteil, bei sehr hoher Kadenz (ggf. über 4000 Schuss pro Minute) die Rohrbelastung auf mehrere Waffenrohre zu verteilen. Nachteilig sind die schlechte Treffgenauigkeit und hohe Antriebsleistungen.

---

[281] Während die meisten Kettenkanonen eine Kadenz von bis zu 250 Schuss pro Minute aufweisen, kommt die US-amerikanische Kettenkanone M230 im Kaliber 30 mm x 113 auf eine Kadenz von bis zu 625 Schuss pro Minute.

5.3 Großkalibrige Kanonen und Haubitzen

Die Abgrenzung zwischen großkalibrigen Kanonen und Haubitzen sowie Mörsern ist historisch im Zusammenhang zwischen der Waffenrohrlänge, dem Kaliber und der Geschossflugbahn zu sehen.[282] Dies ist bei heutigen Waffensystemen nicht mehr haltbar. Moderne Panzerhaubitzen (zwischenzeitlich galt der Begriff „Kanonenhaubitzen") haben eine Waffenrohrlänge von bis zu 52 Kaliberlängen[283] und Mörser schießen auch in der unteren Winkelgruppe.[284] Eine Möglichkeit der Abgrenzung, die auch heute noch Bestand hat, liegt in dem Verhältnis zwischen Geschoss- und Treibladungsmasse. Bei Kanonen ist dieses Verhältnis etwa gleich, auf ein Kilogramm Geschossmasse wird ein Kilogramm Treibladung benötigt. Bei Haubitzen ist das Verhältnis der Geschoss- zur Treibladungsmasse 3:1 und bei Mörsern etwa 10:1.

Die Waffenrohre sowohl von Kanonen als auch von Haubitzen haben zumeist dieselben Bauteile wie Rauchabsauger sowie Mündungsbremsen und als Verschlüsse sowohl Bajonett-, als auch Keil- und Bodenverschlüsse. Sie sind ausnahmslos Rückstoßlader, bei denen die Energie der rücklaufenden Massen zum teil- oder vollautomatisierten Laden genutzt wird. Dabei können Feuergeschwindigkeiten bis zu sechs Schuss pro Minute erreicht werden. Sie sind aufschießende Waffen, d. h., der Verschluss ist vor dem Abkrümmen geschlossen. Somit werden eine hohe Treffgenauigkeit und ein geringer Zeitverzug beim Abkrümmen erreicht. Die Gasdrücke im Waffenrohr haben bei ca. 650 MPa eine technische Grenze erreicht. Auch die Pulvertreibladungen sind technisch ausgereizt, sodass zukünftig keine höheren Mündungsgeschwindigkeiten mehr zu erreichen sind. Neue Wege könnten mit flüssigen Treibstoffen sowie Leichtgaskanonen[285] begangen werden.

Noch zu erwähnen ist, dass beide Waffenarten bei modernen Konstruktionen heutzutage Hinterlader sind.

---

282 Nach G. Scharnhorst, Handbuch für Offiziere, 1787:
- Kanonen haben eine Rohrlänge, die dem 16-Fachen bis 24-Fachen ihres Kalibers entspricht, und schießen in der unteren Winkelgruppe.
- Haubitzen haben eine Rohrlänge zwischen dem 4 ½-Fachen und dem 6-Fachen ihres Kalibers und schießen in der oberen und unteren Winkelgruppe.
- Mörser haben jeweils eine Rohrlänge, die dem 3-Fachen bis 4-Fachen ihres Kalibers entspricht, und schießen nur in der oberen Winkelgruppe.

283 Z. B. die deutsche Panzerhaubitze 2000 mit einer Waffenrohrlänge von etwa 8 m.

284 Hier ist als Beispiel der russische Hinterladermörser 2A60 in der Selbstfahrlafette 2S9 „Nona-S" bzw. 2S423 Nona-SVK zu nennen. Der Höhenrichtbereich liegt zwischen -4° und 80°. Sogar ein Hohlladungsgeschoss zur Panzerabwehr ist für diese Waffe verfügbar..

285 Siehe dazu Kapitel 5.7.1

Leichte Unterschiede zwischen Kanonen und Haubitzen sind auch heute noch feststellbar:

- Kanonen:
  - Sie sind Waffen, die Geschosse mit sehr hoher Mündungsgeschwindigkeit verschießen. Eine moderne KE-Munition kann eine Mündungsgeschwindigkeit von bis zu 1850 m/s erreichen.
  - Panzerkanonen sind derzeit Glattrohrkanonen, um Hohlladungsgeschosse drallarm verschießen zu können.
  - Während Panzerkanonen hauptsächlich in der unteren Winkelgruppe schießen, werden Flugabwehrkanonen in der oberen und unteren Winkelgruppe eingesetzt. Der Höhenrichtbereich ist (außer bei Flugabwehrkanonen) auf ca. +30° nach oben begrenzt.
  - Taktisch überwiegt das direkte Richten, dabei wird nicht aus einer Deckung heraus geschossen. Die Kampfentfernung liegt im direkten Richten bei ca. 4000 m und wird neben der Sichtlinie durch das Luftflimmern begrenzt.[286]

- Haubitzen:
  - besitzen eine mittlere Mündungsgeschwindigkeit von bis zu 900 m/s,
  - haben zumeist eine größere Munitionsvielfalt, sowohl in der Geschoss- als auch in der Treibladungsauswahl und
  - werden in beiden Winkelgruppen eingesetzt.
  - Außer zur Selbstverteidigung wird im indirekten Richten aus einer Deckung auch hinter Deckungen geschossen.
  - Derzeit wird eine Kampfentfernung von 70 km bei einem Kaliber von 155 mm angestrebt. Problematisch ist hier aber das Verhältnis zwischen der Nutzlast und der Gesamtmasse des Geschosses.

---

[286] Davon unabhängig ist die theoretisch erreichbare Schussentfernung, die bei Kampfpanzerkanonen durch die hohe Mündungsgeschwindigkeit und die aerodynamisch sehr gut geformten KE-Geschosse bei mehr als 150 km liegt. Es gibt auch artilleristisch genutzte Kanonen, so z. B. das Paris-Geschütz aus dem Ersten Weltkrieg. Diese konnten Geschosse im Kaliber 21 cm über eine Entfernung von mehr als 130 km verschießen. Der Abgangswinkel betrug dabei 55°, somit schoss diese Kanone in der oberen Winkelgruppe.

5.4 Mörser

Während moderne Kanonen und Haubitzen Hinterlader sind, sind bei Mörserkampfsystemen Waffen mit beiden Lademöglichkeiten Stand der Technik. Der Kaliberbereich beginnt etwa bei 50 mm und endet bei 60 cm.[287] Andere Bezeichnungen für einen Mörser sind Granatwerfer, genutzt im Österreichischen und Schweizer Sprachraum, oder Minenwerfer, eine Bezeichnung aus dem Ersten Weltkrieg.

Die Waffenrohre eines Mörsers sind trotz aller technischen Entwicklungen nach wie vor recht kurz, sie sind dünnwandiger als bei Kanonen und Haubitzen und werden mit einer einfachen Abfeuerung versehen. Bei Vorderladern kann die Abfeuerung aus einem Dorn am hinten verschlossenen Waffenrohr bestehen, auf den der Treibladungsanzünder der Mörserpatrone nach dem Laden aufschlägt. Sicherungen und auch Handabzug ggf. über eine Reißleine existieren bei größeren Kalibern ab ca. 80 mm.

5 Der einfache Mörser steht auf einer Bodenplatte, die verhindern soll, dass die Waffe durch den Rückstoß im Boden einsinkt. Gehalten und gerichtet wird ein kleinerer Kommandomörser im Kaliber 60 mm oder darunter mit der Hand, größere Systeme besitzen ein Zweibein und werden mithilfe eines Richtkreises artilleristisch auf das Feuerkommando vorbereitet.

Mörser sind mindestens Zweimannwaffen und haben eine hohe Feuergeschwindigkeit, die nur von der Ladegeschwindigkeit der Bediener abhängt. Automatische Ladeeinrichtungen mit Feuergeschwindigkeiten bis zu 20 Schuss pro Minute sind bekannt, haben sich aber bisher noch nicht durchgesetzt. Fatal ist beim Laden eine Doppelladung, da die zweite Patrone im Waffenrohr zu einer starken Vergrößerung der zu verschießenden Masse führt, die nicht schnell genug aus dem Waffenrohr heraus beschleunigt werden kann. Der Gasdruck im Waffenrohr wird somit über den zulässigen Höchstgasdruck ansteigen und das Waffenrohr wird aufreißen. Daher besitzen viele Mörser eine Doppelladesperre.

Die Waffenrohre eines Vorderladermörsers sind weitgehend Glattrohre. Die Munition ist bei den Glattrohren flügelstabilisert. Die Abdichtung zwischen Waffenrohr und Patrone erfolgt durch Gasabdichtringe an der Mörserpatrone. Diese entsprechen entweder einer

---

[287] Mörser in einem kleineren Kaliber sind der druckluftbetriebene französische Mörser Dormay-Chateau im Kaliber 40 mm und der italienische Brixia-Mörser im Kaliber 45 mm. Letzterer ähnelt aber eher einer Granatmaschinenwaffe, auch wenn mit der Waffe nur Einzelfeuer geschossen werden kann.

aus dem Maschinenbau bekannten Labyrinthdichtung oder bestehen bei neueren Systemen aus einer strömungstechnisch wirkenden Dichtrille. Im letzten Fall wird die Geschwindigkeit der am Spalt vorbeiströmenden Gase im Bereich der Schallgeschwindigkeit gehalten und so eine Gassperre aufgebaut.

Der Wirkungsgrad eines Mörsers ist somit schlechter als der einer Kanone, da immer ein Teil der Treibladungsgase zwischen Waffenrohr und Mörserpatrone vorbeistreicht.

Vorderladermörser mit gezogenen Rohren besitzen eine Prallplatte am hinteren Teil der Mörserpatrone, die durch den Gasdruck nach außen gequetscht wird und so zum einen den Spalt zwischen Waffenrohr und Mörserpatrone abdichtet und zum anderen den Drall auf die Patrone überträgt. Eine andere Möglichkeit, die Drallübertragung sicherzustellen, besteht in fabrikmäßig voreingeschnittenen Führungsbändern – hier bleibt allerdings auch das Problem der Gasabdichtung bestehen, da die eingeschnittenen Führungsbänder Spiel haben müssen, damit die Patrone in das Waffenrohr gleiten kann.

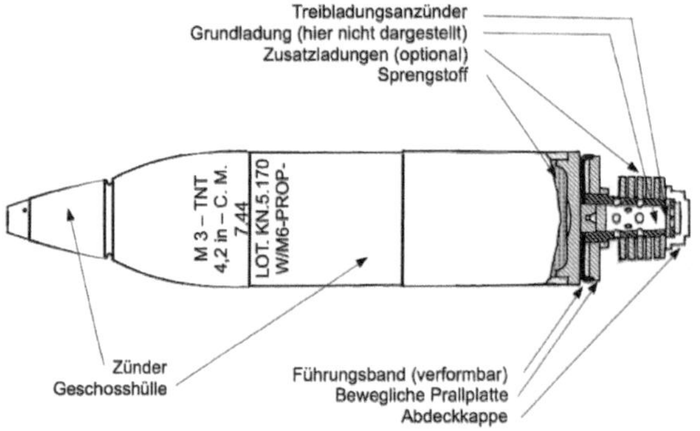

Bild 5.5: Mörserpatrone M3 für einen 4,2"-Mörser M30 (USA) im Kaliber 107 mm

5.5 Rückstoßarme Waffen

Bei rückstoßarmen Waffen wird der Rückstoß durch verschiedene technische Möglichkeiten, wie in Kapitel 3.2 beschrieben, weitgehend kompensiert. Daher entfallen aufwendige und schwere Anbauteile wie Mündungsbremsen, Rohrvorholer und Rohrbremsen sowie massive Lafetten. Die Waffen sind auch bei größeren Kalibern noch durch ein oder zwei Soldaten transportierbar, können auf einem Einachsanhänger an ein leichtes Fahrzeug angehängt werden und sind luftverlastbar – daher der deutsche Name „Leichtgeschütz", der bereits im Zweiten Weltkrieg gebräuchlich war. Nachteilig ist, dass bei diesen Waffen die nach hinten abgeleiteten Treibladungsgase schnell zu einer Entdeckbarkeit der Stellung führen können. Der Wirkungsgrad ist geringer als bei herkömmlichen Waffen im gleichen Kaliber und die Knalldruckbelastung beim Schuss für die Bediener immens hoch. Weitgehend gelöst ist das Problem des Verschusses aus engen Räumen, jedoch ist der direkte Aufenthalt hinter einer schießenden rückstoßarmen Waffe in den meisten Fällen tödlich.

Leichtgeschütze wurden im Zweiten Weltkrieg und bis in die 1980er-Jahre vor allem von Fallschirmjägern und Kommandotruppen genutzt. Dabei stand im Kaliber von 60 mm bis 120 mm die gesamte Munitionspalette inklusive nuklearer Geschosse zur Verfügung.[288] Die rückstoßarmen Waffen werden derzeitig hauptsächlich als wiederladbare, von einer Person tragbare Waffe oder auch als Einmalwaffe im Bereich der Panzerabwehr und als schwere Waffe der Infanterie gegen verbunkerte Stellungen in Kalibern unter 120 mm und darüber genutzt. Hier gibt es als Munitionssorten neben der Hohlladungsmunition vor allem die sogenannten Brandgefechtsköpfe der „Brandgranatenwerfer" RPO, RPO-A und AGI-3x40 sowie Leucht- und Nebelgeschosse.[289] Moderne Optiken mit integrierten Laserentfernungsmessern sowie programmierbare Zünder in Gefechtsköpfen lassen Kampfentfernungen bis zu 1200 m und verschiedene Auslösemodi, z. B. Luftsprengpunkt über dem Ziel oder Aufschlag mit und ohne Verzögerung, zu.

5.6 Druckgas- und Federdruckwaffen[290]

Die Nutzung von druckgasbetriebenen Waffen beschränkt sich nicht nur auf Druckluftpistolen und -gewehre hauptsächlich für den sportlichen sowie den Softair- und Paintballbereich, sondern auch auf großkalibrige Waffen. Dabei muss unterschieden werden zwischen Waffen, bei denen das komprimierte Gas mit- oder zugeführt wird, und Waffen, bei denen das Druckgas direkt vor dem Verschuss erzeugt wird.

---

288 Bekannt wurden die US-amerikanischen nuklearen Leichtgeschütze M28 und M29 im Kaliber 120 mm sowie 155 mm unter dem Namen Davy Crockett. Sie verschossen als Aufsteckmunition das nukleare Geschoss M-388 auf eine Entfernung von 2 km bzw. 4 km.

289 Die Bezeichnung Brandgranatenwerfer ist genauso irreführend wie die Übersetzung für „Реактивный пехотный огнемёт, Reaktiver Flammenwerfer der Infanterie". Hier handelt es sich um eine Munitionsfamilie, die ähnlich des Wirkmittels 90 bzw. der Panzerfaust-3 der Bundeswehr verschiedene Gefechtsköpfe verschießen kann.

290 Auch Wasserdampf wurde versuchsweise als Antrieb für ein Geschoss genutzt. Um ca. 212 v. Chr. soll Archimedes eine Dampfkanone entwickelt haben. Der sogenannte Erzdonnerer soll ein Geschoss mit einer Masse von einem Talent (= 20–30 kg) sechs Stadien (= 900–1100 m) weit geschossen haben. Neben dem antiken Entwurf ist der britische Holman-Projektor aus dem Jahr 1940 bekannt.

5.6.1 Druckluftbetriebene Waffen

Druckluftgewehre wurden historisch als Windbüchsen bezeichnet und waren wegen ihrer Präzision, schnellen Feuerfolge und ihres leiseren Mündungsknalls vor allem im Guerillakämpfen beliebt.[291] Im Ersten Weltkrieg wurden mittel- und großkalibrige Mörser mit Druckluft von französischer und deutscher Seite betrieben,[292] die US-amerikanische Marine experimentierte bereits vor dem Ersten Weltkrieg mit druckluftbetriebenen Kanonen im Kaliber 38 cm, stellte aber die Weiterentwicklung in den 20er-Jahren des letzten Jahrhunderts ein. Derzeitig gibt es außer für spezielle Anwendungen (Ausstoß von Torpedos bei Marinewaffen) keine Entwicklungen auf diesem Sektor, dabei hat die Druckluftwaffe durchaus ihre Vorteile. Die Entdeckung der Waffe durch akustische oder optische Aufklärung ist sehr gering, da der Mündungsknall abgeschwächt ist und ein Mündungsblitz fehlt. Nachteilig ist die geringe Leistung der Waffen durch den schwachen Gasdruck im Waffenrohr und der logistische Aufwand für die Nachführung gefüllter Druckgasflaschen.

5

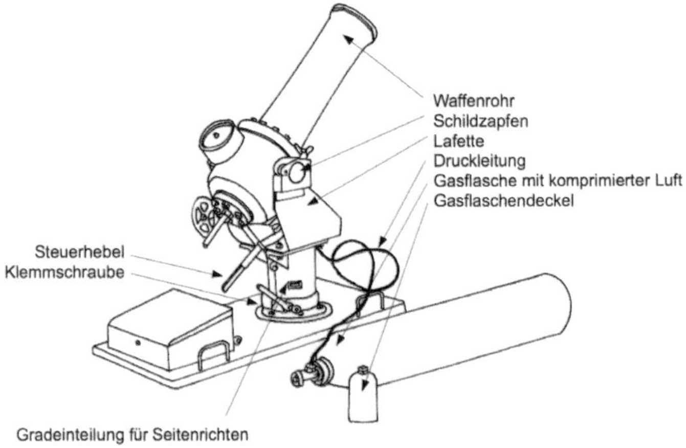

Bild 5.6: 15-cm-Pressgasminenwerfer M15, eingesetzt von deutschen und österreichischen Truppen im Ersten Weltkrieg

291 Die sogenannte Girandoni-Büchse hatte ein gezogenes Waffenrohr und ein 20-Schuss-Magazin. Die Kaliber lagen zwischen 7,5 mm und 11,75 mm. Die Kampfentfernung betrug ca. 150 m. Körpertreffer konnten dabei tödlich sein. Die Druckluft wurde mittels einer Kolbenpumpe aufgebaut und in einen Druckluftbehälter in der Waffe zwischengespeichert.

292 Von deutscher Seite wurde als größter Mörser der 20-cm-Pressgasminenwerfer eingesetzt. Er verschoss ein 45 kg schweres Sprenggeschoss. Weitere Informationen über die umfangreiche Palette dieser Waffenentwicklung findet man bei T. Reibert, Die deutschen Minen- und Granatwerfer im Ersten Weltkrieg 1914–1918, Berlin 2014.

Druckluftwaffen benötigen eine Pumpe oder eine Druckgasflasche (meist Luft oder Kohlendioxid) für den nötigen Druckaufbau. Das komprimierte Gas wird dann bis zum Abschuss vorgehalten und durch das Abkrümmen des Abzugs dosiert freigegeben. Der weitere Schussverlauf findet wie bei herkömmlichen Waffen mit einer Treibladung als Energiespeicher statt.

5.6.2 Federdruckwaffen

Bei Federdruckwaffen wird die nötige Druckluft erst vor dem Schuss durch einen Federmechanismus erzeugt und direkt an das Waffenrohr abgegeben. Federdruckwaffen werden nur für den kleinkalibrigen Waffenbereich, also Pistolen und Gewehre, hergestellt. Bei diesen Waffen herrschen die Kaliber 4,5 mm und 5,6 mm bis 6,35 mm vor. Die Feder muss dabei vor dem Verschuss gespannt werden. Dies kann über eine von Hand zu spannende Schraubenfeder erfolgen (z. B. durch einen Knicklader) oder über einen elektrischen Antrieb, der über ein Getriebe die Feder spannt. Während manuell zu spannende Waffen Einzellader sind, können elektrisch betriebene Federdruckwaffen eine Kadenz bis zu 16 Schuss pro Minute erreichen.

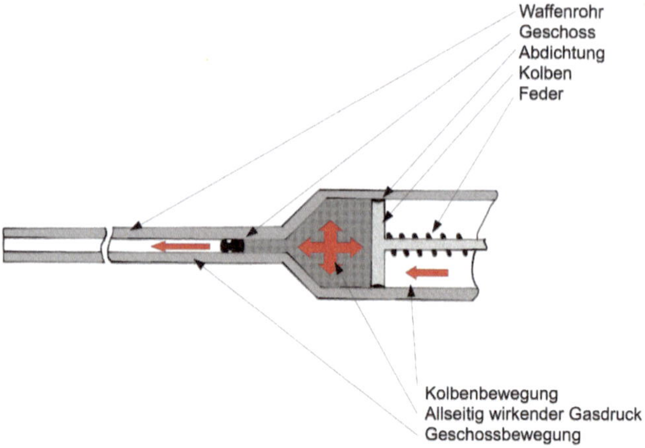

Bild 5.7: Prinzip einer Federdruckwaffe, der Auslösemechanismus wurde vernachlässigt

5.6.3 Leichtgaskanonen

Aufgrund der Schallgeschwindigkeit in den Verbrennungsprodukten einer Treibladung können herkömmliche Kanonen nur eine theoretische Mündungsgeschwindigkeit von ca. 2500 m/s erreichen.

Aufgrund Wärme- und Reibungsverlusten liegt die praktische Mündungsgeschwindigkeit weit darunter. Nutzt man hochkomprimierte Gase mit einem sehr geringen Molekulargewicht, z. B. Wasserstoff oder Helium, lassen sich bedeutend höhere Mündungsgeschwindigkeiten bis zu 11.500 m/s[293] erreichen. Solche Kanonen werden allerdings nur im Laborbereich zur Simulation von physikalischen Vorgängen, z. B. der Untersuchung von Meteoriteneinschlägen in Satelliten, eingesetzt. Eine kommerzielle oder auch militärische Nutzung ist derzeit nicht zu erkennen.

Die Leichtgaskanone besteht aus einem Ein- oder Zweikammersystem. Beschrieben wird das leistungsfähigere Zweikammersystem. Hier befindet sich in der hinteren Kammer eine herkömmliche Treibladung, in der vorderen Kammer ein bereits durch eine elektrische Entladung hochkomprimiertes Gas. Beide Kammern sind durch einen Kolben bzw. durch eine perforierte Wandung getrennt. Die vordere Kammer ist mit einer vorfragmentierten Berstscheibe in der Dicke zwischen 1 mm und 5 mm – je nach benötigtem Enddruck – zum Geschoss hin abgeschlossen. Als Geschoss können Feststoffe, aber auch Flüssigkeiten genutzt werden, die in einem Treibspiegel eingelassen sind.

Mit der zumeist elektrischen Anzündung der Treibladung beginnt der Beschleunigungsprozess des Kolbens, der in das hochverdichtete Gas getrieben wird und dieses weiter verdichtet. In der vorderen Kammer werden so vor dem Zerbrechen der Berstscheibe Drücke bis 1 GPa erreicht. Mit dem Aufbrechen der Berstscheibe wird das Geschoss auf die geforderte Mündungsgeschwindigkeit beschleunigt. Dabei zerfällt vor der Mündung der zumeist aus Kunststoff oder Aluminium gefertigte Treibspiegel und wird von einer Blende aufgefangen.

Die beschleunigten Geschossmassen sind in der Regel sehr klein. In Relation zur Mündungsgeschwindigkeit kann angenommen werden:

Geschossmasse in g	**Mündungsgeschwindigkeit in m/s**
0,01	10.000
1	7000
1000	5000

[293] Dies ist etwas höher als die Fluchtgeschwindigkeit, die benötigt wird, um ein Geschoss in den Weltraum schießen zu können.

Verbesserungen sollen vor allem mehrrohrige Kammern sowie eine dritte Kammer bieten. Hier laufen derzeitig mehrere Patente.

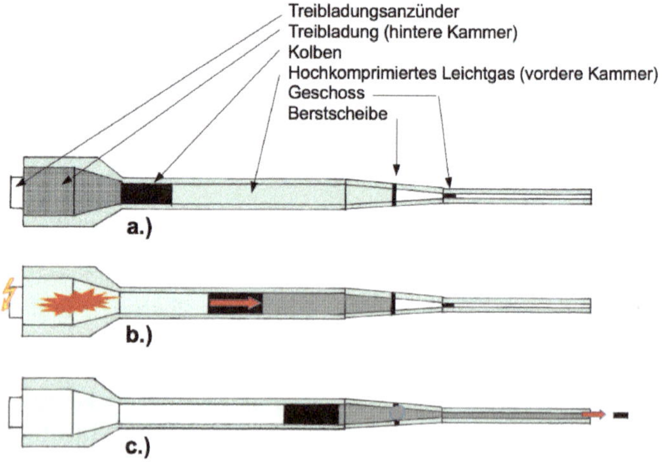

Bild 5.8: Funktionsablauf in einer Leichtgaskanone

a) Kanone in Ruhestellung: In der vorderen Kammer befindet sich Leichtgas unter hohem Druck.

b) Anzündung des Treibladungspulvers in der hinteren Kammer: Der Kolben wird gegen das hochkomprimierte Leichtgas gedrückt und komprimiert dieses weiter

c) Die Berstscheibe ist zerbrochen und das Leichtgas beschleunigt das Geschoss aus dem Rohr.

5.7 Sonstige Waffen

Gerade die Entwicklung sogenannter nicht letaler Waffen führte zu speziellen Anwendungen im Waffensektor. Die Grenze zwischen den Schusswaffen und letalen Waffen kann fließend sein wie bei dem Verschuss von Tasergeschossen oder es gibt komplette Neuentwicklungen, die zwar „Waffen" oder sogar „Kanonen" genannt werden, aber keine Schusswaffen sind.

5.7.1 Schallwaffen

Drei Frequenzbänder sind bei der Wirkung auf den Menschen von Belang:

- 0 Hz bis 250 Hz: Durch eine Beschallung im Infrasoundbereich lassen sich Unwohlsein, Schmerz, Panik und andere negative Erscheinungen erzeugen. Dabei können bei einem Schalldruck ab

100 dB schwere organische Schäden bis hin zum Tod auftreten. Die Schallquelle kann mehrere Hundert Meter von der Zielperson entfernt sein und ist nur schwer ortbar, vor allem wenn sie Frequenzen unter 20 Hz erzeugt.[294] Dies hat für eine Beschallung die negative Konsequenz, dass die Zielperson keine Möglichkeit hat, ihren Zustand einzuordnen und ggf. der Gefahr aus dem Weg zu gehen. Deswegen ist dieser Frequenzbereich für eine nichtletale Waffe ungeeignet.

- 250 Hz bis ca. 20 kHz: In diesem weitgehend hörbaren Frequenzbereich kann eine Schallquelle geortet und somit der Gefahrenbereich möglichst verlassen werden. Auch in diesem Bereich können Schmerz, Unwohlsein und Schwindelanfälle bis hin zur Ohnmacht erzeugt werden. Allerdings muss der Schalldruck die Grenze von 130 dB deutlich überschreiten, kann aber gut dosiert und somit der Situation angepasst werden. Daher eignet sich dieser Bereich gut für eine Entwicklung einer nicht letalen Waffe.
- Über die Auswirkungen des Frequenzbereichs von mehr als 20 kHz wurden bisher nur wenige Untersuchungen bekannt. Daher sind hier zurzeit keine Aussagen möglich.

Versuche zur Ausnutzung des Schalls als Waffe reichen auf deutscher Seite zurück bis in die 1940er-Jahre. Mittels eines Parabolspiegels sollte eine durch detonative Umsetzung erzeugte Druckwelle auf ein Ziel gelenkt werden. Außer einer „beträchlichen" akustischen Richtwirkung des Knalls war allerdings kein positives Resultat zu erzielen.

Für die Abwehr von Piraten auf Schiffen mit Explosionsgefahr (z. B. Gastanker) und auch für die Auflösung von Demonstrationen wurde in den 2000er-Jahren das sogenannte Herbertzhorn[295] entwickelt. Es besteht aus einem Trichter, durch den pro Sekunde bis zu 300 l komprimierte Luft geschickt werden. Der dabei erzeugte hohe und bis zu 188 dB laute Pfeifton mit einer Frequenz zwischen 1,5 kHz und 2 kHz und einer Schallleistung von ca. 13.500 W kann zielgenau auf eine Person gerichtet werden und erzeugt eine schmerzhafte Reak-

---

294 Gemäß V. Bellous, Weapons of the 21 Century, erschienen in: International Affairs, Minneapolis, Band 55 aus dem Jahr 2009, wurde bereits vor 2002 in Russland eine Schallwaffe entwickelt, die einen Impuls mit einer Frequenz von 10 Hz aussendet. Dieser Impuls entspricht noch nach mehreren Hundert Metern einem Schlag mit einem Baseball und kann schwere innere Verletzungen zur Folge haben.

295 Mittlerweile vermarktet unter der Bezeichnung Distanzeinsatzmittel AS2D (Acoustic System of De-Escalation and Defence).

tion bis hin zu bleibenden Schäden. Noch auf 100 m Entfernung erzeugt die Schallkanone bei der getroffenen Person Übelkeit, Schwindelanfälle, Ohnmacht und ggf. Trommelfellschäden.

Das Herbertzhorn kann stationär zum Schutz kritischer Infrastrukturen bzw. auf Fahrzeugen oder Schiffen montiert werden.

5.7.2 Strahlenwaffen inklusive Neutronenwaffen[296] und Laserwaffen

Kommerzielle Waffensysteme sind weitgehend ausgereizt, zudem werden schnellere Reaktionsmittel gegen anfliegende Geschosse und Flugkörper benötigt.[297] Auch ist man bemüht, Kollateralschäden durch Explosionen und Splitterbildung möglichst zu vermeiden, um eigene Kräfte oder die Bevölkerung nicht zu gefährden. Hier rücken zunehmend neue Technologien wie Strahlenwaffen in den Fokus. Strahlenwaffen umfassen ein weites Spektrum:

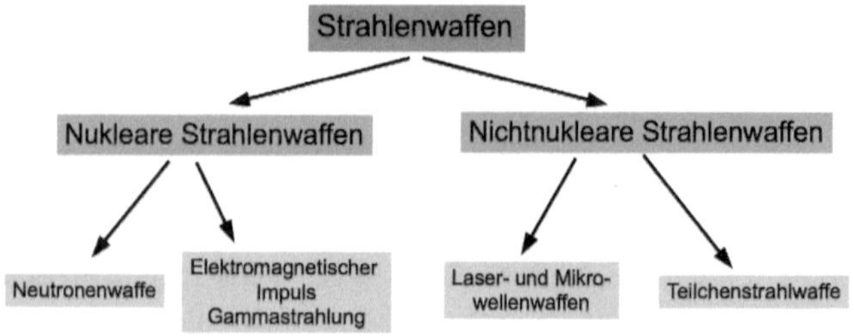

Bild 5.9: Einteilung von Strahlenwaffen[298]

Strahlenwaffen betrachten das gesamte elektromagnetische Frequenzspektrum sowie bestimmte nukleare Teilchen.

- Die Neutronenwaffe, besser bezeichnet als eine „Kernwaffe mit verminderter Druckstoßwirkung und erhöhter nuklearer Strahlung“, ist eine kleine Wasserstoffbombe mit einer Optimierung auf die Freisetzung von Strahlung. Sie wurde entwickelt, um die Besatzung angreifender starker Panzerverbände durch eine harte Strahlendosis auszuschalten. Durch Anheben des Sprengpunktes

---

296 Nukleare Sprengstoffe siehe Kapitel 2.7.

297 Die Entwicklung begann schon in den 1920er-Jahren. Im Jahr 1930 lobte die britische Regierung ein Preisgeld von 1000 britischen Pfund aus für eine Strahlenwaffe, mit der sich ein Schaf aus 100 m Entfernung töten ließe.

298 Einteilung nach: Krieg im Äther, Vorlesungen an der eidgenössischen technischen Hochschule in Zürich im Wintersemester 1987/1988.

lässt sich die Druckstoßwirkung weiter vermindern, ohne dass dafür eine Minderung in der Strahlenwirkung in Kauf genommen werden muss. Eine Weiterentwicklung war der Gefechtskopf des Fla-LFK „Sprint“, der durch seinen Neutronengefechtskopf anfliegende gegnerische Nuklearflugkörper in großer Höhe unschädlich machen soll.

- Der elektromagnetische Impuls mit Freisetzung einer starken Gammastrahlung wurde durch Zufall bei der Zündung einer Wasserstoffbombe in der Höhe von 450 km über dem Pazifik entdeckt. Die Wirkung auf die Inseln unterhalb des Explosionspunktes war fatal: Wasserhähne schmolzen, elektrische Anlagen fielen großflächig aus, zwei Satelliten wurden unbrauchbar und noch in 1400 km Entfernung auf der Insel Hawaii wurde die Straßenbeleuchtung beschädigt. Aus der Ionisierung der Luftmoleküle wird ein hochenergetischer Stromimpuls im Frequenzbereich von 10 kHz bis ca. 100 MHz erzeugt, der vor allem Starkstromleitungen zum Schmelzen bringt. Aufgrund der Höhe des Sprengpunktes ist am Boden kein Druckstoß mehr zu erwarten.

- Der sogenannte Flusskompressionsgenerator (engl.: Explosive Flux Compression Generator) erzeugt einen elektromagnetischen Impuls mithilfe einer Spule, die bei einem Stromdurchfluss ein Magnetfeld erzeugt. Um die Spule herum befindet sich eine Röhre aus Sprengstoff. Zuerst wird das Magnetfeld mithilfe von leistungsfähigen Kondensatoren erzeugt, anschließend der Sprengstoff zur Detonation gebracht. Dadurch wird die Spule zusammengedrückt und gegen das Magnetfeld der Spule Arbeit verrichtet. Somit nimmt die Energie des Magnetfeldes schlagartig zu. Je schneller dabei die Kompression verläuft, umso höher ist die Momentanleistung, die dann z. B. in einem Vircator zur Ausbildung einer elektromagnetischen Welle ausgenutzt werden kann. Dabei werden durch den Vircator bei einer Impulsdauer von ca. 100 ns Spitzenleistungen bis zu 40 GW erreicht. Je nach Geometrie des Vircators werden Frequenzbereiche zwischen 1 GHz bis 10 GHz gestört und entsprechende Sende- und Empfangsanlagen ausgeschaltet. Abhängig von der Größe des Generators und des Vircators hat der Störimpuls eine effektive Reichweite von wenigen Hundert Metern bis hin zu einigen Kilometern. Der Flusskompessionsgenerator wird bei der Auslösung zerstört und kann somit nur einmal verwendet werden. Der Vircator ist mehrfach verwendbar, es können also mehrere Generatoren auf die Röhre einwirken.

- Laser und Mikrowellenwaffen[299] wirken durch die Bündelung der elektromagnetischen Wellen. So kann auf Sichtweite und kabellos auf einem Ziel ein hoher Energieeintrag erzielt werden. Dabei ist es möglich, durch eine kurze Impulszeit oder durch eine Reduzierung der Strahlung die Wirkung im Ziel zu beeinflussen. Laser und Maser bieten gegenüber konventionellen Waffen viele Vorteile:
  - Wegfall des Munitionsnachschubs inklusive aller Schutzmaßnahmen und Bewachung für die Munition während Lagerung und Transport,
  - bei kontinuierlicher Energiezufuhr eine fast unendliche Einsatzbereitschaft ohne Rücksicht auf eine Begrenzung des Mitführens an Munition auf dem Kampffahrzeug durch die Größe des Kampfraumes oder Gesamtmasse des Fahrzeuges,
  - sehr große Treffgenauigkeit, da je nach Wellenlänge von den BWE-Einflüssen[300] weitgehend unabhängig,
  - verzuglose Wirkung im Ziel,
  - geringe Detektierbarkeit, falls ein Sensor nicht im Strahl positioniert ist. Ein Mündungsknall bzw. ein Geschossknall fehlt vollständig,
  - eine mögliche Eskalationskalibrierung durch Begrenzung der Leistung und kurzen Impulsen sowie
  - der Schuss aus einer Strahlenkanone ist viel kostengünstiger als ein Schuss mit herkömmlicher Munition.

Einer der größten Nachteile, die Speicherung und Bereitstellung von einer sehr hohen Energiemenge in sehr kurzer Zeit, scheint weitgehend gelöst zu sein, vor allem wenn der Laser auf Schiffen oder großen Kampffahrzeugen installiert wird. Innerhalb kurzer Zeit müssen 20 kW bis 100 kW an elektrischer Energie bereitgestellt werden und abfließen können.

Weitere Nachteile sind:

- die Nachführung der Waffe bei einem beweglichen Ziel, da der Laserstrahl eine bestimmte Zeit auf den Zielpunkt einwirken muss,
- keine Sprengwirkung im Ziel,
- kein Wirken hinter Hügeln, Hindernissen und Deckungen und
- je nach Wellenlänge witterungsabhängig. Sand, Regen, Schnee oder Nebel führen zur Streuung und Reflexion.

---

299 Mikrowellenwaffen werden auch als „Microwave Amplification by Stimulated Emission of Radiation – Maser" bezeichnet.

300 Siehe Kapitel 1.6.1.1.

Mittlerweile sind Laserwaffen ein fester Bestandteil der militärischen Entwicklung und die Einführung von Hochenergielasern zu Land, Wasser und in der Luft fest in den Budgets eingeplant. Als Beispiel für die Leistungsfähigkeit der Vergleich zwischen einem Laserschuss und einem kommerziellen Schuss mit einem treibspiegelgeführten Wuchtgeschoss:

	Laserschuss	**Kommerzieller Schuss (treibspiegelgeführtes Wuchtgeschoss)**
Leistung	100 kW	
Einwirkzeit im Ziel	3 s	
Anfangsgeschwindigkeit		1400 m/s
Geschossmasse		300 g
Benötigte Energie	0,3 MJ	0,3 MJ

Beide Schussarten reichen aus, um eine 17 mm dicke Panzerplatte mit einer Härte von 500 Brinell auf 1000 m zu durchdringen.

Ein Laser besteht aus zwei Spiegeln, von denen ein Spiegel voll reflexionsfähig und der andere, der Auskoppelspiegel, teildurchlässig ist. Zwischen den Spiegeln befindet sich ein Medium, das je nach Anwendungsfall und elektromagnetischer Wellenlänge fest, flüssig oder gasförmig sein kann. Durch eine Anregungsquelle werden die Atome in dem Medium durch Einstrahlung von Licht (= Energie) in ein höheres Energieniveau versetzt. Wird ein Atom in einem höheren Energieniveau mit einem Photon (d. h. ebenfalls Licht) der auszustrahlenden Energie stimuliert, fällt es in seinen Grundenergiezustand zurück und sendet ebenfalls ein Photon mit der Wellenlänge des stimulierenden Photons aus. Beide Photonen bewegen sich in die gleiche Richtung und können weitere Atome treffen, die sich in dem angeregten Zustand befinden. Durch die Spiegel an beiden Enden werden die Photonen wieder in das Medium zurückreflektiert und so erhöht sich mit jedem Durchlauf eines Photons durch das Medium die Chance für weitere Treffer und die Auslösung einer Kettenreaktion.

Da die beiden Spiegel exakt parallel aufgestellt und auf die entsprechende Wellenlänge abgestimmt sind, tritt das Licht am Auskoppelspiegel näherungsweise parallel aus und weitet sich nur in größerer Entfernung auf.

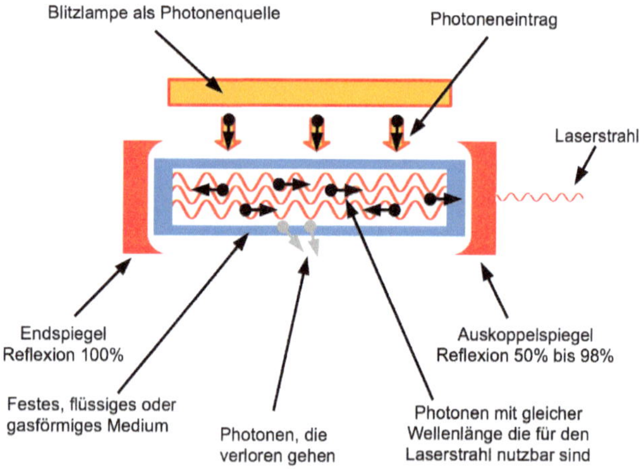

Bild 5.10: Prinzip eines Lasers

Laserkanonen sind Präzisionswaffen, die sich vielfältig einsetzen lassen:

- zum Blenden einer Optik (Dazzeln) oder auch von Personen[301]
- zur Neutralisierung von Fluggeräten, -körpern und Geschossen beim Endanflug
- beim Einsatz in der Kampfmittelräumung zum Öffnen von Kampfmitteln
- beim Abbrennen von Explosivstoffen

Maserkanonen (HPM – HighPowerMicrowave) bestehen aus einem Antennensystem, bei dem elektromagnetische Wellen mit hoher Leistung abgestrahlt werden. Sie lassen sich als Flächen- und Punktwaffen einsetzen:

- um im Zuge einer RouteClearanceOperation[302] luft- oder fahrzeuggestützt die Elektronik von IEDs zu zerstören, die neben oder in der Straße eingebracht worden sind
- zum zusätzlichen Schutz von Konvois in Gebieten, wo mit IEDs gerechnet werden muss

---

[301] Laserwaffen, deren primärer Zweck ist, das Augenlicht dauerhaft zu schädigen, sind gem. UN-Protokoll IV vom 13.10.1995 (Wien-Protokoll) verboten. UN-Protokoll IV ist Teil der UN-Konvention über bestimmte konventionelle Waffen. Siehe dazu auch Anhang A7.

[302] Fahrzeuggestütztes Suchen und Räumen von Kampfmitteln (hauptsächlich IEDs) auf oder neben einer Straße mit verschiedenen Hilfsmitteln wie Bodenradar, Manipulator und eben Mikrowellen.

- zum Stören oder Zerstören der Fahrzeugelektronik von Zielfahrzeugen im Zuge von Checkpoints und Fahrzeugverfolgungen
- zum Stören und Abschuss von Drohnen in Entfernungen bis zu ca. 200 m
- als Active-Denial-System, um Demonstrationen aufzulösen: Hier werden Mikrowellen auf Personen in bis zu einer Entfernung von 1000 m gerichtet. Die Mikrowellen dringen auch durch Kleidung oberflächlich in die Haut ein und heizen die dort befindlichen Wassermoleküle auf ca. 55 °C auf. Dies löst bei den getroffenen Personen ein hohes Schmerzempfinden und sofortige Fluchtreaktion aus.

Teilchenstrahlwaffen, auch als Partikelstromwaffen bezeichnet, spielen derzeit nur eine untergeordnete Rolle. Im Zuge des US-amerikanischen SDI-Programms wurde untersucht, ob es möglich ist, Teilchenstrahlwaffen zu entwickeln, um weltraumgestützt anfliegende Nukleargefechtsköpfe von Täuschkörpern zu unterscheiden.

5.7.3 Elektrische Waffen

Waffen mit Treibladungspulver haben eine theoretisch begrenzte Mündungsgeschwindigkeit von ca. 2500 m/s, praktisch könnten 2000 m/s erreicht werden.[303] Hier liegt die von Druck und Temperatur abhängige, maximale Schallgeschwindigkeit der Treibladungsgase. Will man höhere Mündungsgeschwindigkeiten erreichen, muss man andere Wege gehen.

Ein weiterer Vorteil der elektrischen Waffen liegt in dem Verzicht auf Treibladungen. Nachteilig ist der hohe kurzzeitige Energieverbrauch. Hier wird die Anwendung vorläufig nur auf Schiffen bzw. stationär möglich sein.

5.7.3.1 Die Schienenkanone (Rail-Gun)

Die Schienenkanone benötigt keine Treibladung, sondern beschleunigt ein Geschoss allein durch ein starkes Magnetfeld. Dabei wird das Geschoss in eine Kurzschlussbrücke in Form eines beweglichen Schlittens zwischen zwei elektrischen Leitern eingebaut, die mit Gleichstrom gespeist werden. Der bei dem Kurzschluss fließende elektrische Strom ist extrem hoch. Für einige Millisekunden werden

---

[303] Versuche mit Flüssiggas sind seit Jahrzehnten bekannt, man ist aber nicht allzu weit über die „Kartoffelkanone" hinausgekommen. Dazu gibt es im Internet genügend Hinweise – auch von waffenrechtlicher Seite!

etwa 5 MA erreicht. Die Bereitstellung der Energie erfolgt durch mehrere, parallel geschaltete, größere Kondensatoren, die vor dem Schuss durch eine Leistungselektronik geladen werden müssen. Gemäß der „Rechte-Hand-Regel" induzieren die beiden Leiter ein Magnetfeld von etwa 10 Tesla sowie in ferromagnetischen Stoffen eine Kraft, die Lorentz-Kraft. Durch die Lorentz-Kraft wird der Schlitten in Richtung Mündung beschleunigt. Die Kurzschlussbrücke dient dabei als Treibkäfig, da sie im Gegensatz zu dem Geschoss eher die Form eines Brettes hat und ihr somit sämtliche aerodynamischen Eigenschaften fehlen, aber die Brettform wichtig für die Stromleitung, sichere Kontaktaufnahme und Wärmeabführung ist. Nach Verlassen der Mündung löst sich das auf dem Schlitten angebrachte Geschoss und verlässt so die Waffenanlage mit einer Mündungsgeschwindigkeit von mehr als 7500 m/s. Derzeitiger Stand der erprobten Technik sind dabei Wuchtgeschosse im Kaliber bis zu 450 mm (18 Inch) mit einer Masse bis zu 3,0 kg sowie Sprenggeschosse im Kaliber 155 mm (6 Inch) mit einer Masse von 14 kg.[304] Aufgrund des Treibspiegels beträgt der Rohrdurchmesser der Schienenkanone 450 mm (18 Inch). Die Reichweite eines Wuchtgeschosses liegt derzeit bei etwa 350 km, die Kadenz bei 5 bis 10 Schuss pro Minute. Eine Verstärkung des Feldes durch Neodymmagnete wird derzeit untersucht, sodass eine weitere Steigerung der Leistungsdaten zu erwarten ist.[305]

5

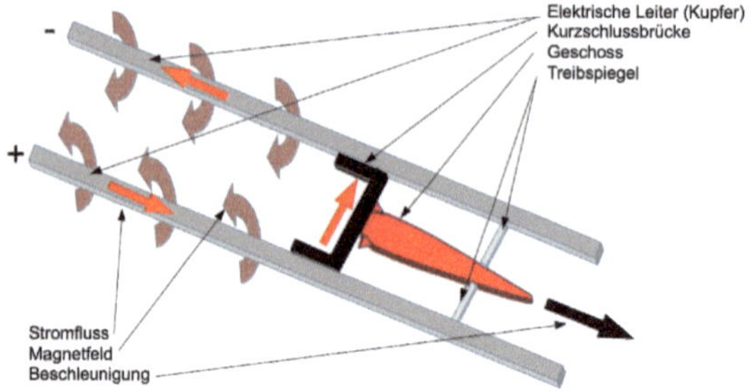

Bild 5.11: Prinzip der Schienenkanone[306]

---

304 Siehe dazu Kap. 6.4.

305 Derzeit gibt es vonseiten der US-Navy keine Ambitionen zur Weiterentwicklung der Schienenkanone – das Projekt ist eingestellt. Die VR China soll bereits 2019 eine Schienenkanone auf einem Schiff installiert haben.

306 Im Jahr 1918 meldete der französische Erfinder Louis Octave Fauchon-Villeplee den ersten „elektrischen Apparat zum Antreiben von Projektilen" als Patent an. Eine erste elektromagnetische Waffe wurde bereits 1845 skizziert. Kurz darauf wurde in Oslo ein Patent für eine Version erteilt, die in der Lage war, ein 500 g schweres Projektil auf eine Geschwindigkeit von 50 m/s zu beschleunigen.

Der Vorteil einer Schienenkanone liegt neben der hohen Mündungsgeschwindigkeit und der großen Reichweite in der hohen Kadenz sowie in dem Verzicht auf eine Treibladung. Gerade dieser letzte Vorteil macht die Schienenkanone sehr interessant für den Einsatz auf Schiffen, da das Treibladungspulver eine nicht zu unterschätzende Gefahr für ein Schiff darstellt. Auch ist es auf Schiffen sowie bei stationären Anlagen leichter möglich, die kurzfristig sehr hohe Energiezufuhr zu gewährleisten. Mobile landgestützte Kanonen sind bisher nur als Versuchsanlagen bekannt.

Nachteilig ist die hohe Wärmebelastung der Anlage durch den Stromfluss und die Reibung. Der Verschleiß bei den Kupferkabeln lässt nur wenige Schuss in einer Folge zu. Angestrebt wird eine Verschleißfestigkeit von 1000 Schuss.

5.7.3.2 Die Spulenkanone (Coil-Gun)

Die Spulenkanone oder auch Gaußgewehr genannt nutzt wie die Schienenkanone ein Magnetfeld, aber hier wird das Geschoss induktiv durch eine Reihe von hintereinander angebrachten elektromagnetischen Spulen beschleunigt. Die Länge der Beschleunigungsstrecke ist dabei nur von der Anzahl der Spulen abhängig. Damit ähnelt diese Kanone einem Linearmotor, wie er auch bei der Magnetschwebebahn genutzt wird. Das Geschoss bildet dabei den Anker und die Spule den Stator eines Elektromotors.

Es gibt zwei unterschiedliche Verfahren, beschrieben wird zuerst die ferromagnetische Spulenkanone. Hier können nur ferromagnetische Geschosse beschleunigt werden:

Vor dem Auslösen des Schusses wird das Geschoss in einer Geschosshalterung ähnlich einem Patronenlager eingelegt. Mit dem Auslösen des Schusses wird die nächstgelegene Spule eingeschaltet. Diese zieht das Geschoss aus der Halterung und beschleunigt es dabei. Noch vor Erreichen der Hälfte der Spule wird diese abgeschaltet und die nächste Spule eingeschaltet. Nur so kann gewährleistet werden, dass das Geschoss in der ersten Spule nicht wieder abgebremst wird. Dieser Vorgang des Zu -und Abschaltens der Spulen kann durch weitere Spulen entsprechend der zu erreichenden Endgeschwindigkeit und der bautechnisch möglichen Waffenlänge vielfach wiederholt werden. Mit zunehmender Geschwindigkeit wird die Einwirkzeit der vorderen Spulen immer geringer, sodass der Wirkungsgrad der vorderen Spulen immer weiter absinkt.

Die Energie wird dabei durch vorher geladene Kondensatoren zugeführt, die mit den Spulen für eine exakt zu berechnende Zeitspanne kurzgeschlossen werden müssen. Dieses Problem sowie die Sättigungsmagnetisierung des Geschosses können heute durch Sensoren und eine Signalrückführung durch elektronische Schaltungen gelöst werden. Bei der induktiven Spulenkanone wird das Geschoss von der Spule wegbeschleunigt. Hier muss mittels eines Schwingkreises zwischen Kondensator und Spule ein hochfrequent schwingendes Magnetfeld erzeugt werden. Nutzt man hier nicht magnetische, aber elektrisch leitfähige Geschossmaterialien wie Kupfer oder Aluminium, so bewirkt das schwingende Magnetfeld durch die Feldverdrängung eine abstoßende Kraft von der Spule weg, auch Thomson-Effekt genannt. Die Spannung am Kondensator beträgt anfänglich mehrere Kilovolt, die aber durch die gedämpfte Schwingung sehr schnell nachlassen. Somit muss dieser Schwingkreis nicht wie bei der ferromagnetischen Spulenkanone abgeschaltet werden, er kommt von selbst zum Erliegen.

5

Zum großen Vorteil der Spulenkanone gehört, dass das Geschoss reibungsfrei zwischen den Spulen geführt wird. Somit entfällt die Reibungswärme, allerdings erwärmt sich das Geschoss induktiv, was bei ferromagnetischen Stoffen zum Erliegen der Beschleunigung führt, sobald die Curie-Temperatur (bei Eisen 768 °C) überschritten wird. Zudem ist die Spulenkanone fast lautlos – abgesehen vom einem möglichen Geschossknall bei Überschreiten der Schallgeschwindigkeit an der Mündung – und kann auch nicht durch rauchende Treibladungsgasschwaden oder einen Mündungsblitz geortet werden.

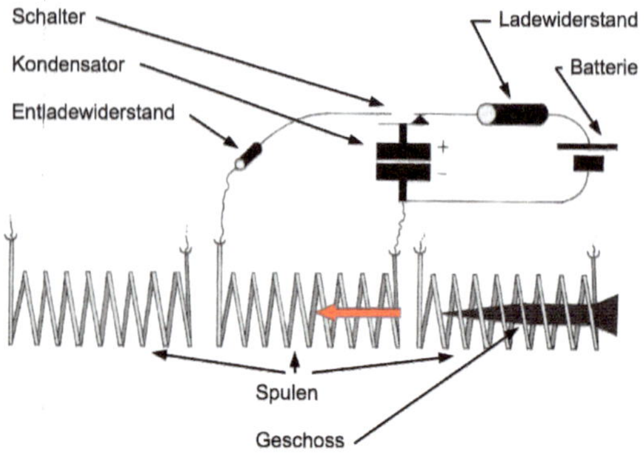

Bild 5.12: Aufbau der Spulenkanone[307]. Dargestellt ist der Schaltkreis für die mittlere Spule im noch geöffneten Zustand.

[307] 2023 ist es in der Volksrepublik China der dortigen Marine gelungen, ein 124 kg schweres Geschoss in 0,05 Sekunden auf eine Mündungsgeschwindigkeit von ca. 200 m/s zu beschleunigen. Dabei wurden 30 hintereinander geschaltete Spulen genutzt.

5.7.3.3 Elektrothermische Kanone

Bei der Realisierung einer elektrothermischen Kanone gibt es zwei unterschiedliche Lösungen. Bei allen Lösungen wird durch einen Lichtbogen ein Hochtemperaturplasma erzeugt. Die erste Lösung zielt auf eine raschere und gleichmäßigere Anzündung einer Treibladung ab. Diese Treibladung kann herkömmliches Treibladungspulver oder auch ein verbrennbares Leichtgas sein. Bei der derzeitigen Methode mit chemischen Initialanzündmitteln dauert der Anzündvorgang ca. 30 ms, ist mit möglichem Versagen ggf. fehlerbehaftet und im Gasdruckverlauf sehr ungenau. Durch die Verwendung eines sogenannten Plasmainjektors kann der Anzündvorgang schneller, genauer und sicherer gestaltet werden. Der Plasmainjektor besteht aus einem Brückendraht, der zwischen zwei Elektroden gespannt ist und sich über die gesamte Länge der Treibladungshülse erstreckt. Wird an die Elektroden eine Hochspannung angelegt, geht von dem Brückendraht ein Hochtemperaturplasma aus, das unter hohem Druck und hoher Geschwindigkeit in die umgebende Treibladung diffundiert. Die so initiierte Anzündung erfolgt in kürzester Zeit über die gesamte Treibladungsmenge in der Patronenhülse. Man erreicht so einen gleichmäßigeren Verlauf der Umsetzung der Treibladung und erhöht somit die Präzision der Waffe.

Bei der zweiten Lösung wird auf eine verbrennbare Treibladung verzichtet. Dafür wird der Ladungsraum mit einem bereits vorkomprimierten Gas – zumeist einem Edelgas – gefüllt. Edelgase haben den Vorteil, sich nicht in Verbrennungsprodukte zu zersetzen, die nicht genau vorherzubestimmen sind. Eine der Elektroden für die Erzeugung des Lichtbogens ist als Ringelektrode, die andere als Stabelektrode koaxial zum Waffenrohr angeordnet. Durch Anlegen der Hochspannung wird ein Lichtbogen erzeugt, der das vorkomprimierte Gas erhitzt, somit für einen weiteren Druckanstieg sorgt und schließlich zur Beschleunigung des Geschosses führt. Durch eine gepulste mehrfache Produktion des Hochtemperaturplasmas kann eine erneute Druckerhöhung im Ladungsraum erzeugt und eine bessere Ausnutzung des höchstzulässigen Gasdruckes erreicht werden. Neben den bereits bei der ersten Lösung genannten Vorteilen sind hier höhere Mündungsgeschwindigkeiten und ein geringerer Rohrverschleiß durch aggressive Verbrennungsprodukte zu erwarten.

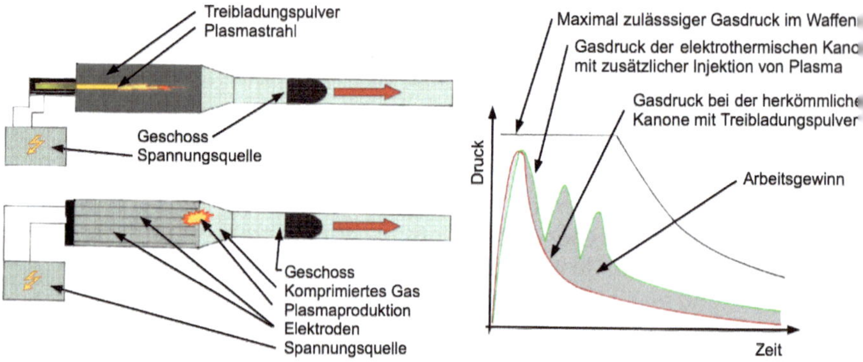

Bild 5.13: Links die elektrothermische Kanone mit herkömmlicher Treibladung (oben) und mit einem vorkomprimierten Gas als Medium (unten). Dazu auf der rechten Seite der Gasdruckverlauf einer elektrothermischen Kanone mit einem vorkomprimierten Gas als Medium in Vergleich zu dem Gasdruckverlauf einer herkömmlichen Kanone mit Initialanzündmitteln und Treibladung

5

5.7.4 Die Armbrust

Die Armbrust ist nach wie vor als Jagd-[308] und Sportwaffe beliebt. Durch neuartige Werkstoffe (Glas- oder Kohlefaser) ist sie leichter, kompakter und in den Schussleistungen leistungsfähiger geworden. Obwohl Armbrüste eigentlich einschüssige Waffen sind, gibt es inzwischen Versionen mit einem Knicklader ähnlich wie bei einer Federdruckwaffe und einem Magazin, das schwerkraftbetätigt den nächsten Pfeil[309] nachlädt. Kadenzen bis zu 6 Schuss in 30 Sekunden sind somit möglich.

Die Armbrust besteht aus einem Bogen, der auf einem Balken befestigt ist. Nach dem Spannen des Bogens bleibt die Armbrust so lange feuerbereit, bis der Auslöser betätigt wird. Das ermöglicht ein Warten des Schützen auf ein lohnendes Ziel sowie ein ruhiges und genaues Zielen.

308 In Deutschland, Österreich und der Schweiz verboten.

309 Ein Bolzen ist ein Geschoss, das mit der Armbrust auf kurze Entfernung stabil verschossen werden kann. Für weite Zielentfernungen (ab ca. 10 m aufwärts) werden bei modernen Sportarmbrüsten Pfeile mit einem Leitwerk am Pfeilende verschossen.

Man unterscheidet zwischen

- der Recurvearmbrust mit zwei gebogenen Wurfarmen,
- der Compoundarmbrust mit zwei exzentrisch aufgehängten Rollen nach dem Flaschenzugprinzip von Holless Wilbur Allen als Hochleistungsarmbrust und
- der Pistolenarmbrust. Sie verfügt über eine Sicherung und eine platzsparende Ladebewegung und ist effektiv, handlich und sofort einsatzbereit. Sie verschießt kleinere Pfeile bzw. Bolzen. Eine Schulterstütze fehlt.

Die Mündungsenergie eines Pfeiles ist in der Regel höher als bei waffenscheinfreien Schusswaffen. Schussweiten bis 400 m sind bei Hochleistungsarmbrüsten durchaus möglich. Trotzdem können die meisten Armbrustmodelle derzeit noch ab einem Mindestalter von 18 Jahren frei erworben werden.[310]

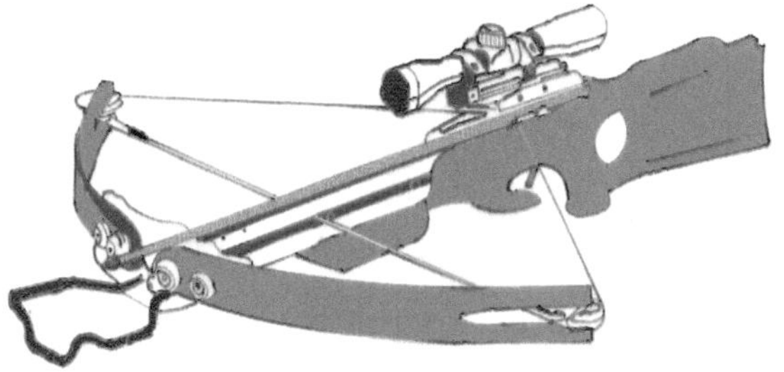

Bild 5.14: Moderne Compoundarmbrust mit Zielfernrohr

[310] Die Grenze für ein waffenscheinfreies Luftgewehr liegt bei einer Mündungsenergie von 7,5 Joule. Eine Pistolenarmbrust leistet 20 Joule oder mehr, ist aber waffenscheinfrei, weil es keine Schusswaffe ist. Trotzdem unterliegt eine Armbrust als „schusswaffengleichgestellter Gegenstand" den waffenrechtlichen Vorschriften in Bezug auf Erwerb, Transport, Aufbewahrung und Führen.

Kapitel 6: Rohrwaffengebundene Munition

Kapitel 6: Rohrwaffengebundene Munition

Eine der möglichen Definitionen von Munition:

Munition ist der Träger der Gefechtswirkung und umfasst alle Kampfmittel, die gelegt, geworfen, abgeworfen und verschossen werden und die eine direkte oder indirekte aufklärende, behindernde, schädigende oder vernichtende Wirkung auf den Gegner haben.[311]

Die Definition von rohrwaffengebundener Munition ist einfacher: alles an Munition, das aus und mit Rohrwaffen verschießbar ist.[312] Mehr ist auch in den Regelungen und Vorschriften im deutschsprachigen Raum nicht zu finden.[313]

Die folgende Einteilung ist eine Möglichkeit zur Einteilung von rohrwaffengebundener Munition. Es wird versucht, ähnliche Abgrenzungen wie bei den Rohrwaffen vorzunehmen. Dabei ist festzustellen, dass diese Einteilung in vielen Bereichen genauso willkürlich ist wie jede andere auch.

6.1 Munition für Infanteriewaffen und Waffen bis zu einem Kaliber von 20 mm

Die Kalibergrenze von 20 mm zwischen Infanteriewaffen und Waffen mit größerem Kaliber ist mehr oder weniger wahllos. Andere Quellen ziehen die Grenze bei einem Kaliber von 15 mm, die NATO gruppiert Munition bis zum Kaliber von 30 mm in der Materialklasse 1305. Historisch gesehen lag die Grenze im Preußen des 19. Jahrhunderts bei einem Kaliber von 18 mm für das Gewehr eines Füsiliers.

6.1.1 Gefechtsmunition für Infanteriewaffen

6.1.1.1 Abgrenzung Kriegseinsatz zu polizeilichen Aufgaben[314]

Beim Einsatz von Gefechtsmunition für Handwaffen sind umfangreiche internationale Abkommen zu beachten, die allerdings nur für den Kriegseinsatz, nicht für den Polizeieinsatz und nicht bei jagdlichen Zwecken gelten. Gerade bei einem Polizeieinsatz in urbanem Gelände bieten moderne Deformationsgeschosse Vorteile gegenüber den bisherigen Weichbleigeschossen. Zum einen wird die Geschossenergie weitgehend an ein Weichziel abgegeben, zum anderen bieten

311 Erster Satz aus dem Vorlesungsmanuskript „Munitionstechnik" von der Universität der Bundeswehr Hamburg 1981.

312 „Mit Rohrwaffen verschießbar" schließt somit auch die Aufsteckmunition ein.

313 In der ehem. Zentralen Dienstvorschrift ZDv 30/41 „Begriffe der Logistik und Rüstung" war der Begriff „rohrwaffengebundene Munition" zwar vorhanden – wurde aber nicht definiert. In der Terminologiedatenbank der Bundeswehr wird dieser Begriff nicht mehr aufgeführt.

314 Siehe Anhang A7.

die Geschosse gute Durchschlagsleistungen bei härterem Zielmaterial wie Autoreifen oder Karosserieblech. Sehr entscheidend ist: Die Querschlägerneigung und damit die Gefährdung von unbeteiligten Personen wurde stark reduziert.

Unter die verbotenen Geschosse und Stoffe fallen nicht ausdrücklich die Handwaffengeschosse mit Explosivstoffen oder anderen gefährlichen Stoffen als Inhalt, sondern jegliche in einem bewaffneten Konflikt genutzten Waffen, Geschosse und Stoffe, die überflüssige Verletzungen oder unnötiges Leiden verursachen.

6.1.1.2 Technischer Aufbau

Die Patrone der Gefechtsmunition besteht aus

- der Treibladungshülse, die zumeist aus Messing oder gleitlack- bzw. kupferüberzogenem Stahl besteht. Bei kleineren Kalibern sind auch Aluminium- und Plastikhülsen möglich.[315] Die Treibladungshülse schützt das Treibladungspulver vor dem Verschuss vor Umwelteinflüssen wie Feuchtigkeit oder mechanischer Beanspruchung und dichtet während des Verschusses den Ladungsraum zum Verschluss hin ab. Dabei weitet der Gasdruck die Hülse, die sich am Ladungsraum abstützt. Bei automatischen Waffen wird die Hülse nach dem Verschuss ausgestoßen und führt somit einen beträchtlichen Teil der beim Verschuss entstandenen Wärme ab.[316]
- dem Treibladungsanzünder, der bei modernen Patronen entweder zentriert oder am Rand des Hülsenbodens eingelassen ist. Bei der Zentralfeueranzündung besteht er aus einem massiven Messingnapf und enthält geringe Mengen des Anzündmittels, das durch den Anstich (Schlag) des Schlagbolzens initiiert wird. Man unterscheidet hier:
  - das Berdananzündhütchen[317] (Mauseranzündhütchen), bei dem der Amboss im Boden der Treibladungshülse fester Bestandteil der Treibladungshülse ist. Der Anzündstrahl gelangt hier über zwei oder mehrere Anzündkanäle in die Treibladungshülse.
  - das Boxeranzündhütchen, das den Amboss im Messingnapf enthält. In der Regel existiert hier nur ein Anzündkanal. Die-

6

315 Es sind in den 1930er-Jahren auch erfolglose Versuche unternommen worden, Aluminiumhülsen für die Patrone 7,92 mm x 57 einzuführen. Plastikhülsen, zum Teil verbrennbar, sind in der Erprobung bei verschiedenen NATO-Armeen. Die Patronen sind bis zu 50 % leichter und besitzen eine bessere Wärmeableitung innerhalb des Patronenlagers.

316 Dies gilt natürlich nicht für voll verbrennbare Treibladungshülsen, wie sie für das Gewehr G11 im Kaliber 4,73 mm x 33 vorgesehen waren. Derzeit ist bei voll verbrennbaren Treibladungshülsen nur das Kaliber 5,7 mm x 28 der Firma Voere für das Jagdgewehr VEC91 gebräuchlich.

317 Benannt nach Oberst Hiram Berdan, Gründer und Ausbilder der beiden Scharfschützenregimenter im Nordamerikanischen Bürgerkrieg auf Seiten der Nordstaaten.

ser Anzünder ist bei Wiederladern sehr beliebt, weil hier das benutzte Anzündhütchen über den zentriert angebrachten Anzündkanal einfach ausgestoßen werden kann.

- Bei Randfeuerpatronen ist das Anzündmittel im Hülsenboden am Rand verteilt.

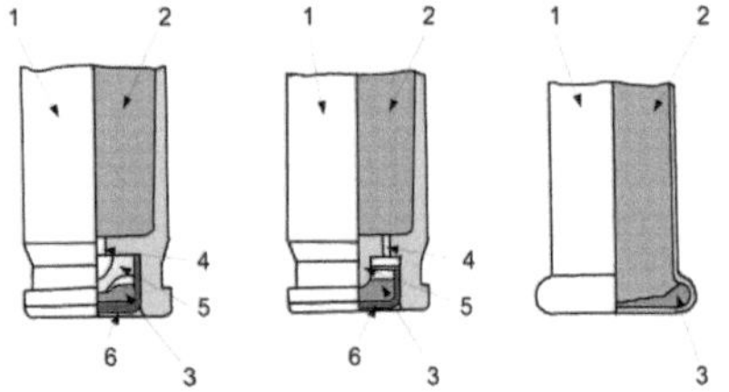

1 Treibladungshülse
2 Treibladungspulver
3 Anzündsatz, abgedichtet mit Papier und verklebt
4 Anzündkanal
5 Amboss
6 Napf

Bild 6.1: Anzünder für Infanteriepatronen, links Boxerprinzip, Mitte Berdanprinzip mit mindestens zwei Anzündkanälen, rechts Randfeuertreibladungsanzünder

- dem Treibladungspulver, das lose in die Hülse eingefüllt ist.
- dem Geschoss: Folgende Munitionssorten können bei der Gefechtsmunition vorkommen:
  - Moderne Weichbleigeschosse besitzen einen Stahl- oder Messingmantel, der mit Zinn überzogen ist. Der Mantel schützt den weicheren Geschosskern beim Rohrdurchgang und auch beim Zielaufschlag vor verfrühter Deformation bzw. einem Zersplittern. Neben dem Vollmantelgeschoss werden Teilmantelgeschosse genutzt, deren Spitze frei liegt. Diese Art der Geschosse führt zu einer verstärkten Deformation beim Eindringen in ein Ziel. Noch stärker deformieren sich Geschosse mit einer Hohlspitze. Aus Umwelt- und Naturschutzgründen werden Infanteriegeschosse auch mit einem Kupferkern hergestellt. Kupfergeschosse sind nur gering panzerbrechend, d. h. sie durchschlagen zwar Karosserieblech und dringen in Holz und Mauerwerk ein, haben aber je nach Kaliber schon bei einfachen Schutzwesten nur geringe Durchschlagskraft.[318] Sie sind etwas länger als bisherige Geschosse mit einem Weichbleikern, um die geringere spezifische Masse von Kupfer gegenüber Weichblei auszugleichen.[319]

[318] Siehe dazu Kapitel 1.6.2.1.
[319] Siehe dazu Kapitel 1.6.2.2.

- Für den Durchschlag durch Schutzwesten werden derzeitig Geschosse mit einem Stahl- und einem Weichbleikern, sogenannte Doppelkernmunition, eingesetzt. Dabei soll der Stahlkern die Schutzweste durchschlagen und sich dabei ggf. abnutzen. Der darauf folgende Weichbleikern wird sich im Körper des Zieles aufpilzen und das Gewebe möglichst großflächig schädigen. Dass es hierbei zu einer Trennung des Geschosses in mindestens zwei Teile kommt, sollte unbestritten sein.
- Die Weiterentwicklung sind Geschosse mit einem Dreifachkern. Sie besitzen eine Stahlspitze, dahinter einen Stahlkern und als Abschluss einen Kupferkern. Die Durchschlagsleistung durch moderne Schutzwesten und die Wirkung im Weichziel soll damit gewährleistet bleiben. Durch den Stahlkern an der Geschossspitze ist auch eine Durchschlagsleistung gegen leicht gepanzerte Ziele gegeben.
- Panzerbrechende Geschosse haben einen Hartkern, der in einem Kernträger eingebettet ist. Beides ist von einem Messingmantel umgeben. Der Hartkern kann aus gehärtetem Stahl (geringere Durchschlagsleistung, aber billig) oder Wolframcarbid (hohe Durchschlagsleistung, aber teuer) bestehen und hat im Weichziel kaum eine Wirkung bzw. erzielt einen glatten Durchschuss ohne größere Mannstoppwirkung.

- Die Polizei-Einsatz-Patrone (PEP), die als Deformationsgeschoss eine dem Ziel angepasste Energieabgabe gewährleistet. Wichtig hierbei ist die sehr geringe Querschlägerneigung.

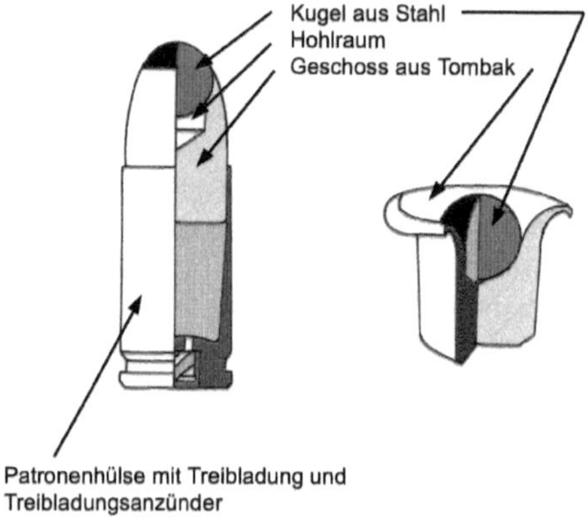

Bild 6.2: PEP: links die vollständige Patrone, rechts das deformierte Geschoss nach dem Einschlag in weiches Zielmaterial

- Ab etwa dem Kaliber 7,62 mm, dabei sollte die Hülsenlänge außer Acht gelassen werden, findet man Geschosse, die eine Brandmasse zum Einsatz gegen Fahr- und Flugzeuge beinhalten. Die Brandmasse besteht z. B. aus Bariumnitrat und Aluminium, ggf. zusätzlich Kaliumperchlorat. Vielfach sind auch Kombinationen, z. B. panzerbrechende Geschosse mit Brandmasse, möglich.
- Geschosse mit einer Sprengstofffüllung sind ab dem Kaliber 12,7 mm gebräuchlich.[320]

- ggf. zusätzlich einem Leuchtspursatz.[321] Dieser kann je nach Einsatzzweck im sichtbaren oder im infraroten Bereich leuchten.

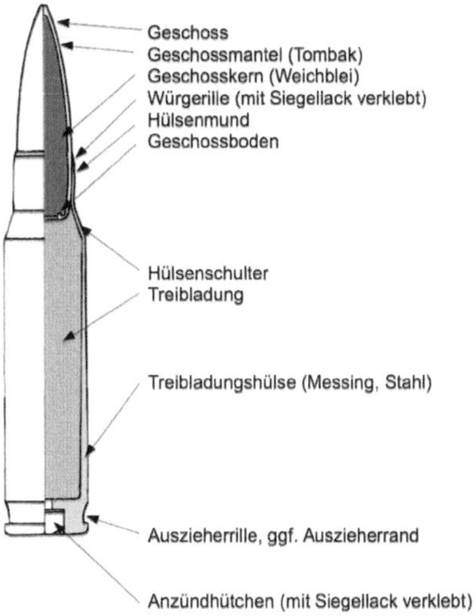

Bild 6.3: Patrone mit Benennung

Der Treibladungsanzünder wird in den Hülsenboden eingepresst, das Geschoss am Hülsenmund verbördelt. Die einzelnen Bestandteile der Patronenhülse werden mit Lack gegen das Eindringen von Feuchtigkeit in die Hülse abgedichtet und bekommen somit auch eine größere Stabilität gegen Herausfallen. Gegenüber dem Knallquecksilber mit seinen giftigen Verbrennungsrückständen haben sich mittlerweile die weniger giftigen Sinoxid-Sätze für die Anzündung der Treibladung durchgesetzt.

320 So die russische Patrone MDZ im Kaliber 12,7 mm x 108.

321 Siehe dazu Kapitel 2.5.1.

6.1.2 Übungsmunition für Infanteriewaffen

Der Aufbau einer Patrone für Übungsmunition ist dem einer Gefechtspatrone weitgehend ähnlich. Die Patronenhülse kann, muss aber nicht, bis auf einen Metallhülsenboden aus Plastik bestehen. Ebenso kann das Geschoss aus Weichplastik bestehen oder aus anderen, zumeist billigeren Materialien. Aus Umwelt- und Arbeitsschutzgründen etabliert sich mehr und mehr Zinn als Geschossmaterial.

In der Regel dient Übungsmunition zum einen zur Reichweitenverkürzung und zum anderen zur Ressourcenersparnis, auch ist der Abrieb im Waffenrohr geringer. Kleinere Treibladungs- und Geschossmassen machen Änderungen am Verschlusssystem oder an der Gasdruckeinstellung erforderlich. Ggf. muss ein spezieller Übungsverschluss benutzt werden. Bei Kunststoffgeschossen ist im Geschoss ein Metallstreifen notwendig, um bei Schussverletzungen das Geschoss auf dem Röntgenbild auffinden zu können.

Eine lichtblaue Einfärbung des Geschosses und auch der Kunststoffhülse nach Vorgaben der NATO bzw. Bundeswehr ist möglich. Dabei ist zu beachten, dass diese Vorgaben nicht für den zivilen Bereich oder Nicht-NATO-Staaten gelten.

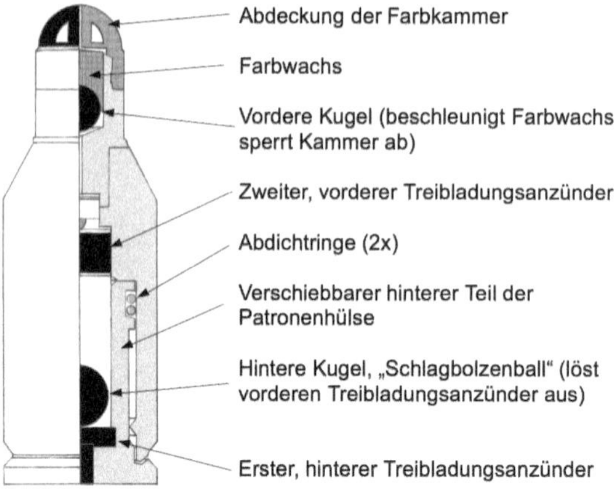

Bild 6.4: Farbmarkierungsmunition UTM Man Marking

Farbmarkierungsmunition, auch als FX-Munition bezeichnet, dient zur realistischen Übung von Duellsituationen. Die Munition besteht aus einer zweiteiligen Hülse und einem sehr leichten unterkalibrigen Geschoss mit einer Masse von ca. 0,5 g. Der hintere Teil der Treibladungshülse besteht aus Messing, der vordere aus Kunststoff oder

Aluminium. Beim Schuss wird der vordere Teil als Stempel um einige Millimeter nach vorne versetzt und treibt dabei das Geschoss aus dem Waffenrohr. Der dabei entstehende kurze Impuls reicht aus, um den Nachladevorgang in der Waffe durchführen zu können, die zu geringe Geschossmasse reicht dafür nicht aus. Beim Aufprall wird das aus Kunststoff bestehende Geschoss zerdrückt, die dabei austretende Farbe markiert den Aufschlagpunkt. Aufgrund der Mündungsenergie von mehr als 5 J ist das Tragen von Schutzkleidung bei Duellsituationen unabdingbar. Die Munition kann nur aus speziell umgerüsteten Waffen verschossen werden. Eine Weiterenwicklung der Farbmarkierungsmunition ist die UTM-Man-Marking-Munition, bei der die Patronenhülse zweigeteilt und beim Laden zusammengeschoben ist. Nach dem Laden liegt die Patronenhülse im Patronenlager an und stützt sich dabei auf dem Übergangskegel ab. Mit der Auslösung des hinteren Treibladungsanzünders werden Treibladungsgase frei, die die Patronenhülse auseinanderdrücken. Der Hülsenboden kann sich dabei nur in Richtung des Verschlussbodens bewegen und leitet durch ein Zurückdrücken des Verschlusses den nächsten Ladevorgang ein. Zusätzlich beschleunigen die Treibladungsgase die hintere Kugel auf den vorderen Treibladungsanzünder. Mit Aufschlagen auf den vorderen Treibladungsanzünder werden durch diesen Anzünder Treibladungsgase entwickelt, die dann ausreichen, um eine weitere Kugel in Richtung Mündung zu beschleunigen. Diese Kugel drückt den Farbmarkierungstropfen aus Wachs aus der Farbkammer in das Waffenrohr auf das Ziel. Die Besonderheit bei diesem System ist, dass nur sehr geringe Mengen an Treibladungsgasen die Farbpatrone verlassen, da die vordere Kugel die Patronenhülse nach vorne hin wieder abdichtet.

6.1.3 Manövermunition für Infanteriewaffen

Manövermunition, umgangssprachlich auch Platzpatronen genannt, dienen zur Darstellung eines Feuerkampfes. Dabei soll bei halbautomatischen und automatischen Waffen der Nachlademechanismus möglichst wirklichkeitsgetreu funktionieren. Auch sogenannte Zielfeuergeräte zur Feinddarstellung auf Truppenübungsplätzen nutzen Manöverpatronen.

Bei der Benutzung von Manövermunition ist ein realistischer Gasdruckaufbau erforderlich, der durch das progressive Treibladungspulver der Manöverpatrone aufgebaut werden muss. Damit der Gasdruck nur langsam über die Mündung entweichen kann, muss ein Manöverpatronengerät[322] auf die Waffenrohrmündung geschraubt werden.

[322] Siehe dazu Kapitel 3.1.4.8.

Manöverpatronen können bis auf einen metallenen Hülsenboden aus grün oder rot eingefärbtem Plastik oder vollständig aus Metall, ggf. mit Rillen als Unterscheidungsmerkmal gegenüber Gefechtsmunition, bestehen. Während in den frühen Jahren des 20. Jahrhunderts Wachspapier- und Erlenholzgeschosse genutzt wurden, um einen Druckaufbau in der Patronenhülse sicherzustellen, werden heute die Geschossspitzennachbildungen der Manöverpatrone verbördelt und mit Lack verklebt bzw. bestehen aus Kunststoff mit Sollbruchstellen.

6.1.4 Exerziermunition für Infanteriewaffen

Exerziermunition dient zum (drillmäßigen) Üben der Lade- und Entladefertigkeiten. Sie besitzt keine explosiven oder sonstigen gefährlichen Inhaltsstoffe, ist aber in den Abmessungen der Gefechtspatrone weitgehend ähnlich. Durch bleibende Merkmale wie große Ausstanzungen in der Patronenhülse wird eine einfache Unterscheidung von der Gefechtsmunition erreicht. Zur Schonung des Schlagbolzens und des Verschlusses einer Infanteriewaffe besteht Nachbildung des Treibladungsanzünders aus einer kautschukartigen Masse. Somit schlägt beim Abkrümmen der Schlagbolzen nicht ins Leere, sondern wird, wie bei einer Gefechtspatrone üblich, abgebremst.

6.1.5 Prüfmunition für Infanteriewaffen

Nach einer Waffeninstandsetzung muss die Handwaffe auf Funktions- und Betriebssicherheit überprüft werden. Dafür werden spezielle Lose[323] bereitgehalten, die einen erhöhten Spitzengasdruck aufweisen. Je nach Infanteriewaffe kann der Prüfgasdruck bis zu 30 % über dem Gebrauchsgasdruck liegen.

6.1.6 Schrotmunition für Flinten

Schrotmunition wird für jagdliche und sportliche Zwecke genutzt. Im Bereich des Militärs und bei Ordnungsdiensten dient Schrotmunition eher zum Öffnen von Räumen bzw. bei der Kampfmittelabwehr zum Öffnen von Behältnissen.

Schrotpatronen bestehen aus einem metallenen Hülsenboden, der die Zentralfeueranzündung und das Treibladungspulver aufnimmt,

[323] Treibladungspulver ist nicht vollständig säurefrei und nitriert über Jahre hinweg nach. Dieses Pulver wird somit immer brisanter und neigt dazu, einen sehr hohen Spitzengasdruck zu entwickeln. Bei den periodischen Untersuchungen der Munition kann ein Munitionslos herausgesucht werden, das besonders zum Nachnitrieren neigt. Dieses Los kann für die Verwendung als Gebrauchsmunition gesperrt werden, um sie Jahre später als Prüflos bei Waffen nach der Instandsetzung (z. B. Rohrwechsel) zu verwenden.

sowie einer Papp- oder Kunststoffhülse, in der das Schrot in der jeweiligen Körnung eingebracht ist. Zwischen dem Treibladungspulver und dem Schrot befindet sich eine Trennscheibe, zumeist aus Filz. Schrotkörner bestehen traditionell aus Blei, durch zunehmendes Umweltbewusstsein setzen sich Stahlschrote und Schrote aus Wolframcarbid durch. An der Patronenmündung ist das Papp- oder Kunststoffmaterial sternförmig umgebördelt. Während sich bei älteren Patronen die Schrotkörner lose in der Patrone befinden, haben moderne Patronen einen Kunststoff- oder Pappbecher mit Sollbruchstellen, der beim Verschuss nach Verlassen des Waffenrohres aufreißt. Dies schont das Waffenrohr vor Erosion durch die Schrotkörner.[324]

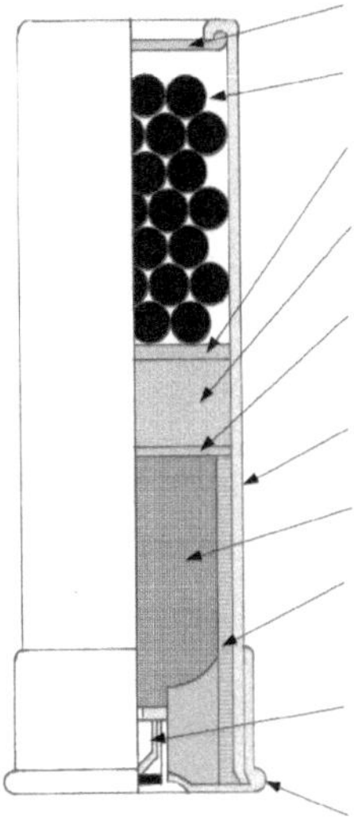

Bild 6.5: Schrotpatrone mit Benennung

Neben Schrot können auch sogenannte Flintenlaufgeschosse aus Blei oder anderen Materialien verschossen werden. Um den Verschuss aus Waffenrohren mit einem Choke zu ermöglichen, besitzen ältere Flintenlaufgeschosse leicht gedrehte Längsrillen, die allerdings keinen Drall übertragen. Moderne Flintenlaufgeschosse sind in einem verformbaren Treibkäfig aus Kunststoff eingelegt.

[324] Zur Kaliberbezeichnung siehe Kapitel 3.4.

6.1.7 Sondergeschosse für Infanteriewaffen

Für den Schuss im Wasser wurden spezielle Geschosse entwickelt, um die Reichweite von wenigen Metern auf eine Kampfentfernung bis ca. 30 m zu erweitern. Dabei soll das Geschoss noch genügend Energie haben, um die Hülle einer Druckluftflasche zu durchschlagen.

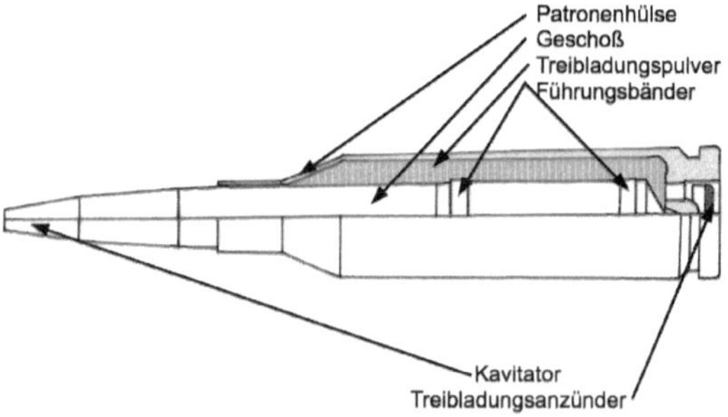

Bild 6.6: Patrone PSP (RUS) für ein Unterwassergewehr

Die Besonderheit bei dieser Munition ist ein Kavitator an der Geschossspitze. Der Kavitator verdrängt das Wasser in einer Form, dass hinter der Geschossspitze der Wasserdruck stark abnimmt und das Wasser in einen dampfförmigen Zustand übergeht. Damit sinkt der Strömungswiderstand für den restlichen Teil des Geschosses stark ab und die Reichweite des Geschosses wird gesteigert.[325] Die Geschossgeschwindigkeit muss dabei über einer Grenzgeschwindigkeit von etwa 60 m/s liegen. Diese Grenzgeschwindigkeit ist abhängig vom Wasserdruck und der Wassertemperatur.

Weiterhin gibt es verschiedene Sondergeschosse für Flinten, u. a. auch Taser (Distanzelektroimpulsgeräte) im Schrotkaliber 12 g x 75, mit denen man einen Gegner auf einer Entfernung von bis zu 25 m anschießen und lähmen kann.[326]

6.2 Munition für Maschinenkanonen

Der Aufbau einer Patrone für Maschinenkanonen entspricht im Prinzip dem der Infanteriewaffen mit Zentralfeueranzündung. Einen größeren Unterschied gibt es hier nur in der Vielfalt der Geschosse, für die im Prinzip die getroffenen Einschränkungen durch das Petersburger Abkommen sowie die Folgedokumente gelten.[327]

[325] Siehe auch Kapitel 1.6.2.4.

[326] Obwohl Taser als „nicht letale Waffen" gelten, fallen Distanzelektroimpulsgeräte in Deutschland als verbotene Gegenstände unter das Waffengesetz. Der Besitz ist illegal.

[327] Daher erfolgte in der Bundeswehr die Umbenennung der „Spreng-Brand-Geschosse" in „Sprenggeschosse", siehe dazu auch Anhang A6.

Patronierte Munition für Maschinenkanonen beginnt in einem Bereich zwischen 15 mm und 20 mm. Die Grenze ist fließend. Sie endet klassisch in einem Bereich von 60 mm. Dabei ist allerdings anzumerken, dass vor allem bei den Marinegeschützen Schnellfeuerkanonen auch in einem weitaus größeren Kaliber vorkommen können.[328] Deren Munition wird, weil klassisch und auch vom Aufbau zur Artilleriemunition zählend, dort beschrieben.

6.2.1 Spreng- und Splittermunition für Maschinenkanonen

Spreng- und Splittermunition für Maschinenkanonen wird zu unterschiedlichen Zwecken eingesetzt. Daraus resultieren die Inhaltsstoffe, der Aufbau und Ort des Zünders sowie Aufbau und Dicke des Geschosses. Sie können zur besseren Beobachtung der Geschossflugbahn einen Leuchtspursatz enthalten. Die Zünder werden bereits beim Hersteller auf das Geschoss aufgeschraubt, eine spezielle Zünderauswahl durch den Schützen erfolgt nicht. Durch die zunehmende Miniaturisierung von Zündern können moderne elektronische Zünder für verschiedene Einsatz- und Zielarten in ihren Auslöseeigenschaften programmiert werden. So ist auch eine Datenübertragung (Tempieren) an einen Zeitzünder möglich, der dann in Zielnähe nach Erreichen der Flugzeit auslöst. Die Datenübertragung erfolgt in der Regel induktiv beim Verlassen des Waffenrohres an der Mündung. Ebenso sind Radarannäherungszünder ab einem Kaliber von etwa 35 mm in Gebrauch. Diese ursprünglich speziell zur Flugkörperabwehr auf Schiffen und Booten eingesetzte Munition eignet sich auch zur Abwehr von Artilleriegeschossen und -raketen sowie Mörserpatronen beim erweiterten Schutz von Lagereinrichtungen in den Einsatzländern. Hier sind zusätzlich Radaranlagen zur Luftraumüberwachung dieser autonom arbeitenden Waffen nötig, die ggf. auch Daten für eine Zeitauslösung an den Geschosszünder weitergeben.

Geschosse zur Bekämpfung von leicht oder nicht gepanzerten Zielen (z. B. Lkw) sowie Personen sind auf Splitterbildung optimiert. Man unterscheidet dabei drei Arten von Splittern:

- Natürliche Splitter entstehen durch das Zerreißen der Geschosshülle durch Überbeanspruchung bei der Detonation des Sprengstoffes. Es entstehen dabei sehr viele Splitter in unterschiedlicher Masse und Größe. In der Verteilung der Splitter wird man erkennen, dass es nur wenige sehr große Splitter gibt, die eine gute

[328] Dies ist z. B. bei der italienischen Schnellfeuerkanone im Kaliber 127 mm x 836 der Fall. Die Waffe kann in der Minute 35 Geschosse abfeuern. Dabei liegen die Geschossmassen bei 30 kg und darüber.

Wirkung auf Weichziele haben und einen großen letalen Radius besitzen. Die Masse der Splitter ist aber klein und verliert aufgrund des hohen Luftwiderstandes schon nach kurzer Entfernung vom Detonationsort an wirksamer Eindringgeschwindigkeit.

- Durch vorgeformte Kerben in der Geschosswandung kann man definierte Splittergrößen erzeugen. Die statistische Verteilung der Splittergrößen ist gleichmäßiger und führt so zu einer besseren Wirkung im Ziel, da die kontrolliert erzeugten Splitter eine optimale Masse, Form und Fluggeschwindigkeit besitzen.
- In die Geschosswandung eingegossene Kugeln, Würfel oder andere geometrische Formen führen zu einer hohen Packungsdichte (Würfel) oder großen Reichweite aufgrund eines geringen Luftwiderstandes (Kugeln).

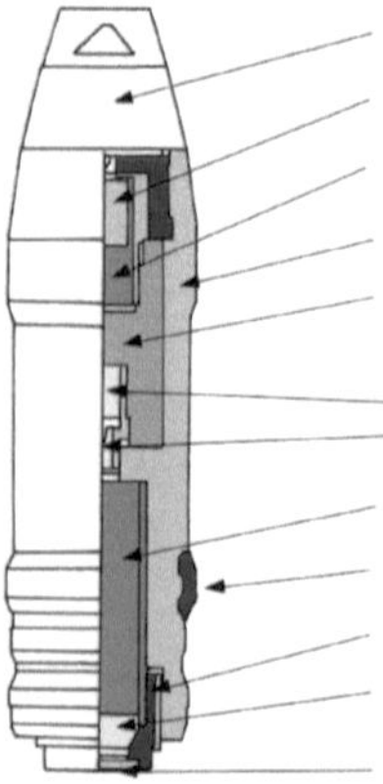

Bild 6.7: Sprenggeschoss mit Kopfzünder und Leuchtspur sowie einer Auslösung der Zerlegung über den Abbrand der Leuchtspur[329]

Auf Splitterbildung optimierte Geschosse nutzen Kopfaufschlagzünder mit einem sehr geringen Zündverzug. Dies bewirkt eine Splitterwirkung mit einem möglichst großen Radius. Dabei soll das Geschoss noch nicht in das Ziel eingedrungen sein, um somit möglichst viele Splitter in der Zielumgebung zu verteilen. Diese Munition

[329] Diese facettenreiche Konstruktion wurde in der Luftwaffendienstvorschrift LDv 4000/8 „Munitionsvorschrift für Fliegerbordwaffen, Teil 8 – 2 cm Munition für das MG 204" aus dem Jahr 1941 gefunden und zeichnerisch aufgearbeitet. Die Konstruktion war auch für andere Sprenggeschosse ab dem Kaliber 15 mm bis 30 mm in vielen Armeen bei Gefechts- und Übungsmunition üblich.

hat im NATO-Sprachgebrauch die Bezeichnung High-Explosive-Fragmentation (HE-FRAG).[330]

Geschosse zur Bekämpfung von leicht und mittel gepanzerten Zielen (z. B. Mannschaftstransportern) besitzen einen Bodenaufschlagzünder und eine gehärtete Geschossspitze. Durch die größere Zündverzugszeit dringt das Geschoss teilweise oder vollständig in das Ziel ein und detoniert erst dort. Hier kann dem Sprengstoff Aluminium oder roter Phosphor für eine Gasschlag- oder Brandwirkung zugegeben werden. Gebräuchlich ist die NATO-Bezeichnung High Explosive Incendiary (HEI) für Spreng-Brand-Geschosse.

Beide Geschosssorten können auch mit einem Aufschlagzünder versehen werden, der nach einer vorgesehenen Flugstrecke das Geschoss ohne Zielkontakt auslöst. Diese „Aufschlagzerlegezünder" werden hauptsächlich bei Flugabwehrgeschossen eingesetzt, bei denen die Gefahr besteht, dass bei einem Fehlschuss die eigene Truppe von den zu Boden fallenden Geschossen getroffen werden könnte. Sie werden je nach Einsatzzweck als Kopfaufschlagzerlegezünder oder Bodenaufschlagzerlegezünder eingesetzt. Die Zerlegung kann ausgelöst werden durch Absinken des Dralls unter eine Mindestdrehzahl oder durch das Abbrennen der Leuchtspur.

6.2.2 Panzerbrechende Munition für Maschinenkanonen

Schwer gepanzerte Ziele können in der Regel nicht mit Sprenggeschossen bekämpft werden, sofern keine der außerhalb am Fahrzeug angebrachten empfindlichen Teile, z. B. Optiken, getroffen werden. Hier setzt man Geschosse mit Hartkernen aus Schwermetall ein, die entweder von einem Geschossmantel umgeben sind oder als Treibspiegelgeschosse fliegen. Der Unterschied liegt hier in der Stabilisierung des Geschosses. Hartkerne mit einem Geschossmantel sind drallstabilisiert und können somit ohne weiteren Aufwand aus gezogenen Waffenrohren geschossen werden. Treibspiegelgeschosse sind flügelstabilisiert und dürfen nicht mit einem zu hohen Drall beaufschlagt werden. Hier werden z. B. durchrutschende Führungsbänder aus Hartplastik eingesetzt, falls gezogene Waffenrohre vorhanden sind.

Bild 6.6 zeigt die Entwicklung vom reinen Wuchtgeschoss über das Wuchtgeschoss mit einer ballistischen Haube und einer Kappe aus

---

[330] Der größte Teil der in der NATO gebräuchlichen Abkürzungen findet sich in dem NATO-Dokument AAP-15 „NATO GLOSSARY OF ABBREVIATIONS USED IN NATO DOKUMENTS AND PUBLICATIONS". Das Dokument ist nicht eingestuft. Währenddessen sind die Munitionsmerkblätter 1300-0206-1 bis 1300-206-4 für die Beschreibung und Übersetzung der angelsächsischen, französischen und russischen Abkürzungen mit „Verschlusssache – Nur für den Dienstgebrauch" eingestuft.

dämpfendem Material sowie das Panzersprenggeschoss bis hin zu den unterkalibrigen panzerbrechenden Geschossen. Das Material hat sich dabei von gehärtetem Stahl zu Wolframcarbid sowie zu Sintermaterial, bestehend aus 98 % abgereichertem Uran und 2 % Titan, verändert. Die Querschnittsbelastung[331] nahm dabei enorm zu, da die Geschosse immer schmaler und dafür immer länger wurden. Somit kann man den Geschwindigkeitsverlust nach Verlassen des Waffenrohres gering und die Auftreffgeschwindigkeit hoch halten. Flügelstabilisierte Hartkerntreibkäfiggeschosse werden im NATO-Sprachgebrauch als Armour-Piercing-Fin-Stabilized-Discarding-Sabot-(APFSDS)-Geschosse, neuerdings auch vereinfacht als Kinetic-Energy-(KE)-Geschosse bezeichnet.[332]

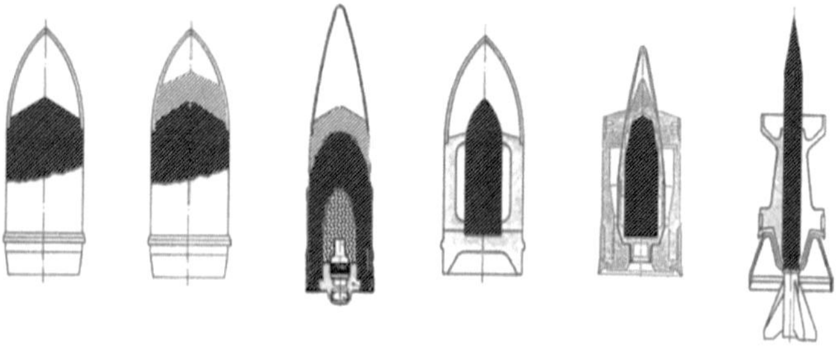

a.) b.) c.) d.) e.) f.)

Bild 6.8: Die Entwicklung panzerbrechender Munition vom Wuchtgeschoss zum Treibspiegelgeschoss[333]

Legende:

a.) Wuchtgeschoss mit ballistischer Haube

b.) Wuchtgeschoss mit ballistischer Haube und weichem Stahl als Schmiermittel für ein besseres Eindringen sowie einer scharfen Kante, die das Geschoss beim schrägen Aufschlag aufstellen sollte

c.) Panzersprenggeschoss mit den unter b.) genannten Eigenschaften und einer kleinen Sprengladung, die von einem Bodenaufschlagzünder mit Zündverzögerung gezündet wurde

---

331 Die Querschnittbelastung Q = Geschossgewicht m geteilt durch Geschossquerschnitt F π/4 * d. Dabei ist d der Kaliberdurchmesser des Geschosses.

332 Erste Entwicklungen dieser Pfeilgeschosse gehen bis auf den Ersten Weltkrieg zurück. Einführungsreife Entwicklungen gab es mit den Röchling-Geschossen, die allerdings nur beim Eindringen in Beton und Erdreich sehr gute Ergebnisse erzielten. Diese Geschosse bestanden aus nicht speziell gehärtetem Stahl. Die Entwicklung als Panzer(-abwehr-)munition mit gehärtetem Stahl wurde eingestellt, da das Schwingungsverhalten der Geschosse beim Aufschlag zu einem Zerbrechen der Geschosse führte. Erst durch das Einsetzen von Dämpfungselementen im Geschoss wurde dieses Problem in den 1960er-Jahren gelöst.

333 Nach J. Grosskreutz, Grundlagen der Ballistik – Waffentechnik – Munitionstechnik, Aachen 2017. Die ursprüngliche Quelle zu dieser Skizze ist unbekannt, wird ggf. Rheinmetall zuerkannt.

d.) Unterkalibriges Wuchtgeschoss, jedoch noch vollkalibrig auf dem Ziel aufschlagend: Das unterkalibrige Geschoss führt zu einer höheren Querschnittsbelastung im Zielmaterial und somit zu einer größeren Eindringtiefe.

e.) Ein Geschoss wie unter d.), jedoch mit einem Treibspiegel, der sich nach Verlassen der Waffenrohrmündung ablöst: Dieses Geschoss fliegt noch drallstabilisiert.

f.) Ein modernes panzerbrechendes Geschoss mit einer anderen Konzeption für einen Treibspiegel. Das Geschoss ist flügelstabilisiert, somit ist das Verhältnis von Kaliber zu Geschosslänge größer als 1:5.

Panzerbrechende Munition besitzt in der Regel einen Leuchtspurzapfen. Im Geschossboden kann eine zumeist kleine Sprengladung mit einem Bodenaufschlagzünder eingebracht sein. Diese sogenannten Panzersprenggranaten (Armour-Piercing High-Explosive (APHE)) sollen innerhalb des getroffenen Zieles hinter der Panzerung zerlegen. Sie sind veraltet, derzeit wird das Zerlegen durch die starke Erwärmung des Geschossmaterials und Zerplatzen des unter Spannung stehenden Geschosses nach dem Zieldurchgang erreicht.

6.2.3 Übungsmunition für Maschinenkanonen

Übungsmunition soll das Üben unter möglichst realen Bedingungen erlauben. Dazu soll sie umweltfreundlich und kostengünstig sein. Sie sollte auch auf kleineren Truppenübungsplätzen genutzt werden können, ein eindeutiges Trefferbild zeigen und möglichst keine Blindgänger erzeugen.

Diese Ziele können vielfach nicht alle gleichzeitig erreicht werden. Beim Einsatz von Wuchtgeschossen mit einer Leuchtspur, aber ohne Deutladung ist die Wirkung im Ziel ggf. schwer zu erkennen, wenn die Zielanlage keine Treffererkennung besitzt. Der Einsatz einer Sprengladung wiederum kann zu Blindgängern führen und eine Zielanlage beschädigen. Auch fliegen Geschosse ohne einen Zünder mit Aufschlag- und Zerlegefunktion sehr weit und können unbeabsichtigt den Gefahrenbereich Truppenübungsplatz oder eine Schießbahn verlassen.

Daher hat man für Übungsgeschosse für den Mittelkaliberbereich der Maschinenkanonen sogenannte „Übungsgeschosse mit verkürzter Reichweite“ entwickelt, die auf Kampfentfernung annehmbare ballistische Eigenschaften haben und danach stark abgebremst werden. Eine Form der Reichweitenverkürzung ist die Erhöhung des Luftwiderstandes. Man nutzt dazu ein Wuchtgeschoss, das mit einer Plastikkappe als Zünderdarstellung versehen ist. Nach dem Anzünden der Treibladung und beginnendem Druckaufbau in der Treibladungshülse strömen Treibladungsgase durch ein Rohr in dem Geschoss zur Geschossspitze und drücken diese vom Übungsgeschoss ab. Die leichte Geschossspitze wird schneller beschleunigt als das Übungsgeschoss und fällt nach Verlassen des Waffenrohres rasch zu

Boden. Bedingt durch den Druckverlust der durch das Geschoss strömenden Treibladungsgase wird das Geschoss geringer beschleunigt als ein Gefechtsgeschoss und hat somit bereits eine geringere Mündungsgeschwindigkeit. In Verbindung mit dem höheren Luftwiderstand wird ein bedeutend kürzerer Gefahrenbereich erreicht. Eine Treffererkennung muss aber entweder über die Beobachtung der Leuchtspur oder über Sensoren an der Zielanlage erreicht werden.

6.2.4 Manövermunition für Maschinenkanonen

Da Maschinenkanonen mit Eigenantrieb für eine sichere Nachladefunktion einen hohen Energieverbrauch haben, benötigen sie die gleichen Treibladungsmengen wie Gefechtsmunition. Weitere Faktoren sind ein möglichst realistischer Gasdruck, ein Mündungsknall (ggf. reduziert, um die Umwelteinflüsse geringer zu halten) und eine geringe Gefährdung der an der Ausbildung beteiligten Soldaten.

Neben der Nutzung eines speziellen Manöverpatronengerätes und einer Manöverpatrone, wie sie auch bei Infanteriewaffen üblich ist,[334] werden auch nach wie vor Geschossnachbildungen aus Kunststoff eingesetzt, die einen Kern aus Eisenpresslingen enthalten. Nach Verlassen des Waffenrohres wird die Geschossnachbildung durch den Luftwiderstand aufgerissen, wodurch die Eisenpresslinge zerstäuben. Neben dem Vorteil, dass hier kein Manöverpatronengerät benötigt wird, gibt es den Nachteil eines nicht unerheblichen Gefahrenbereiches vor der Waffe.[335]

6.3 Munition für Panzerkanonen

Das Kaliber für Panzerkanonen hat sich in den vergangenen 100 Jahren drastisch von ca. 30 mm auf 120 mm und darüber hinaus verschoben. Ein Grund dafür ist der Wettlauf zwischen immer widerstandsfähigeren Panzerungen und der immer durchschlagskräftigeren Munition.[336] Dieser Wettlauf ist freilich noch nicht entschieden.

Der Aufbau der Panzermunition unterscheidet sich teilweise von der Munition für Infanteriewaffen bzw. Maschinenkanonen. Hier ist neben der Länge einer Panzerpatrone auch die Masse und die Art des

334 Siehe dazu Kapitel 6.1.3.

335 Das Verhältnis der Gefahrenbereiche bei der Nutzung eines Manöverpatronengerätes zur Nutzung von Manövermunition mit Eisenpresslingen beträgt mehr als 1:5.

336 Der erste deutsche Kampfpanzer aus dem Jahr 1917 (A7V) besaß eine 53-mm-Schnellfeuerkanone. Der Kampfpanzer V „Panther" hatte bereits eine 75-mm-Kanone. Derzeit scheint eine Panzerkanone bis zum Kaliber 140 mm von den Richtmaßen her beherrschbar zu sein. Mit Stand 2022: Der Kampfpanzer KF51 „Panther" besitzt eine 130-mm-Bordkanone.

Nachladens entscheidend. Durch die große benötigte Treibladungsmenge und die lang gestreckte Form der vielfach flügelstabilisierten Geschosse ist die Panzermunition unhandlich, bedingt vor allem durch die Enge des Kampfraums. Daher sind einige Länder dazu übergegangen, getrennt zu ladende Munition und Ladeautomaten für diese Munition zu entwickeln. Bei anderen Kampfpanzern ist das Verhältnis zwischen Ladungsraum und Kaliber stark angewachsen, sodass die Treibladungshülsen unförmig dick wurden. Das Volumen innerhalb einer Treibladungshülse kann derzeit als ausgeschöpft bezeichnet werden. Dies wirkt sich nachteilig auf die rasche Anzündung des Treibladungspulvers aus. Um trotzdem eine zuverlässige und schnelle Anzündung einer großen Menge an Treibladungspulver zu erreichen, wird die Oberfläche der Pulverkörner mit Hexogen überzogen. In Zukunft sind andere innovative Änderungen zu erwarten, z. B. das induktive Anzünden mittels eines Spulenkörpers.

Die Treibladungsanzünder werden auf die jeweilige Geschosssorte optimiert. Bei modernen Kampfpanzern wird die Treibladung wegen der geringeren Anzündverzugszeit und der optimalen Auslösung durch die elektronische Waffennachführungsanlage elektrisch angezündet. Die Treibladungsanzünder können je nach Platzangebot in der Hülse und je nach Munitionssorte in der Länge stark variieren.

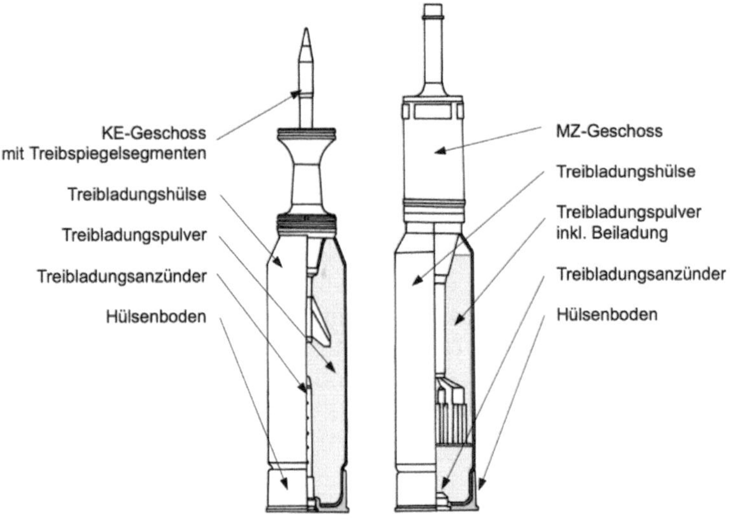

Bild 6.9: Zwei unterschiedliche Munitionssorten für Panzermunition, man beachte die unterschiedlich langen Treibladungsanzünder

Sofern getrennt zu ladende Munition eingesetzt wird, besteht die Treibladung aus einer vollständig verbrennenden Textil- oder Zellulosehülle. Der Treibladungsanzünder wird in einem speziellen Magazin am Verschluss geladen. Er ist ähnlich wie eine Manöverpatrone aufgebaut, wird allerdings zumeist ebenfalls elektrisch angezündet.

Aus verschiedenen Gründen, z. B. der Länge der panzerbrechenden Geschosse oder auch der geringen Drallrate der Hohlladungsgeschosse, haben sich die Glattrohrkanonen beim Kampfpanzer weitgehend durchgesetzt. Dies hat Konsequenzen für den Aufbau der Munition, der sich eigentlich von dem der Artilleriemunition nicht besonders unterscheiden würde. Somit sind bei den großkalibrigen Munitionsarten und -sorten zwei unterschiedliche Kapitel für die Beschreibung des Aufbaus nötig.

6.3.1 Sprengmunition für Panzerkanonen

Das Sprenggeschoss ist neben dem Wuchtgeschoss eine der ältesten Munitionssorten für eine Panzerkanone. Aufgrund neuer sogenannter tempierbarer Zünder[337] ist das Sprenggeschoss heute wieder aktuell und verdrängt die Hohlladungsmunition aus dem Panzer.

Das Sprenggeschoss für Panzerkanonen entspricht in der Funktion den bereits in Kapitel 6.2.1 beschriebenen Sprenggeschossen für Maschinenkanonen.[338] Kopf- bzw. Bodenzünder sowie eine Optimierung für einen bestimmten Einsatzzweck lassen das Sprenggeschoss zu einem Mehrzweckgeschoss werden, das gegen Weichziele und Hartziele am Boden, aber auch gegen Flugziele eingesetzt werden kann. Dabei werden die (Einheits-)Zünder in der Regel bereits beim Hersteller montiert und sind von der Besatzung nicht austauschbar. Im Gegensatz zu den Zündern bei der Maschinenkanonenmunition erfolgt die Datenübertragung an den Zünder u. a. über den Verschluss an den Hülsenböden. Spulen oder auch Mündungsbremsen sind bei Kampfpanzerkanonen nur bei älteren Fahr-

---

337 Siehe Kapitel 10.

338 In der Form ähneln Sprenggeschosse für moderne Panzer eher einem Hohlladungs- bzw. Mehrzweckgeschoss. Die hohe Mündungsgeschwindigkeit von mehr als 1000 m/s bedingt ein „leeres" Abstandsrohr, das für einen günstigen aerodynamischen Flug sorgt.

zeugen und in Ausnahmefällen zu finden, da immer die Gefahr besteht, dass ablösende Treibspiegelsegmente in den Spulen und Mündungsbremsen anschlagen könnten.

Aufgrund der hohen Mündungsgeschwindigkeiten bieten Sprenggeschosse für Panzerkanonen vielfach ein untypisches Bild. Während das deutsche Sprenggeschoss im Kaliber 120 mm x 570 eher einem Hohlladungsgeschoss gleicht, hat das US-amerikanische Sprenggeschoss im gleichen Kaliber eher Form und Aussehen eines KE-Geschosses.

Die Sprengstoffmasse entspricht je nach Wandstärke etwa 20 % der Geschossmasse. Die Geschosshülle besteht aus hochwertigem Gussstahl, der für den Beschuss von Mauer- und Betonzielen nicht zu weich ausgelegt werden darf. Eine Vorfragmentierung wie bei Geschossen für Maschinenkanonen ist möglich.

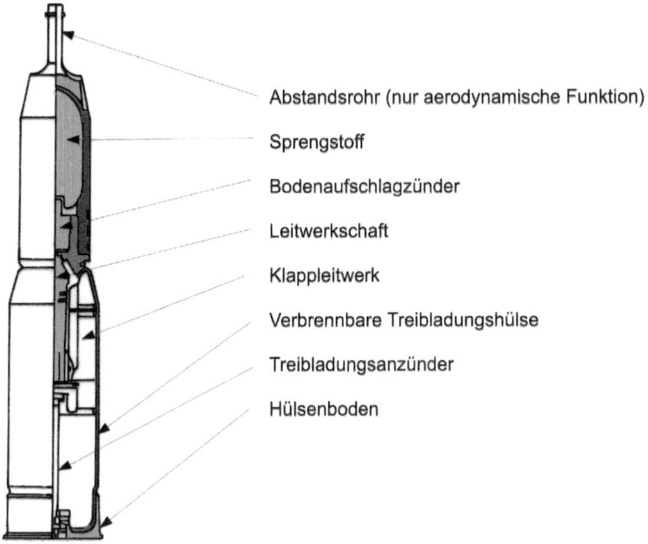

Bild 6.10: Patrone im Kaliber 120 mm x 570 mit Sprenggeschoss, das ähnlich geformte Mehrzweckgeschoss mit einer Hohlladung ist im Bild 6.9 abgebildet

Aufgrund der Möglichkeit, den Zünder auch mit einer einstellbaren Verzögerung auszulösen, besteht eine Wirkung dieser Munition auch gegen Hartziele aus Mauerwerk und Beton, nicht aber gegen

Panzerstahlziele. Es ist zu beachten, dass die Struktur der Sprenggeschosse immer ein Kompromiss zwischen Splitterwirkung, Sprengstoffzuladung und Stabilität beim Eindringen in harte Strukturen darstellt.

6.3.2 Hohlladungsmunition für Panzerkanonen

Hier ist zwischen der dünnwandigen Munitionssorte für die reine Panzerabwehr und dem dickwandigeren Mehrzweckgeschoss mit Hohlladungs- und Splitterwirkung zu unterscheiden. Wie schon bei den Sprenggeschossen beschrieben muss auch hier ein Kompromiss zwischen der Eindringtiefe der Hohlladung (bestimmt durch Einlagendurchmesser und Sprengstoffmasse sowie Art der Zünderauslösung) und der Spreng-/Splitterwirkung eingegangen werden. Daher hat sich das Mehrzweckgeschoss mit einer dualen Einsatzrolle nicht durchsetzen können.

Ein Hohlladungsgeschoss besitzt einen Bodenaufschlagzünder, der allerdings über eine Kopfauslösung initiiert wird. Hier ist zu beachten, dass der Zünder einen bestimmten Zeitraum für die Auslösung benötigt und sich vor allem die Hohlladung nach der Initiierung durch den Zünder erst einmal ausbilden muss. Bei den modernen Hochgeschwindigkeitsgeschossen erfolgt die Auslösung durch ein piezoelektrisches Element, das sich auf der Spitze eines Abstandsrohres befindet. Beim Aufschlag auf das Ziel wird eine elektrische Spannung aufgebaut und über ein Kabel an den Bodenaufschlagzünder weitergeleitet. Somit bleibt genügend Zeit für eine Auslösung des Detonators, eine Übertragung der Stoßwelle über Verstärkungs- und Übertragungsladungen an die eigentliche Sprengladung und die Ausbildung des Hohlladungsstachels. Etwa zwei bis drei Kaliberlängen des sogenannten Standoffs[339] gelten als praktikabel. Ein Abstand von fünf Kaliberlängen wäre theoretisch optimal, würde aber das Geschoss noch weiter verlängern und unhandlich werden lassen. Siehe dazu auch Bild 6.9.

---

339 „Standoff" bezeichnet den optimalen Abstand eines Geschosses zu einer Panzerung im Moment der Auslösung des Zünders. Bei zu kleinem Abstand wird die Hohlladung nicht vollständig ausgebildet, bei zu großem Abstand fächert sich der Hohlladungsstachel in der Luft bereits wieder auf.

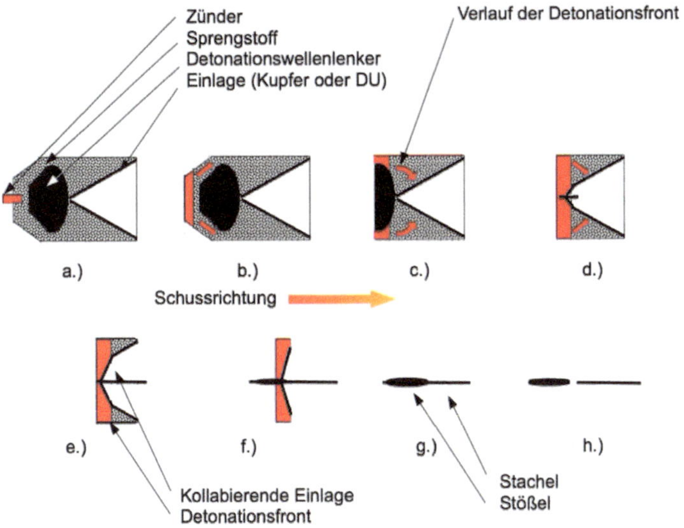

Bild 6.11: Mechanismus der Hohlladung

Legende:

a.)	Zündung der Hohlladung durch einen Bodenaufschlagzünder von der hinteren Geschossseite
b.)	Die Detonationsfront läuft um den Detonationswellenlenker herum.
c.)	Durch das Umlenken trifft die Detonationsfront möglichst senkrecht auf die Einlage.
d.)	Die Einlage wird zum Mittelpunkt zusammengedrückt und nach vorne beschleunigt.
e. bis f.)	Die Einlage wird zu Stachel und Stößel umgeformt.
g.)	Stachel (vorne) und Stößel (hinten) fliegen noch gemeinsam.
h.)	Stachel und Stößel haben sich getrennt.

Bei älteren Hohlladungsgeschossen erfolgte die Aufschlagzündung rein mechanisch durch einen Kopfaufschlagzünder, dessen Zündstrahl durch den Trichter der Hohlladung auf eine Verstärkungsladung im Boden des Geschosses gerichtet war. Durch diese Verstärkungsladung erfolgte dann die Initiierung der Hohlladung.

Hohlladungseinlagen sollten aus möglichst schwerem Material bestehen. Gold oder Wolfram wären ideal, aber zu teuer bzw. schlecht zu bearbeiten. In einigen Ländern hat sich Sintermetall aus abgereichertem Uran (98 %) und Titan (2 %) durchgesetzt. Ebenfalls weit verbreitet und auch in der Bundeswehr genutzt wird hart geglühtes Kupfer, das als trichterförmige Einlage vor dem Sprengstoff eingebaut wird.

Die Ausbildung der Hohlladung[340] ist optimal, wenn die trichterförmige Einlage möglichst genau gefertigt ist. Durch einen Detonationswellenlenker aus inertem Material (Gummi oder Weichplastik) erreicht man eine Umlenkung der Stoßwelle, sodass diese senkrecht auf die Einlage auftrifft. Das Einlagenmaterial wird unter hohem Druck zur Geschossmitte gequetscht und weicht nach vorne hin aus. Dabei wird es stark beschleunigt und durch sehr hohen Druck und Temperatur verflüssigt. An der Stachelspitze können Geschwindigkeiten bis zu 12.000 m/s erreicht werden. Der nachfolgende Stößel ist langsamer, sodass die Hohlladung bei fortschreitender Flugstrecke immer weiter in die Länge gezogen wird. Wenn das sehr heiße und schnelle Einlagenmaterial auf ein Panzerziel trifft, werden Teile des Zielmaterials herauserodiert und durch das nachdrückende Einlagenmaterial mit diesem nach hinten aus dem Ziel herausgedrückt.[341] Ist das Ziel durchdrungen und noch genügend Einlagenmaterial vorhanden, werden Ziel- und Einlagenmaterial in den jetzt ungeschützten Bereich hinter der Panzerung hineingeschleudert und können durch Hitze- und Splitterwirkung Personal und Material schädigen. Für dünnwandige Geschosse gilt, dass die Eindringtiefe etwa das Fünf- bis Siebenfache des Kalibers betragen kann. Mit Hochleistungssprengstoffen lassen sich im Labor Eindringtiefen bis zum Neunfachen des Kalibers erreichen. Hier sind aber Forderungen nach der Abschussfestigkeit des Sprengstoffes und anderen Kriterien der munitionstechnischen Sicherheit zu beachten.

[340] Der Hohlladungseffekt wurde bereits 1883 durch den Betriebsleiter der Fa. Wolf in Walsrode, M. von Förster, in dem Dokument „Versuche mit comprimierter Schiessbaumwolle“, erschienen in Berlin, beschrieben. Erst 1888 macht Charles E. Munroe ähnliche Versuche.

[341] Ein Vergleich mit „Schweißen“ ist nicht korrekt. Eher lässt sich ein Hohlladungsstachel mit einem Wasserstrahl aus heißem Wasser vergleichen, der unter hohem Druck auf eine Schneewand gerichtet wird und den Schnee durch Schmelzen herauslöst.

Eine gute Abschätzung der Eindringtiefe in homogenen Panzerstahl mit einer Härte von ca. 500 Brinell ergibt sich aus folgender Tabelle[342]:

Ladungsform	Abstand vom Ziel in Kaliber	Eindringtiefe des Kanals in Kaliber	Durchmesser des Kanals in Kaliber	Volumen des Eindringkanals in Kaliber
Druckladung	0	0,2–0,4	0,8–1,0	0,19
Splitterladung	1–1000	0,05–0,1	0,05–0,15	0,19
Hohlladung	1,5–6	5–9	0,1–0,3	0,19
Flachkegelhohlladung	3–8	2–3	0,25–0,4	0,19
P-Ladung	1–1000	0,6–1,2	0,4–0,7	0,19

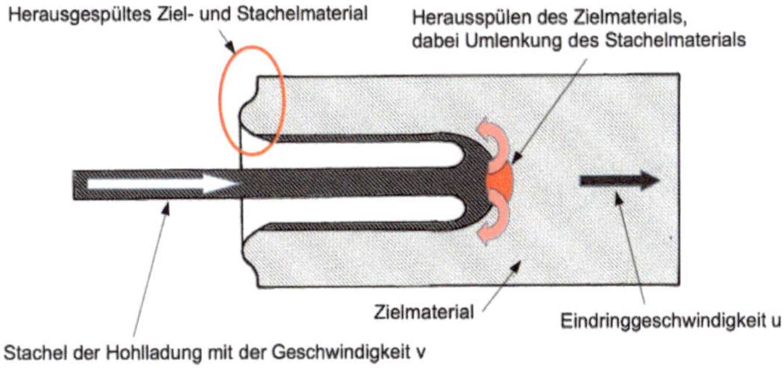

Bild 6.12: Eindringmechanismus in ein homogenes Metallziel

Eine Hohlladung funktioniert nur in homogenem Zielmaterial ausreichend gut. Durch Keramikplatten (Dwell-Effekt), freien Zwischenraum (Luft) oder auch Sand lässt sich eine Hohlladungswirkung vermindern. Daher bestehen moderne Panzerungen aus mehreren stark unterschiedlichen Materialien mit unterschiedlichen Härtegraden (Sandwichpanzerung). Eine weitere Möglichkeit, die Hohlladungsmunition in ihrer Durchschlagsleistung zu verringern oder vollständig zum Versagen zu bringen, ist der Einsatz von aktiven oder reaktiven Panzerungen.[343]

[342] Die Tabelle ist in verschiedenen Publikationen zu finden, ursprünglich stammt sie wohl von Dr. M. Held, Messerschmidt-Bölkow-Blohm GmbH, Schrobenhausen 1989.

[343] Siehe dazu Kapitel 1.6.2.2.

Auch eine zu hohe Drallrate vermindert die Wirkung der Hohlladung im Ziel. Daher sind die meisten Hohlladungsgeschosse flügelstabilisiert, werden aus Glattrohrkanonen verschossen und rotieren nur langsam, um Fertigungstoleranzen ausgleichen zu können. Für den Verschuss aus gezogenen Waffenrohren mit drallenden Geschossen existieren Sonderformen wie das französische „Gessner-Geschoss“, bei dem eine Außenhülle rotiert und die innenliegende Hohlladung durch Luftbremsen stark abgebremst wird.

Hohlladungseinlagen können als Spitzkegel-, Flachkegelhohlladung oder projektilbildende Ladung konstruiert werden.

Die Spitzkegelhohlladung ist die klassische Hohlladung zur Durchdringung von Panzerungen. Sehr spitze Kegel mit einem Schenkelwinkel von 90° oder weniger findet man bei Munition zur Panzerabwehr. Jedoch ist die Restleistung der Hohlladung nach einem Durchdringen der Panzerung gering. Die Spitzkegelhohlladung muss sehr kurz vor der Panzerung ausgebildet werden, da ihre Flugweite in lufterfülltem Raum gering ist.

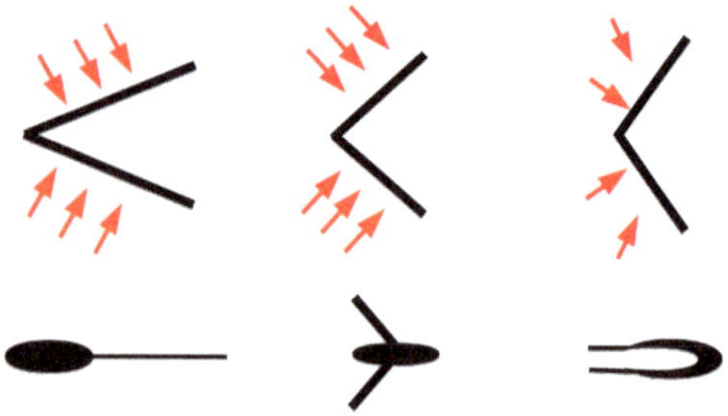

a.) b.) c.)

Bild 6.13: Verschiedene Formen der Hohlladung und deren Projektil

Legende:

a.) Spitzkegelhohlladung und Umformung zu Stachel mit Stößel in räumlichen Abstand

b.) Flachkegelhohlladung

c.) Projektilbildende Ladung

Die Flachkegelhohlladung führt zu einer geringeren Eindringtiefe, aber zu einer höheren Restenergie nach dem Durchschlag. Hier ist der Geschwindigkeitsunterschied zwischen Stachel und Stößel sehr gering. Die Flachkegelhohlladung kommt vor allem bei der Bekämpfung von Schützenpanzern und Mannschaftstransportpanzern durch Panzerminen zur Anwendung.

Die projektilbildende Ladung hat nur noch eine Durchschlagsleistung von etwa einem Kaliber. Durch ihre besonders aerodynamische Form kann sie größere Strecken bis ca. 150 m überwinden und dort die Panzerung durchdringen. Sie eignet sich für den Durchschlag von Panzeroberseiten (Top-Attack von überfliegenden Panzerabwehrlenkflugkörpern und Suchzündermunition) und leicht gepanzerten Fahrzeugen von der Seite.

Sonderformen der Hohlladungsgeschosse sind Tandem- oder Triplegeschosse,[344] die eine Vorhohlladung und ggf. auch eine weitere Hohlladung im Geschossheck besitzen. Die Vorhohlladung soll eventuelle Reaktivpanzerungen auslösen, diese für die Haupthohlladung an der Einschlagstelle räumen und somit die Durchschlagschance für die Haupthohlladung vergrößern.

6.3.3 Quetschkopfmunition für Panzerkanonen

Wie das Hohlladungsgeschoss funktioniert auch das Quetschkopfgeschoss nur bei homogenen Panzerungen zufriedenstellend. Deshalb wird diese Munitionssorte nur noch in wenigen Armeen als Einsatzmunition in der Panzerwaffe genutzt.

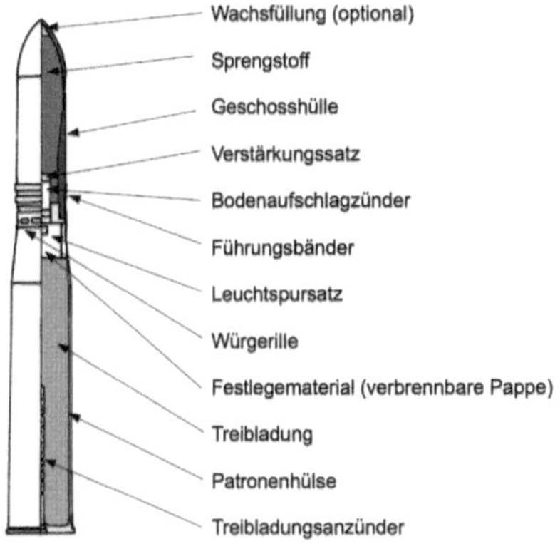

Bild 6.14: Die Quetschkopfpatrone

Das Quetschkopfgeschoss besteht aus einer dünnwandigen Geschosshülle mit einem trägen Bodenaufschlagzünder und einer möglichst großen verformbaren Sprengstoffladung. Das Geschoss hat eine im

[344] Bisher ist nur für die russische 125-mm-Panzerkanone 2A45/2A46 bekannt.

Vergleich zu anderer Panzermunition langsame Mündungsgeschwindigkeit und somit eine gekrümmte Flugbahn. Beim Aufschlag auf eine Panzerung verformt sich die Sprengladung zu einem tellerförmigen flachen Gebilde mit möglichst großer Auflagefläche. Dieser „Pfannenkuchen" wird durch den trägen Bodenaufschlagzünder erst nach dessen Verformung gezündet. Somit erreicht man einen großflächigen Druckstoß in der Panzerung, der an der Panzerungsinnenwand reflektiert wird. Bei der Reflektion treten Spannungen an der Innenwand auf, die zu einem Abreißen von Panzerungsmaterial führen (Hopkinscher Effekt). Dieses Material fliegt in vielen Einzelsplittern mit hoher Geschwindigkeit durch den Bereich hinter der Panzerung und kann dort zu Zerstörungen und Verletzungen führen. Ein Durchschlagen der Panzerung ist somit nicht notwendig.

Durch inhomogene Panzerungen, die aus vielen verschiedenen Materialien, z. B. Keramik und Quarzsand, bestehen können, sowie durch Inliner aus Keflar kann dieser Mechanismus behindert werden.

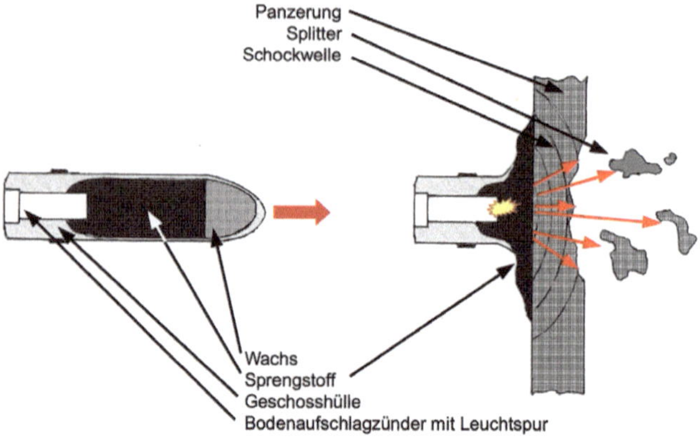

Bild 6.15: Mechanismus des Hopkinschen Effekts

Bei Sprengstoffmassen von bis zu 4 kg[345] sind bei einem Treffer eines Kampfpanzers Schäden an der Optik, der Waffennachführ- und -richtanlage sowie Verletzungen bei der Besatzung unvermeidbar. Dies reicht aus, um einen Gegner für einen längeren Zeitraum außer Gefecht zu setzen.

[345] So hat das britische Quetschkopfgeschoss L31 für die 120-mm-Panzerkanone des Challenger II eine Sprengstoffmasse von 4,1 kg. Die Panzerkanone besitzt im Gegensatz zur 120-mm-Panzerkanone des Leopard 2 ein gezogenes Waffenrohr.

6.3.4 Panzerbrechende Munition für Panzerkanonen

Diese Munition unterscheidet sich nur unwesentlich von der panzerbrechenden Munition für Maschinenkanonen in Kapitel 6.2.2. Ein Unterschied ist natürlich das Kaliber und die Länge des in der Regel flügelstabilisierten Geschosses.

Bedingt durch die Länge des Geschosses treten beim Aufschlag Schwingungen auf, die zu einem Zerbrechen des Geschosses führen können. Deshalb bestehen solche Geschosse entweder aus verschiedenen, ineinander verschraubten und verklebten Materialien, die schwingungsdämpfend wirken, oder das Material wird segmentweise wärmebehandelt, um weiche Bereiche zu schaffen, die ebenfalls die Schwingung dämpfen. Eine Schnittzeichnung einer panzerbrechenden Patrone zeigt das Bild 6.9.

6.3.4.1 Panzerbrechendes Geschoss mit erhöhtem zusätzlichen Effekt – Penetrator with Enhanced Lateral Effect (PELE)

Der Wettlauf zwischen verbesserten Panzerungen und den panzerbrechenden Geschossen führt dazu, dass weniger gepanzerte Ziele, z. B. ein Container oder eine einfache Ziegelsteinmauer, ohne wirksame Schäden hinter der Panzerung durchschlagen werden. Befindet sich in Durchschussrichtung hinter der Panzerung kein zu schützendes Objekt, ist der Durchschuss ohne weitere Auswirkung.

Bei PELE-Geschossen werden die Wolframpenetratoren weitgehend ausgehöhlt und mit einem Metall gefüllt, das eine geringere spezifische Masse, z. B. Aluminium, besitzt. Beim Auftreffen auf ein hartes Zielmaterial wird die Füllmasse in Schussrichtung sehr schnell beschleunigt. Da sie nur unwesentlich komprimiert werden kann, übt sie auf die Penetratorwand einen sehr hohen Druck aus, der nach dem Durchschlagen des Zielmaterials zum Zerreißen des Penetrators führt. Dabei entstehen Splitter, die ähnlich einem Schrotschuss vor allem in Schussrichtung gerichtet große Schäden anrichten können. Die Durchschlagsleistung ist dabei bedeutend geringer, aber immer noch ausreichend, um die Panzerung von Schützenpanzern und Mannschaftstransportwagen zu durchschlagen.

6.3.5 Übungsmunition für Panzerkanonen

Übungsmunition für große Kaliber hat verschiedene Anforderungen zu erfüllen. Sie sollte

- kostengünstig sein,
- auf möglichst allen Truppenübungsplätzen, auch bei kleineren Gefahrenbereichen, einsetzbar sein,

- in den ballistischen Eigenschaften der Gefechtsmunition auf Kampfentfernung entsprechen,
- ein realistisches und taktisches Üben auch der Ladevorgänge ermöglichen,
- keine gefährlichen Blindgänger bilden,
- keine umweltgefährlichen Stoffe enthalten,
- eine Trefferwirkung im Ziel zeigen und
- das Ziel dabei möglichst wenig beschädigen.

Diese Forderungen lassen sich meist nicht in Gänze erfüllen. Aufgrund der geforderten Sicherheit ist Übungsmunition vielfach bedeutend teurer als die Gefechtsmunition. Allerdings lohnt sich bei der Munition für Kampfpanzer vielfach das Recyceln von Gefechtsmunition und der Umbau zu Übungsmunition, da auch die Gefechtsmunition durch den Einsatz von Kunststoffen einer Verbrauchszeit unterliegt. Somit ist es üblich, der Gefechtsmunition die Explosivstoffe soweit wie nötig zu entnehmen und durch gewichtsgleiche Materialien, z. B. Schwerspat, zu ersetzen und somit als Übungsmunition weiter zu nutzen.

Eine weitere Möglichkeit bietet der Einsatz von Einsteckrohren im Kaliber 14,5 mm x 51, um so mit unterkalibriger Munition auf sogenannten Kleinzielfeldern schießen zu können. Hier lassen sich zumindest die Richtübungen entsprechend durchführen und die Besatzung eines Kampfpanzers an das Schulschießen mit Vollkalibermunition heranführen. Auch die Nutzung von Einsteckrohren im Maschinenkanonenkaliber, z. B. im Bereich von 20 mm bis 40 mm, ist möglich. Hier kann dann nach einer entsprechenden Programmierung des Waffenrechners auch real auf Schießbahnen taktisch vorgegangen und geschossen werden.

6.3.6 Manövermunition für Panzerkanonen

Im Gegensatz zu den kleineren Patronenkalibern der Infanteriewaffen und Maschinenkanonen ist eine vollkalibrige Manöverpatrone unüblich.[346] Auch hier zählen geringe Kosten, sicherer Einsatz und eine möglichst weitgefächerte Einsatzmöglichkeit. Das simulierte Mündungsfeuer sowie der Abschussknall werden durch Kanonendarstellungsgeräte mit entsprechender Pyrotechnik dargestellt, die

346 Nur in den Kalibern 90 mm x 602 (ehem. KPz M48) und 105 mm x 597 (ehem. österreichischer JgPz Kürassier) wurde für großkalibrige Waffen eine vollkalibrige Manöverpatrone hergestellt.

am vorderen Teil des Panzerturms angebracht werden. Durch weitere Simulationsmöglichkeiten, z. B. den „Laserschuss", ist es möglich, taktisch realistische Duellsituationen darzustellen.

6.4 Munition für Rohrartilleriegeschütze

Die Rohrartillerie soll einen sehr großen Entfernungsbereich zwischen ca. 4 km und 60 km sowie darüber hinaus [347] abdecken. Dabei werden die Geschosse im indirekten Richten sowohl in der oberen als auch unteren Winkelgruppe verschossen, um ggf. unterschiedliche Effekte im Zielgebiet zu erreichen.[348] Somit verschwimmen die Begriffe „Munition für (Artillerie-)Kanonen" und „Munition für Haubitzen", da moderne Panzerhaubitzen eine Waffenrohrlänge haben, die eher einer Artilleriekanone zuzuordnen ist. Dies bedingt eine möglichst große Flexibilität bei der Auswahl der Treibladungsmasse, um die Flugentfernung variabel zu gestalten. Somit sind fest verbundene Komponenten einer bereits beim Hersteller vorgefertigten Patrone unüblich. Falls Treibladungshülsen überhaupt verwandt werden, dienen die Hülsen zur Aufbewahrung der ausgewählten Treibladungsmenge vor dem Verschuss und zur Liderung[349] des Ladungsraumes gegenüber dem Verschluss. In diesem Fall wird die Patrone nach Entnahme der nicht benötigten Treibladungen in der Feuerstellung zusammengesteckt und für den Verschuss bereitgehalten. Ein Anwürgen des Geschosses an die Treibladungshülse entfällt. Der Fachbegriff dafür lautet „zerlegbare Patronenmunition" oder „Aufsteckmunition".

Wenn auf die Treibladungshülse verzichtet werden kann, wird getrennt zu ladende Munition genutzt. Hier wird im ersten Ladetakt das Geschoss manuell oder mit einem automatischen Lader in den Übergangskegel gerammt und dann die benötigte Treibladung als Beutel- oder Modultreibladung zugeführt. Gehalten wird das Geschoss durch die Führungsbänder im Übergangskegel. Die Führungsbänder müssen daher so breit und so gefestigt sein, dass ein Zurückfallen des Geschosses auch beim Schießen in der oberen Winkelgruppe nicht auftritt. Der Treibladungsanzünder (Primer) wird entweder einzeln oder über ein Magazin im Verschluss zugeführt

6

[347] Die russische Panzerhaubitze 2S35 Coalitia soll mit neu entwickelten 155-mm-Geschossen eine Reichweite bis zu 80 km ermöglichen.

[348] Durch den zeitlich gesteuerten Verschuss unterschiedlicher Treibladungswahl und Schießen in der oberen sowie der unteren Winkelgruppe ist es durch die unterschiedliche Geschossflugzeit möglich, dass bis zu fünf Geschosse zur gleichen Zeit im Ziel einschlagen.

[349] Das heißt Abdichtung des Waffenrohres zum Kampfraum.

und per Schlag angezündet. Der Flammstrahl wird durch den Anzündkanal im Verschluss an die Treibladung geführt und zündet dort die Treibladung an.

Die Geschosssorten bei der Artillerie sind vielfältig und haben sich über die Jahrhunderte technisch weiterentwickelt. Derzeit sind bei der Gefechtsmunition neben den Spreng-/Spreng-Splitter-Geschossen Nebel- und Leuchtgeschosse, Submunitionsgeschosse sowie Geschosse mit Kampfstofffüllung und nukleare Geschosse bekannt. Auch die elektronische Kampfführung nutzt die Artillerie zum Verschießen von Funkstörern. Hohlladungsgeschosse zur Panzerabwehr sind ebenfalls bekannt, sollten aber nur im Notfall zur Selbstverteidigung im direkten Richten eingesetzt werden. Wuchtgeschosse werden aufgrund der geringeren Mündungsgeschwindigkeit hier nicht (mehr) genutzt.

Zur Reichweitensteigerung können verschiedene Weiterentwicklungen an dem in der Historie glatten und zylindrischen Geschossboden genutzt werden:

- Der Hohlboden dient als radialer Heckspoiler und verringert den Bodensog durch eine Verwirbelung der Luft hinter dem Geschoss.
- Der Geschosszapfen verjüngt sich zum Geschossboden hin und reduziert so ebenfalls den Bodensog.
- Eine weitere Reduzierung kann durch einen Raketenzusatzantrieb (Base-Bleed-Satz) erreicht werden, der den Bodensog durch einen langsam abbrennenden Treibsatz ausgleicht.

Zudem ist ein besonders glatter und in der Produktion gleichmäßiger Geschossanstrich für eine Reichweitensteigerung entscheidend.[350] Geschossflugweiten bis zu 60 km sind somit erreichbar.

Zur Abdichtung des Ladungsraumes zur Mündung hin (Liderung) und zur Übertragung des Dralls an das Geschoss werden vielfach mehrere oder besonders breite Führungsbänder genutzt. Da moderne Artilleriegeschütze sehr hohe Gasdrücke erreichen, genügen auch die Führungsbänder nicht mehr aus, sodass zusätzliche Gasabdichtringe (Obturatorringe) aus Kunststoff am Geschosszapfen eingesetzt werden müssen.

[350] Die Rauheit des Lacks kann die Flugweite eines Geschosses und somit die Treffgenauigkeit entscheidend beeinflussen. Nutzen unterschiedliche Geschosshersteller verschiedene Lacke,sind die Daten in einem Feuerleitrechner weitgehend ungenau. Da helfen dann nur noch Einschießen und ein Feuerkampf ohne einen Loswechsel.

Nicht bezünderte Geschosse werden mit einer Heberingverschlussschraube verschlossen ausgeliefert. Hier wird erst vor dem Verschuss über den Einsatz des Zünders gem. Feuerauftrag entschieden.

Vom Einsatz und der Geschosssorte abhängig sind die verschiedenen Geschoss-Zünder-Kombinationen. Neben dem Aufschlagzünder (mit und ohne Verzögerung) werden Zeitzünder und Annäherungszünder eingesetzt. Die älteste Kombination zwischen einem Aufschlag- und einem Zeitzünder ist der Doppelzünder. Durch die fortschreitende Miniaturisierung sind auch Aufschlag-, Zeit- und Annäherungszünder zu einem Multifunktionszünder zusammengewachsen. Neueste Entwicklungen sind Zünder mit einer Such- und Endphasenlenkfunktion, die entweder über GPS oder über einen Lasersuchkopf die Zielinformationen bekommen. Zukünftig könnten autonome Systeme mit Freund-Feind-Kennung bzw. mit einem Bildkatalog in der Lage sein, auf Entfernungen von 60 km oder mehr vorprogrammierte Ziele aus einem Szenario herauszufiltern und zu bekämpfen. Eine weitere Steigerung der Reichweite ist durch das Hyper-Velocity-Projectile (HVP) zu erwarten, das sowohl aus konventionellen Rohrwaffen als auch aus Schienenkanonen verschossen werden kann.[351]

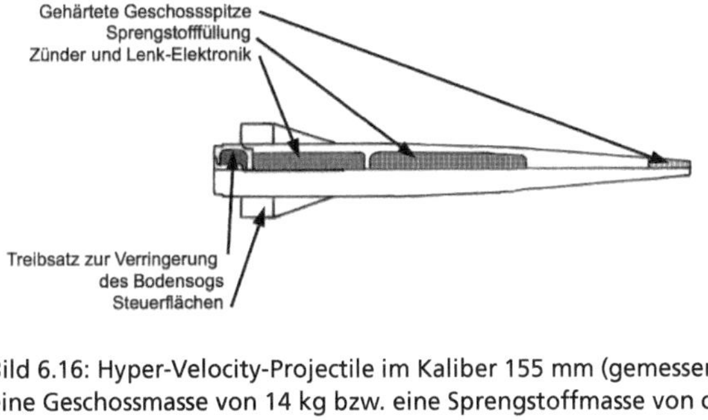

Bild 6.16: Hyper-Velocity-Projectile im Kaliber 155 mm (gemessen ohne Treibkäfig) für eine Geschossmasse von 14 kg bzw. eine Sprengstoffmasse von ca. 7 kg

Nicht alle Zünder-Geschoss-Kombinationen sind erlaubt. Hier ist zwischen Zündern für Spreng- und Spreng-Splitter-Geschosse sowie für nicht sprengkräftige Geschosse mit einem Ausstoßsatz zu unterscheiden. Eine falsche Zünder-Geschoss-Kombination führt immer zu

[351] Mit Stand 2022 ist die Weiterentwicklung der Schienenkanone in den USA abgebrochen worden. Derzeit konzentriert man sich auf die Entwicklung eines 155-mm-Sprenggeschosses mit einer RAM-JET-Unterstützung und Reichweite bis zu 150 km. Die Volksrepublik China scheint aber eine funktionstüchtige Schienenkanone auf einem Schiff implementiert zu haben.

einem Blindgänger. Daher haben sprengkräftige Zünder für die Bundeswehr und andere NATO-Armeen ein 2"-Gewinde und nicht sprengkräftige Zünder ein 1,7"-Gewinde. Für moderne Zünder, die bei beiden Geschosssorten verwendet werden können, gibt es Adapterringe.

Getrennt zu ladende Munition wird in der Regel auch in getrennten Verpackungseinheiten/Paletten transportiert. Dabei entfällt die Innenverpackung. Zum Schutz der Führungsbänder werden Führungsbandschutzringe eingesetzt, die vor dem Laden in ein Magazin oder in das Waffenrohr abgenommen werden müssen.[352]

6.4.1 Spreng- und Spreng-Splitter-Munition für Rohrartillerie

Die Spreng- und Spreng-Splitter-Geschosse wurden bereits schon in den vorherigen Kapiteln beschrieben. Im Gegensatz zu den Geschossen der Maschinen- und Panzerkanonen kann im Mundloch ein zusätzlicher Füllsprengkörper eingesetzt sein, um Zünder mit unterschiedlichen Einbaulängen nutzen zu können. Je nach Einbaulänge entfällt der Füllsprengkörper.

Je nach Einsatzbereich können die Geschosswandungen sehr dick sein und ggf. aus gehärtetem Stahl oder Gussstahl bestehen, um auch bei einem Bunkerbeschuss ein frühzeitiges Zerschellen des Geschosses an harten Zielmaterialien zu verhindern. Vorfragmentierte Innenwandungen für eine definierte Splittergröße sind unüblich. Auch hier kann über die Wahl des Materials der Geschosshülle eine definierte Splittergröße erreicht werden. Die Geschosse werden zumeist geschmiedet. Da hier vor allem im Bodenbereich Mikrorisse auftreten können, die bei einem Verschussgasdruck von ca. 600 MPa zu einem Ausreißen und Einströmen von heißen Gasen in das Geschoss führen können, wird der Geschossboden mit einer zusätzlichen Stahlplatte versehen. So kann ein Platzen des Geschosses oder eine Frühdetonation im Rohr vermieden werden.

Die Sprengstoffmassen betragen etwa 10 % bis 20 % der Geschossmasse. Neben TNT und Gemischen aus Hexogen und/oder TNT mit anderen Phlegmatisierungsstoffen wird zunehmend insensitiver Sprengstoff eingesetzt, um die LOVA-Eigenschaften[353] zu erreichen.

[352] Wird die getrennt zu ladende Munition, bestehend aus getrennt verpacktem Zünder, Geschoss, Treibladung und Treibladungsanzünder, auf einer Transportpalette transportiert, wird trotzdem gem. der Gefahrgutverordnung von einer Patrone gesprochen

[353] Die LOVA-Eigenschaften werden in Kapitel 2.4.4 und in Anhang A6 beschrieben.

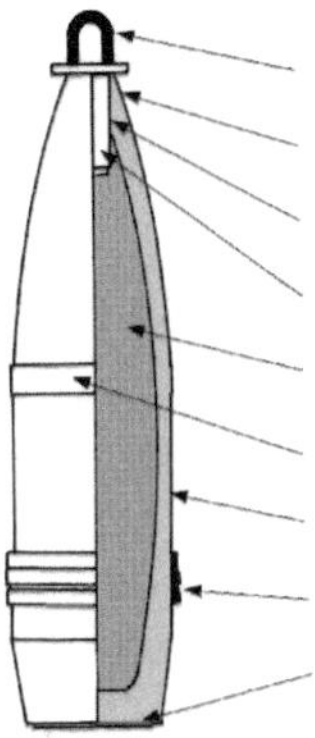

Bild 6.17: Das Sprenggeschoss

6.4.2 Panzerabwehrmunition für Rohrartillerie

Direktes Richten zur Abwehr eines gepanzerten Angriffes ist für die Rohrartillerie die Ausnahme. Es ist eine reine Notfallmaßnahme, bei der meistens auf die Wirkung der Sprenggeschosse durch ihre hohe Sprengstoff- und Geschossmasse vertraut wird. Folglich gibt es auch nur bei wenigen Armeen Hohlladungsgeschosse[354] zur Panzerabwehr, die vom Aufbau den Geschossen der Panzerkanonen weitgehend gleichen. Neben dem Bodenaufschlagzünder mit Kopfauslösung gibt es bei neueren Geschossen eine Flügelstabilisierung und durchrutschende Führungsbänder.

Daneben gibt es Panzerabwehrgeschosse, die im indirekten Richten verschossen werden und über große Entfernungen wirken können. Siehe dazu Kapitel 6.4.3.3 und 6.4.3.4.

6.4.3 Cargo(ausstoß)munition für Rohrartillerie

Neben Sprengstoffen können in Geschossen der Rohrartillerie viele unterschiedliche Nutzlasten transportiert werden. Klassisch sind dies Leucht- und Nebelsubmunition, Bomblets zur Panzerabwehr sowie chemische Feststoffe und Flüssigkeiten, die als Nebel-, Brand- oder Kampfstoffgeschosse bekannt sind. Auch Flugblätter können mit der Rohrartillerie verschossen werden.

354 Quetschkopfgeschosse für Rohrartilleriegeschütze sind nur aus dem ehem. Jugoslawien für die Kaliber 105 mm x 373 und 122 mm x 284 bekannt.

Die zunehmende Miniaturisierung von elektronischen Bauteilen hat zudem zu Submunitionen mit Suchzündereigenschaften zur Panzerabwehr und zu Submunition zur elektronischen Kampfführung (Jammer) geführt.

Die dazu genutzten Geschosshüllen sind vielfach gleich oder ähnlich aufgebaut (siehe dazu auch Bild 6.18):

- Submunition wird mithilfe eines Ausstoßsatzes über dem Geschossheck ausgestoßen. Dazu ist das Geschoss nicht wie bei den Sprenggeschossen aus einem Teil geschmiedet, sondern besteht aus einer länglichen Röhre mit einem separat eingeschraubten oder verstemmten Bodenstück. Über dem berechneten Zielbereich wird durch einen Zeitzünder (nicht sprengkräftig) ein Ausstoßsatz angezündet, der durch den dabei entstehenden Gasdruck zuerst die Bodenplatte und dann die Submunitionen aus der Geschosshülle herausdrückt. Dieses Verfahren wird von Leucht-, Nebel-, Bomblet- und Suchzündergeschossen genutzt.
- Flüssigkeiten und Feststoffe können auch durch eine sogenannte Kammerhülsenladung über dem Zielgebiet verteilt werden. Hier zündet der Zeitzünder (sprengkräftig) eine zentriert eingebrachte Sprengladung in einer Kammerhülse, die die Geschosshülle aufreißt und so die Nutzlast über dem Zielgelände verteilt. Neben Nebel- und Brandgeschossen wird diese Geschosskonstruktion bei Kampfstoffgeschossen angewandt.

6.4.3.1 Leuchtmunition für Rohrartillerie

Leuchtgeschosse werden mit einem Zeit- bzw. Doppelzünder (oder auch Multifunktionszünder mit Zeitfunktion) bezündert. Dieser löst über dem Ziel einen aus Schwarzpulver bestehenden Ausstoßsatz aus. Das heiße Gas des rasch abbrennenden Pulvers zündet den Verzögerungssatz am Leuchttopf an und drückt die verstiftete Bodenplatte aus dem Geschossheck heraus. Gleichzeitig wird der durch eine Innenhülse noch geschützte Leuchtkörper mit Hauptfallschirm und Bremsschirm aus dem Geschoss herausgedrückt. Dabei wird die Innenhülse durch Druckschalen gegen Beschädigung durch den Gasdruck geschützt. Die Druckschalen fallen nach Verlassen des Geschosses ab, der Bremsfallschirm bremst das Geschoss ab, gleichzeitig wirken Drallbremsen, um die schnell rotierende Innenhülse in eine stabile Falllage zu bringen. Um ein Zusammenfallen des Bremsfallschirms durch den noch sehr schnell drehenden Leuchtkörper zu verhindern, sind beide durch ein

Lager verbunden. Zwischenzeitlich brennt der Verzögerungssatz ab, zündet einen Verstärkungs- und den Anzündsatz für die Leuchtmasse an und der Leuchtkörper wird mit dem Hauptfallschirm aus der Innenhülse herausgedrückt. Am Hauptfallschirm hängend brennt so der Leuchtkörper aus Magnesium, Natriumnitrat und spektrumverändernden Zusatzstoffen für etwa eine Minute ab und erleuchtet mit ca. 1,5 Mio. Candela[355] das Zielgelände. Dies reicht aus, um eine Fläche mit einem Durchmesser von 1000 m zu beleuchten.

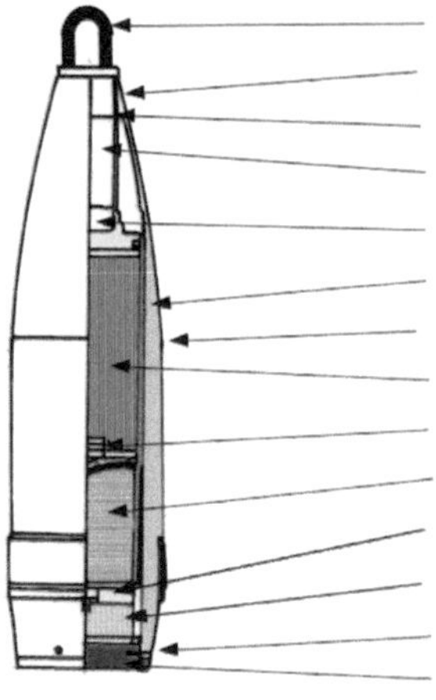

Bild 6.18: Das Leuchtgeschoss, zu beachten sind die zwei Fallschirme und die Drallbremsen

Neben einer Beleuchtung im sichtbaren optischen Bereich können Leuchtgeschosse auch Leuchtkörper tragen, die nur im infraroten Bereich beleuchten.

6.4.3.2 Nebelmunition für Rohrartillerie

Nebelgeschosse sollen am Boden abbrennen und eine optische bzw. infrarotdichte Nebelwand zwischen eigenen und Feindkräften legen. Um eine entsprechende Verteilung der nebelerzeugenden Mittel[356] am Boden zu erzielen, wird das Nebelgeschoss mittels einer Kammerhülsenladung über dem Zielgelände zerlegt bzw. die Nebelkörper aus dem Geschoss ausgestoßen. Hierzu werden Zeitzünder bzw. Multifunktionszünder mit einer voreingestellten Geschossflugzeit genutzt.

[355] Internationale Basisgröße für die Lichtstärke, 1 Cd entspricht etwa der Leuchtstärke einer Haushaltskerze.

[356] Siehe dazu Kapitel 2.5.2.

Im ersteren Fall muss der Nebelstoff spontan brennen – dies kann beispielsweise mit weißem Phosphor erreicht werden oder es muss eine Anzündkette über den Ausstoßsatz und einem Verstärkungssatz an die einzelnen Nebelkörper gebildet werden. Hier werden die Nebelkörper noch vor dem Ausstoßen angezündet und es lässt sich beim Herabfallen der Nebelkörper bereits eine Nebelspur in der Luft erkennen. Als Nebelmittel hat sich roter Phosphor (RP-Nebel) durchgesetzt, da er im Gegensatz zu dem bisher genutzten Hexachlorethan (HC-Nebel) mindergiftig ist und heißer am Erdboden abbrennt. Somit erreicht man einen besseren Schutz im infraroten Spektralbereich.

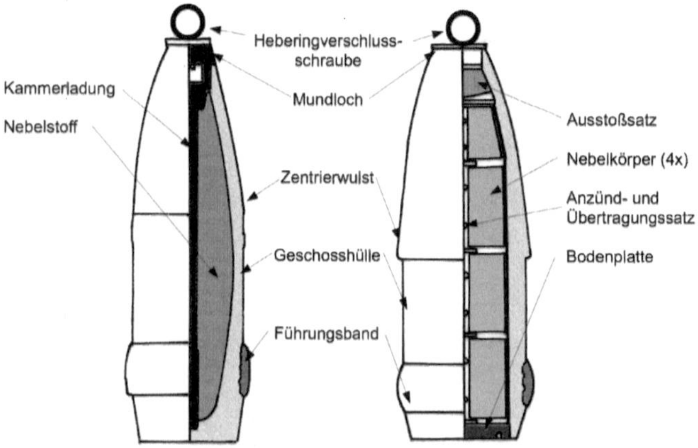

Bild 6.19: Nebelgeschoss mit weißem Phosphor und einer Kammerladung (links) sowie ein Nebelgeschoss mit einer Ausstoßladung und vier Nebelkörpern als Submunition (rechts), beide Geschosse im Kaliber 155 mm

6.4.3.3 Bombletmunition für Rohrartillerie

Der Ausstoß von Bomblets geht auf die Überlegung zurück, größere Panzerverbände bereits in der Tiefe während der Bereitstellung anzugreifen und so einen vermeintlichen Angriff zumindest zu verzögern. Dazu werden in einem Cargogeschoss 60 oder mehr kleinere Hohlladungen als Tochtergeschosse über dem Zielgelände ausgestoßen und verstreut. Da auch schwere Kampfpanzer ein schwach gepanzertes Turmdach bzw. eine schwach gepanzerte Motorraumabdeckung besitzen, sind sie von oben, d. h. „top-attack", leicht verwundbar. Die Submunition mit einem Hohlladungsdurchmesser von ca. 40 mm kann durchaus 10 cm Panzerstahl durchschlagen. Das

Ausstoßen geschieht über einen Ausstoßsatz, initiiert über einen Zeit- und Multifunktionszünder. Die Hohlladungen besitzen einen einfachen Aufschlagzünder, der über die Fallhöhe mittels eines Textilflatterbandes (Stabilisierungsschlaufe) als Leitwerk entsichert wird. Drallbremsen sorgen für eine zusätzliche Abbremsung der Drehgeschwindigkeit und somit für eine effektivere Einschusstiefe der Hohlladung. Hinzu kommen vorfragmentierte Wandungen der Submunition, um auch gegen abgesessene Fahrzeugbesatzungen wirken zu können.

Bombletmunition kann daher sowohl als Panzerabwehr- als auch als Schützenabwehrmunition wirken.

Trotz verschiedener Modifikationen an den Aufschlagzündern, z. B. durch zusätzliche pyrotechnische Selbstzerlegeeinrichtungen, sind Bomblets als Blindgänger sehr gefährlich und mittlerweile durch die UN geächtet.[357] Ein Großteil der Armeen hat diese Munition daher nicht mehr im Bestand.

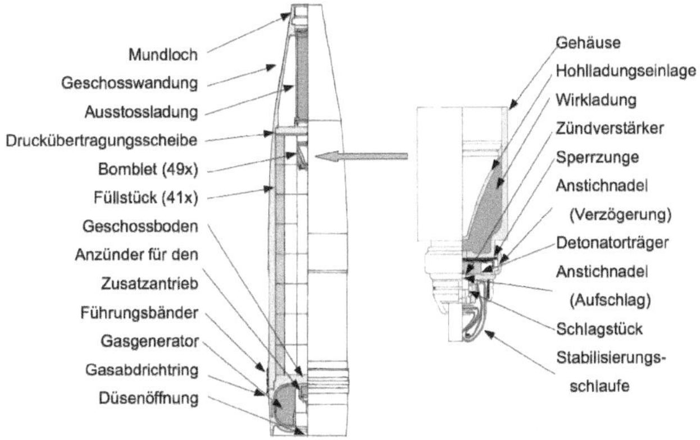

Bild 6.20: Links: Bombletgeschoss mit Base-Bleed-Satz für eine Reichweitensteigerung mit 49 Bomblets

Rechts: Vergrößert dargestellt ein Bomblet in der Einbauposition im Geschoss. Nach dem Verlassen aus der Geschosshülle und mit Freiwerden der Stabilisierungsschlaufe dreht sich das Bomblet und der Detonatorträger wird freigegeben. Die Stabilisierungsschlaufe wirkt dabei als Leitwerk. Beim Aufschlag schlägt das Bomblet mit dem Gehäuse auf die Zielpanzerung auf. Das Schlagstück treibt die Anstichnadel in den Detonator und löst so die Hohlladung aus. Kommt das Bomblet auf sehr weichem Boden auf oder verfängt sich die Stabilisierungsschlaufe in Baum- oder Buschwerk, wird bei fortschrittlicheren Bomblets die Hohlladung über einen Verzögerungssatz ausgelöst. Dieser wird bereits bei der Freigabe des Detonatorträgers aktiviert.

[357] Siehe dazu Anlage A6.

6.4.3.4 Suchzündermunition für Rohrartillerie

Die logische Weiterentwicklung der Bombletmunition führt zur Suchzündermunition. Hier werden ebenfalls Tochtergeschosse mittels eines Zeit- oder Multifunktionszünders über einem Zielgebiet ausgestoßen. Die Tochtergeschosse besitzen eine umfangreiche Detektiermöglichkeit im Infrarot- und Radarbereich, um so nicht nur ein Ziel zu erkennen, sondern auch durch die Wärmeabstrahlung den Zustand des Zieles beurteilen zu können. Dazu sinkt das Tochtergeschoss schräg an einem Fallschirm hängend über dem Zielgebiet. Drallbremsen haben die Submunition dabei weitgehend abgebremst. Durch das schräg aufgehängte Tochtergeschoss beschreibt die Sucheinheit beim langsamen Herabsinken immer enger werdende Suchkreise über dem Zielgebiet.

Ist ein passendes Ziel detektiert, wird eine Flachkegelhohlladung gezündet und ein so gebildetes Projektil aus einer Höhe von ca. 150 m auf das Ziel geschossen.

Findet sich kein passendes Ziel und die Mindesthöhe wird unterschritten bzw. die Batteriespannung sinkt unter einen zulässigen Grenzwert, wird durch die Selbstzerlegeeinrichtung ebenfalls die Flachkegelhohlladung ausgelöst und auf diese Weise ein Blindgänger vermieden.

Neben der hier beschriebenen Panzerabwehrmunition ist auch Suchzündermunition gegen Feldstellungen, Bunker oder Bereitstellungen (Container) entwickelt worden. Durch die moderne Mikroelektronik sind Suchzünder auf das jeweilige Einsatzszenario vor dem Verschuss programmierbar.

6.4.3.5 Elektronische Kampfführung durch Rohrwaffenmunition

Eine ältere Entwicklung der 1980er-Jahre sind Tochtergeschosse, die für eine begrenzte Zeit als elektronischer Störer von Funkfrequenzen (Jammer) wirken.[358] Dabei wird mithilfe eines Zeitzünders über dem Zielgebiet eine Submunition ausgestoßen, die am Fallschirm herabsinkt und sich mithilfe eines Erddorns in den Erdboden rammt.

Auch andere Anwendungsmöglichkeiten der elektronischen Kampfführung sind denkbar, z. B. Repeater zum Abhören von Funkgesprächen oder Mikrowellensender zum Zerstören von elektronischen Geräten.

---

[358] Bekannt ist hier das bulgarische Geschoss VRS-546 „Styrchel" im Kaliber 152 mm, das im Frequenzband von 20 MHz bis 100 MHz den Funkverkehr störte. Mit einer Reichweite von 700 m konnte der lithiumbatteriebetriebene Sender für ca. eine Stunde arbeiten. Russland hat verschiedene 152-mm-Geschosse, z. B. das 3RB30 und das PC-540-Serie, im Bestand.

6.4.3.6 Brand- und Kampfstoffmunition für Rohrartillerie

Moderne Brand- und Kampfstoffgeschosse enthalten neben der zumeist flüssigen Brand- und Kampfstoffmasse eine Kammerhülse, um die Masse möglichst homogen und großräumig zu verteilen. Die Kammerhülsenladung muss so beschaffen sein, dass nur eine Verteilung, aber keine chemische Zerstörung der zu verteilenden Masse erfolgt.[359]

Je nach Ziel oder auch Inhaltsstoff (flüchtiger oder sesshafter Kampfstoff) erfolgt die Zündung der Kammerhülsenladung durch einen schnellen Aufschlagzünder im Ziel oder durch einen Zeitzünder über dem Zielgebiet.

6.4.3.7 Nukleare Munition für Rohrartillerie

Nukleare Munition ist bei der Rohrartillerie etwa ab einem Kaliber von 203 mm in vielen Ländern eingeführt. Neben der besonderen Lagerung zeichnet sich diese Munition durch besonders aufwendige Zündsysteme aus, die bei westlichen Systemen dreifach (scharfe Version) bzw. zweifach (Übungsgeschoss) redundant ausgelegt sind.

6.4.4 Übungsmunition für Rohrartillerie

An die Übungsmunition der Rohrartillerie werden besondere Ansprüche gestellt, da das Zielgebiet von dem Artilleriegeschütz nur selten einsehbar ist. Daher müssen andere Möglichkeiten zur Treffererkennung genutzt werden.

Die Übungsmunition besitzt daher vielfach Knall- und Rauchsätze, um von einem vorgeschobenen Beobachter detektiert zu werden, der Sichtverbindung in das Zielgelände hat.[360] Zumeist werden Schwarzpulversätze zur Darstellung genutzt, die das Übungsgeschoss in große Bruchstücke zerlegen, die anschließend eingesammelt werden können. Hier ist auch die geringere Schalldruckbelastung von

---

359 Kampfstoffgeschosse des Ersten Weltkrieges enthielten vielfach Glasflaschen, die einfach im Sprengstoff eines Sprenggeschosses eingelassen waren. Dies hat die Wirkung des einzelnen Geschosses vermindert – was bei der großen Menge der verschossenen Munition aber nur marginalen Einfluss hatte.

360 Mit TNT oder TNT-Mischungen gefüllte Sprenggeschosse zeigen bei der Detonation keinen Lichtblitz, vielmehr durch die negative Sauerstoffbilanz des Sprengstoffes eine gut sichtbare Rauchwolke. Erst neuere Geschosse mit hohen Hexogenanteilen können je nach Mischung eine rötliche Flammenwolke entwickeln.

Vorteil für den Betrieb eines Truppenübungsplatzes, da so die Belastung der Umwelt niedriger ausfällt.

Eine weitere Möglichkeit zur Detektion und Berechnung des Zielpunktes kann über ein Folgeradar erfolgen. Diese Radargeräte wurden eigentlich zur Detektion der Abschusspunkte des Gegners entwickelt und gehören zur aufklärenden Artillerie.

6.4.5 Manöver- und Salutmunition für Rohrartillerie

Die Manövermunition für die Rohrartillerie wird hauptsächlich für protokollarische Zwecke als Salutmunition genutzt. Hierbei handelt es sich um Beuteltreibladungen bzw. Treibladungshülsen (z. B. für die 105-mm-Feldhaubitze des Wachbataillons der Bundeswehr), die einen Schwarzpulversatz beinhalten. Die Treibladungen werden entweder im Ladungsraum verstemmt oder bei Patronenhülsen durch eine Korkscheibe mit Hartwachsabdichtung gegen eindringende Feuchtigkeit verschlossen. So kann ein entsprechender Druckaufbau für einen Knall und ggf. auch für Ladefunktionen an der Waffe erzeugt werden. Die dabei genutzten Schwarzpulvermengen können beträchtlich sein – im Kaliber 105 mm x 373 sind es ca. 200 g. Ein entsprechender Gefahrenbereich vor der Waffenmündung ist daher zwingend einzuhalten.

6

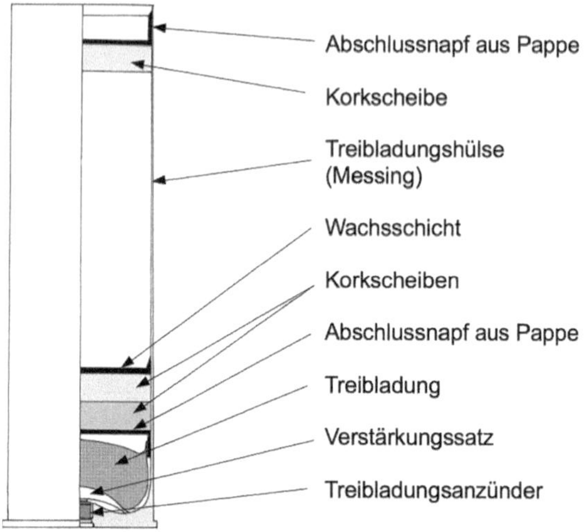

Bild 6.21: Manöverpatrone für Feldhaubitze 105 mm x 373

6.4.6 Exerziermunition für Rohrartillerie

Die hohen Kräfte beim Einrammen des Geschosses in den Übergangskegel verlangen Sonderkonstruktionen, da ansonsten das Geschoss nur über eine Entladeglocke und mit viel Aufwand wieder aus dem Waffenrohr entfernt werden kann. Dies ist für das Üben des Ladevorgangs nicht praktikabel.

Eine Möglichkeit eines Exerziergeschosses ist es, das Geschoss mit einem internen federvorgespannten Kolben zurückzuschlagen. Dieser Kolben befindet sich im Geschoss und schlägt federbetätigt von innen auf den Geschossboden. Die Feder muss vorher durch die Rohrwischerstange von der Ladungsraumseite her gespannt werden. Durch schnelles Zurückziehen der Rohrwischerstange beschleunigt die Feder den Kolben. Dadurch wird das Geschoss mit einem Impuls zum Verschluss hin beaufschlagt und löst sich wieder aus dem Übergangskegel.

Für ein realistisches Üben des Ladevorganges kann das Geschoss mit einem Exerzierfüllsprengkörper und einem Exerzierzünder ausgestattet werden.

6.4.7 Treibladungssysteme für Rohrartillerie

Treibladungspulver[361] muss vor Witterungseinflüssen geschützt werden, sollte in genormten Mengen und diese wiederum für verschiedene Schussentfernungen verfügbar sein. Das Behältnis für das Treibladungspulver sollte rückstandsfrei im Ladungsraum verbrennen, damit während des Ladevorganges das Treibladungspulver nicht erst zeitaufwendig aus dem Behälter in den Ladungsraum gefüllt werden muss. Hinzu müssen Beiladungen zur besseren Anzündung, zur Verringerung des Mündungsfeuers und zur Verhinderung der Rohrverkupferung hinzugegeben werden können – natürlich auch in genormten Mengen.

Es wurden schon vor dem Ersten Weltkrieg Beuteltreibladungen entwickelt, die den oben genannten Anforderungen gerecht wurden. Beuteltreibladungen werden je nach Waffe in 1. Treibladung bis 3. Treibladung, ggf. auch bis 8. Treibladung, unterteilt.

[361] Der Begriff „Treibladung" ist historisch zu sehen. Nach der derzeitigen Terminologie müsste es „Treibsatz" heißen, da das Pulver angezündet wird und nicht detonativ umsetzt wie z. B. eine Sprengladung.

Die folgende Tabelle zeigt einige Möglichkeiten der in der NATO genutzten Treibladungen auf:

Waffe	Kaliber	Unterteilung	Besonderheiten
Feldhaubitze 105 mm x 373 und Gebirgshaubitze 105 mm x 373 (Aufsteckmunition)	105 mm x 373	1. bis 7. Treibladung	
		8. Treibladung	enthält 1. bis 7. Treibladung
		Zusatztreibladung DM13	bildet mit 1. bis 7. Treibladung die 8. Treibladung bzw. mit 8. Treibladung die 9. Treibladung
Panzerhaubitze M109 Panzerhaubitze 2000	155-mm-Beuteltreibladung	3. bis 7. Treibladung (Weißbeutel)	enthält 1. und 2. Treibladung
		8. Treibladung (Weißbeutel)	enthält 1. bis 7. Treibladung
	155-mm-Stangentreibladung	L2A1 (1. und 2. Treibladung)	kann nicht getrennt werden
		L8A1 (1. bis 7. Treibladung)	kann als 4. bis 7. Treibladung getrennt werden
		L10A1 (8. Treibladung)	
	155-mm-Treibladungsmodul	Basismodul DM82	
		Treibladungsmodul DM72	kann zu Basismodul DM82 beigegeben werden bzw. 6 Module DM72 entsprechen 8. Treibladung
M107	175 mm	1. Treibladung (Grünbeutel)	
		2. Treibladung (Weißbeutel)	enthält auch die 1. Treibladung
		1. bis 3. Treibladung (Weißbeutel)	kann in 1., 1. bis 2. und 1 bis 3. Treibladung aufgeteilt werden
M110 Serie	203 mm	1. bis 3. Treibladung (Naturseidenfarben)	
		1. bis 5. Treibladung (Grünbeutel)	enthält 1. bis 4. Treibladung
		5. bis 7. Treibladung (Weißbeutel)	

6

Dabei ist zu erkennen, dass eine Vielzahl von Kombinationen der Treibladungen möglich ist, um eine entsprechende Schussentfernung zu erreichen.

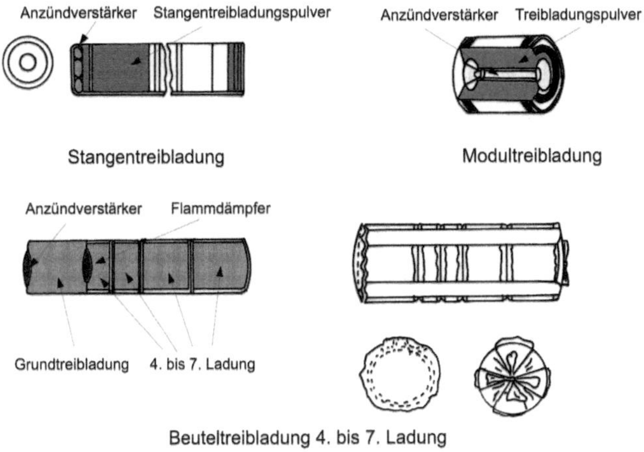

Bild 6.22: Vergleich Beuteltreibladung – Stangentreibladung – Treibladungsmodul

Eine moderne Treibladung aus zwei- oder dreibasigem Pulver enthält als Zusatzstoffe:

- Schwarzpulver als Verstärkungsladung zur besseren Anzündung der Treibladung,
- Kaliumsulfat als Mündungsfeuerdämpfer (Flammdämpfer) und
- Blei als Entkupferungsmaterial.

Diese Stoffe werden ggf. in separaten Beuteln der Treibladung beigegeben. Dabei ist eine korrekte Beladung des Geschützes mit Treibladungspulver wichtig, damit die Verstärkungsladung auch vom Anzündstrahl des Treibladungsanzünders getroffen wird.

Treibladungskörner können mit Hexogen zur schnelleren Anzündübertragung oder bei losen Beuteltreibladungen mit Grafit zur Verminderung der Reibung sowie elektrostatischen Aufladung überzogen werden.

6.4.8 Treibladungsanzünder für Rohrartillerie

Außer bei der Aufsteckmunition und bei Hülsenböden, z. B. bei der 122-mm-Rohrartillerie, werden separate Treibladungsanzünder genutzt. Die Initiierung erfolgt über einen Schlag auf einen Metallstift, der ein Anzündhütchen anschlägt. Von dort wird eine Flamme auf einen Verstärkungssatz aus Nitrozellulose geleitet. Die so verstärkte Anzündflamme wird über einen Anzündkanal in den Ladungsraum geleitet. Dort sollte sie auf den Verstärkungssatz aus Schwarzpulver treffen, um eine (fast) verzugslose Anzündung der Treibladung auszulösen.

6.5 Munition für Mörser

Mörserpatronen[362] unterscheiden sich im Aufbau und in der Funktionalität nicht von der Munition für die Rohrartillerie, vor allem wenn es Hinterladermörser sind, die drallstabilisiert Munition auch in der unteren Winkelgruppe verschießen.[363]

Eine Besonderheit in der Konstruktion bildet die Munition für die Vorderladermörser, die zum einen flügel-, zum anderen drallstabilisiert verschossen werden kann. Die Abdichtung im Waffenrohr kann dabei nur unzureichend oder besonders aufwendig durchgeführt werden:

6

- Bei dem Verschuss einer flügelstabilisierten Mörserpatrone aus einem glatten Mörserrohr ist ein Gasschlupf an den Abdichtringen nicht zu vermeiden, da ein geringes Spiel zwischen Waffenrohr und Patrone das Hineingleiten der Patrone in das Waffenrohr gewährleisten muss. Neben Abdichtringen werden auch Abdichtrillen genutzt, bei denen sich die zwischen Mörserrohr und Mörserpatrone vorbeistreichenden Treibladungsgase verwirbeln, sich dabei verdichten und so für die Abdichtung sorgen sollen.
- Für die drallstabilisierte Mörserpatrone muss entweder ein während der Herstellung bereits eingeschnittenes Führungsband genutzt werden – dies birgt das Problem einer unzureichenden Ladung der Patrone durch zu hohe Reibung –, oder es wird das Prinzip einer durch den Gasdruck verformbaren Prallplatte nach dem Prinzip von Reed-Parrot genutzt.[364]

Durch die Möglichkeit, Treibladungsteilladungen zu entfernen, kann die Flugweite der Mörserpatrone gem. der Schusstafel variiert werden.

---

[362] Man spricht von „Mörserpatrone“, da eine Patrone aus Zünder, Wirkladung, Treibladung und Treibladungsanzünder besteht. Dies ist hier erfüllt. Der Begriff „Mörsergranate“ wird nicht mehr verwendet.

[363] Siehe dazu Kapitel 5.3.

[364] Siehe dazu Bild 5.5.

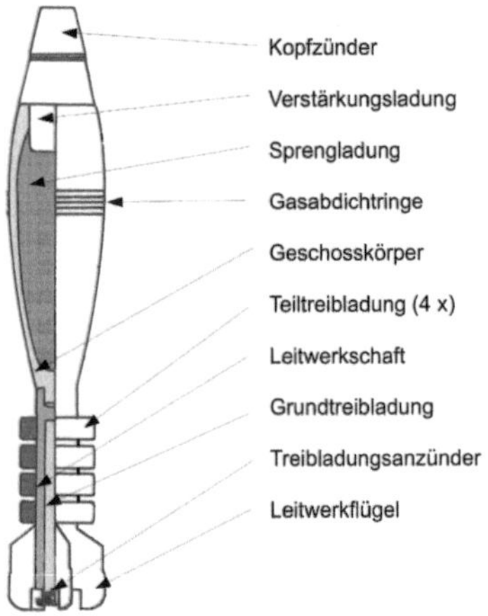

Bild 6.23: Mörserpatrone

6.6 Munition für rückstoßarme Waffen

Bei der Munition für rückstoßarme Waffen ist das Funktionsprinzip ausschlaggebend. Die Wirkladung unterscheidet sich nicht besonders von der Munition für die Panzerkanonen, sodass hier, bis auf eine in Bild 6.24 beschriebene Ausnahme, auf eine Betrachtung der Wirkladung verzichtet werden kann.

6

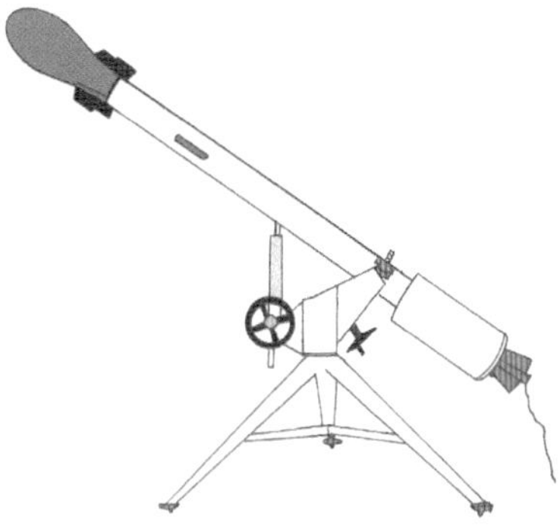

Bild 6.24: Nukleare Munition, die vom 120-mm- bzw. 155-mm-Leichtgeschütz M28 bzw. M29 „Davy Crocket" verschossen wurde. Hier handelte es sich um ein überkalibergroßes Geschoss (Durchmesser 279 mm), das ähnlich einer Gewehrgranate mit einer Reichweite von 500 m bis 2000 m bzw. 4000 m verschossen wurde. Die Detonationsstärke lag zwischen 0,1 bis 0,5 kt TNT-Äquivalent

Der Rückstoß kann auf folgende Weise kompensiert werden:[365]

- Beim Gegenmassenprinzip befindet sich die Treibladung zwischen dem Geschoss und einer Gegenmasse, die in der Vergangenheit aus einem Eisenpressling und bei Neuentwicklungen aus einer wasserbasierten Gelmasse besteht. Beim Verschuss wird das Geschoss in Schussrichtung und die Gegenmasse entgegen der Schussrichtung beschleunigt. Die Gegenmasse zerstäubt dann hinter der Waffe. Die Treibladung muss entsprechend kräftig ausgelegt werden, um die doppelte Geschossmasse beschleunigen zu können. Daher ist die Anfangsgeschwindigkeit des Geschosses niedrig, sodass eine Nachbeschleunigung durch ein Marschtriebwerk nötig ist, das im Leitwerkschaft des flügelstabilisierten Geschosses eingebaut ist. Der Treibladungsanzünder wird seitlich angebracht und wirkt durch eine schwächende Sicke durch die Treibladungshülse auf die Treibladung.
- Das Kromuskit-Prinzip benötigt perforierte Treibladungshülsen mit zentriert angebrachten Treibladungsanzündern, bei denen ein Teil der Treibladungsgase über einen seitlich angebrachten Ladungsraum nach hinten ausgestoßen wird. Da auch hier ein beträchtlicher Teil der Treibladungsgase nicht für die Geschossbeschleunigung genutzt wird, lässt sich bei drallstabilisierten Geschossen durch eingeschnittene Führungsbänder oder flügelstabilisierte Geschosse die restliche Treibladungsenergie optimal ausnutzen.
- Bei der Düsenkanone hat die Treibladungshülse einen zerbrechbaren Patronenboden, der bei Erreichen eines Mindestgasdruckes bricht. Während so das Geschoss bereits in Schussrichtung beschleunigt wird, setzt die Gegenbewegung erst später ein, wenn die Treibladungsgase durch die Venturi-Düse entgegen der Schussrichtung aus dem Waffenrohr herausgedrückt werden. Da aber die Zeitunterschiede sehr kurz sind, ist dies für den Schützen nicht merkbar. Diese Patronen besitzen einen seitlich angebrachten Treibladungsanzünder und der Hülsenrand eine Kerbe, damit der Treibladungsanzünder immer in der korrekten Stellung zum Schlagstück angebracht wird.

[365] Siehe auch Kapitel 3.2.

6.7 Munition für Granatwaffen (Granatpistolen und Granatmaschinenwaffen)

Die Munition für Granatpistolen und Granatmaschinenwaffen zeichnet sich durch ihre große Munitionsvielfalt aus. Neben der Spreng- und Sprengsplittermunition sind Granaten[366] zur Panzerabwehr mit Hohlladungen, Nebel- sowie Leuchtgranaten und nicht letalen Wirkmitteln (Granaten zur Lenkung und Auflösung von Demonstrationen [Anti-Riot-Control] mit CN oder CS als Inhaltsstoff bzw. eine Aufschlagimpulsgranate) gebräuchlich. Diese entsprechen von der Funktionalität her den Geschossen der Maschinenkanonen. Allerdings hat die Munition für die Granatpistolen und Granatmaschinenwaffen eine bedeutend geringere Mündungsgeschwindigkeit und eine stark gekrümmte Flugbahn. Durch den Einsatz von tempierbaren Zündern, die über einen Entfernungsmesser ihre Flugzeit bis zur Auslösung berechnet und beim Abschuss übermittelt bekommen, ist somit auch ein Wirken über oder hinter Deckungen möglich.

Ältere Granatpistolenmunition ähnelt eher der Aufsteckmunition oder auch der Leucht- und Signalmunition.[367]

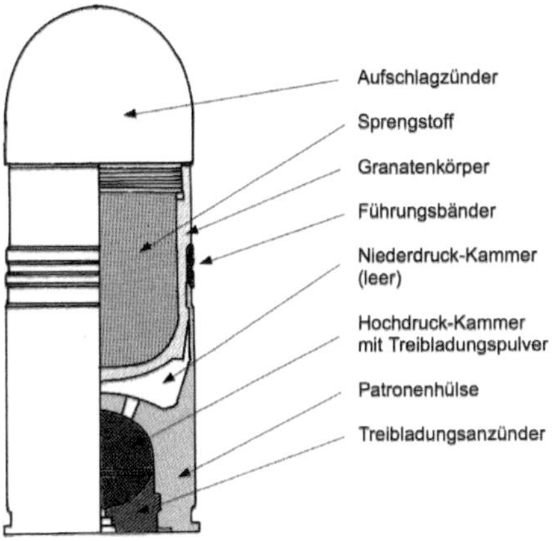

Bild 6.25: 40-mm-x-43-HE-Granatpatrone

366 Im Gegensatz zur Munition der Maschinenkanonen im ähnlichen Kaliber gilt gem. Begriffen der Logistik und Rüstung – Nachdruck aus dem Jahr 1999 – Original BMVg, Bonn 1977: „Eine Granate ist ein Wirkungsträger, der mit der Hand geworfen oder mittels einer Vorrichtung oder Waffe, jedoch nicht aus dieser, verschossen wird." Daher heißt es auch bei der „Anbauwaffe" für das Gewehr G36 Abschussgerät – 40 mm oder ASG-40.

367 Je nachdem, aus welcher Richtung man sich dieser Munitionsentwicklung annähert. Die Entwicklung begann 1926. Zum einen gab es hier die Aufsteckmunition für die Kampfpistole, die eher einer Gewehrgranate ähnelte (Wurfkörper 361), und auch die Patrone, die aus der Leucht- und Signalmunition entwickelt wurde (Sprg.L.P. mit 30 g Sprengstoff).

Eine Besonderheit stellt allerdings die Treibladungshülse bei moderner Granatpistolen- bzw. Granatmaschinenwaffenmunition dar. Hier handelt es sich um eine Treibladungshülse mit einer Hochdruck- und einer Niederdruckkammer. Eine Würgerille kann vorhanden sein, ggf. sind Granate und Hülse über eine Sollbruchstelle verbunden. Nach der Anzündung der Treibladung in der Hochdruckkammer entweichen die unter hohem Druck stehenden Treibladungsgase über Bohrungen in die Niederdruckkammer. Der in der Niederdruckkammer auf den Granatenboden wirkende Gasdruck führt zum Öffnen der Würgerille bzw. zum Abreißen der Granate an der Sollbruchstelle und somit zu einer Beschleunigung der Granate aus dem Rohr des Abschussgerätes. Dabei versetzen die Züge und Felder die Granate in eine Rotation zur Drallstabilisierung.

6.8 Aufsteckmunition (Gewehrgranaten und sonstige überkalibrige Munition) für Rohrwaffen

Aufsteckmunition führt zu einer großen Leistungssteigerung der vorhandenen Rohrwaffen. Von großem Vorteil ist die einfache Handhabung und technische Adaption vorhandener Munition zur Verwendung als Aufsteckmunition[368] sowie die nur geringfügigen Änderungen an der Rohrwaffe. Bei vielen Handfeuerwaffen kann der standardmäßige Mündungsfeuerdämpfer für den Verschuss einer Gewehrgranate genutzt werden. Gewehrgranaten schließen die Entfernungslücke zwischen der Wurfweite einer Handgranate und der kürzesten Schussentfernung eines Mörsers. Auch größere Wirkladungen können aus einer Deckung verschossen werden, wobei mit Ausnahme von panzerbrechenden Wuchtgeschossen jede Munitionssorte möglich ist. Eine Rückstrahlzone, wie es bei den rückstoßfreien Waffen üblich ist, entfällt. Die stark gekrümmte Flugbahn der Granate erlaubt dabei ein Überschießen von Deckungen. Nachteilig bei dieser Munition ist der zumeist größere Rückstoßimpuls auf die dafür nicht ausgelegten Rohrwaffen (und das Bedienpersonal), die niedrige Mündungsgeschwindigkeit, geringe Reichweite, ggf. eine zusätzliche Visiereinrichtung und eine zu entwickelnde Spezialtreibladung. Die

[368] Für Handgranaten sind Adapter zur Verwendung als Gewehrgranaten entwickelt worden, in die die Handgranate eingespannt wird. Die Adapter besitzen ein Leitwerk und eine Vorrichtung zur Freigabe des Sicherungsbügels. Vor dem Verschuss ist der Sicherungssplint zu ziehen. Nach dem Abschuss wird der Sicherungsbügel freigegeben und die Handgranate fliegt flügelstabilisiert in das Ziel. Beispielhaft ist hier der Adapter M34 für die österreichische Handgranate HG 85 zu nennen. Siehe dazu Kapitel 6.8.1.

Aufsteckmunition wird von der Mündung her bis zu einer gewissen Tiefe über das Rohr der Waffe geschoben. Ein Einschub einer Stange in das Waffenrohr ist von älteren Systemen aus dem Ersten Weltkrieg bekannt, hat sich aber aufgrund von möglichen Beschädigungen an dem Waffenrohr nicht durchgesetzt. Neben den Gewehrgranaten wurden Stielgranaten[369] auch für größere Waffen entwickelt.

Aufsteckmunition besteht aus folgenden Einzelteilen:

- Granatenkopf mit entsprechender Wirkladung je nach Munitionssorte. Aufgrund der langsamen Flug- und Aufschlaggeschwindigkeit werden in der Regel Kopfaufschlagzünder genutzt – die Ausnahme bilden hier Leuchtgeschosse. Die Wirkladungen entsprechen in Form und Konstruktion sowie Inhaltsstoffen denen der bereits beschriebenen Rohrwaffenmunition.

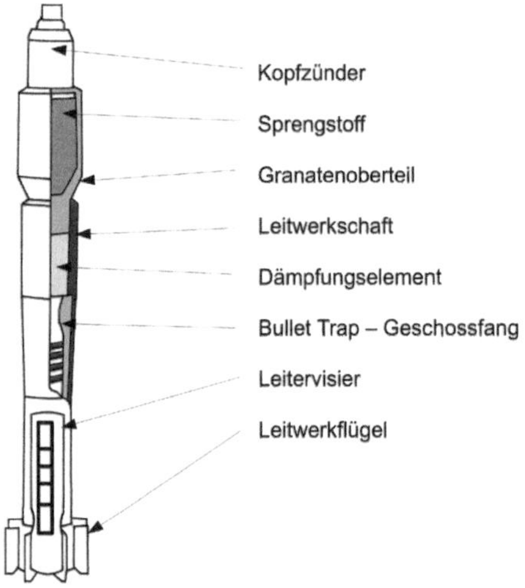

Bild 6.26: Eine Spreng-/Splittergewehrgranate mit Bullet-Trap-Geschossfang und klappbarem Leitervisier

- Leitwerkschaft mit mehreren Funktionen je nach Kaliber und Konstruktion: Der Leitwerkschaft kann bei Gewehrgranaten zur Aufnahme der Spezialtreibladung dienen, die vor dem Schuss entnommen und von Hand in das Gewehr geladen werden muss.

[369] Neben dem Leichtgeschütz Davy Crockett im Kaliber 120 mm und 155 mm in den 1950er-Jahren gab es bereits im Zweiten Weltkrieg für die deutsche 3,7-mm-Panzerabwehrkanone die Hohlladungsstielgranate 41 mit einem Durchmesser von 15,88 cm. Bei erheblicher Streuung und einer geringen Reichweite von nur 200 m war ein Treffer auf einen gegnerischen Panzer für diesen katastrophal. Die Durchschlagsleistung wird etwa 60 cm Panzerstahl betragen haben.

Möglich ist auch ein Raketenzusatzantrieb zur Vergrößerung der Reichweite sowie eine Fangeinrichtung (Bullet Trap), falls die Gewehrgranate mit normaler Gefechtsmunition verschossen werden kann.

- Flügelleitwerk mit ggf. nötiger Visiereinrichtung: Das ist zumeist ein einfaches Leitervisier für Entfernungen bis ca. 200 m.

6.8.1 Adapter für Handgranaten

Zur Reichweitensteigerung einer Handgranate wurden verschiedene Adapter entwickelt. Damit ist es möglich, Handgranaten auch über die Wurfreichweite hinaus wie eine Gewehrgranate einzusetzen.

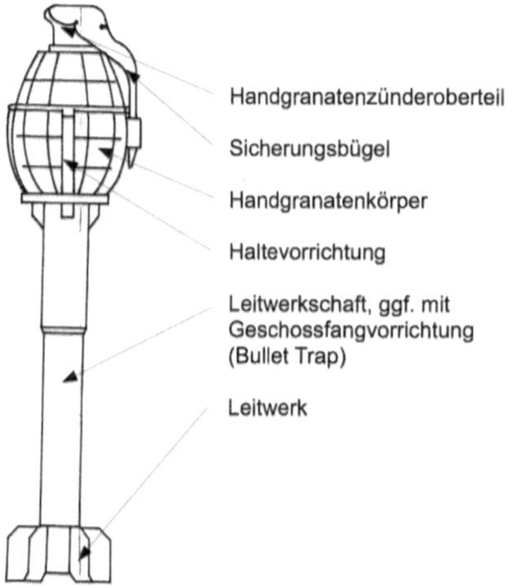

Bild 6.27: Handgranate HG 79 in einem Wurfrahmen. Der Sicherungssplint ist bereits gezogen.

Ein einfacher Adapter besteht aus einem Wurfbecher, in dem die Handgranate fixiert und der Sicherungsbügel festgelegt wird. Vor dem Abschuss muss der Sicherungssplint gezogen werden. Beim Schuss wird die Handgranate aus dem Wurfbecher herausgeschleudert und der Sicherungsbügel freigegeben. Die Handgranate wird dann nach den Gesetzen des schrägen Wurfs unstabilisiert in Richtung Ziel befördert.

Eine verbesserte Variante ist, die Handgranate in einem Leitwerkrahmen einzuspannen und so flügelstabilisiert auf das Ziel zu werfen. Durch die erhöhte Zielgenauigkeit und Reichweite kann der Einsatz der Handgranate nochmals verbessert werden.

Aufwendigere Adapter besitzen einen eingebauten Zeit- bzw. Aufschlagzünder im Leitwerkschaft. Hier wird die Handgranate ohne Handgranatenzünder auf den Leitwerkschaft aufgeschraubt. Dieses Prinzip gleicht einer industriell hergestellten Gewehrgranate.

6.9 Munition für Signalpistolen

Diese Munition leitet sich in der Entwicklung aus der Schrotpatrone ab. Daher ist eine der gebräuchlichsten Kaliber das Kaliber 26,5 mm, entsprechend dem Schrotkaliber 4 g. Auch die zylindrische Hülsenform kann aus dieser Entwicklung abgeleitet werden. Die Patronenhülse mit Zentralanzündung besteht aus Aluminium oder Pappe mit einem Metallhülsenboden. Als Treibladung hat sich wegen der schiebenden Wirkung Schwarzpulver bewährt. An der offenen Seite (Hülsenlippe) ist die Patrone leicht eingefasst und mit einem Korkstopfen versehen. Dieser löst sich erst aus der Patrone, wenn ein Mindestgasdruck der Treibladung erreicht wird. So kann eine gute An- und Durchzündung der Treibladung erreicht werden. Die Abdichtung wird durch einen Pappdeckel sichergestellt, der mit einer Aluminiumfolie überzogen und gegenüber der Hülse mit Siegellack versehen ist.[370] Signalpistolenmunition ist sehr empfindlich gegenüber Feuchtigkeit, da ein aufgequollener Korkstopfen zum einen die Ladefähigkeit der Patrone beeinträchtigt und zum anderen ein zu hoher Ausziehwiderstand des Korks zu einem Zerplatzen des Waffenrohres der Signalpistole führen kann.

Als Besonderheit kann angesehen werden, dass spezielle Patronen länger sind als die Rohrlänge der Signalpistole. Dies trifft u. a. auf die Schallmesspatrone und auf die Reizstoffpatronen zu.

Die Kennzeichnung der glatten Aluminiumhülse erfolgt durch sichtbare Merkmale (Farbe und Zeichen) und fühlbare Merkmale (Riefen am Auszieherrand und in der Siegellackabdeckung).

Je nach Nutzlast unterscheidet man:

- Leuchtpatronen, die zur Vorfeldbeleuchtung dienen oder mittels eines eingefärbten Lichtes ein Signal übermitteln sollen. Erstere Patronen besitzen einen kleinen Fallschirm und können bei einer Steighöhe von ca. 80 m das Vorfeld für etwa 15 Sekunden mit einer Stärke von 3000 cd beleuchten. Reine Signalpatronen werden für unterschiedliche Farbeffekte hergestellt. Neben verschiedenen Farben (rot, gelb, grün, weiß) können 2-fach, 3-fach oder 4-fach Leuchtsterne verschossen werden. Die Leuchtstärken hängen

[370] Siehe dazu Bild 2.13.

stark von der jeweiligen Farbe ab. Rotes Licht leuchtet mit ca. 30.000 cd, weißes mit ca. 40.000 cd und grünes Licht mit ca. 10.000 cd. Hinzu kommen spezielle Lichtmesspatronen für die Artillerie, die für Vermessungsarbeiten der Artillerie in unübersichtlichem Gelände genutzt werden können. Die Steighöhe beträgt hier bis zu 200 m. Ein Abschuss dieser Patrone wird von einer in einem Dreibein eingespannten Leuchtpistole vorgenommen.

- Rauchpatronen, die zur Richtungsangabe, als Warnzeichen oder zur Ermittlung der Windrichtung dienen.
- Schall(mess-)patronen, die durch einen Pfeifton als Warnzeichen genutzt werden können. In der Artillerie wird die Schallmesspatrone für das Üben der Schallmessverfahren und als Ankündigung für den Abschuss einer Lichtmesspatrone genutzt. Mit einem Knallsatz von 20 g (!) wird ein Schalldruck von 175 dB in 5 m Abstand vom Ort der Umsetzung erreicht.
- Meldepatronen, die eine kleine Kapsel verschießen, in der auf kurze Distanz (ca. 30 m) eine Nachricht übermittelt werden kann. Sie werden heute nur noch von langsam fliegenden Luftfahrzeugen zur Nachrichtenübermittlung an Bodentruppen eingesetzt, waren aber im Stellungskampf des Ersten Weltkriegs schon bekannt. Für ein schnelleres Auffinden besitzen die Meldekapseln einen 25 Sekunden lang brennenden Rauchkörper und ein zwei Meter langes rot-weißes Markierungsband.
- Reizstoffpatronen, die als Inhaltsstoffe CS oder CN haben, die als Schwelkörper verschossen werden. Bei einer Reichweite von 120 m und bis zu zwölf Schwelkörpern kann eine Fläche von 20 m x 20 m abgedeckt werden.

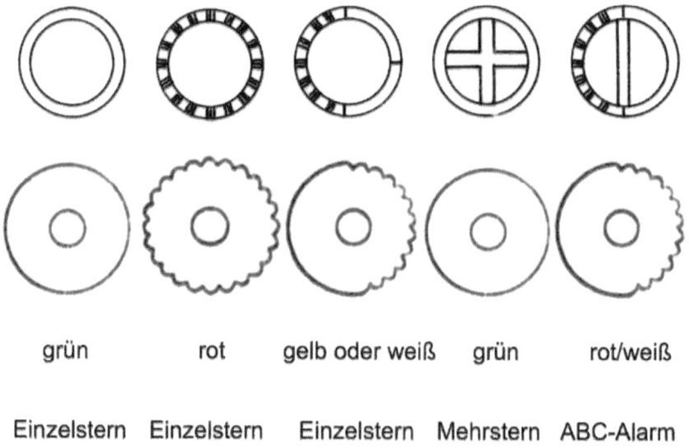

Bild 6.28: Fühlbare Kennzeichnung der 26,5-mm-Leucht- und Signalpatronen; obere Reihe: Kennzeichnung am Hülsenmund, untere Reihe: Kennzeichnung am Hülsenboden

6.10 Nicht eindeutig zuordenbare Munition

6.10.1 Die Handflammpatrone

Eigentlich der Munition zugeordnet, aber vom Aussehen und der Form her eher einer Waffe ist die Handflammpatrone. Sie besteht aus einem Aluminiumrohr mit Pappumhüllung und einem Griffstück mit einer Treibladung. Das Griffstück enthält eine Sicherung, einen Abzug und einen Spannmechanismus zum Spannen der Schlagstückfeder. Daran anschließend ist die Treibladung am Griffstück eingeschraubt. Im Waffenrohr befinden sich drei Presslinge mit rotem Phosphor und eine Kammerladung mit einem Anfeuerungs- und Zerlegesatz. Umhüllt werden die Presslinge von einem beschichteten Kunststoffbeutel. Bei einer Reichweite von ca. 80 m wird der Kunststoffbeutel auf das Ziel geschossen, ein Verzögerungssatz überbrückt dabei die Zeit bis zum Anzünden der Phosphorpresslinge und zur Zerlegung der Kammerladung. Entweder durch Auftreffen auf das Ziel oder durch Zerlegung der Kammerladung wird der Phosphor frei und verbrennt mit dem Luftsauerstoff bei heißer Flamme.

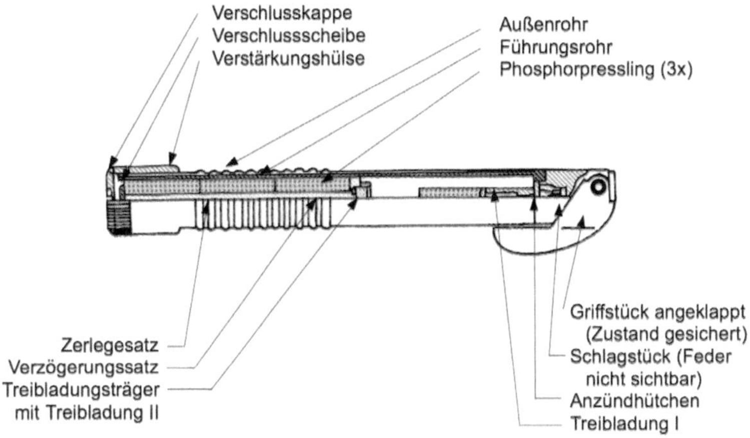

Bild 6.29: Handflammpatrone

Zur Handflammpatrone ist auch eine Übungspatrone entwickelt worden, hier wurde die Brandmasse durch Talkum ersetzt.

6

Kapitel 7: Nicht rohrwaffengebundene Munition

Kapitel 7: Nicht rohrwaffengebundene Munition

Hier soll alles an querschnittlicher Munition aufgeführt werden, die nicht aus oder mit Waffenrohren verschossen oder geworfen werden und die nicht zur marine- oder luftwaffeneigentümlichen Munition zählen. Für Flugkörper ist ein eigenes Kapitel vorgesehen.

7.1 Handgranaten

Aufgrund der geringen Wurfreichweite einer Handgranate gelten diese als Nahkampfmittel. Dies bedeutet neben der geringen Nutzlast – es muss ein Wurf möglich sein –, dass man sich auch nach dem Wurf, wenn die Wirkladung freigesetzt wird, ggf. im Gefahrenbereich der Handgranate befindet. Aufgrund dieses Problems kommt vor allem der Zündertechnik einer Handgranate große Aufmerksamkeit zu. Dies sind für gewöhnlich Zeitzünder. Sie müssen besondere Sicherheiten aufweisen, um den Wurf einer Handgranate so sicher zu machen, dass der Werfer die Möglichkeit hat, eine geeignete Deckung aufzusuchen. Bei modernen industriell gefertigten Handgranaten besteht die Sicherung aus einem Sicherungssplint, der vor dem Wurf gezogen werden muss, sowie aus einem Sicherungsbügel, der sich nach Öffnen der Wurfhand ablöst.[371] Bei Zeitzündern beträgt die Verzögerung bis zur Detonation etwa 1,5 Sekunden bis 3,0 Sekunden, je nach Handgranate. In Kriegszeiten werden Handgranaten auch mit behelfsmäßigen Zeitzündern aus verkürzten Sprengkapselzündern genutzt.

Handgranaten mit einem Aufschlagzünder haben sich nicht durchgesetzt und sind nur noch vereinzelt im Gebrauch.[372]

Weiterhin unterscheidet man bei den Sprenghandgranaten die Offensiv- von den Defensivhandgranaten. Da man bei einem Angriff weitgehend ungeschützt den Splittern einer Handgranate ausgesetzt ist, sind Offensivhandgranaten auf eine Sprengleistung optimiert.

[371] Während schon im Ersten Weltkrieg bei der französischen Handgranate F1 eine solche Sicherungsmechanik benutzt wurde, hatten deutsche Handgranaten bis Ende des Zweiten Weltkriegs einen Abreißzünder, den Brennzünder B.Z.E. (nicht Brennzünder 39).

[372] Bei der Bundeswehr wurde die spanische Handgranate POM unter der Bezeichnung DT21 (nicht DM21) erprobt.

Defensivhandgranaten werden zumeist aus einer geschützten Stellung eingesetzt, somit kann hier der Fokus auf die Splitterleistung gelegt werden. Bei Handgranaten, die sowohl offensiv als auch defensiv eingesetzt werden können, ist der Splitterkörper abnehmbar.

Neben Handgranaten mit einer Sprengladung können andere Wirkladungen eingesetzt werden, sodass es hier neben der Nebelhandgranate die Handgranate mit Brandstoffen, pyrotechnischen Eigenschaften und chemischen Reiz- und Kampfstoffen gibt. Sie unterscheiden sich nur geringfügig im Aufbau. Eine Sonderform nehmen Handgranaten zur Panzerabwehr ein, die mit einer Hohlladung ausgestattet sind und möglichst auf das Turmdach eines Panzers geworfen werden müssen.

Zur Reichweitensteigerung sind für diverse Handgranaten Adapter entwickelt worden, die einen Verschuss als Gewehrgranate ermöglichen. Allerdings wurden in der Historie auch andere Konstruktionen zur Reichweitensteigerung verfolgt, z. B. Handgranaten in Diskusform, Stielhandgranaten oder Handgranaten mit einem Leitwerk. Eine weitere Sonderform sind Handgranaten, die hinter einer Deckung wirken können. Nach dem Auftreffen in Zielnähe wird ein Klappmechanismus betätigt, der die Handgranate in eine definierte Position bringt. Mittels einer Treibladung wird die Handgranate nach oben beschleunigt und oberhalb der Deckung zur Detonation gebracht. Somit wirkt ein Teil der Splitter auch hinter der Deckung.

Eine weitere Sonderform sind Handgranaten mit einer Air-Burst-Eigenschaft, die hinter eine Deckung wirken können. Nach dem Auftreffen in Zielnähe wird ein Klappmechanismus aus Federbeinen betätigt, der die Handgranate in eine definierte Position bringt. Mittels einer Treibladung wird die Spreng-/Splitterladung der Handgranate nach oben beschleunigt und oberhalb der Deckung zur Detonation gebracht. Somit wirkt ein Teil der Splitter auch hinter der Deckung. Da ab dem Augenblick des Aufrichtens in Zielnähe die Lage der Handgranate im Raum bekannt ist, kann dies bei der Konstruktion des Splittermantels ausgenutzt werden. Handgranaten mit einer Air-Burst-Eigenschaft haben daher einen gerichteten Splitterkegel. Dies vermindert die Gefährdung für den Werfer und für unbeteiligte Personen.

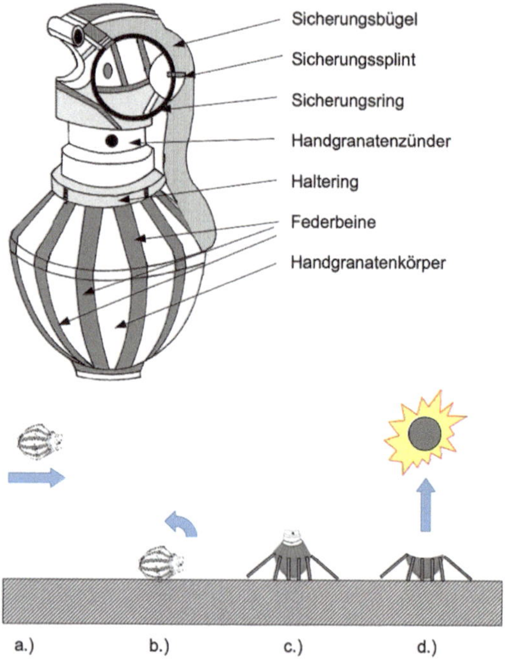

Bild 7.1: Eine Handgranate mit „Air-Burst-Eigenschaften“:

a.) Die geworfene Handgranate fliegt zum Ziel.

b.) Die Handgranate liegt in Zielnähe, der vorfragmentierte Haltering wird aufgerissen.

c.) Die Handgranate richtet sich mithilfe der Federbeine auf.

d.) Die Handgranatenladung wird mithilfe einer Treibladung aus dem Handgranatenkörper herausgeschleudert und explodiert oberhalb des Zieles.

7.1.1 Sprenghandgranaten

Sprenghandgranaten wirken durch die Druckwirkung. Sie besitzen in der Regel einen bis zu viermal höheren Sprengstoffanteil als eine Splitterhandgranate. Der Handgranatenmantel ist dünnwandig, glatt und besteht aus Blech, Pappe, Fiberglas oder Kunststoff, in dem die Sprengladung als Pressling eingebracht ist. Sprenghandgranaten haben zumeist eine zylindrische Form mit einem mittig eingesetzten Handgranatenzünder.

7.1.2 Splitterhandgranaten

Splitterhandgranaten wirken durch die radiale Verbreitung von Splittern. Dabei haben sich zwei konstruktive Lösungen durchgesetzt, zum einen der vorfragmentierte Splittermantel und zum anderen in Plastik oder einem anderen weichen Stoff eingegossene Splitter, zumeist in Kugelform oder in Form einer eingekerbten langen Spiralfeder, die im Splitterkörper eingelassen ist. Ziel dieser Konstruktionen ist es, möglichst viel der Energie einer Detonation in Bewegungsenergie der Splitter umzusetzen, dabei geht bei einem vorfragmentierten Splittermantel ein Teil der Energie zum Aufreißen des Splittermantels verloren. Der tödliche Splitterradius einer typischen Splitterhandgranate beträgt ca. 5 m bis 10 m, aber selbst im Abstand von 30 m vom Detonationspunkt weg können schwere bis tödliche Verletzungen auftreten. Somit befindet sich der Werfer noch im Gefahrenbereich einer geworfenen Splitterhandgranate.

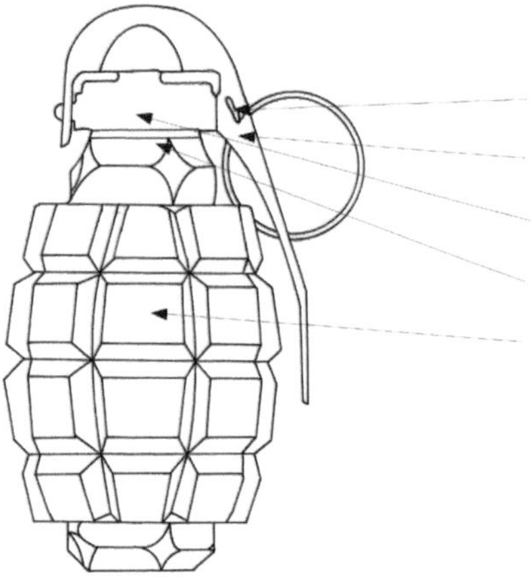

Bild 7.2: Die französische Splitterhandgranate Modele (Mle) 1915 aus dem Ersten Weltkrieg, die von fast allen Armeen kopiert wurde[373]

7.1.3 Handgranaten mit Inhaltsstoffen

Als Inhaltsstoffe werden Nebel-, Brand- und Reizmittel verwendet. Handgranaten mit einer Leuchtmasse sind nicht bekannt. Aufgrund der begrenzten Wurfweite, des Wurfgewichtes und der Eigengefährdung sind die Wirkmassen begrenzt.

[373] Sie wurde u. a. die Blaupause für die russische Handgranate F1 und die US-amerikanische Handgranate MK2. Beide Handgranatensorten wiederum wurden und werden in vielen Ländern in Lizenz gebaut.

- Nebelmittel sollen schnell wirken und auch in geschlossenen Räumen einsetzbar sein. Sie werden zum Tarnen und zum Blenden genutzt. Handgranaten mit Farbrauch werden zum Markieren von Landungsräumen der Luftlandetruppe und zum Feststellen der Windrichtung eingesetzt. Als Schnellnebelmittel wird roter Phosphor eingesetzt, der mit einer Zerlegeladung verteilt wird. Dabei wandelt sich roter Phosphor in weißen Phosphor um und brennt unter starker Nebelbildung ab. Ein Einsatz in Räumen ist aufgrund der Brandwirkung nicht möglich. Eine weitere Möglichkeit ist die Nutzung des Nebelmittels KM, das aus Kaliumchlorid und Magnesiumoxid besteht. Beim Anzünden dieses Gemisches entsteht eine minder giftige Nebelwolke, die über Abzugsbohrungen aus der Handgranate entweicht. Problematisch ist die große Hitzeentwicklung, die aber auf den Handgranatenkörper begrenzt ist. Ältere Nebelstoffe, die aufgrund ihrer Giftigkeit nicht mehr in moderne Nebelhandgranaten eingefüllt werden, aber sich durchaus noch in Beständen verschiedener Streitkräfte befinden können, sind HC (Hexachlorethan) und FM (Titantetrachlorid). Letzteres wurde auch als Reizmittel eingesetzt.
- Rauchgranaten gehören gem. der NATO-Einteilung nicht zu den Handgranaten (Materialklasse/-gruppe 1330), sondern zur pyrotechnischen Munition (Materialklasse/-gruppe 1370). Aufgrund ihres technischen Aufbaus sind sie aber durchaus mit Handgranaten vergleichbar und zu verwechseln. Sie bestehen aus einer dünnwandigen Hülle, zumeist Kunststoff, einem Abreissanzünder ggf. mit einer Verzögerung sowie verschiedenen pyrotechnischen Sätzen. Neben dem Verstärkungssatz ist dies der Rauchsatz, der zu großen Teilen aus Kaliumchlorat besteht. Dazu kommen weitere Stoffe zur Einfärbung des Rauches, z. B. 1-Methylaminoantrachinon für eine Rotfärbung.
- Handgranaten mit Brandmittel werden hauptsächlich zur Panzernahbekämpfung eingesetzt und sollen die Panzerbesatzung hauptsächlich blenden. Eine Inbrandsetzung eines Kampffahrzeuges wird aufgrund der geringen Brandmasse und der Feuerunterdrückungsanlagen in einem Kampffahrzeug nur selten gelingen – jedoch ist die Möglichkeit gegeben. Hier wird roter Phosphor eingesetzt, der beim Initiieren der Handgranate in weißen Phosphor umgewandelt wird. Die Handgranatenhülle besteht aus leicht zerbrechlichem Kunststoff oder Glas, damit diese beim Auftreffen auf einer Panzerung zerbricht.

- Reizstoffe werden entweder durch eine Kammerladung verteilt (was zu Verletzungen bei der Zielgruppe führen kann) oder nach Anzünden vor oder in der Zielgruppe verschwelt. Hauptsächlich werden die Reizstoffe CN (Chloracetophenon) und CS (2-Chlorbenzylidenmalonsäuredinitril) eingesetzt, Letzteres bevorzugt, da die letale Wirkung geringer ist als bei anderen Reizstoffen.

7.1.4 Handgranaten mit Schall- und Lichteffekten (Flash-Handgranaten)

Im Bereich der Polizei- und Spezialkräfte werden nicht letale Wirkmittel zur kurzfristigen Lähmung von Zielpersonen durch Reizüberflutung durch Schall- und Lichteffekte eingesetzt. Diese pyrotechnisch wirkenden Handgranaten verfügen über einen oder mehrere Knallsätze, zumeist Perchloratsätze, die mit einem Schalldruck von 170 dB weit über die Schmerzgrenze von 140 dB hinausgehen. Durch die zusätzlichen Lichteffekte wird die Zielperson stark geblendet und so kurzfristig handlungsunfähig. Die Handgranaten sind mit einem Zeitzünder ausgestattet, der eine sehr kurze Verzögerungszeit besitzt. So ist ein zeitgenauer Einsatz der Handgranate möglich.

7.1.5 Panzerabwehrhandgranaten

Handgranaten zur Panzerabwehr wurden bereits als geballte Ladung im Ersten Weltkrieg eingesetzt. Noch zu Beginn des Zweiten Weltkriegs waren dies zumeist spezielle flache Handgranaten, die zwischen Wanne und Turm geschoben werden konnten bzw. die als behelfsmäßige Minen gegen die Panzerketten wirken sollten.[374] Diese Handgranaten waren mit einem Zeitzünder, zumeist in Form eines Abreißzünders, ausgestattet. Erst mit der Nutzung der Hohlladung kamen neue Konstruktionen von Panzerabwehrhandgranaten auf, die allerdings erhebliche Auswirkungen auf den taktischen Einsatz hatten:

Die Hafthohlladung wurde nicht geworfen, sondern an Wanne oder Turm des gegnerischen Panzers mithilfe eines starken Permanentmagneten angebracht. Danach wurde die Hohlladung mittels eines Sprengkapselzünders mit einer Laufzeit von bis zu 7 Sekunden initiiert. Die kegelförmige Hülle der Hafthohlladung bestand aus einfachem Stahlblech, die Sprengladung zumeist aus TNT-Mischungen mit

[374] So die britische Handgranate No. 75 „Hawkings Mine", in den USA nachgebaut als Panzerabwehrmine M7A2.

einer Masse bis zu 3,5 kg. Durch das Bestreichen des Panzers mit einem ca. 5 mm dicken wellenförmigen Zimmerit-Anstrich[375] konnte das Anbringen der Hafthohlladungen wirksam verhindert werden.

Handgranaten mit einer Hohlladung zur Panzerabwehr werden geworfen. Sie haben die Form einer Stielhandgranate, besitzen einen Aufschlagzünder und müssen mit der Hohlladungsseite auf der Panzerung aufkommen. Daher ist es zwingend notwendig, die Flugbahn der Handgranate zu stabilisieren. Dies geschieht über Leitwerke, z. B. Flatterbänder oder Fallschirme. Nachteilig ist hier, dass so die Wurfreichweite stark herabgesetzt wird.

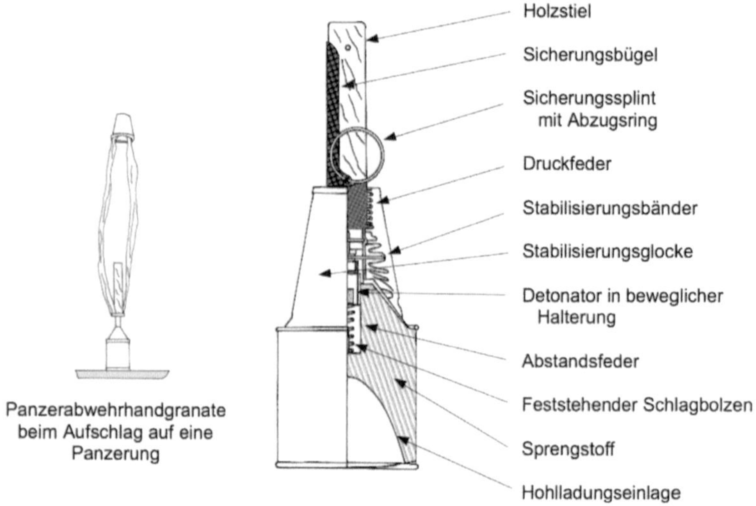

Bild 7.3: Panzerabwehrhandgranate RPG-43 (ehem. UdSSR). Nach dem Ziehen des Sicherungssplints wird die Handgranate geworfen. Dabei wird der Sicherungsbügel frei und die Druckfeder kann die Stabilisierungsglocke wegdrücken. Die Stabilisierungsbänder werden ausgezogen und wirken mit der Stabilisierungsglocke als Leitwerk. Beim Aufschlag überwindet der Detonator in beweglicher Halterung die Kraft der Abstandsfeder, läuft auf den fest stehenden Schlagbolzen auf und zündet den Sprengstoff der Hohlladung.

[375] Benannt nach dem Hersteller Zimmerit bestand die Paste aus 25 % Polyvinylacetat, 10 % Zellstoff, 40 % Bariumsulfat, 10 % Zinksulfid und 15 % Farbpigment „ocker". Dieser Anstrich wurde zwischen Dezember 1943 und September 1944 bei deutschen gepanzerten Fahrzeugen verwendet.

7.1.6 Übungshandgranaten

Übungshandgranaten sollen in Form, Handhabung und Gewicht der jeweiligen Gefechtshandgranate entsprechen. Sie unterscheiden sich durch Farbe und andere bleibende Kennzeichen von der Gefechtshandgranate, sodass Verwechslungen vermieden werden können.[376] Durch Knall- und/oder Rauchsätze werden der Aufschlagpunkt der Handgranate und ihre „Wirkung" sichtbar gemacht. In der Regel sind die Handgranatenkörper und die Handgranatenzünderoberteile wiederverwendbar.

7.2 Landminen

Landminen gelten als die idealen Vertreter eines Soldaten. Einmal verlegt warten sie auf ein Opfer, ohne Sold zu verlangen, ohne Abnutzung, ohne Rücksicht auf die Witterung und das über Jahrzehnte. Ihre Gefährlichkeit lässt auch nach vielen Jahren kaum nach. Daher hat es in den vergangenen Jahrzehnten viele Initiativen zum Schutz der Zivilbevölkerung vor Landminen gegeben.

Minen können gelegt, geworfen oder verschossen werden.[377] Dabei ist die Grenze zwischen von Luftfahrzeugen abgeworfenen Minen und Kleinbomben nicht eindeutig.[378] Ein verdecktes Verlegen ist mithilfe eines Minenpflugs ebenfalls möglich.

Mehrere Abkommen zur Ächtung von Landminen sind in den vergangenen Jahren durch die Vermittlung der UN entwickelt und von den meisten Mitgliedsstaaten ratifiziert worden. Ziel ist es, die Zivilbevölkerung zu schützen und nach Beendigung der Kampfhandlungen eine zügige Räumung der Kampfmittel zu ermöglichen.[379]

Neben den Schützen- und Panzerabwehrminen wurde in den vergangenen Jahren ein weiterer Minentyp entwickelt, die Hubschrauberabwehrmine. Hinzu kommen Sprengfallen, sogenannte Booby-Traps,

---

376 Trotzdem hat es in der Vergangenheit mehrfach tödliche Unfälle durch Verwechslungen gegeben, sei es durch Unachtsamkeit oder auch durch Unkenntnis darüber, dass z. B. fremde Armeen nicht die NATO-Farbgebung nutzen und eine „Lichtblau"-gefärbte Handgranate somit durchaus die Farbgebung einer Gefechtshandgranate sein kann.

377 Der Begriff „Minenwerfer" ist zweideutig, im Ersten Weltkrieg wurden so Mörser bezeichnet, die vor allem dünnwandige Geschosse mit einer großen Sprengladung verschossen haben. Im Zweiten Weltkrieg kam der Begriff „Luftmine" auf. Dies ist eine dünnwandige Großladungsbombe mit einem sehr hohen Sprengstoffanteil.

378 Siehe dazu Kapitel 9.2.2.6.

379 Siehe dazu Anhang A7.

und in Zeiten des internationalen Terrorismus „Unkonventionelle Spreng- und Brandvorrichtungen (USBV)“, die in industriellen Stückzahlen großräumig verlegt werden können und in ihrer Masse wie ein Minenfeld wirken.[380]

7.2.1 Schützenabwehrminen (Antipersonenminen)

Schützenabwehrminen wirken durch Spreng-, Spreng-/Splitter- und Hohlladungswirkung. Ihre Größe und Masse schwankt stark, neben sehr kleinen Schützenabwehrminen in der Größe einer Dose mit Schuhcreme werden auch Größen eines kleineren Pkw-Reifens erreicht. Entsprechend unterschiedlich sind die Wirkreichweiten, die von wenigen Metern bis zu 240 m betragen können. Die Mine kann durch das Opfer per Stolperdraht oder Belasten des Zünders (Darauftreten) oder durch Fernauslösung zur Detonation gebracht werden.

Man unterscheidet:

- Schützenabwehrminen mit reiner Sprengwirkung, die zumeist eine geringe Masse (50 g bis 150 g) und kleine Abmaße (Höhe 4,5 cm, Durchmesser 6 cm oder auch Kantenlänge 4 cm x 6 cm) haben: Die Auslösung wird fast ausschließlich über Druck (d. h. Treten auf die Mine) erreicht. Allerdings sind auch Aufnahmesicherungen mit einem zusätzlichen Zug- oder Entlastungszünder in einem zweiten Zündkanal üblich. Im oder auf dem Boden verlegt wirkt die Druckwelle nur nach oben in Richtung des Fußes eines Opfers. Nach unten und zur Seite verpufft die Wirkung der Sprengladung im Erdreich. Die tödliche Reichweite dieser Minen ist auf wenige Meter beschränkt. Die Umhüllung besteht heute fast ausschließlich aus Kunststoff, ältere Minen bestehen aus Holz oder Glas. Damit fallen diese Minen fast immer unter das UN-Protokoll I vom 2. Dezember 1983. Schützenabwehrminen dieser Form können als Streuminen von der Artillerie oder aus Luftfahrzeugen ausgebracht werden.

7

[380] Diese im englischen Sprachgebrauch „Improvised Explosive Device“ – IED genannten Sprengfallen werden gem. der Sprachregelung der deutschen Polizei NICHT industriell hergestellt. Diese Definition ist seit dem Auftreten der DAESH (Islamischer Staat) obsolet.

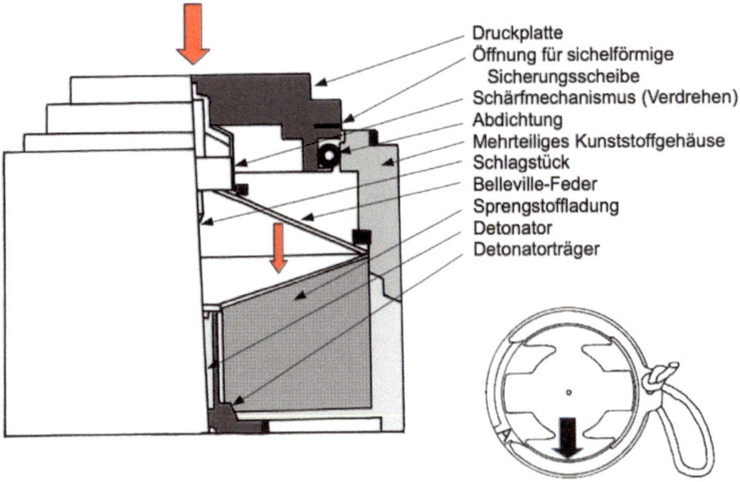

Bild 7.4: Schützenabwehrmine M14 (USA): Durch Ziehen der Sicherungsscheibe und Verdrehen der Druckplatte auf das „A" wird die Mine geschärft. Ein Treten auf die Druckplatte lässt die Belleville-Feder überschnappen und treibt so das Schlagstück in den Detonator. Die Mine löst aus.

- Schützenabwehrminen mit einem Splitterkörper aus Gusseisen oder in Kunststoff eingelassene Splitter: Auch diese Minen sind nicht sehr effektiv und wurden nicht in größerer Menge eingesetzt, da auch hier die Masse der Detonationsenergie ungenutzt im Erdreich aufgebraucht wird.

- Stockminen mit einem Splitterkörper aus Gusseisen, die auf einem Pfosten befestigt werden: Hier können sich die Splitter radial ausbreiten. Die Effektivität einer solchen Mine ist bedeutend höher und der tödliche Splitterradius kann, je nach Größe der Mine, 20 m erreichen. Die Auslösung der Mine erfolgt fast ausschließlich über Stolperdrähte. Dabei ist es möglich, auch mehrere Stolperdrähte zu nutzen und so den Aktionsradius der Mine zu vergrößern. Nachteilig ist, dass diese Minen ggf. frühzeitig als Gefahr zu erkennen sind.

- Springminen: Sie vereinen die Vorteile einer im Erdboden verlegten Schützenabwehrmine mit denen einer Stockmine. Die im Erdboden verlegte Springmine wird durch flach über den Erdboden verlegte Stolperdrähte ausgelöst. Dabei wird der Splitterkörper der Mine mithilfe einer Treibladung aus einem Wurfbecher ausgestoßen. Der Splitterkörper bleibt aber mit dem Wurfbecher über eine Kette verbunden. In einer Höhe von ca. 1 m ist die Kette straff gespannt und löst so die Sprengladung in dem Splitterkörper aus. Eine andere Konstruktion kommt ohne Kette aus, benutzt dafür aber einen Verzögerungssatz, der die Mine nach einer Verzögerungszeit, die einer Explosionshöhe von ca. 1,2 m entspricht, auslöst. Springminen wirken ebenfalls radial mit einem tödlichen Radius bis 20 m.

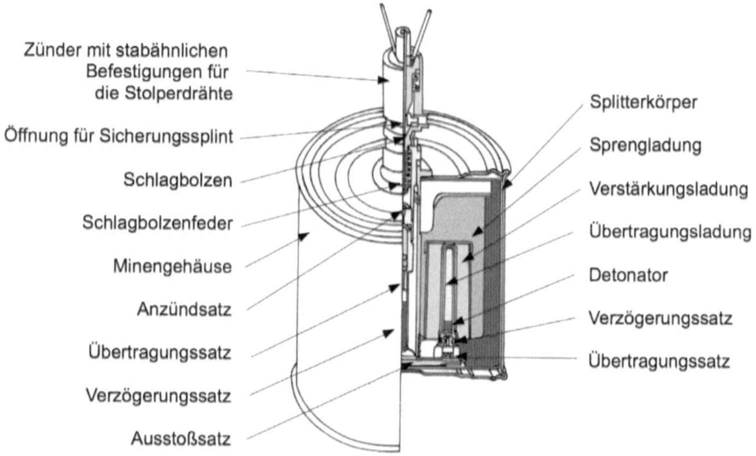

Bild 7.5: Die Springmine mit einem Ausstoß- und einem Verzögerungssatz

- Gerichtete Splitterminen, auch Claymore-Minen genannt, werden auf ein Gestell montiert oder an einem Baumstamm etc. befestigt. Ihre Splitter werden gerichtet in einem Winkelbereich von 60° verbreitet. Sie eignen sich somit sehr gut für das selektive Sperren von Hohlwegen und Straßenbereichen. Die Detonation wird in der Regel über eine elektrische Sprengkapsel eingeleitet. Die Auslösung kann über Druckplatten auf piezoelektrischem Wege erfolgen oder über Stolperdrähte, die einen Schalter schließen, bzw. über einen abgesetzten Beobachter, der diese Sperre überwacht und ebenfalls über einen Schalter die Mine auslöst. Es wird somit eine Batterie benötigt. Die Größe und Form der Mine variieren von einem rechteckigen DIN-A4-Blatt bis hin zum runden Autoreifen mit einem Durchmesser von mehr als 50 cm. Somit kann auch der tödliche Radius von ca. 30 m bei kleineren Richtminen bis hin zu 240 m bei den größeren Claymore-Minen reichen.

- Schützenabwehrminen mit einem Hohlladungseffekt: Sie werden durch ein Darauftreten ausgelöst. Dabei wird eine kleine Hohlladung initiiert, die durch den Knöchel des Opfers bis in den Bereich des Meniskus schwere Schäden an Gewebe und Knöchel anrichtet. Tödliche Verletzungen dagegen, bis auf mögliches Verbluten, werden dem Opfer nicht zugefügt, jedoch sind Amputationen bis in den Bereich des Oberschenkels die Regel. Die Minen werden bündig in den Erdboden eingebracht, ihre Entdeckbarkeit ist sehr gering, da ihr Durchmesser zumeist kleiner als 5 cm ist.

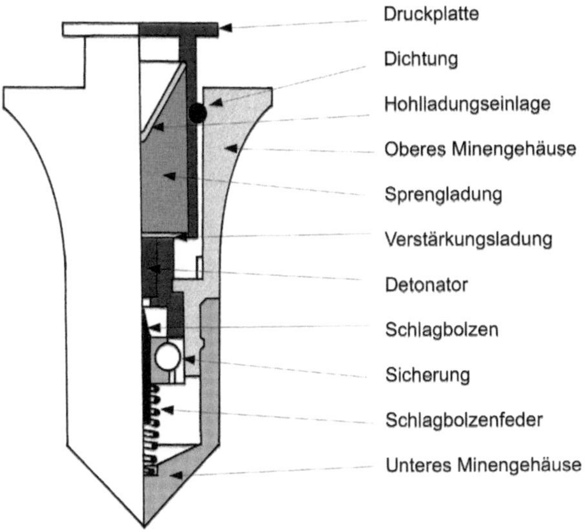

Bild 7.6: Schützenabwehrmine mit Hohlladungseffekt: Man beachte den einfachen Aufbau.

7.2.2 Panzerabwehrminen (Antifahrzeugminen)

Eine Panzerabwehrmine wirkt durch reine Sprengkraft oder durch eine Hohlladungswirkung. Dabei schwanken die Größen von den Maßen einer 840-ml-Konservendose bis hin zu den Maßen eines 10 cm x 10 cm großen Kantholzes mit einer Länge von 1,2 m.[381] Wie

[381] So die britische Panzerabwehrmine „Barmine" L9 bzw. L18, mit der man ganze Feldwege sperren konnte.

Schützenabwehrminen können auch Panzerabwehrminen von Hand verlegt und mit einem Minenpflug, aber auch mit der Artillerie oder von Luftfahrzeugen ausgebracht werden. Erste Panzerabwehrminen waren im Ersten Weltkrieg umgebaute geballte Ladungen, die mit einem druckempfindlichen Zünder ausgestattet waren. Noch im Zweiten Weltkrieg gab es Handgranaten, die auch als Panzerabwehrminen benutzt werden konnten.[382] Mit der Entwicklung der Hohlladung kamen neue Sorten der Panzerabwehrminen auf. Der derzeitige technische Stand zeigt nicht nur Minen, die auf einer Wegstrecke liegen, sondern Richtminen, die seitlich am Weg angebracht nur schwer zu entdecken sind. Ebenso können Kampfdrohnen als „fliegende Minenfelder" über einem vorher programmierten Areal eingesetzt werden.

Auch die Zünderentwicklung ist weit fortgeschritten. Neben dem reinen Druckzünder reagieren die Sensoren der Minenzünder auf die Veränderung des Magnetfeldes, Motor- und Fahrwerkgeräusche, Kratzen an der Unterseite einer Panzerwanne oder auch Infrarotsignaturen. Dabei ist es möglich, spezielle Fahrzeuge herauszufiltern und bei Fahrzeugkolonnen zu zählen und ggf. erst das dritte oder vierte Fahrzeug zu bekämpfen. Wichtig ist in diesem Zusammenhang auch der bereits oben angesprochene Selbstzerlegemechanismus wie im UN-Protokoll Nr. III gefordert.[383]

Es gibt folgende Sorten:

- Teller- sowie Topf- und Riegelminen: Dies sind einfache, der geballten Ladung nachgebaute Sprengkörper, die zumeist über einen Druckzünder auf das Laufwerk (Kette oder Rad) eines Fahrzeuges wirken. Diese Minen lassen sich offen oder verdeckt verlegen. Ein Verbringen durch die Artillerie oder mittels Luftfahrzeuge ist zumindest bei kleineren Topf- und Riegelminen möglich. Bei einer Auslösekraft, die in etwa einer Masse von 150 kg entspricht, lösen die Minenzünder aus und durch die Druckwelle werden Kettenglieder getrennt oder Fahrzeugreifen aufgerissen. Ein einfaches Überfahren der Minen sollte vermieden werden. Diese Minen lassen sich auch mit langen Knickzündern ausstatten, die dann beim Anstoßen durch die Fahrzeugwanne oder das Chassis ausgelöst werden. Zusätzlich gibt es Sensoren, die u. a.

382 Dies war u. a. die sogenannte Hawkins Mine oder Handgranate No.75 der britischen Streitkräfte. Sie wirkte durch ihre Sprengladung auf die Kette eines Panzerfahrzeugs.

383 Siehe dazu Anhang A7.

auf die Magnetfeldänderung, hervorgerufen durch das Herüberfahren eines Fahrzeugs, reagieren und so die Mine unter dem Fahrzeug auslösen.

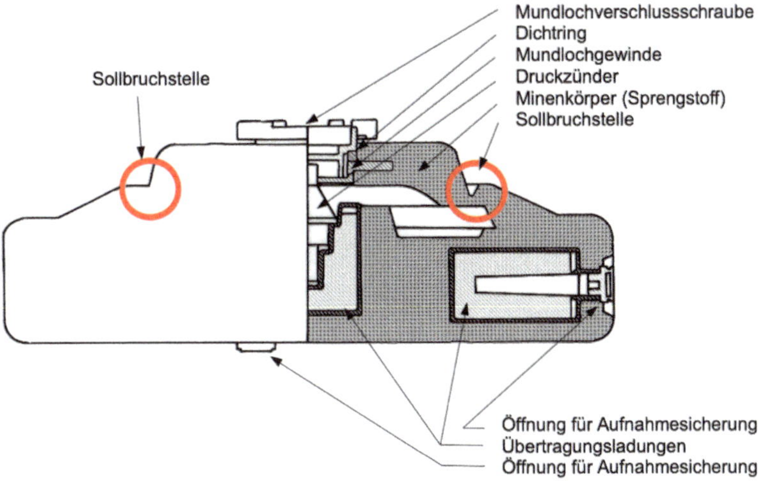

Bild 7.7: Einfache Tellermine, die gehäuselos nur aus TNT besteht: Man beachte die Sollbruchstellen und die beiden vorbereiteten Öffnungen für eine Aufnahmesicherung.

- Hohlladungsminen: Diese gibt es als Weiterentwicklung der Tellerminen mit einer Flachkegelhohlladung oder als dosenförmige Konstruktion mit einer Spitzkegelhohlladung. Erstere werden zumeist per Hand bzw. mithilfe eines Minenpflugs verlegt.[384] Sie können daher an der Erdoberfläche liegen oder verdeckt eingesetzt werden. Zuletzt genannte Minen werden als Streuminen durch die Artillerie oder durch Luftfahrzeuge über dem Zielgebiet ausgebracht. Fallschirmgebremst schlagen diese Minen auf dem Boden auf. Dabei wird der Aufschlag durch Sensoren registriert und die Aufrichtemechanik ausgelöst. Nach dem Aufrichten und einer Verzögerungszeit zum Kalibieren der Zündelektronik wird die Mine scharf geschaltet.

384 Eine Sonderkonstruktion stellt die „Mine-flach-flach – MIFF“ dar. Sie wird/wurde von Luftfahrzeugen ausgebracht. Da nicht absehbar ist, auf welcher Seite die flache und scheibenförmige Mine zum Liegen kommt, hat sie an der Unter- und an der Oberseite eine Hohlladungseinlage.

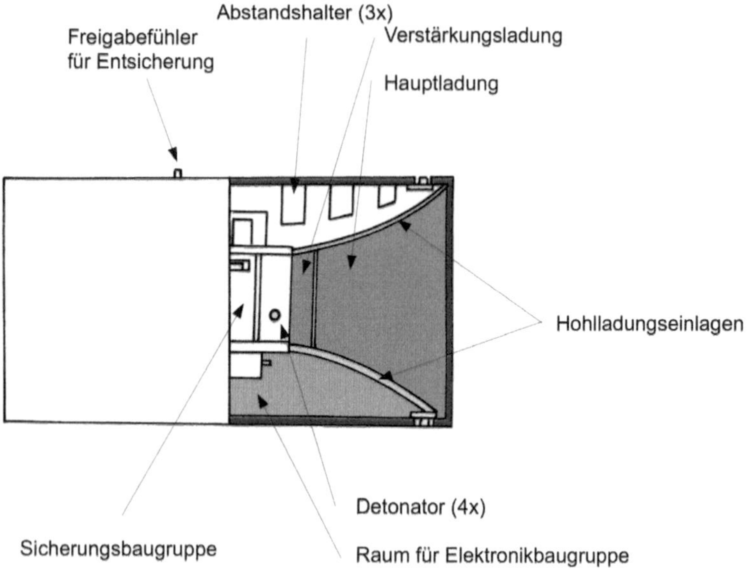

Bild 7.8: Panzerabwehrwurfmine mit zwei gegensätzlich angeordneten Hohlladungen

7

- Panzerabwehrrichtminen: Sind im Grunde automatische Gewehrgranaten oder Panzerfäuste, die mithilfe einer Sensorik ausgelöst werden müssen. Sie werden mit einem Dreibein oder einer anderen Vorrichtung aufgestellt oder auch nur an einem Pfosten oder Baum befestigt. Ihre Schussrichtung sollte senkrecht zur zu sperrenden Bewegungsrichtung ausgerichtet werden. Die Auslösung der Richtmine kann auf vielfältige Weise erfolgen:
  - durch einen Lichtwellenleiter, der durch das überfahrende Fahrzeug zerstört wird,
  - über eine Infrarotlichtschranke oder
  - durch seismische oder akustische Sensoren.

  Die Auswerteelektronik muss zwischen Fahrzeugen oder anderen Zielen, z. B. Wild, unterscheiden können. Bei der Auslösung wird wie bei einer rückstoßarmen Panzerfaust eine Treibladung angezündet und ein Geschoss mit einer Hohlladungseinlage auf das Ziel abgeschossen. Der Treffer erfolgt dann seitlich auf der Wanne oder dem Turm eines Panzers bzw. als „Top-Attack-

Geschoss" von oben.[385] Da diese Bereiche schwächer gepanzert sind als der Frontbereich, ist ein Durchschlagen der Panzerung wahrscheinlich, mit entsprechenden Folgen für Fahrzeug und Besatzung.

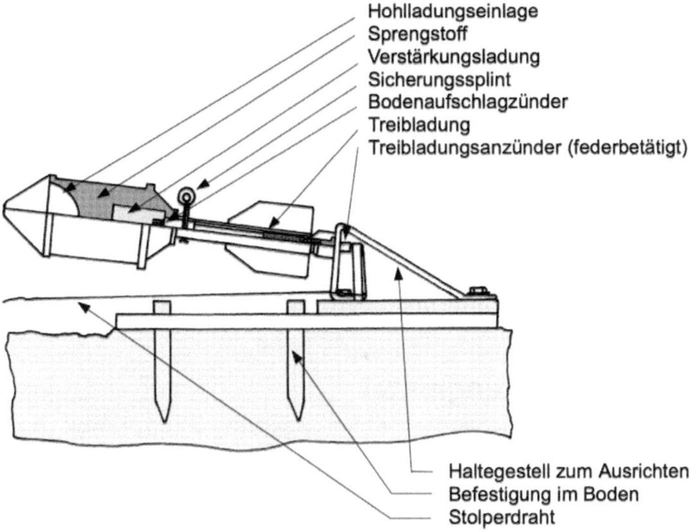

Bild 7.9: Eine einfache Panzerabwehrrichtmine, hergestellt durch Umbau aus einer Gewehrgranate. Es wird kein Lichtwellenleiter oder keine Infrarotlichtschranke benötigt, ein Stolperdraht tut es auch.

7

7.2.3 Antihubschrauberminen

Einfache Hubschrauberabwehrminen dienen zur Überwachung eines vermeintlichen Landeplatzes und werden durch einen Beobachter manuell ausgelöst. Sie gleichen größeren Schützenabwehrrichtminen. Die maximale Splitterreichweite beträgt ca. 100 m. Durch verbesserte Sensorik sind derzeit Minen in der Entwicklung, deren Sensoren auf Infrarot-, Akustik- oder Druckabstrahlung (Downwash) des Helikopters reagieren. Die Minen können auch durch Artillerie oder Luftfahrzeuge verbracht werden.

---

[385] Mit akustischen und seismischen Sensoren arbeitet die Auswerteelektronik der US-amerikanischen Panzerabwehrrichtmine M93. Nach dem Erkennen eines lohnenden Zieles (dies kann auch ein Radfahrzeug sein) wird in die grobe Richtung des Zieles ein mit einem Infrarotsuchkopf ausgestattetes Hohlladungsgeschoss abgeschossen, das sich selbst in das Ziel lenkt. Das Ziel wird mit einer Hohlladung von oben (Top-Attack) angegriffen und so werden die schwächsten Stellen der Panzerung ausgenutzt.

7.2.4 Alarmkörper

Alarmkörper dienen zur nicht letalen Sicherung von Grenzgebieten und besonders zu schützenden Objekten. Sie sind in Aufbau, Maßen und Sensorik ähnlich zu Schützenabwehrminen oder Weiterentwicklungen dieser. Sie besitzen aber keine Sprengladungen, sondern pyrotechnische Elemente, die ein akustisches oder optisches Signal auslösen oder ausstoßen.

7.2.5 Übungsminen

Übungsminen sind sowohl für Schützenabwehrminen als auch für Panzerabwehrminen verfügbar. In der Regel besitzen sie anstatt der Sprengladung einen Rauchsatz und somit anstatt des Detonators einen Anzünder. Die Gehäuse und die Funktion können bis auf die Kennzeichnung der Übungsmine und die Öffnungen für das Entweichen des Rauchs einer Gefechtsmunition entsprechen.

7.3 Zünd- und Sprengmittel

Militärisch umfassen Sprengmittel Sprengstoffe und Sprengkörper sowie Zündmittel, Anzündmittel und Sprengzubehör, die zur Ausführung einer Sprengung bestimmt und erforderlich sind.

7.3.1 Zündmittel

Zündmittel dienen zur Auslösung einer Detonation. Sie bestehen aus kleineren Mengen an Initialsprengstoff sowie einer Verstärkungsladung. Die Verstärkungsladung muss auf den zu zündenden Sprengstoff abgestimmt sein. Ist sie zu stark, wird der zu zündende Sprengstoff durch die Detonationswelle zerschlagen und weggeschleudert. Andererseits gibt es Sprengstoffe, die sich nur mit Spezialsprengkapseln zünden lassen bzw. eine Verstärkungsladung aus PETN oder anderen Sprengstoffen benötigen. Dies trifft vor allem für minder empfindliche Sprengschlämme wie ANFO zu.[386]

Als Umhüllung hat sich Aluminium durchgesetzt, vor allem zur Unterscheidung zu Zündverstärkern, die eine Kupferhülle haben.[387]

Mechanische und elektrische Sprengkapseln wurden auch als Einzelteile bei bestimmten Munitionsteilen zur Komplettierung genutzt. Früher wurden Rohrwaffenzünder mit Sprengkapseln versehen. Noch

[386] Siehe dazu die Kapitel 2.3.1 ff.

[387] Mit der Ausnahme der elektrischen Sprengkapsel für den Untertagebau, wenn Schlagwetter zu erwarten sind (SWS-U-Zünder).

in Frühzeiten der Bundeswehr wurde die Springmine DM31 mit einer mechanischen Sprengkapsel versehen, die über einen Treibladungsanzünder initiiert wurde.

Man unterscheidet:

- mechanische Sprengkapseln, die über eine Anzündschnur oder ein anderes pyrotechnisches Element ausgelöst werden: Sie besitzen als Initialsprengstoff Bleiazid und/oder Bleitrinitroresorcinat, früher Knallquecksilber, und benötigen zur Auslösung eine heiße Flamme. Als Verstärkungsladung wird PETN oder Tetryl genutzt. Mechanische Sprengkapseln werden mithilfe einer Würgezange[388] mechanisch mit der Anzündschnur verbunden.
- elektrische Sprengkapseln mit Glühbrückenzündern, die durch einen elektrischen Impuls zur Auslösung gebracht werden: Hier befindet sich in dem Aluminiumröhrchen ein pyrotechnischer Satz, der durch eine Glühbrücke aus sehr dünnem Draht (ca. 0,05 bis 0,02 mm dick – Platin oder Neusilber) entflammt wird. Dieser bringt den Initialsprengstoff zur Detonation, der dann auf eine Verstärkungsladung wirkt.

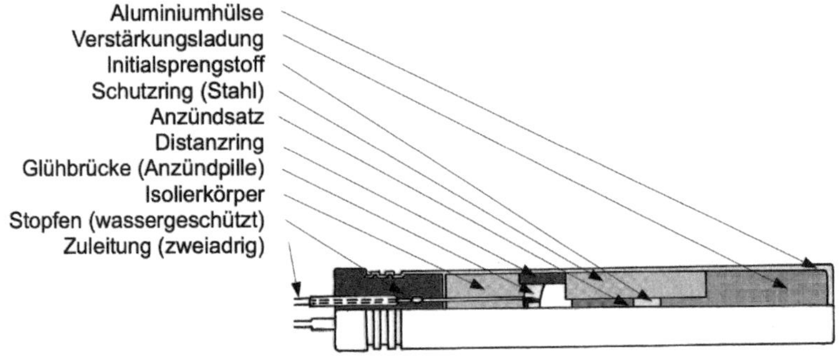

Bild 7.10: Die elektrische Sprengkapsel mit einem Glühbrückenzünder

- elektrische Sprengkapseln mit Spaltzündern: Hier werden die Kupferdrähte bis auf einen kurzen Abstand aneinander geführt. Bei der Auslösung springt ein Funke über, der dann den Initialsprengstoff zur Detonation bringt.

Elektrische Sprengkapseln können mit besonderen Eigenschaften versehen werden. Sie können in der Empfindlichkeit gegen Blitze und Streuströme (z. B. durch Hochspannungsleitungen) gehärtet

388 Weniger martialisch klingt der Begriff „Engezange“, den man allerdings bisher nur vereinzelt hört.

werden. Ebenfalls lassen sich Sprengkapseln mit unterschiedlichen Verzögerungszeiten (54 Zeitstufen wurden verifiziert) herstellen. Dies ist besonders interessant für Gebäudesprengungen. Die folgende Tabelle gibt die gebräuchlichsten elektrischen Sprengkapseln und deren Kennwerte wieder.[389]

Zünder	Besondere Eigenschaften	Material der Hülle	Länge der Zünder in mm	Zündstromstärke in A	
				Keine Zündung	*Sichere Zündung*
U/HU Moment	Standardzünder **außerhalb** des schlagwettergefährdeten Bergbaus elektrostatische Sicherheit	Aluminium	57	0,45	1,5
U Kurzzeitzünder und Langzeitzünder	Standardzünder außerhalb des schlagwettergefährdeten Bergbaus elektrostatische Sicherheit	Aluminium	56,2–98	0,45	1,5
SWS – U Zünder Schlagwetter Untertagebau	elektrostatische Sicherheit Schlagwettersicherheit	**Kupfer**	56,2–8,88	0,45	1,5
HU Kurzzeitzünder und Langzeitzünder	Sicherheit gegen Blitzelektrizität hohe elektrostatische Sicherheit hohe Streustromsicherheit	Aluminium	56,2–98	**4**	**25**

[389] Die Quelle ist nicht mehr zu ermitteln, ggf. stammen die Angaben aus einem mitgeschriebenen Vortrag über Zünd- und Sprengmittel Anfang der 2000er-Jahre.

Zünder	Besondere Eigenschaften	Material der Hülle	Länge der Zünder in mm	Zündstromstärke in A	
				Keine Zündung	*Sichere Zündung*
U – S Seismologie Zünder	kurze Reaktionszeit < 1m/s elektrostatische Sicherheit druckbeständig Einsatzdauer: Wassertiefen bis 20 m = 3 Tage Wassertiefen bis 100 m = 24 h	Aluminium	57	0,45	5
UD – S Seismologie Zünder	kurze Reaktionszeit < 1m/s elektrostatische Sicherheit druckbeständig Einsatzdauer: Wassertiefen bis 100 m = 14 Tage Wassertiefen bis 200 m = 96 h	Aluminium	57	0,45	5

Neueste Entwicklungen sind elektronische Sprengkapseln, deren Verzögerungszeit programmiert werden kann. Sie besitzen ein Elektronikbauteil zur Zeiteinstellung und einen elektrischen Kondensator. Über ein externes Programmiergerät lässt sich die Verzögerungszeit voreinstellen. Durch das Zündgerät werden vor der Sprengung die Kondensatoren der zur Sprengung benötigten Sprengkapseln aufgeladen. Die Zündung erfolgt dann durch das elektronische Zündgerät, wobei hier der in der Sprengkapsel eingebaute Kondensator die benötigte Zündenergie an die Glühbrücke freigibt. Der Anschaffungspreis für das Programmiergerät und für die Zündmaschine sind noch sehr hoch, jedoch überwiegen die Vorteile bei einer Gebäudesprengung und auch bei der Nutzung in Steinbrüchen, da hier die Sprengergebnisse besser sind als mit herkömmlichen elektrischen Sprengkapseln.

7.3.2 Sprengmittel

Die physikalische und chemische Beschreibung der Sprengstoffe befindet sich in Kapitel 2.3.

7.3.2.1 Sprengkörper

Sprengkörper werden in gegossener oder gepresster Form hergestellt. Ausschlaggebend für das Herstellungsverfahren ist die Konsistenz des Sprengstoffes.

Gegossene Sprengkörper bestehen derzeit zumeist aus TNT[390] und werden in Massen von 100 g bis 25 kg oder größer in unterschiedlichen Formen hergestellt. TNT-Sprengkörper können gesägt oder gebohrt werden und sind wasserunempfindlich. Es ist keine Umhüllung für den Sprengkörper erforderlich, er wird aber in der Regel mit Wachspapier umhüllt, um ihn zum einen gegen Beschädigungen zu schützen und zum anderen mit den nötigen Informationen für Materialgrundlagen beschriften zu können. Da diese Sprengkörper sehr hart sind, müssen Bohrungen für eine Sprengkapsel vorhanden sein, die teilweise einen Metalleinsatz mit einem Gewinde aufweisen, um einen Sprengkapselhalter einschrauben zu können. Auch diese Bohrungen werden mit Wachspapier abgedeckt und somit gegen das Eindringen von Fremdkörpern und Feuchtigkeit geschützt. Feste Sprengkörper werden auch als Haupt- oder Zusatzladung in anderer Munition, z. B. in Schützenabwehrminen, eingebaut.

Gepresste Sprengkörper in plastifizierter Form, auch Plastiksprengstoff genannt, bestehen aus Pentaerythrittetranitrat oder Hexogen und Silikonöl. Sie sind reibungsunempfindlich und können wie Knetmasse in Form gebracht werden.[391] Sie werden in aluminiumbeschichtete Plastikfolie verpackt und besitzen, da sie formbar sind, keine Bohrungen für eine Sprengkapsel.

Modernen Sprengstoffen werden zur besseren Detektion und somit Verhinderung von kriminellen Anwendungen verschiedene Zusatzstoffe beigemischt. Diese sind zum einen Duftstoffe, auf die Sprengstoffspürhunde besser reagieren, zum anderen Metalle, um eine Sichtbarkeit in Röntgengeräten zu ermöglichen, und ein genetischer Fingerabdruck, um den Hersteller ermitteln zu können.

---

[390] Die Ära des TNTs ist durch die Einführung von unempfindlichen Sprengstoffen weitgehend vorbei.

[391] Das gilt für eine normale Verbrauchszeit von ca. zehn Jahren. Durch Ausschwitzen des Silikonöls wird der Sprengstoff mit der Zeit bröckelig und lässt sich nur noch schwer in der Form verändern. Sicherheitsbedenken bestehen aber nicht.

7.3.2.2 Sprengschnur

Eine Sprengschnur besteht aus pulverförmigem Pentaerythrittetranitrat mit einer Polyvinylumhüllung. Sie ist universell einsetzbar und wird auf Rollen in Längen von 25 m oder mehr ausgeliefert. Eine Sprengschnur dient zur Übertragung einer Detonationswelle, auch über eine größere Distanz, kann aber auch mit einer Länge von 1 cm bei dosierten Sprengungen genutzt werden. Sie kann mehrlagig um zu sprengende Objekte gewickelt werden, z. B. Zaunpfähle, oder lang gestreckt zum Öffnen eines Behälters aufgebracht werden. Dazu kann die Sprengschnur geschnitten oder auch mit anderen Sprengschnüren verknotet werden, um von einer Hauptleitung aus beliebig viele Nebenableitungen herstellen zu können. Sprengschnüre können auch zur Verstärkung einer Detonationsübertragung am Ende mit einem Knoten versehen werden. Dieser sogenannte Sprengschnurknoten kann dann in Plastiksprengstoff eingeknetet werden.

7.3.2.3 Zündverstärker

Zündverstärker oder Tetrylkapseln gehören zu den Sprengmitteln und werden anstelle eines Sprengschnurknotens genutzt. Sie haben den Vorteil, einen „sauberen Abschluss"[392] einer Sprengschnur zu bilden und können in festen Sprengkörpern mithilfe eines Plastikadapters eingeschraubt werden. Zur Unterscheidung und wegen der besseren chemischen Verträglichkeit werden Zündverstärker in Kupferhülsen ausgeliefert. Im Durchmesser unterscheiden sie sich nicht von Sprengkapseln, somit kann eine mechanisch feste Verbindung auf die Sprengschnur mithilfe der gleichen Würgezange hergestellt werden, die auch beim Anwürgen der Sprengkapsel an die Anzündschnur genutzt wird.

7

7.3.3 Anzündmittel

Hierunter fallen die nicht sprengkräftigen Munitionsteile der (An-)Zündkette, das sind der Anzündschnuranzünder und die Anzündschnur.

7.3.3.1 Anzündschnuranzünder

Anzündschnuranzünder sind federvorgespannte Mechanismen, bei denen ein Schlagbolzen auf einen Initialanzündstoff[393] schlägt, der

[392] So wird ein Herausrieseln des körnigen PETN aus der Sprengschnur verhindert – das sieht einfach besser aus, denn das Auge sprengt mit.

[393] Als Anzündstoffe wurden in der Vergangenheit Knallquecksilber, heute nur Sinoxid-Sätze, z. B. Sintox-Anzündsätze, genutzt. Die Explosivstoffmengen sind sehr gering, zumeist weniger als 0,05 g.

in einem Anzündhütchenträger aus Messing eingebracht ist. Ähnlich wie ein Treibladungsanzünder in einer Patrone die Treibladung initiiert, schlägt die Anzündflamme auf die Anzündschnur und führt so zu einem Anzünden der Schwarzpulverseele.

7.3.3.2 Anzündschnüre

Anzündschnüre dienen zur zeitverzögerten Weiterleitung einer Anzündflamme. Sie bestehen entweder aus einem Trägerwerkstoff (Baumwolle oder Papier) mit Schwarzpulver beklebt oder aus einem Kunststoffschlauch, der mit einer dünnen feinkörnigen Schwarzpulverseele gefüllt ist.[394] Die Weiterleitungsgeschwindigkeit liegt je nach Anwendungsbedarf zwischen 10 m/s bei Stoppinen[395] für Großfeuerwerke und ca. 0,8 cm/s bei Sicherheitszündschnüren (in der Bundeswehr als DIE Anzündschur bezeichnet). Außer bei einfachen Feuerwerkskörpern werden Anzündschnüre wasserdicht ausgeführt, um eine sichere Übertragung der Anzündflamme zu gewährleisten. Dies bedeutet allerdings, dass auch die Verbindung zu weiteren pyrotechnischen Elementen vor Wassereinfluss geschützt sein muss. Weiterhin muss auf eine Knicksicherheit geachtet werden. Dies wird durch eine mehrlagige Umwicklung mit Jute- oder Garnfäden sichergestellt.

7

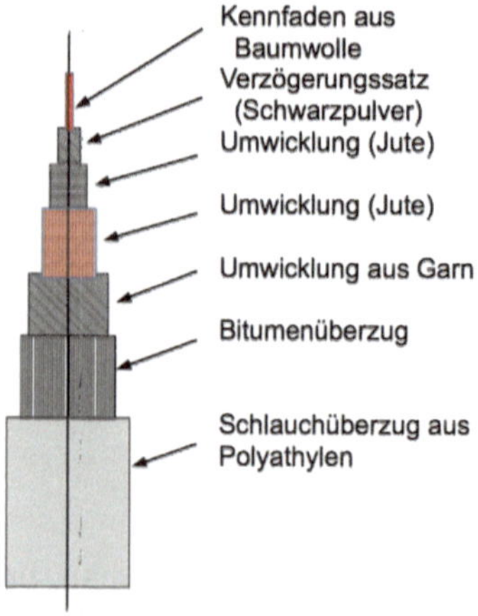

Bild 7.11: Wasserdichte und knicksichere Sicherheits(-an-)zündschnur

394 P. Zilles, Protokoll zum Experimentalvortrag Pyrotechnik, Philipps-Universität Marburg 2002.

395 Sammelbegriff für Anzündschnüre, die mit offener Flamme abbrennen – im Gegensatz zu den Sicherheitsanzündschnüren, wie sie auch bei der Bundeswehr im Gebrauch sind.

7.3.4 Sprengkapselzünder

Sprengkapselzünder sind industriell vorgefertigte Verbindungen zwischen Anzündschnuranzündern, Anzündschnur und einer mechanischen Sprengkapsel. Sie werden in unterschiedlichen Anzündschnurlängen ab 10 cm Länge ausgeliefert, damit haben sie unterschiedliche Verzögerungszeiten.

7.3.5 Shock Tube

Shock Tube ist der Name für ein recht neues, nicht elektrisches Zündübertragungssystem.[396] Es eignet sich besonders für ein sicheres Zünden an Orten, an denen mit elektrischen Feldern zu rechnen ist. Das Zündschlauchsystem – so der deutsche Name – besteht aus

- einem Schlaghammerstarter – einmal verwendbar –,
- einem schlagempfindlichen Detonator,
- einem mehrschichtigen Kunststoffschlauch mit einem Außendurchmesser von ca. 3 mm, dessen Innenseite mit einer sehr dünnen Schicht aus Sprengstoff (zumeist Octogen und Aluminium) beschichtet ist, und
- einer Sprengkapsel ohne Initialsprengstoff, vergleichbar mit einem Zündverstärker.

Die Detonationswelle läuft mit einer Geschwindigkeit von ca. 6500 m/s durch den Kunststoffschlauch, ohne ihn dabei zum Platzen zu bringen. Das System gilt als sehr sicher in der Anwendung, kann auch unter Wasser eingesetzt werden und eignet sich wie eine Sprengschnur für Haupt- und Nebenableitungen. Die Länge des Kunststoffschlauchs ist praktisch unbegrenzt und wird nur durch die Reißfestigkeit des Kunststoffes bestimmt. Je nach Hersteller werden Längen zwischen 10 m bis 3000 m zum Verkauf angeboten. Eine Verlängerung des Kunststoffschlauches ist möglich, hierbei können neben handelsüblichen Verbindungsstücken auch behelfsmäßig Kabelbinder oder Panzertape genutzt werden.

396 Das System wurde im Juli 1971 patentiert.

Kapitel 8: Flugkörper

Kapitel 8: Flugkörper

Flugkörper bestehen mindestens aus einem Triebwerk und einem Gefechtskopf, in dem die Wirkladung und der (An-)Zünder untergebracht sind. Zur Stabilisierung können Leitwerkflossen am Heckteil des Flugkörpers angebracht sein.[397] Einfache Flugkörper werden auch als Raketen oder ballistische Flugkörper bezeichnet.

Flugkörper mit einer Möglichkeit zur Flugbahnänderung werden als Lenkflugkörper bezeichnet. Hier werden als zusätzliche Bauteile eine Lenk- und Steuereinheit sowie ein Sensor bzw. eine Empfangsanlage benötigt. Außerdem muss Energie für die Lenk- und Steuereinheit sowie für den Sensor bzw. die Empfangsanlage bereitgestellt werden.

Eine weitere Einteilung der Flugkörper erfolgt durch die Benennung des Abschuss- und des Zielortes, z. B. von einem Fahrzeug (= Boden) auf ein Luftziel (= Luft). Somit bezeichnet man diesen Flugkörper auch als Boden-Luft-(Lenk-)Flugkörper. Andere Kombinationen sind vielfältig möglich.

Eine politische bzw. militärische Einteilung erfolgt nach der Reichweite. Flugkörper für den Gefechtsfeldeinsatz (Battlefield Shortrange Ballistic Missiles (BSRBM) haben eine Reichweite von bis zu 150 km. Kurzstreckenflugkörper (Short Range Ballistic Missiles (SRBM)) folgen mit einer Reichweite von 150 km bis zu 800 km. Darüber hinaus spricht man von Mittelstreckenflugkörpern, die noch einmal unterteilt werden in die Medium Range Ballistic Missiles (MRBM) von 800 km bis zu 2700 km und Intermediate Range Ballistic Missiles (IRBM). Letztere haben eine Reichweite von 2700 km bis zu 5500 km. Über 5500 km folgen die Interkontinentalraketen (Intercontinental Ballistic Missiles (ICBM)). Ein neuer (Planungs-) Begriff innerhalb der NATO ist Long-Range-Fires. Hiermit werden Präzisionslenkflugkörper angesprochen, die aus mobilen Startfahrzeugen verschossen eine Reichweite von bis zu 1000 km haben sollen.

Historisch gesehen sind Flugkörper bedeutend älter als Geschosse und wurden bereits vor mehr als 2000 Jahren auch zu Kriegszwecken angewandt.[398] Aufgrund der damals geringen Schubwirkung durch

[397] Raketen können drallstabilisiert oder flügelstabilisiert ausgelegt werden. Im ersten Fall wird der Drall beim Abschuss über Leitschienen im Startrohr oder schräg gestellte Heckdüsen erzeugt. Diese Flugkörper drallen wie Geschosse mit hoher Drehzahl. Der Vorteil ist eine sehr rasche Stabilisierung schon während der Startphase und das Fehlen eines teilweise sehr aufwendigen Ausklappmechanismus für die Stabilisierungsflügel. Flügelstabilisierte Flugkörper drallen langsamer und haben einen vielfach fragileren Aufbau. Sie haben eine länglichere Form und zumeist größere und längere Triebwerke für eine größere Reichweite bei mehr Zuladung.

[398] Heron von Alexandrien wird in verschiedenen Quellen als einer der ersten Wissenschaftler bezeichnet, der mit Flugkörpern experimentierte und sie auch in seinem Buch Belopoeika (Buch der Projektile) näher beschrieb. Er lebte um 62 n. Chr.

primitive Feststofftriebwerke war die Nutzlast gering, sodass in der Regel die Brandwirkung des Resttreibstoffes ausgenutzt wurde.

Flugkörper benötigen im Gegensatz zu Geschossen nur einfache Startgestelle. Ihre sanfte Beschleunigung beim Startvorgang, nur ca. 20 % der eines Artilleriegeschosses, erlaubt einfache Rohrkonstruktionen. Die Elektronik muss nicht besonders gegen den Abschussschock gehärtet werden, sodass hier aufwendigere Suchzünder und Steuerungen eingesetzt werden können. Auch sind bedeutend schwerere Nutzlasten bei großen Reichweiten möglich. Suchzünder oder Endphasenlenkungen sind allerdings auch nötig, denn eigentlich gehören Flugkörper zu den Flächenwaffen, da ihre Präzision sehr schlecht ist. Bereits bei dem langsamen Startvorgang und der hier fehlenden genügenden Stabilisierung tritt ein Zielfehler auf, der gut 50 % des Gesamtfehlers ausmacht.

8.1 Prinzipieller Aufbau der Flugkörper

8.1.1 Die Triebwerke

Die Triebwerke der militärisch genutzten Flugkörper können als Feststoff- oder Flüssigkeitstriebwerke ausgelegt werden. Im Gegensatz zu reinen Feststofftriebwerken lassen sich Flüssigkeitstriebwerke entsprechend dem Treibmittelzufluss in der Leistung, d. h. im Erbringen des Schubs, regeln. Für Feststofftriebwerke gilt das in der Regel nicht. Ist das Treibmittel im Triebwerk angezündet, brennt es ab. Eine Steuerung des Schubs kann voreingestellt nur über die Geometrie des Treibmittels im Triebwerk erfolgen.[399]

Feststofftriebwerke haben aber den Vorteil, dass sie im nutzungsbereiten Zustand über einen längeren Zeitraum gelagert werden können. Dies ist bei Flüssigkeitstriebwerken aufgrund der aggressiven Flüssigkeiten, einer Entmischung über einen längeren Zeitraum oder auch durch die Verwendung von stark gekühlten, verflüssigten Gasen (Flüssigsauerstoff) zumeist nicht möglich.

8

Beiden Triebwerkstypen gemein ist eine Brennkammer, an der sich eine Expansionsdüse (Lavaldüse) anschließt. Hier treten die Gase mit hoher Geschwindigkeit, bei Feststofftriebwerken mit bis zu 2500 m/s und bei Flüssigkeitstriebwerken mit bis zu 4000 m/s, stoßfrei aus.

8.1.1.1 Die Feststofftriebwerke

Der Festtreibstoff befindet sich in einer Röhre, die auch gleichzeitig die Brennkammer darstellt. In Flugrichtung nach vorne und zur

[399] So die reine Lehre. Es gibt Hybridtriebwerke (siehe dort), bei denen sich trotz der Nutzung von festem Brennstoff die Schubleistung regulieren lässt.

zylindrischen Seitenwand ist das Material der Röhre gegenüber dem Festtreibstoff mit einer isolierenden Schutzschicht versehen. So soll verhindert werden, dass das Material zu heiß wird und ggf. seine Festigkeit verliert oder in Brand gerät. An dieser Brennkammer schließt sich direkt die Expansionsdüse an.

Die am offenen Ende ausströmenden heißen und gasförmigen Verbrennungsrückstände erzeugen einen Schub, der die Rakete antreibt. Der Vorratsraum der Treibladung ist auch gleichzeitig der Brennraum. Durch das Anbringen einer Düse am offenen Ende der Röhre und Festtreibstoffe mit einer höheren Energieausbeute lässt sich die Ausströmgeschwindigkeit auf bis zu 2500 m/s steigern.

Beim Feststofftriebwerk unterscheidet man drei Typen:

- Der Stirnbrenner wird von der Düse des Flugkörpers vom Heck her angezündet. Das Treibmittel verbrennt bei gleichbleibender Oberfläche. Da die Oberfläche in Bezug auf die Gesamtmenge an Treibmittel klein ist, kann hier ein zeitlich längerer Abbrand erfolgen. Diese Konstellation eignet sich daher besonders für lang und gleichmäßig brennende Marschtriebwerke.

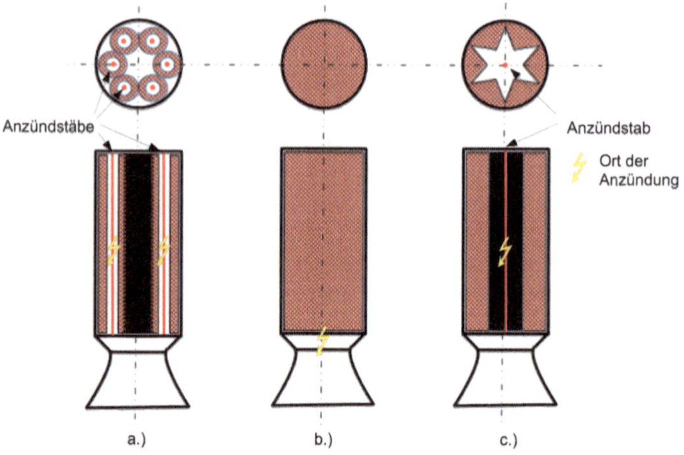

Bild 8.1: Grundformen der Feststofftriebwerke im Vergleich[400]

Legende:

a.) Röhreninnenbrenner

b.) Stirnbrenner

c.) Sterninnenbrenner

[400] Nach einer von Idee H. Dathan, Waffenlehre für die Bundeswehr, Herford 1980.

- Der Sterninnenbrenner brennt auf der gesamten Länge und erzeugt einen großen gleichmäßigen Schub. Auch er eignet sich für Marschtriebwerke, brennt aber in sehr kurzer Zeit ab.
- Der Röhrenbrenner besteht aus mehreren, in das Triebwerk eingebrachten Röhren. Das Pulver brennt in sehr kurzer Zeit unter hoher Gas- und Schubentwicklung ab. Triebwerke dieser Art werden als Starttriebwerke genutzt.

Als Festtreibstoff wird Schwarzpulver nur noch für Feuerwerksraketen benutzt. Für leistungsschwache Raketen werden einbasige Treibladungspulver aus Nitrozellulose eingesetzt. Durch Zugabe von Nitroglyzerin und Stabilisatoren, z. B. als Diphenylamin, kann man eine erhebliche Leistungssteigerung erhalten. Dies wird auch Double-Base-Festtreibstoff genannt. Eine noch größere Leistungsausbeute bekommt man durch Composit-Treibstoffe, die z. B. aus Ammoniumperchlorat, Aluminium und Kunstharz als Bindemittel bestehen.[401] Allerdings entsteht bei der Verbrennung dieser Produkte ein giftiger Salzsäurenebel, der weithin sichtbar ist und die Besatzung eines Startfahrzeuges unter Vollschutz zwingt.

Ein neuartiger „Festtreibstoff" unter dem Namen ALICE (Aluminium-Ice) befindet sich seit 2009 in der Erprobung. Hier werden Aluminiumteilchen mit einem Durchmesser von ca. 80 nm mit Wasser gemischt und eingefroren. Die sehr rasche Reaktion von Aluminium mit Wasser führt zu einem leistungsfähigen Triebwerk, das trotzdem in der Lagerung, beim Transport und in der Anwendung sehr sicher zu sein scheint. Nachteilig ist, dass das Wasser während der ganzen Zeit gefroren sein muss.

8.1.1.2 Die Flüssigkeitstriebwerke

Flüssigkeitstriebwerke sind in der Konstruktion aufwendiger. Regelbare Zuführsysteme mit hohen Durchflussmengen, Kühlung der Brennkammer und der Raketendüse sowie ein Wust von Rohrleitungen und Wärmetauschern führen zu einem komplizierten Gebilde. Die Bevorratung in den Tanks bedingt eine rasche und dosierte Förderung der Reaktionsprodukte (Treibstoff und Oxidationsmittel) aus den Tanks in die Brennkammer. Zusätzlich wird ein Teil dieser Reaktionsprodukte durch kleine Röhren in der Innenwand der Brennkammer geführt, um so die Brennkammer zu kühlen und gleichzeitig die Flüssigkeiten vorzuwärmen.

---

401 So auch die Boosterraketen des Space Shuttles, deren Treibstoff aus 69,93 % Ammoniumperchlorat, 16 % Aluminiumpulver, einer geringen Menge (0,07 %) Eisenpulver als Katalysator und 14 % Bindemittel bestand.

Für die Förderung der Flüssigkeiten haben sich drei Prinzipien durchgesetzt:

- Turbopumpe mit Eigenantrieb, zumeist in einem Dampferzeuger zerfallendes Wasserstoffsuperoxid,
- Turbopumpe mit Antrieb aus den Brennkammergasen und
- Druckerzeugung aus einem separaten Druckgastank, zumeist mit Stickstoff oder Helium.

  Hier findet sich auch eine der Hauptfehlerquellen bei einem Versagen des Flüssigkeitstriebwerkes.

Je nach Art des Treibstoffes findet man drei Grundtypen von Flüssigkeitstriebwerken vor:

- Monergole Flüssigkeitstriebwerke: Hier benötigt man nur einen Tank für den Treibstoff, der mittels eines Katalysators oder einer Anzündung durch eine Flamme zerfällt und dabei in einen gasförmigen Zustand übergeht. Zumeist wird Hydrazin als Brennstoff genutzt. Derzeit nutzt man diese Triebwerke aufgrund des noch einfachen Aufbaus als Steuertriebwerke bei Satelliten.

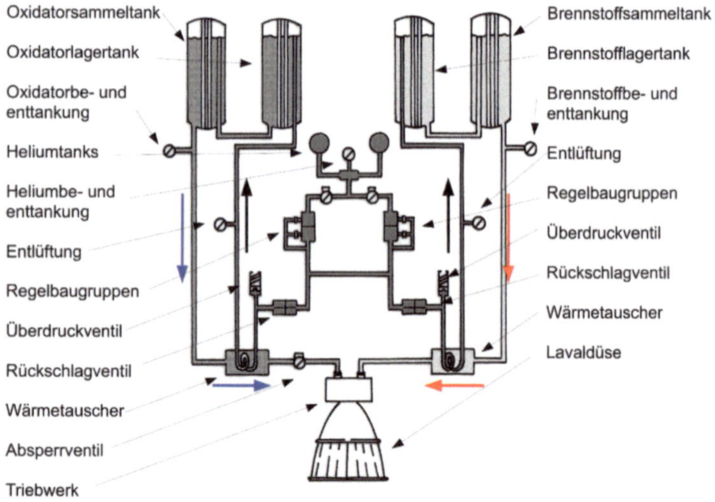

Bild 8.2: Schematische Darstellung des Flüssigkeitsantriebs des Apollo-Servicemoduls aus dem Apollo-Trainingshandbuch. In rot dargestellt die Flüssigkeitsströmung, in blau die Oxidatorströmung und in schwarz die Strömung des Heliums für den Druckaufbau.[402]

[402] Das Bild stammt aus dem Apollo-Trainingshandbuch der NASA der 1970er-Jahre.

- Diergole Flüssigkeitstriebwerke: Sie besitzen einen Tank für den Treibstoff und einen weiteren Tank für den Oxidator. Als Treibstoffe können Benzine, flüssiger Wasserstoff oder auch Alkohole genutzt werden, als Oxidator sind dies flüssiger Sauerstoff, Wasserstoffsuperoxid oder rot rauchende Salpetersäure. Die Zuführung muss exakt dem günstigsten Mischungsverhältnis für eine Verbrennung entsprechen. Die Anzündung erfolgt bei Beginn des Brennvorgangs durch zusätzliches Einspritzen von Hydrazin oder spontan, wenn Brennstoff und Oxidator aufeinandertreffen. Bei starker thermischer Belastung von Brennkammer und Lavaldüse wird ein Teil der Flüssigkeiten durch feine Rohrleitungen im Material der Brennkammer geführt, um so ein Durchbrennen zu verhindern. Derzeit arbeiten alle Großtriebwerke für Weltraummissionen nach diesem Prinzip.
- Hybride Flüssigkeitstriebwerke: Sie bestehen aus einem Festtreibstoff, der in Form eines Sterninnenbrenners oder eines Röhreninnenbrenners im Triebwerk eingebracht ist, und einem flüssigen Oxidator, der aus einem Tank gespeist wird. Der Oxidator wird durch den Innenbrenner geleitet und reagiert spontan mit dem Festtreibstoff. Die Regelbarkeit erfolgt nur über die Zuflussmenge des Oxidators. Diese Triebwerke wurden in der Vergangenheit nur für kleinere Flugkörper genutzt.[403]

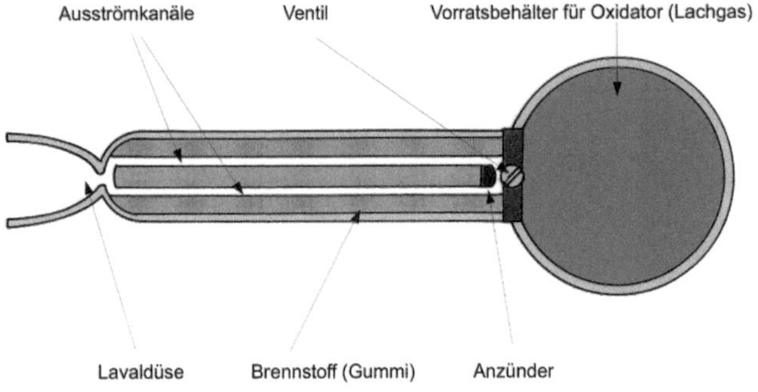

Bild 8.3: Hybridtriebwerk, in dieser Konfiguration für das SpaceShipOne kommerziell eingesetzt[404]

403 Bisher einzige kommerzielle Nutzung für einen größeren Antrieb war das SpaceShipOne. Hier wurde als Brennstoff Gummi (Hydroxyl-terminiertes Polybutadien) und als Oxidator N_2O (Lachgas) genutzt.

404 Nach www.daughtersoftiresias.org/misc/ss1_engine.jpg.

8.1.1.3 Sonstige Triebwerksarten mit chemischen Reaktionskomponenten

Hierunter fallen Triebwerke, die sowohl bei Flugzeugen als auch bei Flugkörpern angewandt werden können. Bei den sogenannten Luftatmern handelt es sich entweder um Staustrahl-, Pulsostrahl- oder Turbostrahltriebwerke.

- Ein Staustrahltriebwerk (engl. Ramjet) lässt sich nur als Marschtriebwerk einsetzen, da hier die anströmende Luft zur Erzeugung eines Verdichterdruckes im Brennraum benötigt wird. In einem sogenannten Lufteintrittsdiffusor wird durch kontinuierliche Vergrößerung des Strömungsrohres die einströmende Luft verlangsamt und somit der Druck erhöht. Im Brennraum wird kontinuierlich Treibstoff eingespritzt, dessen heiße Verbrennungsgase den Druck weiter erhöhen und durch ein sich verengendes Strömungsrohr nach hinten abgeleitet werden. Die Verbrennungsgase werden dabei beschleunigt und erzeugen somit einen Schub in Flugrichtung. Der Schub ist dabei von der Fluggeschwindigkeit abhängig. Je höher die Fluggeschwindigkeit ist, umso höher ist der Druck im Brennraum und somit die erreichbare Ausströmgeschwindigkeit. Ein Staustrahltriebwerk, das mit Überschallverbrennung arbeitet, wird als Supersonic-Combustion-Ramjet (Scramjet) bezeichnet.
- Das Pulsostrahltriebwerk ist eine Weiterentwicklung des Staustrahltriebwerkes. Im Bereich des Lufteintrittsdiffusors befindet sich eine Einlassklappe, die sich beim Erreichen eines Mindestdrucks im Brennraum schließt. Durch Einspritzen von Treibstoff und der nachfolgenden Zündung bzw. Verbrennung steigt der Druck weiter an. Die geschlossene Einlassklappe verhindert ein Zurückschlagen der heißen Verbrennungsgase in den Einlassbereich, sodass die Verbrennungsgase nur nach hinten abströmen können. Durch Abkühlen und Unterdruck in der Brennkammer wird die Einlassklappe wieder geöffnet und Frischluft kann erneut in den Brennraum gelangen. Das Pulsostrahltriebwerk benötigt eine Zündkerze nur für das Starten des Triebwerks im kalten Zustand – im betriebswarmen Zustand entzündet sich das Verbrennungsgemisch an den heißen Restgasen. Dabei ist es egal, ob der Treibstoff kontinuierlich oder nur zu periodischen Zeitpunkten eingespritzt wird. Das Pulsostrahltriebwerk arbeitet so bereits schon bei geringen Fluggeschwindigkeiten. Der Anlassvorgang kann am Boden durch Druckluft oder während der Flugphase durch den Staudruck erfolgen.

- Die Weiterentwicklung des Pulsostrahltriebwerkes ist die „Pulse Detonation Engine". Hier läuft der „Verbrennungsvorgang" nicht bei Verpuffungsgeschwindigkeit, sondern in der Umsetzungsgeschwindigkeit einer Detonation ab. Die Entwicklungen zielen auf einen hohen Wirkungsgrad bei der Treibstoffumsetzung ab, um ggf. in der Zukunft Turbostrahltriebwerke ersetzen zu können.
- Turbostrahltriebwerke entsprechen den Triebwerken herkömmlicher strahlgetriebener Flugzeuge.
- Thermonukleare Triebwerke arbeiten entweder durch Erzeugung von hohen Temperaturen, die in einem Wärmetauscher an ein Mediumgas abgegeben werden, oder durch „kleine" Kernwaffenexplosionen, deren Impuls aufgefangen werden soll.
  - Im erstgenannten System wird hochangereichertes Uran unter einem Druck von ca. 100 MPa und Temperaturen von bis zu 70.000 K erhitzt. Über einen Wärmetauscher wird diese Energie an Wasserstoff abgegeben und dieser über eine Lavaldüse ausgestoßen. Dabei werden Ausstoßgeschwindigkeiten von bis zu 9 km/s erreicht. Durch eine bessere Ausbeute des Ausstoßmediums gegenüber rein chemischen Triebwerken und durch die mittlerweile sehr kompakte Bauweise eignen sie sich besonders für den Antrieb von Hyperschallflugkörpern und für bemannte Marsexpeditionen.[405]

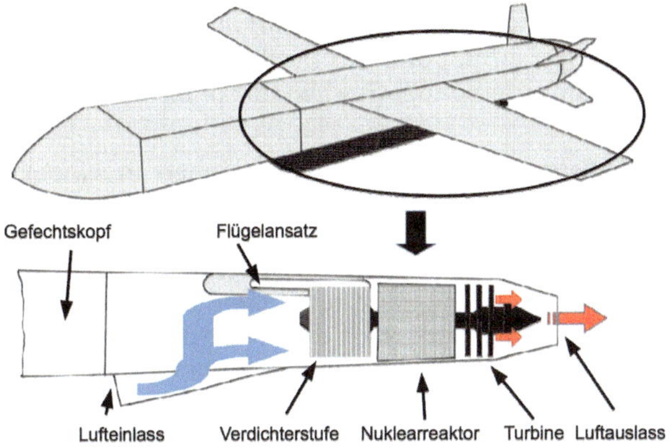

Bild 8.4: Ein thermonukleares Scramjet-Triebwerk, hier für den russischen Marschflugkörper Burevestnik

[405] A. S. Korotev, Development Nuclear Gas Core Reactor in Russia Keldysh Center, Moscow, 103009, Russia, veröffentlicht in der 45th AIAA Aerospace Sciences Meeting and Exhibit AIAA 2007-35 8 – 11 January 2007, Reno, Nevada.

- Beim zweiten System werden kleine Kernwaffen zur Explosion gebracht, die gegen eine Prallplatte oder ein Segel wirken. In den USA wurde in den 50er- und 60er-Jahren versucht, ein leistungsfähiges Triebwerk zu entwickeln. Aufgrund des dabei erzeugten radioaktiven Fallouts und des Vertrags über das Verbot von Kernwaffenversuchen im Weltall und unter Wasser wurde das Projekt trotz vielversprechender Ansätze eingestellt.

8.1.1.4 Elektrische Triebwerke

Elektrische Triebwerke beschleunigen die auszustoßenden Masseteilchen ausschließlich durch die Nutzung elektrischer Energie. Der dabei erzeugte Schub ist allerdings so gering, dass eine Nutzung auf der Erde keinen Erfolg versprechen würde. Die Ausströmgeschwindigkeiten können 50 km/s und mehr erreichen, allerdings ist die austretende Gesamtmasse der zum Schub benötigten Teilchen gering. Im Weltraum werden die elektrischen Triebwerke seit den 1960er-Jahren mit Erfolg als Lagekorrekturtriebwerke für Satelliten und seit 1998 auch als Haupttriebwerke für interplanetare Raumsonden eingesetzt. Zur Energieerzeugung werden Solarmodule oder kleine Kernreaktoren (Radionuklidbatterien) eingesetzt.[406] Man unterscheidet:

- elektrothermische Antriebe, bei denen durch einen Lichtbogen oder ein starkes Magnetfeld ein Plasma eines Edelgases, zumeist Argon, erzeugt wird. Das Edelgas wird durch ein elektrisches Feld ionisiert, weiter erhitzt und tritt beschleunigt aus der Triebwerksdüse aus. Es werden dabei Geschwindigkeiten von bis zu 40 km/s erreicht.
- elektrostatische Antriebe, bei denen Ionen in einem starken elektrostatischen Feld beschleunigt werden. Zumeist wird das Edelgas Xenon eingesetzt, das durch Energiezufuhr ionisiert wird. Die positiv geladenen Xenon-Ionen werden durch elektrisch geladene Felder beschleunigt und bilden beim Austritt aus dem Triebwerk so den Schub. Nach dem Austritt aus dem Triebwerk werden den Xenon-Ionen wieder Elektronen zugeführt, um eine Aufladung des Flugkörpers zu vermeiden. Das Xenon muss in einem Vorratsbehälter mitgeführt werden, somit ist der Schub endlich. Ein weiterer Nachteil ist der hohe Leistungsbedarf des Triebwerks sowie die Abnutzung der gitterförmigen Kathode am Triebwerkausgang.

406 Näheres ist zu finden unter: https://de.wikipedia.org/wiki/Liste_von_Raumflugkörpern_mit_elektrischem_Antrieb.

- elektromagnetische Triebwerke, sogenannte Hall-Antriebe werden seit ca. 1970 zur Steuerung und zur Anhebung von Satelliten sowie bei der chinesischen Raumstation eingesetzt (Reboost-Manöver). Wie bei elektrostatischen Antrieben wird auch hier ein Edelgas, zumeist Xenon, genutzt. Dies wird über eine Anode zugeführt und ionisiert. Von außen werden über eine Kathode Elektronen emittiert, die zum großen Teil dem Ionenstrahl folgen und die Ionen neutralisieren. Dies ist wichtig, um zu verhindern, dass sich das Raumfahrzeug negativ auflädt und Ionen zum Raumfahrzeug zurückbeschleunigt werden und durch Erosionen dort Schäden auftreten. Der kleinere Teil der leichten Elektronen – die Ionen sind ca. 10.000-fach schwerer – wird in Richtung der Anode gezogen und durch die Lorentz-Kraft des Magnetfeldes der konzentrischen Magnetspulen oder Permanentmagneten auf eine spiralförmige Bahn am Ausgang des Triebwerks gelenkt (Ringstrom). Durch die Lorentz- und die elektrostatische Kraft stellt sich hier eine konstante Bahngeschwindigkeit der Elektronen ein, der sogenannte Hall-Effekt. Zwischen der Anode und den spiralförmig am Ausgang des Triebwerks kreisenden Elektronen bildet sich ein elektrisches Feld aus. Durch die so entstehende Stoßionisation entstehen weitere Edelgasionen und freie Elektronen, die sich in Richtung der Anode bewegen. Dies ist der sogenannte Driftstrom, der nicht zu hoch werden darf, da er

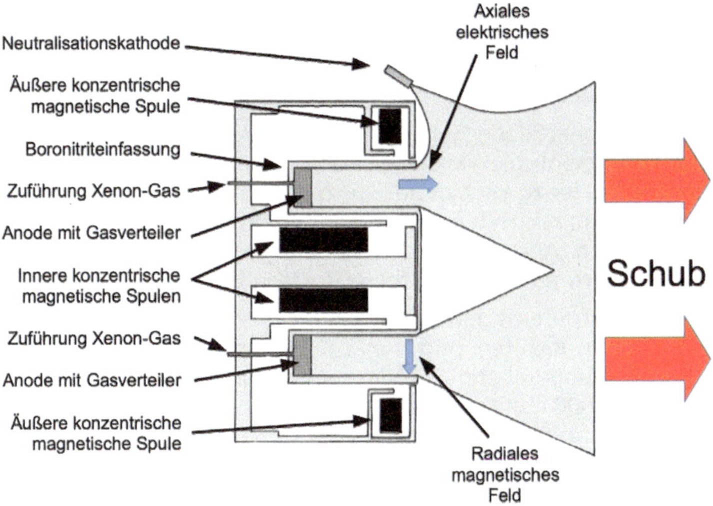

Bild 8.5: Schematischer Aufbau des Hall-Antriebs

8

wesentlich für die Energieeffizienz des Triebwerks ist. Die schweren Edelgasionen werden durch diese Elektronenansammlung am Triebwerkausgang beschleunigt und treten dann aus dem Triebwerk mit hoher Geschwindigkeit aus. Dabei werden sie durch ihre hohe Masse von dem ringförmigen Magnetfeld am Triebwerkausgang kaum aus ihrer Bahn abgelenkt. Ein rein chemischer Antrieb kann im Vakuum des Weltraums Austrittsgeschwindigkeiten von bis zu 5 km/s erreichen. Der Hall-Antrieb kann bei einem Schubwirkungsgrad von über 50 % Austrittsgeschwindigkeit bis zu rund 90 km/s verwirklichen. Derzeitig werden nur kleinere Triebwerke bis ca. 1000 W Leistung eingesetzt. Auch hier ist der Schub endlich, da das Edelgas als Vorrat im Raumfahrzeug mitgeführt werden muss.

8.2 Gefechtsköpfe

Flugkörper können für unterschiedliche Einsatzszenarien entwickelt werden.

Im Bereich der (ballistischen) Raketenartillerie und bei den Luft-/Boden-Raketen wird die gesamte Palette vom Spreng-/Splitter- über Minen- bis hin zum Nebelgefechtskopf eingesetzt. Da die Beschleunigungskräfte geringer als bei der Rohrwaffenmunition sind, lassen sich vor allem bei der Cargomunition leichtere Gefechtskopfhüllen einsetzen. Somit kann theoretisch eine höhere Zuladung erkauft werden, die aber durch das Mitschleppen des ausgebrannten Treibwerks zunichte gemacht wird. Durch die Nutzung von separaten Starttriebwerken ist hier noch Entwicklungspotenzial gegeben.

Die Raketenartillerie galt über viele Jahre als reine Flächenwaffe, zumal es möglich war, durch leichte Startvorrichtungen Mehrfachraketenwerfer zu entwickeln. Durch die Endphasenlenkung ist es derzeit möglich, auch mit ballistischen Flugkörpern (stehende) Punktziele anzugreifen. Auch hier haben sich die geringeren Beschleunigungskräfte positiv auf die einsetzbare Elektronik ausgewirkt.

Der Kaliberbereich geht typisch von ca. 57 mm bis 122 mm bei den Luft-/Boden-Raketen und von ca. 100 mm bis 240 mm bei den Boden-/Boden-Raketen. Größere Artillerieraketen können im Kaliber auch 1000 mm erreichen. Hier sind teilweise nukleare Mehrfachsprengköpfe im Einsatz.

Eine Lenkung der Artillerieraketen erfolgte in der Vergangenheit nicht, sie flogen rein ballistisch. Einfache Marschflugkörper wie die V-1 wurden über einen Kreiselkompass auf Kurs gehalten und über eine einfache Flugzeitmessung über dem Ziel zum Absturz gebracht, wobei beim Aufschlag der Zünder die Sprengladung auslöste. Neben Navigationssystemen mit Kreiselanlagen, mit Trägheitsnavigationssensoren und Gelände-Konturen-Abgleich werden heute zunehmend kombinierte Lenk- und Zündeinrichtungen mit Satellitennavigationsanlagen eingesetzt.

Zur Bekämpfung von gepanzerten Zielen (Panzerfahrzeuge oder Bunker) lassen sich Gefechtsköpfe mit entsprechend ausgelegten Hohlladungen nutzen. Ungelenkte Flugkörper, sogenannte Panzerfäuste, wirken in einem Bereich von bis zu ca. 600 m, darüber hinaus sind bei schnell beweglichen Zielen nur noch gelenkte Flugkörper sinnvoll einsetzbar. Hier sind je nach Trägerfahrzeug und Datenübertragung bzw. Lenksystem Reichweiten bis weit über 50 km möglich. In der Regel muss hier aber ein vorgeschobener Beobachter oder ein anderes Zielhilfsmittel, z. B. eine Drohne, zur Zielidentifizierung eingesetzt werden. Die Lenkung erfolgt entweder über Draht, mithilfe von Lichtwellenleitern oder durch einen Laserstrahl. Hier gibt es zwei unterschiedliche Ausführungen, zum einen das Leiten des Flugkörpers auf dem Laserstrahl (Laser-Beam-Rider) oder das Beleuchten des Zieles durch einen Beobachter und Zielaufnahme durch einen Suchkopf im Flugkörper.

Durch fortschreitende Miniaturisierung ist es wie bei den Artillerieraketen auch hier möglich, mit geringem Aufwand elektronische Auswerte- und Übertragungslogik einzusetzen. So setzen sich immer mehr auch Flugkörper mit einer eingebauten Zielsuch- und -verfolgungselektronik durch. Diese „Fire-and-Forget-Flugkörper" sind in der Lage, Ziele auch über eine größere Distanz zu verfolgen, ohne dass der Schütze eingreifen muss.

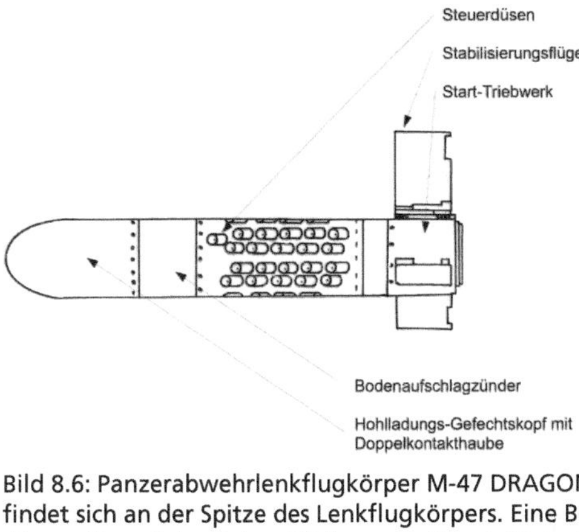

Bild 8.6: Panzerabwehrlenkflugkörper M-47 DRAGON (USA): Der Gefechtskopf befindet sich an der Spitze des Lenkflugkörpers. Eine Besonderheit sind die 60 Steuerdüsen, die radial auf dem Triebswerkteil verteilt sind.

Zur Bekämpfung von Flugzielen werden entweder Gefechtsköpfe mit kleinen radial verteilten Hohlladungen oder Splittergefechtsköpfe eingesetzt. Die Hüllen der Splittergefechtsköpfe variieren von einfachen Metallgehäusen über vorfragmentierte Metallhüllen bis hin zu radial verteilten Siliziumstäben mit einer innenliegenden Sprengstoffbelegung. Dabei ist zu berücksichtigen, dass der Wirkungsgrad eines Gefechtskopfes von Flugabwehrlenkflugkörpern (FlaLFK) oder -raketen sehr gering ist, da nur ein kleiner Teil des Gefechtskopfes dem Ziel zugewandt ist und ein Direkttreffer zumindest in der Vergangenheit sehr unwahrscheinlich war. Daher werden hauptsächlich Annäherungszünder mit einer zusätzlichen Aufschlagfunktion eingesetzt.

Gegen Mehrfachziele wurden in den 1950er-Jahren auch FlaLFK mit nuklearen Gefechtsköpfen entwickelt. Die Leistung dieser Gefechtsköpfe variiert zwischen 2 kt und 20 kt TNT-Äquivalent.

Die Lenkung eines FlaLFK hängt zum einen vom Startgerät und zum anderen von seiner Größe ab. Einfache FlaLFK, sogenannte Manpads, besitzen eine passive IR-Lenkung über einen Suchkopf. Das Ziel muss sich daher durch seine Wärmeabstrahlung von der Wärmeabstrahlung anderer Objekte in der Umgebung unterscheiden. Größere Systeme, die von einem Fahrzeug aus gestartet werden, besitzen in der Regel eine Funkkommandolenkung, die durch einen passiven IR-Suchkopf oder einen passiven Radarsuchkopf unterstützt wird. Im letzten Fall wird das Ziel vom Boden aus mit einem Radar angeleuchtet, die Reflektionsstrahlung wird dann vom Suchkopf aufgenommen und zur Lenkung aufbereitet. Beleuchter und Startrampe können dabei räumlich getrennt sein.

8

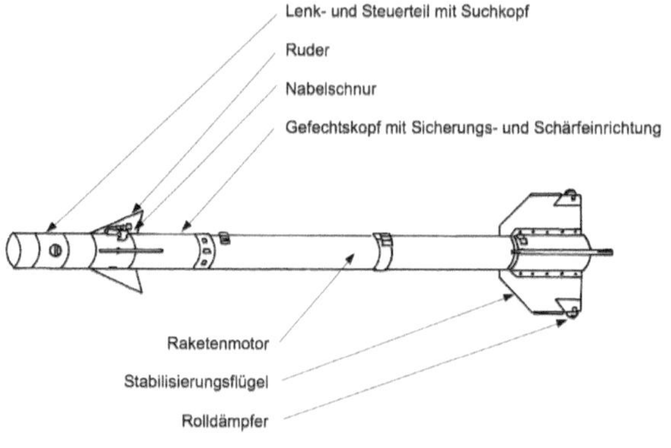

Bild 8.7: Luft-Luft-Lenkflugkörper Sidewinder (USA): Der Gefechtskopf befindet sich hinter dem Lenk- und Steuerteil.

Autonome Flugkörper mit einer „Fire-and-Forget-Funktion" sind möglich. Dabei ist zu beachten, dass einem Flugziel eine Palette von Gegenmaßnahmen zur Verfügung steht wie Düppel[407] oder Infrarotscheinziele, die von einem Suchkopf erkannt und als Ziel ausgeblendet werden müssen.

Die Seezielbekämpfung per Flugkörper war in der Vergangenheit am weitesten fortgeschritten. In der Regel werden splitterbildende Gefechtsköpfe mit Spreng-Brand-Ladungen eingesetzt. Dabei ist bei kleineren Flugkörpern der Gefechtskopf gehärtet, um ein Eindringen in den zumeist ebenfalls gehärteten Schiffsrumpf zu gewährleisten. Größere Gefechtsköpfe, z. B. BGM-109 Tomahawk, haben Sprengstoffmassen von mehr als 450 kg, können aber auch nuklear oder mit Bomblets bestückt werden. Als Zünder werden sowohl Aufschlagzünder mit Verzögerung als auch Annäherungszünder eingesetzt.

Während schon im Ersten Weltkrieg eine Drahtlenkung von einfachen Flugkörpern bei der Seezielbekämpfung erprobt wurde (Siemens-Torpedogleiter), wurden im Zweiten Weltkrieg bereits Funkkommandolenkungen (Henschel-Gleitbombe HS-293) bei der Seezielbekämpfung aus der Luft eingesetzt. Heute nutzt man die Trägheitsnavigation für den überwiegenden Teil der Flugstrecke, die zur Verminderung der Enddeckung in geringer Höhe über dem Wasser durchgeführt wird. Der Endanflug wird mit einem aktiven Radarsuchzielkopf durchgeführt, sodass man hier bereits von „Fire-and-Forget"-Flugkörpern sprechen kann.

8.3 Starteinrichtungen

8.3.1 Startrohre und Startschienen

Mit der Startgeschwindigkeit „null" m/s fehlen die stabilisierenden Möglichkeiten, sei es eine Drallstabilisierung oder eine Stabilisierung über luftangeströmte Stabilisierungsflächen. Kleinere Flugkörper, z. B. der Panzerabwehrlenkflugkörper MILAN oder die 122-mm-Artillerierakete, werden durch Startschienen oder Startrohre in dieser kritischen Phase geführt und ggf. bereits mit Drall beaufschlagt. Dabei ist zu berücksichtigen, dass die Festigkeit der recht dünnen Wandungen eine hohe Drallbeschleunigung ausschließt. Die Stabilisierungsflächen sind in dieser Phase aus Platzgründen angeklappt. Sie werden nach

[407] Siehe Kapitel 9.1.1.

dem Verlassen des Startrohres entweder federvorgespannt, pyrotechnisch oder durch den angreifenden Staudruck aufgeklappt. Nur bei älteren Systemen, z. B. bei dem Panzerabwehrlenkflugkörper DM12 Cobra, findet man fest verbaute Stabilisierungsflächen, zumeist mit einem kleinen Ruder. Nach Verlassen der Führungen und ggf. dem Aufklappvorgang der Stabilisierungsflächen beginnt die eigentliche Flugphase. Abweichungen vom Idealkurs können ab hier bereits mittels Ruder ausgeglichen werden.

8.3.2 Start ohne Hilfsmittel

Dickwandige Artillerieraketen, z. B. im Kaliber 107 mm, werden über schräg gestellte Düsen mit Drall beaufschlagt. Hier wird keine Starthilfe benötigt, im Prinzip reicht ein Transportbehälter zum Start aus.

Auch größere Flugkörper werden ab dem Start mittels kreiselgeführter Ruderanlagen geführt, da die Beschleunigung hier für eine Stabilisierung mittels anströmender Luft nur über die Ruderflächen nicht ausreicht.

8.4 Lenken von Flugkörpern

Anhand der Auffassung, Verfolgung und Zerstörung eines Flugzieles sollen die verschiedenen Lenkgesetze grafisch aufgezeigt werden:

- Beim Zieldeckungskurs wird der Flugkörper immer auf der Sichtlinie von der Waffenanlage zum Ziel gehalten. Der Lenkflugkörper befindet sich jederzeit auf der Sichtlinie zwischen Waffenanlage und Ziel.
- Wird der Zielverfolgungskurs genutzt, auch Hundekurve genannt, zeigt der Geschwindigkeitsvektor des Flugkörpers immer zur Zielposition.
- Bei der Proportionalnavigation wird der Lenkflugkörper anhand der Drehgeschwindigkeit zur Sichtlinie gesteuert. Die Drehgeschwindigkeit des Lenkflugkörpers ist dazu direkt proportional.
- Hinzu kommt noch der Kollisionskurs, bei dem der Lenkflugkörper geradlinig auf einen vorher berechneten Kollisionspunkt gelenkt wird. Dies erfordert einen hohen Rechenaufwand und ist erst seit wenigen Jahren erfolgreich.

Zieldeckungskurs

Zielverfolgungskurs

Proportionalnavigation

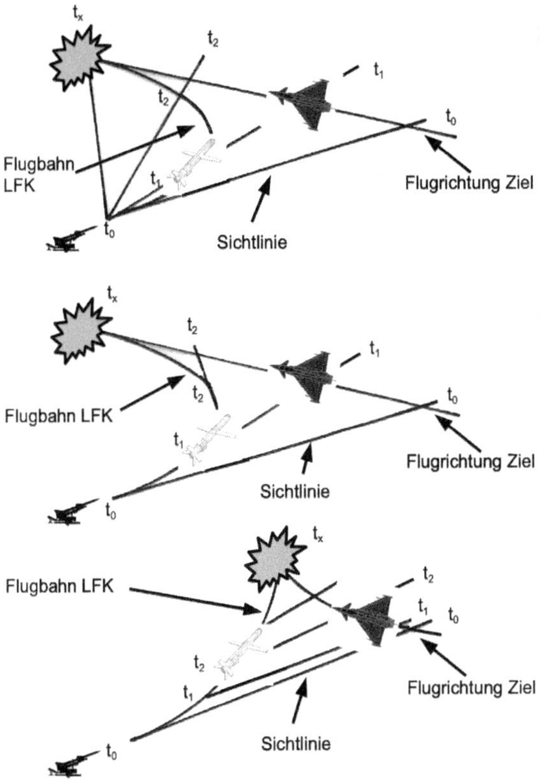

Bild 8.8: Die Lenkgesetze

8.4.1 Kommandolenkungen

Hier erfolgen die Ortung des Zieles und die Berechnung des Kommandos durch ein Bediengerät außerhalb des Flugkörpers, z. B. durch eine Lenkelektronik in einem Start- und Lenkgerät. Die Kommandos für eine Flugbahnänderung werden dann über Draht, Lichtwellenleiter oder elektromagnetische Wellen (Radar) an den Lenkflugkörper weitergegeben.

Neben den Vorteilen eines einfachen Aufbaus mit einer ausreichenden Genauigkeit ist die Reichweite auf die Länge des Drahtes bzw. die Lichtlinie begrenzt.

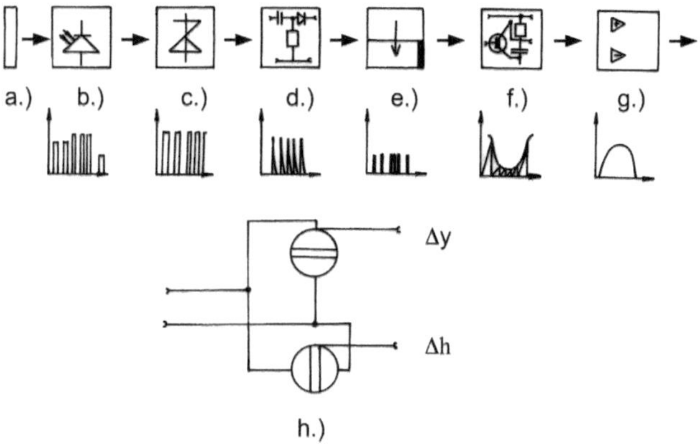

Bild 8.9: Schema zur Datenverarbeitung des Signals eines brennenden Marschtriebwerks zu Koordinaten in der Höhe h und Seite y[408] im Lenk- und Steuerteil eines PzAbwLFK

Legende:

a.) Die Modulationsscheibe zerhackt das Infrarotsignal des brennenden Triebwerks in einzelne Impulse.

b.) Ein Infrarotdetektor nimmt die Impulse auf und wandelt diese in elektrische Signale (Rechteckspannung) um.

c.) Im Begrenzer wird das Signal verstärkt und auf eine einheitliche Ausgangsspannung begrenzt.

d.) Der Demodulator differenziert die Rechteckspannung und unterdrückt die negativen Flanken.

e.) Die monostabile Kippstufe erzeugt wiederum Rechteckimpulse.

f.) In einem Tiefpass werden die Rechteckimpulse in eine Hüllkurve umgewandelt, die Sägezahnimpulse werden unterdrückt.

g.) Im Symmetrieverstärker wird die Hüllkurve verstärkt und um 180° gedreht. Die Größe des Frequenzhubs gibt die Entfernung von einem Mittelpunkt an, der Ort der maximalen Frequenz – bezogen auf die Bezugsachse – gibt den Winkel der Polarkoordinate an.

8

h.) Der Koordinatenwandler wandelt die nun in Polarkoordinaten vorliegende Information über die derzeitige Position des Lenkflugkörpers in Seiten- und Höhenkoordinaten um und gibt diese an die Lenkelektronik weiter.

8.4.2 Halbautonome Lenksysteme

Die Zielortung erfolgt durch das Bediengerät, das das Ziel verfolgt und mit einen Radar- oder Laserstrahl beleuchtet. Der Lenkflugkörper nimmt die vom Ziel reflektierte Radar- oder Laserstrahlung auf und verarbeitet diese Information zu einem Lenkkommando[409]. Als

[408] Nach einem Ausbildungsmanuskript der ehem. STTr1/FSHT aus dem Jahr 1977.

[409] Dies arbeitet ähnlich zu den Lenkverfahren moderner Bombenzünder. Siehe dazu Kapitel 9.2.

Hilfsmittel kann man den Lenkflugkörper mit einem Radar- oder Laserleitstrahl in Richtung auf das Ziel steuern, sodass nur noch der Endanflug durch das Zielsuchsystem des Lenkflugkörpers übernommen werden muss. Ein großer Nachteil ist dabei, dass die aktive Beleuchtung vom Ziel erkannt und durch Gegenmaßnahmen die Trefferwahrscheinlichkeit vermindert werden kann.

8.4.3 Autonome Lenksysteme

Diese auch „Fire-and-Forget-Flugkörper" genannten Systeme benötigen nach dem Abschuss keine Informationen mehr von einer Bodenstation oder einem Bediengerät. Hier erfolgt eine Selbstlenkung durch den Lenkflugkörper.

Dabei wird zwischen folgenden Systemen unterschieden:

- Zielsuchsystem: Hier wird Energie aufgenommen, die von dem anvisierten Ziel aus- oder zurückgestrahlt wird. Dabei können ausgenutzt werden:
  - elektromagnetische Wellen (Licht, Radar, Laser, Wärme) und
  - akustische Wellen (Geräusche) sowie
  - Abgasstrahl mit Verbrennungsrückständen,
- Programmlenkung durch die Nutzung von Kartenmaterial und Geländeprofilen,
- Navigationsverfahren, z. B. Satellitennavigation für die Überbrückung sehr langer Anflugstrecken[410],
- Lenkung im Schwerefeld, Magnetfeld oder im elektrischen Feld der Erde.

Für die drei letztgenannten Systeme muss der Lenkflugkörper bei einer „zielgenauen" Bekämpfung eines Punktzieles in einen Zielsuchmodus übergehen oder durch einen externen aktiven Beleuchter in das Ziel geführt werden.

- Beim aktiven Zielsuchsystem sendet der Lenkflugkörper ein elektromagnetisches Signal in Richtung des Zieles. Das Echosignal wird aufgefangen und zu Lenkkommandos verarbeitet. Das System ist sehr genau, lässt sich nur schwer stören, benötigt aber sehr viel Energie, die im Lenkflugkörper erzeugt oder mitgeführt werden muss. Auch darf die zusätzliche Masse nicht vernachlässigt werden, hier gehen Gewicht und Volumen zulasten der Nutzlast. In der Regel wird dieses System nur in der Endanflugphase genutzt.

[410] Satellitennavigation ist nicht unbedingt sicher. Sie kann gestört oder durch sogenanntes Spoofing verfälscht werden. Dies schließt auch die Trackingsysteme von Schiffen und Luftfahrzeugen mit ein, sodass z. B. Fluglotsen sich nicht darauf verlassen können, dass sich ein Luftfahrzeug an der angegebenen Position befindet.

- Halbaktive Zielsuchsysteme nutzen einen externen Beleuchter. Das kann ein Startgerät, aber auch ein abgesetztes Gerät, z. B. ein separates Kommandogerät, sein. Neben einer größeren Reichweite ist es sehr genau, aber auch störanfälliger, da es leichter zu erfassen ist. Auch muss im Zielgelände ein Beleuchter verfügbar sein.
- Passive Zielsuchsysteme verwenden nur das vom Ziel ausgesendete Signal. Dies kann ein Echo der Weltraumrückstrahlung, Sonnenlicht oder irgendeine vorhandene elektromagnetische Strahlung sein. Neben der hohen Genauigkeit und dem geringen Verbrauch an Einbauvolumen und Energie zeichnen sich diese Systeme durch eine sehr geringe Entdeckbarkeit und Störanfälligkeit aus. Allerdings ist die Reichweite durch die niedrige Signalausbeute sehr gering. Sie wird daher nur in der Endanflugphase genutzt.

8.5 Lenkverfahren

Lenkkommandos müssen durch Ruder oder einen Gasstrahl auf die Umgebung wirken, um eine Richtungsänderung des Lenkflugkörpers zu erzeugen. Dazu gibt es folgende Möglichkeiten:

- Falls ein Marschtriebwerk vorhanden ist, kann die Düse des Triebwerks so geschwenkt werden, dass eine Richtungsänderung erfolgt. Der Vorteil ist, dass kein Teil des Impulses des Gasstrahls verloren geht, auch erfolgt die Richtungsänderung rasch. Nachteilig ist:
  - Es muss ein Marschtriebwerk vorhanden sein.
  - Der Raketenmotor oder Teile davon (Abdichtung?) müssen kardanisch um zwei Achsen schwenkbar sein.
  - Die Struktur des Lenkflugkörpers muss genügend gefestigt sein, um nicht bei einem Lenkkommando zu zerbrechen.
- Strahlruder greifen direkt in den Gasstrahl ein und lenken diesen in Teilen um. Die Richtungsänderung erfolgt rasch, allerdings geht ein Teil des Impulses für den Gasstrahl verloren. Weitere Nachteile sind die hohe thermische Belastung des Ruders und damit einhergehende Veränderungen der Rudergeometrie durch Abnutzung sowie die Bedingung, dass ein Marschtriebwerk vorhanden ist. Vorteile der Gasstrahlruder sind die integrierte Bauweise und die geringen Stellkräfte.
- Lenktriebwerke können unabhängig von einem Marschtriebwerk genutzt werden. Sie können sich als eine Vielzahl von kleinen Schwarzpulversätzen auf der Oberfläche des Lenkflugkörpers verteilen,[411] die beim Anzünden durch ihren senkrecht zur

[411] Siehe dazu Bild 8.6 des Panzerabwehrlenkflugkörpers M-47 DRAGON (USA).

Flugrichtung ausgestoßenen Gasstrahl eine Richtungsänderung erwirken, oder als seitlich angebrachtes kleines Triebwerk mit einem hypergolen Treibstoff fungieren, der bei der Berührung mit dem Luftsauerstoff spontan in eine Verbrennung übergeht und so einen Impuls für eine Richtungsänderung auslöst. Größter Nachteil ist die begrenzte Menge an Einzeltriebwerken bzw. an Treibstoff, sodass hier eine sorgfältige Ausbildung des Schützen bzw. der Auswahl der Flugbahn erfolgen muss.

- Luftruder werden als anstellbare Leitwerkflächen am Heckteil des Lenkflugkörpers hinter den oder anstatt der Stabilisierungsflossen oder im vorderen Bereich des Lenkflugkörpers am Lenk- und Steuerteil angebracht. Luftruder im vorderen Teil des Lenkflugkörpers können kleiner dimensioniert werden, da sie einen größeren Auftrieb und somit ein größeres Lenkmoment erzeugen. Die Querkräfte sind von der Fluggeschwindigkeit abhängig, entstehen also aerodynamisch. Der große Vorteil ist: Es wird kein Marschtriebwerk benötigt, Luftruder arbeiten auch nach dem Brennschluss des Triebwerks, z. B. bei einem gelenkten Endanflug. Die Stellkräfte sind aber sehr groß und bei hohen Fluggeschwindigkeiten sehr ineffektiv. Bei modernen Flugabwehr- und Panzerabwehrlenkflugkörpern reichen daher diese Ruder nicht mehr aus, sie werden vielfach durch Gasstrahlruder ersetzt.

  Die Energie für die Ruderanlagen kann auf vielfältige Weise bereitgestellt werden. Bei kleinen Lenkflugkörpern, die ggf. über den größeren Teil der Flugstrecke antriebslos fliegen, wird die Energie für die Rudermaschinen über Druckgas aus mitgeführten Gasflaschen sichergestellt. Andere Möglichkeiten sind die Erzeugung des nötigen Gases durch Schwarzpulversätze oder durch Gasentnahmebohrungen im Treibsatz. Elektrische Ruderantriebe sind möglich, werden aber aufgrund von Gewichts- und Platzersparnisgründen nicht eingesetzt. Zukünftig könnte sich das durch Mikroantriebe ändern.

- Gitterleitwerke werden bei hohen Fluggeschwindigkeiten und einer geforderten großen Wendigkeit eingesetzt. Sie haben einen geringeren Luftwiderstand und benötigen kleinere Stellmotoren als herkömmliche Luftruder. Man findet Gitterleitwerke hauptsächlich bei L/L-LFK.

Moderne Flugabwehrlenkflugkörper fliegen instabil über Entenflügel. Dies erleichtert eine rasche Kurskorrektur, benötigt aber einen entsprechend hohen Rechenaufwand in der Stabilisierung des Fluges.

8.6 Sonderformen von Flugkörpern

8.6.1 Hyperschallwaffen

Erreicht ein Flugkörper mehr als die fünffache Schallgeschwindigkeit, spricht man von einer Hyperschallwaffe. Derzeitig eingesetzte Hyperschallwaffen sind entweder Raketen auf einer semiballistischen Flugbahn, schnelle Marschflugkörper mit einem Überschallstaustrahltriebwerk (Scramjet) oder Fluggleiter ohne eigenen Antrieb,[412] die durch eine konventionelle Rakete in eine niedrige Erdumlaufbahn gebracht werden. Der Fluggleiter besteht somit nur noch aus dem Gefechtskopf. Nach dem Abkoppeln von der Rakete gleiten die Flugkörper auf den Grenzschichten der Atmosphäre und nehmen beim Absinken Geschwindigkeit auf. Im Gegensatz zu bisherigen Interkontinentalraketen, die einer ballistischen Flugbahn folgen, sind Hyperschallwaffen steuerbar und somit schrumpft eine Vorwarnzeit für einen eventuellen Zielpunkt auf zwei bis drei Minuten zusammen.

Folgende Leistungen werden derzeitig (2024) von einsatzbereiten Hyperschallflugkörpern erreicht:

Name	Typ	Reichweite (km)	Gefechtskopfmasse (kg)	Munitionssorte	Machzahl
Zirkon (RUS)	Marschflugkörper mit Scranjet	250–500	300–400	APHE oder nuklear	8
KH-47M2 Kinschal (RUS)	semiballistische Rakete	2000	480	HE oder nuklear	5–10
Objekt 4202 Yu-71 /-74 Avangard (RUS)	Gleiter	4000	?	HE oder nuklear	bis 28

- Hyperschallwaffen erreichen Fluggeschwindigkeiten von Mach 20 bis Mach 28 und erhitzen sich dabei auf der Gleiteroberfläche auf bis zu 2500 °C. Die Steuerung erfolgt in den oberen Luftschichten über kleine Triebwerke, im Endanflug, bei niedrigerer Fluggeschwindigkeit (ca. Mach 15) durch kleine Steuerflächen.

412 Stratosphärenfluggleiter wurden bereits in den 1930er-Jahren durch den Österreicher Eugen Sänger konzipiert.

Dabei ist zu berücksichtigen, dass, bedingt durch die ionisierenden Luftschichten um dem Fluggleiter, eine Kommandoübermittlung per Funk sehr schwierig ist.

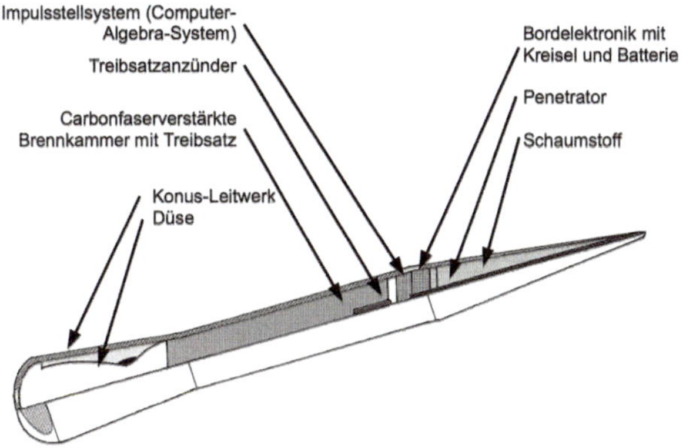

Bild 8.10: Demonstrator für einen Hyperschallflugkörper: Der Gefechtskopf beinhaltet keinen Explosivstoff. Der Einschlag des Penetrators mit einer Legierung aus Tantal-Hafniumcarbid oder Wolfram-Vanadium (beide mit einem Schmelzpunkt höher als 4000 °C) führt bei einem Aufschlag mit mehr als Mach 20 zu hohen Schäden.

In der Weiterentwicklung sind Hyperschallwaffen mit einem thermonuklearen Triebwerk, um Reichweiten und Nutzlasten zu erhöhen.

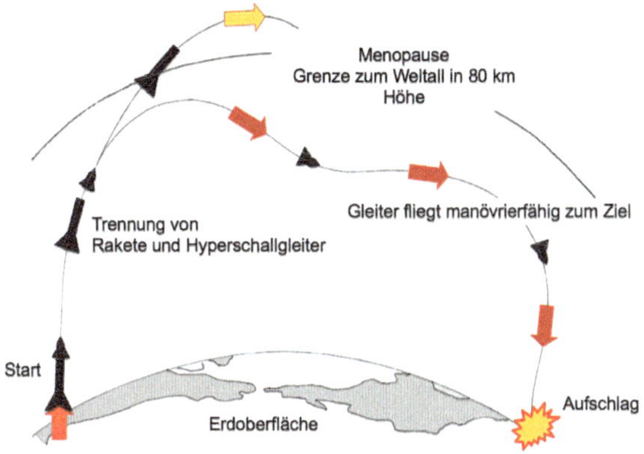

Bild 8.8: Flugbahn und Aufschlagpunkt eines Hyperschallgleiters im Gegensatz zu einer ballistisch fliegenden Rakete

8

Kapitel 9: Sonstige Munition

Kapitel 9: Sonstige Munition

9.1 Täuschkörper

Täuschkörper sind defensive Munitionsteile und werden zum Schutz des jeweiligen Objektes in Behältern am Objekt, zumeist einem Luftfahrzeug oder Boot/Schiff, aber auch zunehmend bei Landfahrzeugen, angebracht. Die Behälter sind in der Regel fest am zu schützenden Objekt montiert und können je nach Auftrag/Mission mit unterschiedlichen Täuschkörpern bestückt werden. Der Einbauort am Vehikel muss so gewählt werden, dass eine Eigengefährdung durch den Ausstoß der Täuschkörper vermieden und eine möglichst große Schutzwirkung erreicht wird. Auch muss ggf. der Suchkopf eines anfliegenden Lenkflugkörpers sanft vom zu schützenden Ziel auf ein Scheinziel gelenkt werden, da die Auswertelogik eines modernen Lenkflugkörpers gut zwischen einem plötzlich auftretenden, weil pyrotechnisch erzeugten Scheinziel und dem richtigen Ziel unterscheiden kann.

Zu einer Scheinzielanlage gehört neben den Ausstoßgeräten auch eine Detektionsmöglichkeit, um überhaupt eine Gefahr durch einen anfliegenden Flugkörper zu erkennen. Hierzu werden neben einer aktiven Überwachung der Umgebung des Zieles durch ein Radar vor allem passive Sensoren genutzt. Beispielsweise kann die Auffassung des Zieles durch einen gegnerischen Laserstrahl oder durch ein Radarsignal genutzt werden, ebenso die Signatur des Starttriebwerkes eines Lenkflugkörpers.

9.1.1 Düppel (Chaffs)

Düppel bestehen aus Stanniol oder aluminiumbedampften Kunststoffstreifen, die zur Täuschung von stationären und mobilen Radaranlagen, z. B. in den Zielsuchköpfen eines Lenkflugkörpers, eingesetzt werden. Während sie in der Vergangenheit nur auf Luftfahrzeugen und Schiffen verwandt wurden, werden heute auch zunehmend Landfahrzeuge und besonders zu schützende zivile Objekte wie z. B. Kraftwerke durch Düppelwerfer geschützt.[413]

Die Streifen befinden sich dicht gepackt in einem patronenähnlichen Munitionsteil. Bei Luftfahrzeugen werden die Düppel aus einem Ausstoßrohr mittels eines pyrotechnisch betätigten Kolbens

[413] „Düppel" ist eine Ortslage im Süden von Berlin. Hier wurde durch die ehem. deutsche Wehrmacht das Störsystem zum ersten Mal getestet. Der erste Einsatz erfolgte allerdings durch Alliierte Bomberverbände beim Angriff auf Hamburg am 25.07.1943.

ausgestoßen. Die Verbreitung der Streifen erfolgt durch die Verwirbelung mittels des Luftstroms. Der Ausstoßsatz wird elektrisch angezündet und ist Teil der Patrone. Auf Schiffen werden mit Düppel gefüllte Submunitionen aus einem Werfer ausgestoßen. Ein Zerlegesatz gibt die Düppel in einer vorher eingestellten Höhe frei. Durch den Gasdruck des Zerlegesatzes und den Fahrtwind des Schiffes werden die Düppel entsprechend verstreut.

In beiden Fällen bildet sich eine Wolke aus Streifen, die den Suchkopf eines anfliegenden Lenkflugkörpers vom eigentlichen Ziel ablenken soll. Dies geschieht zum einen durch die Bildung eines Scheinziels und zum anderen durch die Störung des Radargerätes beim Durchfliegen der Düppelwolke. Stationäre Radaranlagen lassen sich durch eine Düppelwolke nur wenig täuschen, da sich die Düppelwolke in der Regel nur langsam fortbewegt und so dieses durch die Wolke gebildete Scheinziel auf elektronischem Wege ausgeschlossen werden kann. Allerdings kommt es zu Abschattungen, einer Art Nebel, den auch Radaranlagen nicht durchdringen.

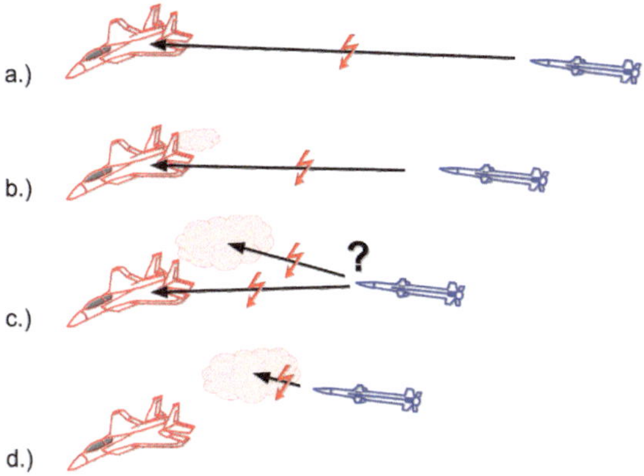

Bild 9.1: Einsatz einer Düppelwolke

Legende:

a.) Der Flugabwehrlenkflugkörper fasst mit seinem Radar das Flugzeug als Ziel auf.

b.) Im Flugzeug wird die Radarstrahlung detektiert und als Gegenmaßnahme werden Düppel ausgestoßen.

c.) Die Düppelwolke breitet sich zu einem Radarziel aus und bewegt sich langsam vom Flugzeug weg. Der Lenkflugkörper hat nun zwei Ziele zur Auswahl. Dabei sollte die Düppelwolke das stärkere Reflexionssignal zeigen.

d.) Der Lenkflugkörper schwenkt auf das Täuschkörperziel ein, das Flugzeug hat die Chance zu entkommen.

Die Wirkung der Streifen ist stark von der Wellenlänge des zu störenden Radargerätes abhängig. Die Streifen sollten der halben Wellenlänge des sendenden Radargerätes entsprechen. Bei derzeit genutzten Radarfrequenzen zwischen 3 GHz und 30 GHz und ggf. umschaltbaren Frequenzen sollten die Streifen eine Länge zwischen 10 mm bis 100 mm besitzen.

9.1.2 Infrarottäuschkörper (Flares)

Flares sollen den Infrarotsuchkopf eines Lenkflugkörpers blenden und auf ein Scheinziel ablenken. Dabei ist es wesentlich, nicht nur eine möglichst helle Wärmequelle zu erzeugen, sondern auch für den Infrarotsuchkopf das Scheinziel möglichst realistisch darzustellen.

Nach dem Ausstoß der Infrarottäuschkörper soll durch ein Überstrahlen mit sehr hellen und heißen Elementen der Suchkopf eines anfliegenden Lenkflugkörpers geblendet werden. Eine kurze Anstiegszeit bis zum Erreichen der maximalen Leuchtleistung ist wichtig, da die zur Verfügung stehende Reaktionszeit zumeist sehr kurz ist. Durch das kurzfristige Abschalten der Suchelektronik fliegt der Lenkflugkörper blind auf die zuletzt ermittelten Zielkoordinaten. Nach dem Wiedereinschalten soll er möglichst viele realistische Einzelziele in seinem Suchbereich finden, wobei darunter auch das echte Ziel ist, aber eben nur ein Ziel unter vielen. Realistisch heißt in diesem Fall, dass die Wärmesignatur eines Täuschkörpers der eines Flugziels in Abstrahltemperatur und auch Spektralanalyse möglichst ähnlich sein sollte.

Dies wird durch den Aufbau eines Infrarottäuschkörpers erreicht, der patronenähnlich aufgebaut ist. Neben einem elektrisch angezündeten Ausstoßsatz befindet sich in der Patrone ein pyrotechnischer Satz mit einem Leuchtsatz, dessen Spektralfarben und Abbrandtemperatur denen des heißen Triebwerks eines Flugzeugs entsprechen. Wenn dann noch die Abgaszusammensetzung ähnlich gut nachgebildet ist, ist die Täuschung gut gelungen.

9.1.3 Bold (U-Boot)

Zur Täuschung von gegnerischen Sonaranlagen können von U-Booten aus sogenannte Bolds[414] eingesetzt werden. Diese bestehen aus

[414] Der ursprüngliche Name dieser deutschen Entwicklung aus dem Zweiten Weltkrieg war „Lügenbold", später nur noch „Bold" bezeichnet. Ob diese Technik zur Täuschung heute noch eingesetzt wird, ist unklar.

einem Drahtkäfig von ca. 10 cm Durchmesser mit einer Schwimmkappe und sind mit Calciumhydrid gefüllt. Damit kann für längere Zeit über einem U-Boot eine Gasblase erzeugt werden, die für ein Schallsignal des Sonargerätes undurchlässig ist.

9.1.4 Nebelmittel

Landfahrzeuge werden zunehmend von Lenkflugkörpern mit einem Infrarotsuchkopf bedroht. Diese „Fire-and-Forget-Lenkflugkörper" können mit herkömmlichen Nebelmitteln nicht mehr getäuscht werden, da die Geschwindigkeit der Nebelausbreitung zum einen zu langsam ist und zum anderen der infrarote Bereich des Spektrums nicht abgedeckt wird. Moderne Nebelmittel besitzen daher als Nebelstoff roten Phosphor. Der Nebelstoff befindet sich in einem Behälter, der nach einer elektrischen Anzündung einer Treibladung ausgestoßen wird. Ein Verzögerungssatz zündet einen Ausstoßsatz an, der beim Zerlegen die Phosphorpellets anzündet. Die brennenden Phosphorstücke erzeugen so vor dem Landfahrzeug eine Nebelwand im sichtbaren Bereich und viele weit verbreitete sehr heiße Wärmequellen, die einen Infrarotsuchkopf vom eigentlichen Ziel ablenken sollen.

9.2 Abwurfmunition (Bomben)

Abwurfmunition wird durch Luftfahrzeuge in das Ziel gebracht. Dabei sind unter Luftfahrzeugen Flugzeuge, Hubschrauber, Luftschiffe und auch Heißluftballons zu verstehen.[415] Je nach Einsatzszenario kann Abwurfmunition unterschiedliche Inhaltsstoffe enthalten, die Grundform ist seit mehr als 100 Jahren gleich geblieben:

- Der Bombenkörper in mehr oder weniger aerodynamischer Form nimmt die Nutzlast auf, gibt dem Gesamtsystem die Stabilität und verbindet die einzelnen Anbauteile. Bombenkörper werden
  - geschweißt,
  - geschmiedet oder
  - gezogen hergestellt.

[415] Die erste Sprengbombe wurde am 03.07.1849 von einem unbemannten österreichischen Heißluftballon bei der Belagerung von Venedig abgeworfen. Die Sprengbombe mit einer Gesamtmasse von ca. 14 kg wurde durch eine pyrotechnische Zeitzündung vom Heißluftballon getrennt und so über dem Ziel abgeworfen.

Je nach Transport- und Lagerungsbedingungen können Bombenkörper mit Neopren überzogen sein, um sie vor zu großer Hitze bei Bränden zu schützen.[416]

- Das Leitwerk stabilisiert die Abwurfmunition nach der Trennung vom Luftfahrzeug, führt ggf. die Abwurfmunition in eine leichte Rotation und wirkt je nach Einsatzzweck mittels eines Bremssystems zur Verringerung der Fluggeschwindigkeit. Leitwerke können in den unterschiedlichsten Konfigurationen auftreten.[417] Es gibt:

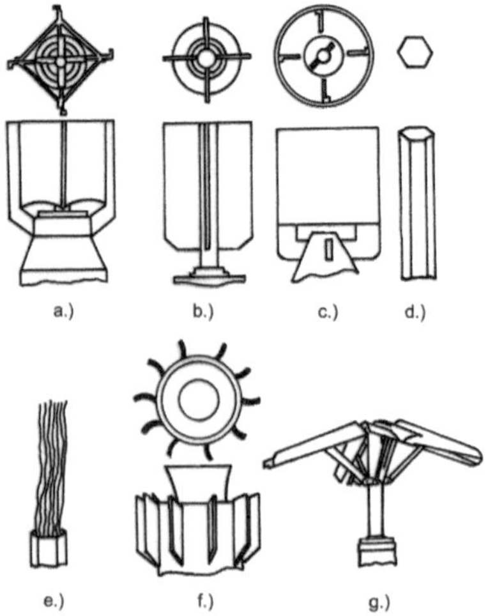

Bild 9.2: Leitwerksformen

Legende:

a.) Kastenleitwerk (USA, ehem. Sowjetunion)

b.) Fächerleitwerk (ehem. deutsche Wehrmacht, ehem. Sowjetunion)

c.) Ringleitwerk (ehem. deutsche Wehrmacht, ehem. Sowjetunion, Großbritannien)

d.) Hohlraumleitwerk (ehem. deutsche Wehrmacht, USA)

e.) Bänderleitwerk (wird in dieser Form für Bomblets verschiedener Armeen genutzt)

f.) Strebleitwerk (ehem. Sowjetunion)

g.) Klappleitwerk mit Bremswirkung (USA)

---

416 Dies wurde nach dem Brand auf dem Flugzeugträger USS Forrestal am 29.06.1967 für alle Sprengbomben, die von schwimmenden Verbänden eingesetzt werden sollten, eingeführt. Die Umstände der Forrestal-Katastrophe sind nicht vollständig geklärt, hier gibt es verschiedene Versionen. Der Brand auf dem Flugzeugträger kostete 134 Marinesoldaten das Leben und verletzte weitere 161 Personen.

417 Gemäß P. Voß, Die britische Abwurfmunition bis 1945, Hamburg 2000, gab es im Zweiten Weltkrieg bei der britischen Luftwaffe 54 unterschiedliche Leitwerksformen oder -befestigungen, um den sich ständig ändernden Bedingungen Rechnung zu tragen.

Leitwerke können leer, aber auch mit Sprengstoffen oder mit einem Bremsfallschirm gefüllt sein.

- Der Kopfzünder wirkt bei älteren frei fallenden Bombentypen als Aufschlag- oder Annäherungszünder. Bei modernen gelenkten Bomben ist hier die Lenkeinheit mit Luftrudern angebracht. Dies erlaubt durch vielfältige Lenkmöglichkeiten den treffgenauen Einsatz einer Abwurfmunition. Zum Einsatz kommt hier in der Regel ein Suchkopf, der ein durch das abwerfende Luftfahrzeug oder durch einen abgesetzten Beobachter bzw. ein zweites Luftfahrzeug angelasertes Ziel ansteuert. Das vom Ziel reflektierte Laserlicht wird in dem kardanisch aufgehängten beweglichen Suchkopf des Kopfzünders durch ein Sucherfenster und einen Infrarotfilter auf einen fotoelektrischen Sensor mit vier Quadranten geleitet. Fliegt die Bombe auf dem korrekten Kurs in das Ziel, werden durch das reflektierte Laserlicht alle vier Quadranten gleichmäßig beleuchtet. Weicht die Bombe vom Kurs ab, werden die Quadranten unterschiedlich beleuchtet. Durch die Messung und Auswertung der unterschiedlichen elektrischen Ströme erfolgen Lenkkommandos, die dann an die Steuerflächen weitergegeben werden. Redundant können moderne Suchzünder auch mit GPS-Empfängern, einer Trägheitsnavigation (zum Bekämpfen von sich bewegenden Zielen) sowie einer Datenverbindung zur Änderung des Angriffs- und Auslöseverfahrens ausgestattet werden[418]. Auch ältere Bomben lassen sich durch entsprechende Anbauteile so weiterhin nutzen.
- Der Bodenzünder wird eingesetzt, um eine Sprengbombe erst nach einem Eindringen in das Ziel zur Wirkung zu bringen. Der Zünder wird beim Aufprall auf das Ziel durch den Bombenkörper geschützt und kann als Aufschlagzünder mit Verzögerung oder auch als Langzeitzünder wirken. Bei modernen Zündern kann er auch so eingestellt werden, dass beim Aufschlag zu durchschlagende Stockwerke gezählt werden.

[418] Soweit die prinzipielle Funktion des US-amerikanischen Suchzünders Paveway, den es mittlerweile in der vierten Generation für die Spreng-/Splitterbomben der Mk-80-Serie (118 kg bis 909 kg Gesamtmasse) gibt. Die Bomben der Mk-80-Serie werden in verschiedenen NATO-Mitgliedsstaaten auch in Lizenz hergestellt.

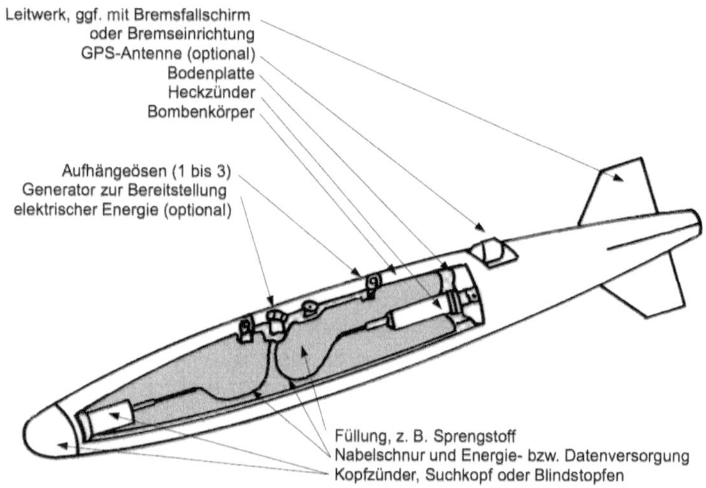

Bild 9.3: Prinzipieller Aufbau der Abwurfmunition

- Die Aufhängeösen dienen als Befestigung zwischen dem Luftfahrzeug und der Bombe. Je nach Massenklasse und auch Luftfahrzeugtyp können ein bis drei Aufhängeösen vorhanden sein.
- Die Entsicherungsdrähte sind eine mechanische Verbindung zwischen dem Luftfahrzeug und dem oder den Zündern in der Abwurfmunition. Sie dienen der ersten Entsicherung der Abwurfmunition bei der Trennung von Luftfahrzeug und Bombe. Beim Abwurf verbleiben die Drähte am Luftfahrzeug und werden so als „Vorstecker" aus den Zündern herausgezogen. Die Entsicherung der Zünder kann somit beginnen.
- Je nach Typ der Abwurfmunition können weitere Anbauteile verwendet werden, z. B. Turbinen, die, vom Luftstrom angeströmt, Generatoren betreiben, die wiederum die elektrischen Zünder mit Energie versorgen.

9

Weiterhin unterscheidet man ungebremste Bomben (Freifallbomben), gebremste Bomben und Gleitbomben.

- Durch ein Abbremsen der Bombe wird sichergestellt, dass ein Trägerflugzeug im Tiefflug nach dem Bombenwurf nicht durch Splitter oder den Explosionsdruck der detonierenden Bombe beschädigt wird. Gebremst wird eine Bombe durch ein Klappleitwerk, einen Bremsfallschirm oder andere, die Fluggeschwindigkeit verzögernde Bauteile.

- Gleitbomben werden aus größerer Entfernung vom Trägerflugzeug abgesetzt und gleiten auf ausklappbaren oder Stummelflügeln über größere Entfernung zum Ziel. Das Trägerflugzeug bleibt somit aus dem unmittelbaren Gefahrenbereich der gegnerischen Flugabwehr. Zur weiteren Steigerung der Flugweite können Gleitbomben auch mit einem Raketenzusatzantrieb ausgestattet werden, der nach dem Abstoßen vom Trägerflugzeug und einer Verzögerung von mehreren Sekunden angezündet wird. Die kurze zeitliche Verzögerung dient dazu, das Trägerflugzeug aus dem unmittelbaren Gefahrenbereich des Raketentriebwerks fliegen zu können, damit das Flugzeug bei möglicherweise auftretenden Triebwerksplatzern nicht beschädigt wird. Die Endphasenlenkung erfolgt in der Regel über Satellitennavigation.
- Ältere Freifallbomben können durch einen Umbausatz in Gleitbomben mit und ohne Raketenzusatzantrieb umgerüstet werden.[419]

9.2.1 Spreng- und Splitterbomben

Spreng- und Splitterbomben werden gegen harte und weiche Ziele eingesetzt. Während reine Sprengbomben möglichst in einem Ziel zur Wirkung kommen sollen, soll die Splitterbombe in einem ungeschützten Bereich wirken, wo sich die Splitter in größerem Radius ausbreiten. Diese Bombensorten gab/gibt es mit Gesamtmassen von weniger als 1 kg als Kleinbombe bis hin zu Großladungsbomben mit 6000 kg. Daneben gab/gibt es auch noch Spezialbomben, die vor der Zündung der Sprengladung beträchtliche Panzerungen, Erdreich oder Stockwerke eines Gebäudes durchschlagen. Gerade moderne elektronische Zündsysteme erlauben eine präzise Zündung in der voreingestellten Tiefe eines Bauwerks.

Gleich ist bei allen diesen Bomben der bereits in Bild 9.3 skizzierte Aufbau. Mithilfe von weiteren Anbauteilen und auch der Dicke der Bombenhülle können diese Bomben einer speziellen Aufgabe zugewiesen werden:

9

[419] Die Reichweite einer russischen Sprengbombe FAB-250 erhöht sich als Gleitbombe ohne Raketenzusatzantrieb (универсальных модулей планирования и коррекции - УМПК, or UMPk – Universelles Planungs- und Korrekurmodul) auf 40 km bis 60 km und mit Raketenzusatzantrieb (Universalny *межвидовой планирующий боеприпас / бомба* – UMPB – Universelle interspezifische Gleitmunition/Bombe) auf ca. 80 km bis 95 km – mit einer Flughöhe von 10 km bis 12 km beim Abstoßen vom Trägerflugzeug. Die US-amerikanischen Äquivalente sind JDAM (Joint Direct Attack Munition) und JDAM-ER (Joint Direct Attack Munition – Extended Range) mit leicht kürzeren Reichweiten. Die nächste Entwicklungsstufe (PJDAM) soll Entfernungen von bis zu 550 km überbrücken können.

- Sprengbomben habe eine dünne Hülle, um eine maximal große Masse an Sprengstoff auch in der Form von Fuel Air Explosives (FAE) aufnehmen zu können.[420] Sie können einen Kopf- bzw. einen Bodenzünder oder beides beinhalten und in gebremstem oder ungebremstem Zustand geworfen werden.
- Panzerbrechende Sprengbomben haben eine gehärtete Bombenspitze, die ggf. mit einem Kopfring ausgestattet ist, um ein Abgleiten vom Zielmaterial zu verhindern. Sie besitzen nur einen Bodenzünder, der mit Verzögerung auslöst. Sie können je nach Ziel ungebremst oder gebremst geworfen werden. Bei Bomben, die möglichst senkrecht in das Ziel eindringen sollen, kann die Abbremsung so weit gehen, dass die Bombe nur noch eine geringe Horizontalgeschwindigkeit hat. Um ein gutes Eindringen zu ermöglichen, können diese Bomben nach der Ausrichtung in eine vertikale Lage durch ein Raketentriebwerk nachbeschleunigt werden, um dann senkrecht nach unten in das Ziel einzudringen und erst dort zur Wirkung zu kommen.[421]
- Betonbrechende Bomben mit Nachschussladung schlagen auf das Ziel senkrecht auf, bohren dann mithilfe einer Hohlladung ein Loch durch den Beton und schießen eine Sprengladung durch dieses Loch in den Untergrund oder Hohlraum hinter der Betonplatte bzw. -wand. Dort detoniert die sogenannte Nachschussladung und richtet entsprechende Schäden an.
- Splitterbomben sind dickwandig, wobei die Hülle innen vorfragmentiert sein kann. Schnell reagierende Kopfzünder bzw. Annäherungszünder sorgen dabei für eine gute Splitterverteilung in Erdboden- bzw. Zielnähe.

9.2.2 Bomben mit Inhaltsstoffen

Wie bei der Artilleriemunition lassen sich neben Sprengstoffen auch andere Inhaltsstoffe einfüllen. Dabei ist zu beachten, dass die Ladungsmasse ein Vielfaches eines Artilleriegeschosses ausmachen kann. Deshalb werden viele Inhaltsstoffe in Form von Submunitionen eingesetzt, um eine größere Fläche mit Leucht-, Nebel- oder Brandmitteln bzw. Kleinbomben (Clusterbombs) belegen zu können.

---

[420] Für Aufbau und Funktion einer Sprengbombe mit einer FAE-Füllung siehe Kapitel 2.3.3.

[421] So funktionieren Startbahnbomben, die mit hoher Vertikalgeschwindigkeit die Betonplatten der Startbahn durchschlagen und erst in einer Tiefe von 3 m oder tiefer detonieren. Die Wirkung ist hier größer als bei einer Detonation an der Oberfläche der Startbahn, da so auch Teile des tragfähigen Untergrunds einer Startbahn zerstört werden.

9.2.2.1 *Leuchtbomben*

Leuchtbomben dienen zum Beleuchten von Geländeteilen und sind in Massen zwischen 3 kg und 250 kg bekannt. Letztere (SAB-250-200) besitzt sieben Leuchtkörper, die je nach Ausstoßhöhe bis zu drei Minuten am Fallschirm hängend das Zielgelände beleuchten können. Die Auslösung und Anzündung der Leuchtmittel erfolgt über einen Zeitzünder, der beim Abwerfen der Bombe vom Luftfahrzeug initiiert wird.

9.2.2.2 *Markierer*

Markierer dienen zum Kenntlichmachen von Geländeflächen, sei es für einen geplanten Bombenangriff oder für Landeoperationen. Diese Bombenmassen schwanken je nach Nation zwischen 0,5 kg für Seemarkierer und bis zu 500 kg für Landmarkierer bei Großangriffen im Zweiten Weltkrieg.

Seemarkierer bilden einen Farbfleck auf der Wasseroberfläche, Tagmarkierer beinhalten eine Farbrauchladung und Nachtmarkierer einen oder mehrere farbige Leuchtsätze. Als Ausstoßladungen werden Schwarzpulversätze genutzt, die die jeweiligen Markierungssätze anzünden und ausstoßen.

9.2.2.3 *Blitzlichtbomben*

Blitzlichtbomben werden für fotografische Aufnahmen bei Nacht genutzt. Der Bombenkörper wird im vorderen Teil mit Blitzlichtpulver und im hinteren Teil mit Bariumsulfat gefüllt. Beim Abwurf wird ein Zeitzünder initiiert, der nach einer vorgegebenen Zeit einen Schwarzpulversatz anzündet. Das Schwarzpulver zündet ein Gemisch aus Magnesiumpulver und Natronsalpeter an, das explosionsartig mit einem Knall und Lichtblitz reagiert. Gleichzeitig wird das Bariumsulfat zerstäubt und bildet eine schirmartige Wolke über dem Lichtblitz. Somit wird das Licht zur Erdoberfläche reflektiert und gleichzeitig das Objektiv vor dem Lichtblitz und einer Blendung geschützt. Blitzlichtbomben sind bis zu einer Gesamtmasse von 250 kg bekannt.

9.2.2.4 *Nebelbomben*

Nebelbomben dienen der Tarnung und zum Blenden des Gegners. Es gibt zwei Varianten: Nebelbomben mit mehreren Submunitionen und einer Ausstoßladung oder Bomben mit einer Füllung aus einem Nebelstoff und einer Kammerladung zum Zerlegen der Bombe. Erstere besitzen, wie schon bei der Rohrwaffenmunition beschrieben, mehrere Submunitionen (Nebeltöpfe), die zur besseren Ausbreitung des Nebels mit einer Ausstoßladung nach Initiierung durch einen Zeitzünder aus der Bombe ausgestoßen werden. Die Ausstoßladung zündet einen Verzögerungssatz an, der die Nebelladung in den einzelnen Submunitionen anzündet. Diese brennen dann am Boden ab und bilden die Nebelwand. Bei der zweiten Version wird der Nebelstoff, zumeist weißer Phosphor, mittels einer Kammerladung verteilt. Dabei muss durch die Kammerladung die Bombenhülle aufgerissen werden. Diese Form der Nebelbombe hat mehrere Nachteile: zum einen die Gefährlichkeit des weißen Phosphors in größeren Mengen und zum anderen die zusätzliche Nutzung eines Explosivstoffes für die Kammerladung. Daher sind Nebelbomben mit einer Kammerladung heute die Ausnahme.

9.2.2.5 Brandbomben

Es gibt zwei Sorten von Brandbomben. Zum einen die großvolumige Bombe mit mehreren hundert Litern an flüssiger oder geleeartiger Brandmasse und zum anderen die kleine, nur einige Kilogramm umfassende Brandbombe, die mehr als Anzünder wirkt. Letztere enthält zumeist eine feste Masse aus Elektron und Thermit, was zusammen mit hoher Temperatur verbrennt. Diese kleineren Bomben werden über dem Ziel aus einem Bombenbehälter ausgestoßen und verteilen sich über ein größeres Zielgebiet, um so größere Flächen in Brand zu setzen.[422] Die großvolumige Brandbombe, auch Feuerbombe genannt, enthält in der Regel Benzin, das mit Polystyrol zu Napalm[423] geliert wird. Die Verteilung und Anzündung erfolgt über eine Kammerladung in der Mitte der Bombe. Feuerbomben können eine Masse von bis zu 500 kg haben.

9.2.2.6 Streubomben[424]

9 Streubomben sind Bombenbehälter mit Kleinbomben, die eine Spreng-/Splitter- oder Hohlladungswirkung haben. Sie sind seit

[422] Die stabförmigen kleinen Brandbomben mit einer Masse von bis zu ca. 2,5 kg wurden bei Flächenangriffen in der zweiten Welle geworfen. Mit einer ersten Angriffswelle wurden mittels Sprengbomben Dächer abgedeckt und Türen sowie Fenster eingedrückt. In dem so entstandenen Schutt hatten kleine Brandbomben als Anzünder ein leichtes Spiel.

[423] Für Brandstoffe siehe Kapitel 2.6.

[424] Streubomben sind historisch gesehen keine Erfindung des 20. Jahrhunderts. Sie werden bereits im Feuerwerksbuch vom Obristenleutnant Braun im Jahr 1682 (leider nicht neu aufgelegt) als Regen- oder Sprengkugeln beschrieben. Neuzeitlich wurden Streubomben im Ausstoßbehälter RRAB-3 erstmals im Jahr 1940 durch die ehem. Sowjetunion gegen Finnland eingesetzt (Molotows Brotkorb).

Dezember 2008 teilweise durch eine völkerrechtliche Konvention (OSLO-Abkommen) geächtet[425].

Der Streumunitionsbehälter wird vor dem Ziel vom Flugzeug abgeworfen und öffnet sich mithilfe eines Zeitzünders und einer federvorgespannten Mechanik oder Ausstoßladung über dem Ziel. Die Kleinbomben werden federvorgespannt, durch den Staudruck oder mittels einer Ausstoßladung initiiert aus dem Behälter gestoßen und verteilen sich ungeordnet über dem Zielgebiet.

Die Kleinbomben gibt es in unzähligen Variationen:

- Spreng-/Splitterbomben ohne Leitwerk in tennisballähnlicher Form, die sich beim Aufschlag zerlegen und die teils eingegossenen Splitter in einem entsprechenden Umkreis verteilen. Dazu ist der Aufschlagzünder allseitig wirkend. Der Zielbereich ist durch die ballistische Bombenflugbahn eng begrenzt.

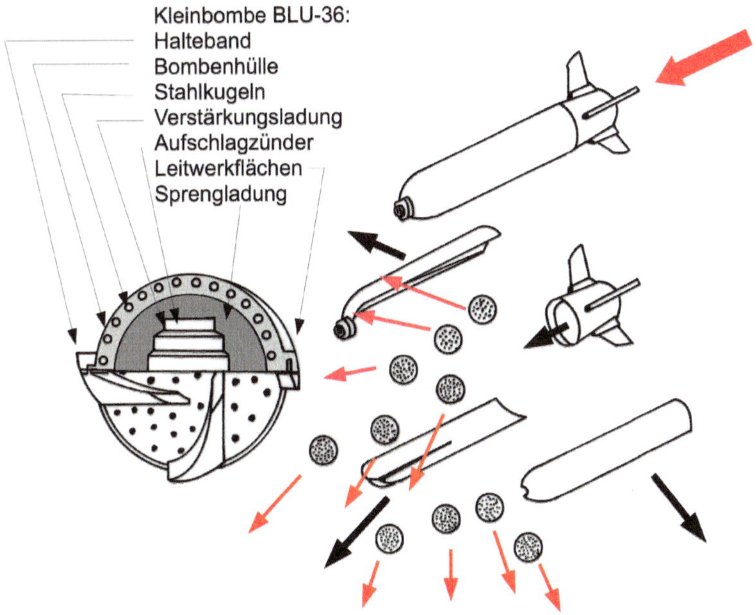

Bild 9.4: Kleinbombe BLU 36B und der Ausstoß aus einem Bombenbehälter

[425] Siehe dazu Anhang A7.

- Spreng-/Splitterbomben mit einem Leitwerk verteilen sich auf einen größeren Bereich, teilweise durch den natürlichen Wind in Zugbahnen getrieben. Auch sie haben zumeist einen kugelförmigen Splittermantel mit einem allseitig wirkenden Aufschlagzünder.
- Panzerabwehrbomben mit einer Hohlladung und einem Splittermantel wirken gegen harte und weiche Ziele. Da die Hohlladung eine gerichtete Wirkung hat, ist zwingend ein Leitwerk erforderlich. Diese Bomben besitzen einen Bodenaufschlagzünder, ggf. mit einer Kopfauslösung durch ein piezoelektrisches Element.
- Weiterhin gibt es Kleinbomben, die als Schützenabwehrminen wirken und einen Druckzünder beinhalten. Sie bestehen zumeist aus einem Kunststoffbeutel mit einem druckempfindlichen Sprengstoff oder einem Sprengstoff mit einem druckempfindlichen Zünder. In der Regel besitzen diese Schützenabwehrminen keine Zerlegeladung und können so über Jahrzehnte als gefährliches Kampfmittel überdauern.

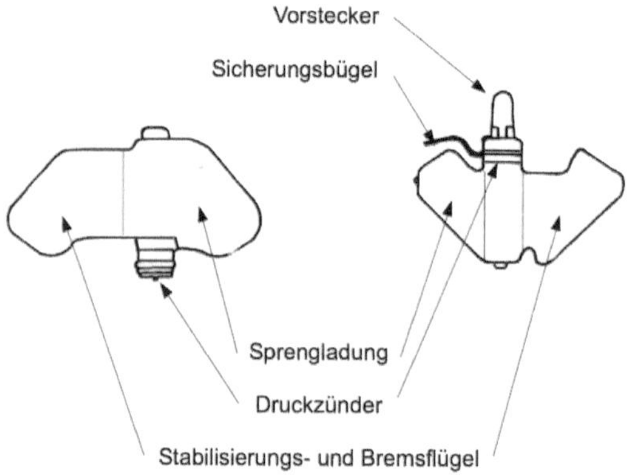

9

Bild 9.5: Streubomben können sehr klein sein. Hier die aus Ausstoßbehältern absetzbare Schützenabwehrmine PFM-1 (links, Länge 11,9 cm, Breite 1,9 cm, Höhe 6,6 cm) und die Schützenabwehrmine BLU-43B (rechts, Länge 7,3 cm, Breite 1,4 cm, Höhe 4,6 cm). Beide Munitionen können in verschiedenen Farben aufgefunden werden.

9.2.2.7 Bomben zur elektronischen Kampfführung

Wie auch bei Artilleriegeschossen können Bomben mit Störsendern ausgestattet werden. Hier besteht die Möglichkeit, großvolumige Gleitbomben einen vorgegebenen Weg fliegen zu lassen und so entlang dieser Strecke elektronische Funkanlagen zu stören oder zu vernichten. Im Zuge der C-IED-Operationen können so auf Marschrouten IEDs mit elektronischer Auslösung gestört und ggf. unschädlich gemacht werden.

Zur Bekämpfung von Anlagen mit hochwertiger und möglicherweise gehärteter Elektronik wie Kommandozentralen oder Radaranlagen können auch Bomben mit Hochleistungsmikrowellensendern eingesetzt werden. Hier werden sogenannte Flusskomperationsgeneratoren mit Vircatorröhren eingesetzt, um elektromagnetische Impulse bis 40 GW zu erzeugen.[426]

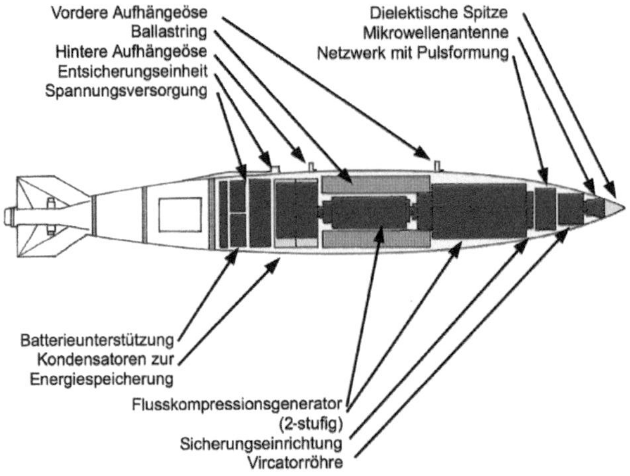

Bild 9.6: Schematischer Aufbau einer US-amerikanischen Bombe (GBU-31) mit drei Hochleistungsmikrowellensendern, der Bombenkörper entspricht der Sprengbombe MK.84

9.2.3.8 Übungsbomben

Neben den Übungsbomben in der Größe einer Sprengbombe, allerdings zumeist aus Beton nachgebildet, werden aus monetären Gründen und aus Gründen des Umweltschutzes kleine Übungsbomben mit einer Masse von unter 5 kg eingesetzt, die nur die ballistische Flugbahn einer Gefechtsmunition nachahmen und beim Aufschlag im Zielgebiet eine Rauchladung auslösen. Diese Bomben sind in der Regel wiederverwendbar und werden vor dem nächsten Übungsflug nur mit einer neuen Rauchladung bestückt.

426 Siehe dazu Kapitel 5.7.2.

9.3 Marineeigentümliche Munition

Exemplarisch für marineeigentümliche Munition sollen nur die Seeminen und die Torpedos betrachtet werden, obwohl es daneben eine große Zahl weiterer spezieller Munition bei der Marine gibt, z. B. Wasserbomben oder auch Räumsysteme für Seeminen, die Explosivstoff enthalten.

9.3.1 Seeminen

Seeminen können Seewege und Hafeneinfahrten sperren und den Schiffsverkehr kanalisieren. Sie bekämpfen mit ihren Sprengladungen sowohl Über- als auch Unterwassereinheiten und arbeiten autonom. Seeminen können von Schiffen oder Flugzeugen ausgebracht werden und stellen auch noch nach Jahrzehnten eine latente Gefahr für die Schifffahrt dar.

Die Zündsysteme können entweder auf Berührung oder mittels Sensorik auf bestimmte Schiffstypen ausgerichtet werden. Dabei spielen vor allem das spezifische Geräusch eines Schiffes (Antrieb, Hilfsaggregate) und die magnetische Signatur eine Rolle.

Man unterscheidet:

- Grundminen, die sich nach dem Ausbringen auf den Grund legen und eine Einsatztiefe zwischen 6 m und 150 m haben. Sie reagieren auf die Geräusch-, Druck- und Magnetfeldsignatur eines Schiffes. Dabei lässt sich die Anzahl der nicht zu beachtenden Schiffsüberfahrten im Zünder vor dem Werfen der Mine einstellen. Grundminen haben ggf. eine Sabotagesicherung, um die Mine vor Aufnahme zu schützen. Über eine Fernschaltung lassen sich bereits gelegte Grundminen neu programmieren und somit ggf. auch sichern. Die Masse der Sprengladung einer Grundmine kann bis zu 500 kg Sprengstoff umfassen, die Mine detoniert dabei am Meeresgrund und muss das Schiff nicht berühren.[427]
- Ankertauminen werden von Schiffen ausgebracht und bestehen aus zwei Hauptbaugruppen: dem Ankerstuhl (Minenanker) und dem Minengefäß. Nach dem Absetzen der Mine schwimmt das Minengefäß erst einmal an der Wasseroberfläche und der Ankerstuhl sinkt in Richtung Meeresboden. Dabei löst sich während des Absinkens zuerst ein kleineres Gewicht vom Ankerstuhl, das Voreilgewicht. Mit der Länge des Drahtseiles zwischen Voreilgewicht und Ankerstuhl wird der Tiefenabstand zwischen dem Minengefäß und der Wasseroberfläche eingestellt. Die Anker-

[427] Zum Mechanismus einer Unterwasserdetonation siehe Kapitel 2.2.3.

taukette als Verbindung zwischen dem Minengefäß und dem Ankerstuhl wird so lange von der Ankertautrommel abgetrommelt, bis das Voreilgewicht den Meeresboden erreicht hat. Dann wird das Ankertau blockiert und der Ankerstuhl zieht beim weiteren Absinken das Minengefäß auf die voreingestellte Wassertiefe. Ankertauminen können bis zu einer Wassertiefe von 250 m eingesetzt werden. Die Zündung der Sprengladung erfolgt durch Anschlagen des Schiffsrumpfes an die Stoßhörner. Dadurch wird ein elektrischer Kontakt geschlossen, der die Zünder der Sprengladung (ca. 30 kg bis 50 kg) auslöst.

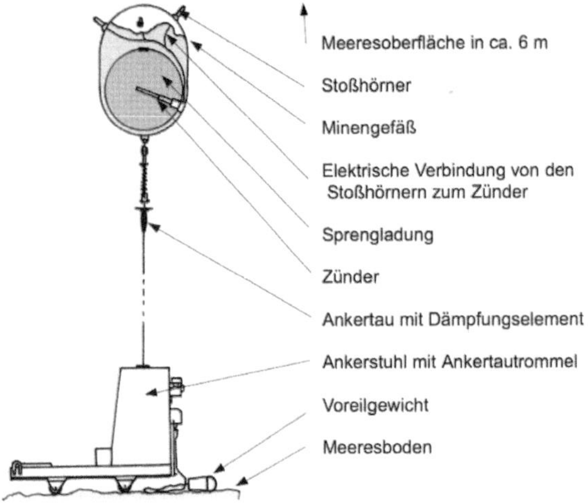

Bild 9.7: Die Ankertaumine

- Bei einer Treibmine fehlt der Ankerstuhl (oder ist abgerissen). Treibminen werden vielfach in strömendem Gewässer ausgebracht und sollen flussabwärts entsprechende Schäden an Wasserbauwerken anrichten. Zur Stabilisierung besitzen Treibminen ein Stabilisierungsgewicht, das an der Unterseite angebracht ist. Treibminen sind zumeist kleiner als Ankertauminen und haben eine Sprengstoffmasse von ca. 15 kg.
- Zielsuchminen werden auf dem Meeresgrund abgelegt. Bei einer Aktivierung durch die Sensoren wird ein Torpedo oder ein Unterwasserflugkörper mit Zielsuchkopf gestartet, der das entsprechende Ziel bekämpfen soll.
- Torpedominen sind Grundminen, die durch einen Torpedo in das jeweilige Zielgebiet transportiert und dort abgelegt werden.

9

- Bouquetminen sind Ankertauminen, bei denen auf dem Ankerstuhl mehrere Minengefäße befestigt sind. Es wird aber immer nur ein Minengefäß ausgebracht, das sich dann am Ankertau in der voreingestellten Wassertiefe befindet. Wird dieses Minengefäß zur Detonation gebracht oder vom Minenanker abgeschnitten, kann so wie aus einem Magazin das nächste Minengefäß aufsteigen und die Position der geräumten oder detonierten Mine einnehmen.

Natürlich gibt es von den verschiedenen Seeminen auch Übungsvarianten, mit denen das Ausbringen einer Seemine, aber auch das Entschärfen geübt werden kann. Wichtigster Unterschied ist das Fehlen der Sprengladung und das Einbringen einer Blinklampe oder anderen Möglichkeit, um die Übungsmine nach dem Ende der Ausbildung zu lokalisieren und wieder aufzunehmen.

9.3.2 Torpedos

Der Torpedo ist eine Munition, die unter Wasser eingesetzt wird. Sie kann luft- oder seegestützt verbracht werden. Seegestützt ist der Einsatz von Über- und Unterwasserschiffen möglich. Der Aufbau eines Torpedos hat sich in den letzten 100 Jahren kaum verändert – ein moderner Torpedo unterscheidet sich nur von älteren Modellen durch weiterentwickelte Antriebe und Sensoren.[428] Der Torpedo hat gegenüber einer Rohrwaffe auf einem Schiff mehrere Vorteile. Bei einem Treffer, ob als Direkttreffer oder unter dem Kiel mit einer Unterwasserdetonation, entstehen massive Schäden. Dazu kommt, dass der Torpedolauf schwer zu entdecken ist und die Reichweite eines modernen Torpedos über 100 km betragen kann. Nachteilig ist, dass ein Torpedo gerade mal etwas schneller ist als das Ziel, die Nachladbarkeit auf See zeitintensiv und die Anzahl der Munition sehr begrenzt ist. Hinzu kennt ein Torpedo weder Freund noch Feind, sogenannte Kreisläufer können dem eigenen Schiff gefährlich werden, vor allem, wenn sich der Torpedo nicht deaktivieren oder zerstören lässt. Seezielflugkörper haben den Torpedo als Hauptbewaffnung teilweise verdrängen können.

Es gibt zwei klassische Verfahren für einen Angriff auf Überwasserschiffe:

- Der Torpedo läuft knapp unter der Wasseroberfläche und soll ein Loch in die Bordwand sprengen, um das Schiff zum Sinken zu bringen. Dieser Angriff benötigt nur einen einfachen Aufschlag-

---

[428] Mit einer Reichweite von ca. 400 m und einer Sprengladung von 9 kg war der Whitehead-Torpedo 1878 der erste erfolgreich eingesetzte Torpedo.

zünder, ist aber ineffektiv, da ein Teil der Energie an der Wasseroberfläche verpufft.

- Der Torpedo läuft unter das Schiff und zündet bei maximaler Änderung des Erdmagnetfeldes, hervorgerufen durch die Stahlmasse des Schiffes. Die Unterkieldetonation führt zum Auseinanderbrechen des Schiffs und ist sehr effektiv.[429] Allerdings wird hier eine elektronische Auswerteeinheit im Zünder benötigt.

Der Angriff auf ein getauchtes U-Boot erfolgt in der Regel in größeren Wassertiefen. Hier ist der Torpedo neben der Wasserbombe die einzige Munition zur Bekämpfung. Moderne Torpedos können Wassertiefen von bis zu 1000 m erreichen.

Torpedos besitzen eine Sprengladung in einer typischen Masse von etwa 40 kg, Schwergewichtstorpedos können bis zu 250 kg Sprengstoff beinhalten. Bei einer Länge von 7 m oder mehr ist der größte Teil des Torpedos der Energiebevorratung für den Antrieb vorbehalten. Hier gibt es mehrere Verfahren. Neben dem Elektroantrieb (maximale Geschwindigkeit von bis zu ca. 90 km/h) werden Torpedos auch mittels Dampfspeicher und Turbinen oder von Verbrennungsmotoren (maximale Geschwindigkeit von bis zu 110 km/h) angetrieben. Im letzteren Fall muss neben dem Treibstoff auch der Sauerstoff für die Verbrennung im Torpedo mitgeführt werden. Dieser aufwendige Schwachpunkt der Energieversorgung führt immer wieder zu Neuentwicklungen.[430] Nukleare Antriebe sind ebenfalls bei größeren Torpedos möglich.

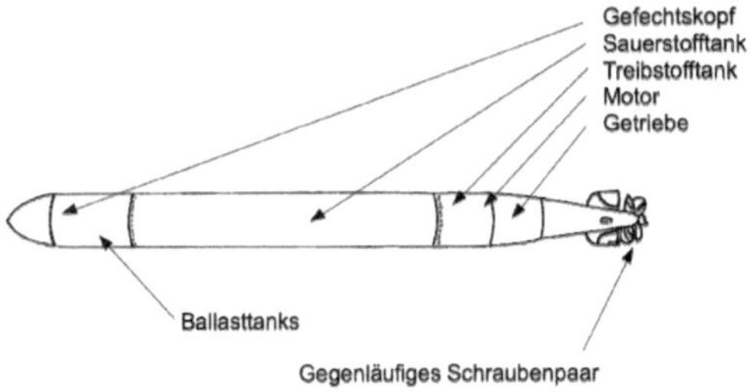

Bild 9.8: Grundsätzlicher Aufbau und Form eines Torpedos mit einer Länge von ca. 7 m und einem Kaliber von ca. 0,5 m

9

[429] Zum Mechanismus einer Unterwasserdetonation siehe Kapitel 2.2.3.

[430] Und auch zu Unfällen: Das russische U-Boot Kursk hatte Torpedos an Bord, die u. a. mit Wasserstoffsuperoxid angetrieben wurden. Vermutlich durch einen zu frühen Start des Triebwerks überhitzte der Antrieb, was zu einem Leck in den Zuführleitungen und zur anschließenden ersten Explosion führte. Nach einer zweiten Explosion sank die Kursk am 12.08.2000. 118 Besatzungsmitglieder fanden den Tod.

Eine Besonderheit bei Torpedos ist der Antrieb durch ein gegenläufiges Doppelschraubensystem, damit eine Rotation des Torpedos um die eigene Achse vermieden werden kann.

Fortlaufend weitere Neuentwicklungen betreffen die Sensorik. Zum einen kann durch einen autonomen Suchkopf die Reichweite eines Torpedos über den optischen Horizont des Seerohres bzw. der Fla-Waffen eines Zieles gegen Luftfahrzeuge erweitert werden, zum anderen wurden durch die Nutzung der Superkavitation Unterwassergeschwindigkeiten von bis zu 400 km/h erreicht.[431] So ist es möglich, auch schnellfahrende Über- oder Unterwasserziele anzugreifen. Durch die Datenübermittlung mittels Glasfaserkabel ist es möglich, den Angriffsmodus und das mögliche Ziel neu zu definieren und so den Aktionsradius zu erweitern.

Auch bei dieser Munition gibt es Übungstorpedos, die nach einem Übungsangriff wieder geborgen werden können. Vielfach werden bei Übungstorpedos nur die scharfen Gefechtsköpfe gegen einen Übungsgefechtskopf ausgetauscht.

9.4 Drohnen

Die Nutzung von unbemannten Fahrzeugen, Flugzeugen oder Schiffen ist vielfältig. Die Technologie kann auf drei Arten von Streitkräften verwendet werden: anzugreifen, zu verteidigen und zu unterstützen. Ihre Funktionen reduzieren das Risiko des Verlustes von Personal (und deren Ausbildung), teure Ausrüstung und weitere Ressourcen in einem Konflikt.

Drohnen werden sowohl als Luftfahrzeuge, neuerdings auch als Über-, bzw. Unterwasserfahrzeuge eingesetzt. Als Landfahrzeuge treten sie bisher nur vereinzelt, vor allem als Zielfahrzeuge auf Truppenübungsplätzen, auf. Die vielfach angesprochene künstliche Intelligenz steckt noch in der Entwicklung. Derzeit verfügen sich „autonom" bewegende Drohnen über nicht mehr als eine sehr ausführliche Programmierung. Eine eigenständige Problemlösung der Drohne, z. B. bei plötzlich auftauchenden Hindernissen oder bei Beschuss, ist noch nicht in Sicht.

[431] Bereits 1977 wurde in der ehem. Sowjetunion ein Torpedo mit dem Namen VA-111 Schkwal (übersetzt: Sturmbö) eingeführt, der diese Eigenschaften hatte und eine Geschwindigkeit von ca. 370 km/h erreichte. Dabei wird durch die hohe Geschwindigkeit von mehr als 180 km/h eine Dampfblase um den Torpedo gebildet, der die Reibung unter Wasser stark herabsetzt. Dies wurde in den 1990er-Jahren durch deutsche Firmen aufgegriffen und zur Serienreife für die Bundesmarine entwickelt. Der deutsche Torpedo besitzt ein Raketentriebwerk (mit herkömmlichen Torpedoantrieben sind diese Geschwindigkeiten nicht erreichbar) und ist durch seinen beweglichen Torpedokopf lenkbar. Zukünftig sollen Geschwindigkeiten von bis zu 800 km/h möglich sein. Zur Reibung unter Wasser siehe auch Kapitel 1.6.2.4 und Kapitel 6.1.7.

Drohnen gibt es in einer Masse von wenigen Gramm bis hin zu mehreren Tonnen. Während fliegende Drohnen bis in die 1970er-Jahre zumeist nur zur Aufklärung eingesetzt wurden und dabei fest vorgegebene Flugrouten abflogen, werden heute auch zunehmend Kampfdrohnen eingesetzt, die die Größe eines Jagdbombers erreichen können.[432] Die Steuerung erfolgt entweder über eine Bodenkontrollstation oder autonom. Die Datenübertagung kann per Funk, ggf. mithilfe eines Satelliten oder auch per Lichtwellenleiter vorgenommen werden. Letzteres wird genutzt, um Kampfdrohnen im Endanflug störungsfrei in ein Ziel zu lenken.[433]

Gemäß dem US-Verteidigungsministerium lassen sich fliegende Drohnen in fünf Masseklassen einteilen:

Masse-klasse	**Masse in kg**	**Flug-höhe in m**	**Zivile**	**Militärische**	**Beispiele**
			Bezeichnung		
1	< 20	–	SUA/ MAV	Nano-UAS Micro-UAS	RQ-11 Raven, RQ-14 Dragon Eye, Switchblade, Aladin, AR 100-B Mikado, Fancopter
2	20–150	–	Light UAV	Mini-UAS NATO-UAS	ScanEagle, Harop
3	> 150–600	–	UAV	NATO-UAS	RQ-7 Shadow, Luna, KZO, CL-289
4	> 600	< 5500	UAV	Tactical-UAS	MQ-1 Predator, MQ-8 Fire Scout
5	> 600	> 5500	UAV	MALE HALE	MQ-9 Reaper, RQ-4 Global Hawk, Avenger (Predator C), Heron, Taranis

9

432 Diese Aussage stimmt nur unter Berücksichtigung einer Ausnahme. Bereits 1918 wurde durch die deutsche Firma Telefunken auf dem damaligen Übungsplatz Döberitzer Heide bei Berlin das Projekt „Fledermaus" erprobt, bei dem ein unbemanntes C-Flugzeug mittels einer Funkfernsteuerung Bomben zu einem feindlichen Ziel transportieren und dort abwerfen sollte. Die Navigation erfolgte dabei über Funkpeilung und der vom Höhenmesser übermittelten Flughöhe. Weitere Entwicklungen erfolgten dann erst ab 1986 durch die US-amerikanische Firma General Atomics.

433 Diese Art der Lenkung wurde für den deutsch-französisch-italienischen Flugkörper Polyphem/Trifom angedacht, dessen Experimentalprogramm ca. 2002 eingestellt wurde. Der Flugkörper erreichte nach einer Flugstrecke von 60 km einen CEP von 0,3 m. Mittels der LWL-Lenkung konnte auch kurz vor dem Erreichen des Ziels ein Zielwechsel oder Abbruch der Bekämpfung durch den Bediener vorgenommen werden.

Mit folgenden Bezeichnungen:

- SUA Small Unmanned Aircraft
- MAV Micro Air Vehicle
- UAV Unmanned Aerial Vehicle
- UAS Unmanned Aircraft System
- MALE Medium Altitude Long Endurance
- HALE High Altitude Long Endurance

Über- und Unterwasserdrohnen werden schon seit Jahren zur Minensuche und -jagd, aber auch zur Aufklärung eingesetzt. Kampfeinsätze sind derzeit noch selten, könnten aber in der Zukunft zunehmen.[434]

9.4.1 Aufklärungsdrohnen

Aufklärungsdrohnen ohne Kampfauftrag werden vielfältig zu Aufklärungsmissionen eingesetzt. Sie haben, auch der Nutzlast geschuldet, spezielle Fähigkeiten, die eine Bewaffnung nur in geringem Maße zulassen. Während bis in die 1990er-Jahre hochauflösende Kameras mit Filmkasetten genutzt wurden und die Bilder erst nach der Flugmission und Entwicklung der Filmkasetten zur Verfügung standen, sind heute Echtzeitbilder und -videos der Standard. Dabei wird das gesamte zur Verfügung stehende elektromagnetische Spektrum genutzt.

Dies bedeutet, dass Aufklärungsdrohnen auch zum Abhören eines gegnerischen Funkverkehrs sowie zur Aufklärung von gegnerischen Radarsystemen zur Flugabwehr, aber auch zum Stören elektromagnetischer Frequenzen verwendet werden können. Hier ist der Übergang zu Kampf- und Unterstützungsdrohnen nicht weit.

Bis in die 1990er-Jahre konnten Aufklärungsdrohnen nur auf vorgegeben Flugstrecken und -höhen mit Wegpunkten zur Kursänderung programmiert werden. Dies konnte bei regelmäßigen Drohnenflügen zur

434 Erste Ansätze wurden im Krieg Russlands gegen die Ukraine im Sommer 2022 gesehen. Hier wurden im Schwarzen Meer mehrfach sogenannte „Uncrewed Surface Vessel-USV" aufgefunden. Dabei handelt es sich noch um recht rudimentäre Eigenbauten aus Einzelteilen anderer Überwasserfahrzeuge, einem einfachen Gefechtskopf, verbunden mit Aufschlagzündern von Bomben.

Überwachung eines eng umrissenen Gebietes zu Verlusten führen[435]. Heute helfen einprogrammierte digitale Landkarten mit entsprechenden Wegmarkierungen sowie Bilderkennungssoftware und GPS beim Navigieren. Hindernisse können mithilfe von Sensoren erkannt und umflogen werden. Zudem ist es möglich, Aufklärungsziele während des Drohnenfluges zu ändern und die Flugstrecke anzupassen.

9.4.2 Kampfdrohnen

Neben dem Vorteil, einen Piloten nicht der Gefahr eines Abschusses auszusetzen, besaßen Kampfdrohnen der ersten Generation vier schwerwiegende Nachteile, auf die ein Gegner sich einstellen konnte:

- Die Signalverbindung von der Drohne zum Satelliten und weiter zur Bodenstation ist aufklär- und störbar. Somit ist es möglich, sogar Drohnen mit geringer Radar- und Infrarotsignatur zu orten und zu bekämpfen. Eine Verschlüsselung der Daten hilft hierbei nur bedingt.
- Die Übermittlung von Befehlen von der Bodenkontrollstation an die Drohne dauert via Satellit bis zu vier Sekunden. Dies ist bei hohen Fluggeschwindigkeiten eine nicht hinnehmbare Zeitspanne.
- Damit sind Kampfdrohnen derzeit noch nicht luftkampffähig und ein leichtes Ziel für Abfangjäger.
- Die Flugzulassung ist bisher nicht in jedem nationalen Luftraum erfolgt. Daher können Kampfdrohnen nur in Ausnahmefällen oder in Auslandseinsätzen genutzt werden.

Kampfdrohnen der zweiten Generation setzen verstärkt auf leistungsfähige Computer zur Bewältigung großer Datenvolumina, um autonom ein Ziel anzugreifen, aber gleichzeitig bei nicht vorhergesehenen Problemen den Kurs zu verlegen, ein Ausweichziel anzugreifen oder das Angriffsverfahren zu ändern. Weiterhin wurden die Steuer- und Regelungssysteme in einer Drohne miniaturisiert, sodass neben

[435] Dies musste auch die Bundeswehr 1998 bei Aufklärungsflügen auf dem Balkan feststellen. Da die Aufklärungsdrohne CL-289 in Flughöhe und Reichweite dem serbischen Gegner bekannt war, war es einfach, die Flugabwehr im Kosovo auf Passhöhen zu stationieren und erfolgreich einige Drohnen abzuschießen.

einer größeren Zuladung die Drohnen immer kleiner wurden. Zum Eigenschutz können Drohnen mit Sensoren ausgestattet werden, die auf die Auffassung durch Radarsignale sowie Abschuss von Boden-Luft-Flugkörpern reagieren und somit bei möglichen Gefährdungen Täuschkörper auslösen.

Heute unterscheidet man u. a.: Micro-Air-Vehicles, Loyal-Wingman-Drones sowie Luftüberlegenheitskampfdrohnen. Besonders die Miniaturisierung hat hier zu einer weiteren Gefahr geführt: dem Drohnenschwarm, bei dem relativ kleine Drohnen in größerer Anzahl von einem Träger abgesetzt werden. Dabei ist es möglich, jeder einzelnen Drohne eine eigene Aufgabe zukommen zu lassen.[436] Loyal-Wingman-Drones sollen Kampfflugzeuge begleiten und durch den Piloten des Kampfflugzeuges Aufgaben zugewiesen bekommen. Dies können je nach Mission Aufklärungs-, Stör- oder auch Kampfmissionen sein.

Kampfdrohnen werden in großer Zahl, günstig und als mögliche Verlustwaffe hergestellt. Sie kehren ggf. nicht an den Startort zurück. Kostengünstige First-Person-View(FPV)-Drohnenrohnen mit geringer Gefechtskopfmasse haben sich zu einer ernsthaften Bedrohung von (Kampf-)Fahrzeugen auf dem Gefechtsfeld entwickelt. Je nach Energiemanagement sind sie in der Lage, tagelang in der Nähe des Einsatzortes in Bereitschaft zu stehen. Dadurch verringern sich Vorwarnzeiten und erhöhen sich die Anforderungen an Sensoren, Entscheider und schnell reagierende Flugabwehrsysteme, die in der Lage sein müssen, in kurzer Zeit mit einer großen Anzahl von anfliegenden Zielen fertig zu werden.[437]

Derzeit gibt es etwa 300 verschiedene Flugmuster, die weltweit eingesetzt werden.

[436] Der erste dokumentierte erfolgreiche Test mit einem größeren Drohnenschwarm fand am 26.10.2016 in den USA statt, bei dem drei Kampfflugzeuge vom Typ 18 insgesamt 103 Micro-Air-Vehicles vom Typ Perdix absetzten. Von den nur 2 kg schweren und 15 cm langen Drohnen sollten insgesamt fünf Aufgaben autonom abgearbeitet werden: Aufklärung des Gefechtsfeldes, Flankensicherung, Abnutzen und Verwirren einer gegnerischen Flugabwehr sowie Eindringen in ein Gebäude ohne Nutzung einer GPS-Navigation.

[437] Im Konflikt zwischen Armenien und Aserbaidschan im Herbst 2020 verlor Armenien allein durch aserbaidschanische Kampfdrohnen 185 Kampfpanzer. Die demoralisierende Wirkung der anfliegenden Kampfdrohne führte dazu, dass viele Besatzungen die wenigen Sekunden vor dem Aufschlag der Drohne zu einem fluchtartigen Verlassen der Gefechtsfahrzeuge nutzten.

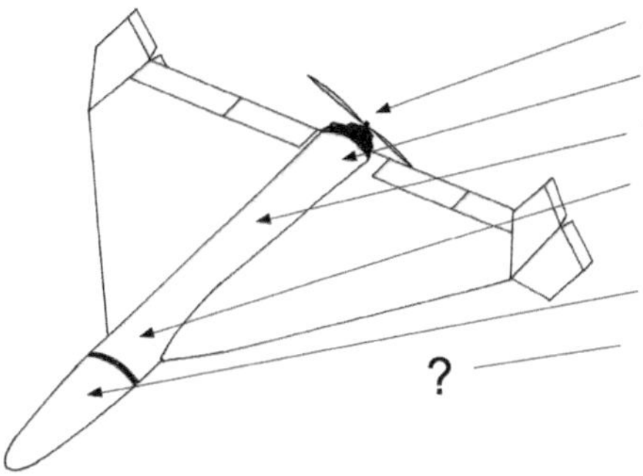

Bild 9.9: Kamikaze Drohne[438] Shahed 136 (Geran-2):

Masse: 200 kg

Spannweite: 2,5 m

Geschwindigkeit: 180 bis 200 km/h

Einsatzradius: bis zu 2500 km,

Masse des Sprengkopfs: 50 bis 60 kg

Flughöhe: bis zu 4000 m über dem Meeresspiegel

9.5 Feuerwerk

Im Wesentlichen unterscheidet sich zivile Pyrotechnik nicht von der militärischen Anwendung. Die genutzten chemischen Gemenge für die Effekte[439] unterscheiden sich höchstens in der Menge. Bei Raketentriebwerken und Böllern wird überwiegend Schwarzpulver verwendet, um bei einem Versagen der Anzündung eine sichere Entsorgung durch Einlegen in Wasser und anschließendes Verbrennen sicherzustellen.

Ziviles Feuerwerk darf je nach Kategorie nur von ausgebildetem Fachpersonal angezündet werden. Bei der Lagerung und beim Transport sind die jeweils gültigen Bestimmungen der Ersten Verordnung zum Sprengstoffgesetz sowie die Gefahrgutverordnung für Straße, Schiene und Binnenschifffahrt zu beachten. Ziviles Feuerwerk wird seit 2009 in folgende Kategorien eingeteilt[440]:

9

[438] Der Begriff „Kamikaze" ist dabei irreführend. Kamikazeangriffe wurden im Zweiten Weltkrieg von japanischen Piloten gegen alliierte Schiffe geflogen. Dabei stürzten sie sich mit ihrem Flugzeug auf das Ziel, um so einen möglichst großen Schaden anzurichten. Die Kamikazedrohne ist unbemannt.

[439] Siehe Kapitel 2.5.1.

[440] Achtung, Änderungen der Gesetzeslage – auch temporär und lokal begrenzt – sind jederzeit möglich.

Kategorie	Mindest-alter des Verwenders	Max. NEM	Fachkunde	Bemerkung
Kleinst-feuer-werk F1	12 Jahre	–	nein	ganzjährig kauf- und verwendbar
Klein-feuer-werk F2	18 Jahre	20 g	nein	29.12.–31.12. kaufbar und bis 01.01. verwendbar
Klein-feuer-werk F2	18 Jahre	20 g	behörd-liche Erlaubnis oder Fachkunde	gilt für: ▪ Knallkörper und -batterien mit Blitzknallsatz ▪ Raketen mit mehr als 20 g NEM ▪ Schwärmer ▪ pyrotechnische Gegenstände mit Pfeifsatz als Einzelgegenstand
Mittel-feuer-werk F3	18 Jahre	behörd-lich begrenzt	behörd-liche Erlaubnis oder Fachkunde	–
Groß-feuer-werk F4	18 Jahre	behörd-lich begrenzt	Fachkunde	–

Die Verpackung von zivilem Feuerwerk für die Verwendung in der EU wird gekennzeichnet durch das CE-Zeichen und die Kennnummer der Prüfstelle, z. B.: 0589-F2-xxxx. Dabei ist 0589 die Kennnummer des Bundesamtes für Materialprüfung (BAM), F2 die Kategorie „Klein-feuerwerk" und xxxx steht für die fortlaufende Registriernummer.

Kapitel 10: (An-)Zündertechnik

Kapitel 10: (An-)Zündertechnik

Der (An-)Zünder soll eine Munition (jede!)

- am gewünschten Ort,
- zur gewünschten Zeit und
- in der gewünschten Art

zur Wirkung bringen. Dabei soll er sicher funktionieren.

Funktioniert der Zünder nicht, so kommt es zu einem Blindgänger. Dies ist eine Munition, z. B. ein Geschoss oder eine Handgranate, deren Wirkladung nach dem Verschuss oder Wurf nicht oder nicht vollständig zur Wirkung gekommen ist.[441] Blindgänger können aber zu einem späteren Zeitpunkt bei einer Aufnahme oder durch einen Schlag durchaus noch zur Wirkung gelangen – daher sind Blindgänger in ihrer Gefährlichkeit für Leib und Leben nicht zu unterschätzen.

Eine völkerrechtlich vereinbarte Blindgängerquote, die jegliche Munition umfasst, gibt es nicht. Technisch ist man bemüht, die Blindgängerquote unter 2 % zu halten, dies wird nicht bei jeder Munition erfüllt und ist teilweise auch durch Alterungsprozesse in der Munition nicht einzuhalten.

Die ältesten Zünder waren Zeitzünder, die seit etwa 1610 im Gebrauch waren. Das Mundloch der Granate / des Geschosses war mit einem Holzröhrchen ausgestattet, in das eine Lunte hineingesteckt wurde. Vor dem Werfen bzw. Verschuss dieser Munition musste die Lunte entzündet werden. Diese Art eines Zünders war in der zeitlichen Auslösung ungenau, unsicher und in der Handhabung höchst gefährlich. Für Abhilfe sorgten Aufschlagzünder, bei denen man um das Ende der Lunte ein Bleigewicht wickelte, das beim Aufschlag in die Granate / das Geschoss hineingezogen wurde und dort die Sprengladung zur Wirkung brachte. Wichtig war hier eine Stabilisierung der Munition, damit diese immer mit der vom Zünder abgewandten Seite zuerst aufschlug. Dies funktionierte bei Handgranaten mit einem primitiven Leitwerk aus Stoff oder Astzweigen sehr gut. Eine weitere Verbesserung ergab sich durch die Nutzung von Verzögerungssätzen aus Schwefel, Salpeter und Mehl, die in die hölzerne Bohrung anstelle der Lunte eingebracht wurden. Dabei musste täglich die Verzögerungszeit durch eine Brennprobe neu ermittelt werden.

---

[441] Gemäß der ehem. ZDv 34/130 „Begriffe der Munitionssicherheit“.

Die Unterteilung moderner Zünder erfolgt nach dem Ort der Anbringung, nach der Anwendung und/oder nach der Funktion „sprengkräftig – nicht sprengkräftig“:

- Aufschlagzünder werden am Kopf der Munition angebracht. Die Munition kann ein Geschoss, eine Granate, ein Flugkörper oder auch Unterwassermunition sein. Sie werden weiter unterteilt in:
  - Aufschlagzünder ohne Verzögerung, die gegen Flächenziele und ungepanzerte Ziele eingesetzt werden. Die Sprenggeschosse der Artillerie nutzen diesen Zünder.
  - Aufschlagzünder mit Verzögerung werden gegen harte Ziele eingesetzt, z. B. Bunker. Bei mechanischen Aufschlagzündern gibt es vielfach die Wahl zwischen der Einstellung mit oder ohne Verzögerung (mV/oV). Moderne elektronische Aufschlagzünder können so eingestellt werden, dass sie bei unterschiedlichen Verzögerungszeiten auslösen. Diese Zünder sind in der Regel gehärtet, um einen Aufprall auf das Ziel für die ersten Millisekunden bis zur Auslösung überstehen zu können.
  - Aufschlagzünder mit Selbstzerlegung werden in der Flugabwehr genutzt, um eigene Truppen nicht zu gefährden. Diese Zünder lösen nach einer vordefinierten Flugzeit aus, falls kein Ziel getroffen wurde.
  - Betonbrechzünder haben ein besonders gehärtetes Gehäuse und massiv ausgeführte Einzelteile, damit sie den Aufschlag ohne Schäden überstehen und nicht zu einem Blindgänger führen. Sie haben eine voreingestellte Verzögerungszeit und sollen erst im Hartziel auslösen. Ziel ist ein möglichst großer Schaden am Bauwerk durch das detonierende Geschoss.
- Bodenaufschlagzünder gibt es
  - in der gleichen Konfiguration wie (Kopf-)Aufschlagzünder bzw. (Kopf-)Aufschlagzerlegezünder und
  - mit einem Sensor an der Geschoss-, Granaten- oder Bombenspitze. Der Sensor kann als Schalter eingebaut sein, der einen Stromkreis schließt (Doppelkontakthaube) oder selbst einen Stromstoß erzeugt (Piezoelement).[442]

10

[442] Eine ältere Variante sind Bodenaufschlagzünder, die durch einen Kopfaufschlagzünder initiiert werden. Diese findet man bei älteren Hohlladungsgeschossen. Hierbei wird durch den Kopfaufschlagzünder ein Zündstrahl durch die Hohlladungseinlage und den Sprengstoff auf eine Verstärkungsladung im Boden des Geschosses initiiert. Über die Verstärkungsladung, die ggf. durch ein Sicherungselement vor dem Verschuss ausgeschwenkt ist, wird dann der Sprengstoff der Hohlladung zur Detonation gebracht. So funktioniert z. B. die Auslösung der russischen Panzerfaust PG-7.

Bodenaufschlagzünder reagieren erst dann, wenn die Stoßwelle des Munitionsaufschlags an einem Ziel den Zünder erreicht hat. Somit lösen sie „träge" aus und die Wirkung tritt erst dann auf, wenn die Munition bereits eine gewisse Strecke im Ziel zurückgelegt hat.

- Zeitzünder lösen nach einer voreingestellten Zeit aus. Sie können über eine Pulverseele pyrotechnisch, über Säuren auf chemischem Wege, über ein Uhrwerk manuell oder mittels einer Elektronik elektrisch eingestellt und ausgelöst werden.
  - Moderne elektronische Zünder mit „Air-Burst-Modus" werden kurz vor oder beim Abschuss des Geschosses bzw. der Granate zumeist auf elektromagnetischem Wege bzw. kurz nach Verlassen des Waffenrohres per Laserstrahl eingestellt (tempierbare Zünder) und lösen kurz vor oder über dem Ziel aus. Die Entfernung zum Ziel wird über einen Laserentfernungsmesser gemessen und die Geschossflugzeit über die Schusstafel im Ballistikrechner der Waffe ermittelt. Dabei ergibt sich eine optimale Splitterverteilung des Geschosses für einen Treffer im Ziel. Auch der Zünder einer Handgranate ist zumeist ein Zeitzünder.

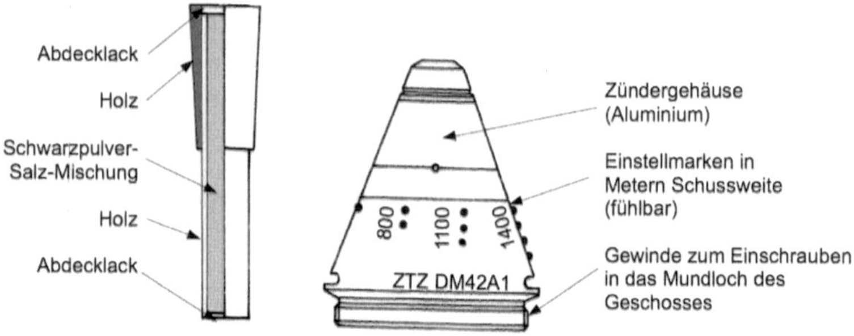

Bild 10.1: Zeitzünder aus verschiedenen Epochen. Links ein Zeitzünder aus dem Mittelalter. Die Schwarzpulver-Salz-Mischung wurde vor jedem Gefechtstag neu angemischt und mittels einer Brennprobe wurde die aktuelle Laufzeit festgestellt. Vor dem Verschuss wurde der Zünder in das Geschoss hineingeschlagen und die Mischung angezündet. Einfacher geht es mit einem mechanischen Zeitzünder (rechts). Hier wird die Laufzeit manuell vor dem Verschuss eingestellt und das Uhrwerk durch den Abschuss ausgelöst.

10

  - Langzeitzünder findet man bei Bomben. Sie arbeiten zumeist auf chemischem oder elektronischem Wege, weniger mechanisch mit einem Uhrwerk. Zweck ist, die Arbeit der Kampfmittelbeseitigung[443] nach einem Bombenangriff zu erschweren oder für eine gewisse Zeit unmöglich zu machen. Zusätzlich besitzen diese Langzeitzünder eine Ausbausperre, die auch nach einem Versagen des Langzeitzünders ein einfaches Entfernen des Zünders, z. B. durch Ausschrauben, unmöglich macht. In diesem Fall wird eine zusätzliche Zündeinrichtung aktiviert, die eine Detonation auslöst.

– Zeitzünder zur Deaktivierung von Submunitionen und Minen sind werksvoreingestellte, zumeist elektronische Uhrwerke, die eine Liegezeit der oben aufgeführten Munition begrenzen.[444]

- Doppelzünder haben die Eigenschaften eines Aufschlags- und eines Zeitzünders. Die Funktion ist vor dem Verschuss einstellbar. Versagt die Zeitfunktion, greift in der Regel die Aufschlagfunktion.
- Annäherungszünder lösen in einem vordefinierten Abstand vor dem Ziel aus. Dies kann bei Steilfeuermunition der Erdboden bzw. bei Flugabwehrmunition ein Luftziel und bei der Panzerabwehrmunition mit einer Hohlladung der Abstand zur Panzerung sein. Sie sind zumeist Kopfzünder und arbeiten aktiv, d. h., sie senden Energie aus, die zur Entfernungsmessung genutzt wird. Annäherungszünder bei Steilfeuermunition arbeiten auf elektromagnetischem Wege durch Abstandsmessung zum Ziel über ein im Zünder eingebautes Radar. Um ein Stören des Radarsignals weitgehend auszuschließen, wird die Annäherungsfunktion durch eine Zeitfunktion erst kurz vor dem Ziel eingeschaltet. Versagt die Annäherungsfunktion und kommt es zu einem Aufschlag, wirkt der Annäherungszünder mit seiner Aufschlagfunktion. Zur optimalen Ausbildung einer Hohlladung wird die Sprengladung einer modernen Hohlladung einige Kaliberlängen vor dem Erreichen der Panzerung gezündet. Diese Annäherungsfunktion wird zumeist über einen Abstandslaser auf optischem Wege ausgelöst. Passive Annäherungszünder reagieren auf eine Energieaussendung des Zieles. Das kann Wärmestrahlung, eine Schallquelle, eine Änderung im Luftdruck[445] oder eine Magnetfeldänderung sein.
- Multifunktionszünder beinhalten neben der Aufschlagfunktion die Zeit- und die Annäherungsfunktion. Diese Funktionen können manuell über ein Zünderstellgerät oder den Ballistikrechner

---

443 Gebräuchlicher ist der englische Begriff „Explosive Ordnance Disposal" – EOD.

444 Siehe dazu Anhang A7.

445 Barometrische Zünder werden bei großvolumigen Sprengbomben, sogenannten Luftminen, und bei Leuchtbomben eingesetzt.

und eine Datenübermittlung vor oder beim Verschuss eingestellt werden.

- Reib(an)zünder werden bei pyrotechnischer Munition, teilweise auch noch bei älteren Handgranaten genutzt. Hier wird ein rauer Draht durch ein reibempfindliches Element gezogen und so ähnlich wie bei einem Streichholz eine Flamme erzeugt, die für die weitere Initiierung genutzt werden kann.
- Sonstige Zünder, z. B. Knickzünder und Zug- bzw. Druckzünder, findet man bei Minen. Zünder können auch auf akustischem Wege oder über Vibrationen ausgelöst werden.[446]

Alle aufgeführten Zünder können sowohl sprengkräftig als auch nicht sprengkräftig ausgeführt werden. Nicht sprengkräftige Zünder können durch einen am Zünder angeschraubten Zündverstärker sprengkräftig gemacht werden. Je nach Munitionsart kann auch mehr als ein Zünder eingebaut sein. Für Artilleriemunition innerhalb der NATO gilt: Sprengfähige Zünder für Spreng-/Splittergeschosse haben ein 1,7"-Gewinde und nicht sprengfähige Zünder für Ausstoßgeschosse (Nebel-, Leucht- oder Submunition) ein 2,0"-Gewinde.

10.1 Sicherheiten bei einem Zünder

10.1.1 Forderungen an die Sicherheit eines Zünders

Damit ein Zünder nicht vorzeitig auslöst, müssen in einem modernem Zünder viele Sicherheiten beachtet werden:

- Die Herstellungssicherheit soll gewährleisten, dass ein Zünder nicht bereits bei der Herstellung auslöst. Hier besteht z. B. die Vorgabe, die Initialsprengstoffe möglichst erst zuletzt einzubauen. Auch besondere Forderungen an die Munitionsarbeitshäuser sind zu beachten. Dazu gehören u. a. elektrisch leitfähige Fußböden und spezielle Arbeitskleidung, die keine elektrostatische Aufladung des Personals zulässt.
- Die Transportsicherheit muss ein Auslösen des Zünders durch Vibrationen während des Transports, Schläge und Beschleunigungen durch Unfälle oder Fallen des Transportbehälters, Feuer und elektromagnetische und elektrische Beaufschlagung sicher ausschließen. Besondere Aufmerksamkeit muss dabei dem

[446] Eine Besonderheit sind hier die industriell hergestellten Zünder für Sprengfallen. Hier fällt besonders die „US"-Reihe aus dem ehem. Jugoslawien auf, die je nach Sensorik auf Temperatur, Erschütterungen, Aufschlag, Akustik oder Licht auslösen konnte.

Lufttransport zukommen. Hier gibt es weitere Einflussgrößen, z. B. durch den Druckabfall bei Transportflugzeugen ohne ausgleichenden Kabinendruck im Laderaum.

- Die Lagersicherheit beinhaltet eine Lagerung unter vorgegebenen Temperaturgrenzen und eine Unempfindlichkeit gegenüber Blitzschlag, Brand und Feuchtigkeit. Hier muss der Zünder über viele Jahre eine Lagerung überstehen, ohne dabei durch Korrosion, chemische Veränderung oder Reaktion der Inhaltsstoffe in einen unsicheren Zustand überzugehen. Gerade hohe Lagerungstemperaturen in Verbindung mit hoher Luftfeuchte können dem Zünder stark zusetzen.
- Handhabungssicherheit, d. h. das Entnehmen der Munition aus der Lager- und Transportverpackung, Durchführen von Einstell- und Vorentsicherungsmaßnahmen (Entnehmen des Vorsteckers) und Aufmunitionieren einer Waffe oder eines Waffenträgers.[447]
- Lade-, Zuführ- und Beschusssicherheit beinhaltet eine Unempfindlichkeit des Zünders gegenüber den ggf. sehr rauen Bedingungen beim Laden der Munition in die Waffe. Gerade Maschinenkanonenmunition hat hier hohe Querbeschleunigungen auszuhalten, wenn man bedenkt, dass Gatling-Kanonen mit Kadenzen von weit mehr als 4000 Schuss pro Minute schießen. Auch das Einrammen eines Geschosses in die Züge und Felder darf nicht zu einem vorzeitigen Auslösen des Zünders führen.
- Die Rohrsicherheit soll verhindern, dass der Zünder beim Abschuss (und einer Längsbeschleunigung bis hin zu ggf. 20.000 g)[448] sowie bei der Drallbeschleunigung auslöst. Auch Hindernisse im Waffenrohr, z. B. Sand oder Steine, und die dabei auftretende Abbremsung des Geschosses dürfen nicht zu einer Auslösung führen.
- Masken-, Vorrohr- und Vorfeldsicherheit stellen die Sicherheit gegenüber einer Geschützbesatzung bzw. der sich neben dem Waffensystem befindlichen Soldaten her. Tarnmaterial sowie auch durch Zielfehler hervorgerufene Treffer im Nahbereich dürfen nicht zu einer Auslösung und unmittelbaren Gefährdung der Truppe führen.

[447] Hierunter fallen auch Situationen wie das Abladen eines bezünderten Artilleriegeschosses von einem Lkw mit nassen Handschuhen. Beim Kippen und Aufschlagen des Geschosses auf den Zünder aus ca. 2 m Höhe darf der Zünder auf keinen Fall auslösen. Allerdings ist dies bei einem 155-mm-Nebelgeschoss schon einmal passiert, zum Glück ohne Personenschäden.

[448] Mit $g = 9{,}81\ m/s^2$.

- Flugstrecken- und Fallstreckensicherheit sollen den überschossenen Raum nicht zum Gefahrenbereich werden lassen. Nach Verlassen der Stellung und vor dem unmittelbaren Aufschlag im Ziel soll die eigene Truppe ungefährdet überschossen werden. Das schließt die Regen- und Hagelsicherheit sowie die Störsicherheit bei elektronischen Zündern mit ein, damit auch bei widrigen Umweltbedingungen und unter Feindeinfluss ein Einsatz der jeweiligen Waffen möglich ist.

Die hier dargestellten Zündersicherheiten gelten natürlich auch analog für Anzünder, Sprengkapseln sowie pyrotechnische Elemente und auch für die zunehmend eingesetzten elektronischen Zünder. In diesem Fall darf die benötigte Zündenergie erst nach Verlassen des Waffenrohres bzw. des Gefahrenbereiches durch Laden eines Kondensators bereitgestellt werden.

Zündersicherheiten sind immer auch unter taktischen Gesichtspunkten zu betrachten. Eine zu groß bemessene Vorfeldsicherheit führt zu einer zu späten Entsicherung des Zünders. Somit können Ziele im sehr nahen Bereich nicht mehr bekämpft werden. Allerdings kann eine zu kleine Vorfeldsicherheit dazu führen, dass sich der Waffenbediener im Gefahrenbereich der auslösenden Munition aufhält.

Auch die Aufschlagempfindlichkeit eines Zünders ist zwiespältig zu sehen. Ist z. B. ein Aufschlagzünder einer Spreng-/Splitter-Mörserpatrone zu unempfindlich, kann es sein, dass der Zünder nicht wie gewünscht beim Streifen eines Grashalms auslöst, sondern erst beim Erreichen des Erdbodens. Somit würde ein Großteil der radial verteilten Splitter nur einen kleinen letalen Radius haben. Ist allerdings der Kopfzünder zu empfindlich, sinkt die Regen- und Hagelsicherheit und die eigene Truppe ist beim Überschießen gefährdet.

10.1.2 Lösungen für die Zündersicherheit

Für die Zündersicherheit sollen immer folgende konstruktive Lösungen gelten:[449]

10

- Die Zündersicherheit soll durch zwei physikalisch unabhängige Prozesse hergestellt werden. Das können z. B. die Beschleunigung eines Geschosses im Waffenrohr und eine Anzahl von Drallbewegungen sein, die zur Entsicherung zurückgelegt werden müssen.

[449] Für weitere ausführliche Informationen wird auf die STANAG 4187 JAS (Edition 4) – Fuzing Systems, Safety Design Requirements verwiesen.

- Ein physikalischer Prozess soll erst nach Verlassen der Waffenanlage oder des Waffenrohres die endgültige Entsicherung einleiten.
- Der Zünder darf nicht durch Manipulationen oder Unfälle (Fallenlassen) geschärft werden.
- Versagt ein Entsicherungselement, darf dies nicht zu einer beschleunigten Entsicherung führen.
- Besondere Begleitumstände (Feuer, Unfall) dürfen nicht zu einem Auslösen des Zünders und anschließender Umsetzung der Wirkladung führen.
- Mechanische oder elektrische Energie darf im Zünder erst dann aufgebaut werden, wenn das Waffensystem oder das Waffenrohr durch die Munition verlassen wurde.
- Wenn konstruktiv möglich, soll der Zünder bei Versagen oder Verfehlen des Ziels in eine Sicherstellung zurückgeführt werden.
- Eine Selbstzerlegeeinrichtung darf erst nach dem Verlassen des Waffensystems oder des Waffenrohres geschärft werden.
- Die eingesetzten Initialsprengstoffe müssen auf Langzeitlagerung, chemische Verträglichkeit, Empfindlichkeit und Temperaturbeständigkeit hin getestet und qualifiziert sein.
- Der Detonator soll bis nach dem Verlassen der Waffenanlage oder des Waffenrohres aus der Zündkette ausgeschwenkt sein. Ist dies nicht möglich, soll die Zündkette anderweitig unterbrochen sein.

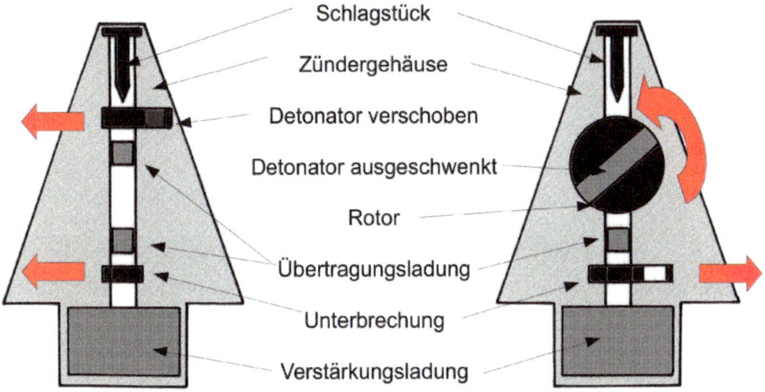

Bild 10.2: Detonatorsicherheit durch Ausschwenken des Detonators und mechanisches Unterbrechen der Zündkette. Die roten Pfeile kennzeichnen das Aufheben der Sicherheiten durch Verschieben oder Drehen von einzelnen Bauteilen.

- Elektrische und elektronische Zünder müssen gegen elektrostatische und elektromagnetische Einflüsse gehärtet werden.
- Programmierbare Zünder sollen folgende zusätzliche Eigenschaften haben:
  - Der Datentransfer von einem Sensor zum zündauslösenden Element muss so definiert sein, dass Störgrößen nicht zu einer Auslösung führen können.
  - Die Interpretation der Daten muss über Quersummen etc. überprüfbar sein. Fehlerhafte oder verstümmelte Daten dürfen nicht zu einer Zündung führen.
  - Die eingesetzte Software darf nicht ohne Zertifizierung überschrieben oder geändert werden.

10.2 Elemente der Zündertechnik

Zünder bestehen in der Regel aus:

- einem Zündergehäuse, das die anderen Bauelemente sicher umschließt. Das Zündergehäuse soll nicht nur Witterungseinflüsse auf den Zünder ausschließen, sondern auch den Detonator vor Stößen beim Transport, bei der Lagerung und beim Laden bzw. bei der Nutzung der Munition schützen. Hier ist es wichtig, dass alle sensiblen Elemente, z. B. der Detonator, nicht durch äußere ungewollte Ereignisse zur Auslösung gebracht werden können.[450] Nur in Zeiten von Rohstoffmangel oder bei Sonderfertigungen bestehen Zündergehäuse auch schon mal aus Bakelit, Pressstoff oder anderen billigeren Materialien.
- einem Detonator oder einem Anzündelement, je nachdem ob es sich um einen sprengkräftigen oder nicht sprengkräftigen Zünder handelt. Der Detonator besteht aus einem sehr empfindlichen Initialexplosivstoff in einer nur geringen Menge, der in eine Metallhülse eingepresst wird.[451] Er reicht in der Regel nicht aus, um die Wirkladung zu initiieren. Hierfür werden in der Zündkette weitere Explosivstoffe benötigt. Sollte der Detonator

[450] Bei Geschosszündern werden daher die Detonatoren möglichst weit unten eingebaut, damit sie zusätzlich vom Mundloch des Geschosses geschützt werden.

[451] Je nach Initialsprengstoff besteht die Hülse aus Aluminium oder Kupfer. Hier muss zwingend auf die Verträglichkeit des Initialsprengstoffs mit dem Metall geachtet werden. Manche Verbindungen bilden Kristalle, sogenannte Metallpikrate, die beim Abschuss brechen und somit vorzeitig den Zünder auslösen könnten.

ungewollt zur Wirkung kommen, darf er keine negativen Auswirkungen auf die Umwelt haben. Das heißt, die Explosionsenergie muss innerhalb des Zünders aufgefangen werden.

- zwei nicht redundanten Sicherungselementen, die nicht manipulierbar sein sollten: Hier können neben der Abschuss- und Drallbeschleunigung Zeitglieder, eine Winkeländerung auf der Flugbahn beim Durchlaufen des Scheitelpunktes einer Geschossflugparabel oder auch andere physikalische Einflüsse zur Entsicherung ausgenutzt werden.[452]

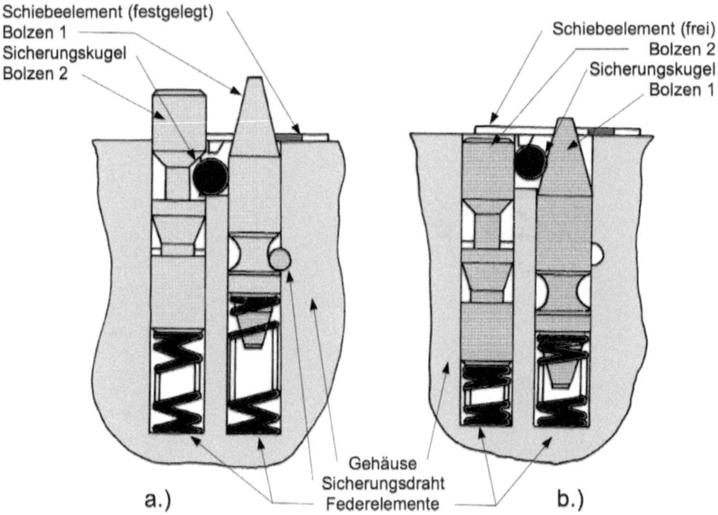

Bild 10.3: Das Doppelbolzensystem, das über die Abschlussbeschleunigung entsichert

Im Ausgangszustand a.) wird Bolzen 1 durch einen Sicherungsdraht festgelegt. Der Bolzen 1 blockiert die Sicherungskugel, die wiederum den Bolzen 2 blockiert. Durch Bolzen 2 wird ein Schiebeelement arretiert, das später durch die Fliehkraft einschwenken soll.

Beim Abschuss wird Bolzen 1 durch die Massenträgheit gegen die Federkraft nach unten gedrückt. Dabei wird der Sicherungs-

[452] In der Vergangenheit wurden bei vielen Zündern mit nur einer Entsicherung Vorstecker als erstes Entsicherungselement genutzt. Dies ist nach den Grundsätzen der Zündersicherheit nicht zulässig, da diese Sicherung manipulierbar ist.

draht zerstört. Bolzen 2 wird ebenfalls durch die Massenträgheit nach unten gedrückt, wird aber durch die Sperrkugel blockiert. Nachdem Bolzen 1 weit genug nach unten gedrückt wurde, ist der Weg für die Sperrkugel frei. Die Sperrkugel kann nun nach rechts ausweichen und gibt den Bolzen 2 frei. Dieser Vorgang beansprucht eine gewisse Zeit, in der die Abschlussbeschleunigung wirken muss. Ist die Abschlussbeschleunigung zeitlich zu kurz oder reicht sie nicht aus, entsichert das Doppelbolzensystem nicht. Findet gleichzeitig kein Drall statt, wird das Schiebeelement nicht über den Bolzen 2 geschoben und ggf. der Detonator nicht in die Scharfstellung bewegt. Nur wenn alle physikalischen Funktionen der Abschussbeschleunigung, die Zeitdauer und der beginnende Drall in gewünschter Form ausreichen, wird der Zustand b.) erreicht.

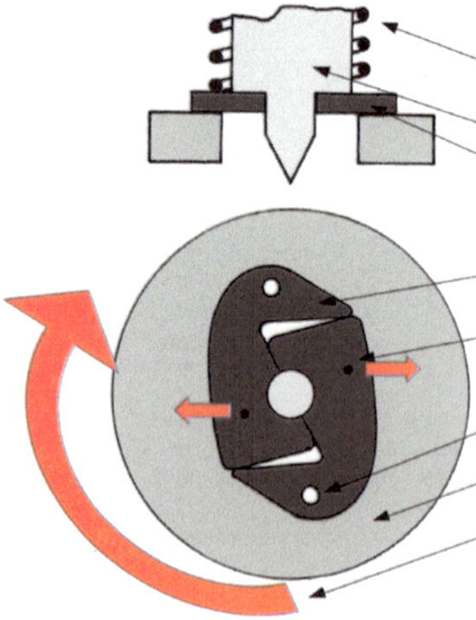

Bild 10.4: Die Drehklappensicherung

Die Drehklappensicherung ist vom Drall abhängig. Der Drall muss mit einer bestimmten Drehzahl über eine Mindestzeit an den beiden Fliehgewichten anliegen, bevor die Drehklappen sich nach außen bewegen können. Danach wird das Schlagstück nur noch von der Abstandsfeder vom Detonator ferngehalten.

- einem Auslöseelement: Das ist bei mechanischen Zündern zumeist ein Schlagstück, das durch einen Schlag und/oder Reibung auf einen Detonator wirkt.

sowie bei einigen speziellen Zündern aus:

- einer Energiequelle oder einem -speicher: Das ist in der Regel eine Batterie, kann aber auch eine vorgespannte Feder oder eine chemische Energiequelle sein.
  - Die Batterie muss über eine längere Zeit, d. h. mehr als zehn Jahre, im Zünder eingebaut lagerfähig sein, ohne dabei ihre Energie zu verlieren. Das wird in der Regel durch sogenannte Elektrolytbatterien gewährleistet, bei denen zwei zumeist flüssige chemische Stoffe getrennt in zwei unterschiedlichen Behältnissen im Zünder eingebaut werden. Beim Abschuss werden beide Stoffe gemischt und können für die Energieversorgung im Zünder genutzt werden. Der Mischungsvorgang kann als eines der Entsicherungskriterien genutzt werden.
  - Vorgespannte Federelemente werden seltener genutzt, da hier ggf. durch Stöße eine Auslösung des Zünders erfolgen kann.
  - Auch Trockenbatterien werden seltener eingesetzt, da hier die Lagerfähigkeit auf etwa zehn Jahre begrenzt ist. Danach sind die Batterien auszutauschen, um eine Funktionsfähigkeit des Zünders weiterhin sicherstellen zu können.
- einem Sensor oder Schalter, der einen Stromkreis kurzschließt oder anderweitig einen elektrischen (An-)Zündimpuls auslöst.
  - Sensoren, z. B. Piezoelemente, werden im Kopfbereich eines Hohlladungsgeschosses eingebaut. Beim Aufschlag wird der mechanische Aufschlagimpuls in einen elektrischen Stromimpuls umgewandelt und über ein Kabel an den Bodenaufschlagzünder gesendet. Hier wird mittels eines elektronischen Schalters, z. B. eines Transistors, der Stromimpuls zum Schließen des Zündstromkreises benutzt.
  - Schalter sind z. B. Doppelhaubenkontakte. Hier besteht die ballistische Haube eines Geschosses oder eines Flugkörpers aus zwei voneinander isolierten Halbschalen, die ineinandergeschoben sind. Beim Aufschlag auf das Ziel werden beide Schalen deformiert, es kommt dabei zu einer Berührung der Schalen untereinander und der Stromkreis wird so geschlossen.

- einer Auswerteelektronik, die mittels einer Datenbank oder anderer Sensoren für eine Auslösung sorgt, wenn Schwellwerte überschritten werden. Dies ist bei sogenannter intelligenter Munition der Fall, wenn z. B. Infrarot- und Radarsignale bei einem vermeintlich erkannten Ziel deckungsgleich übereinander gebracht werden können, sodass die Auswertesoftware eindeutig auf eine Auslösung der Wirkladung entscheiden kann.

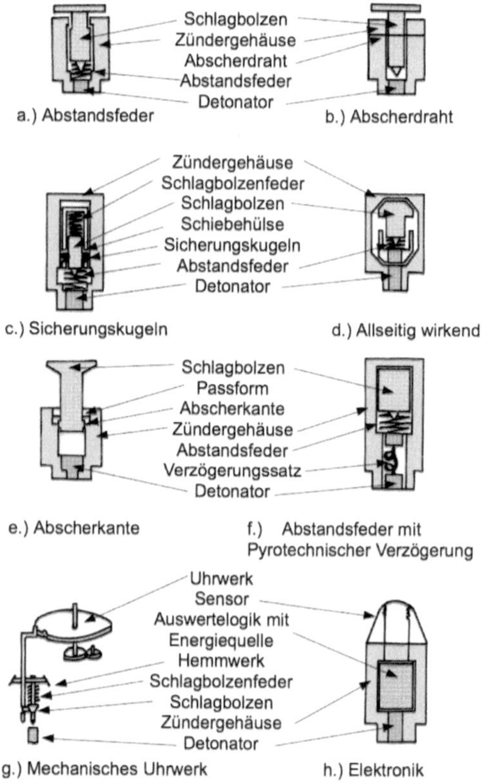

Bild 10.5: Elemente der Zündertechnik[453]

Legende:

a.) Der Schlagbolzen wird durch eine Feder auf Abstand zum Detonator gehalten. Beim Aufschlag wird der Schlagbolzen durch seine Massenträgheit in Richtung Detonator bewegt und schlägt entgegen der Federkraft auf den Detonator.

[453] Entnommen einem Vortrag der ehem. Kampfmittelbeseitigungskompanie 11 der Bundeswehr.

b.) Der Schlagbolzen wird durch einen Abscherdraht auf Abstand zum Detonator gehalten. Beim Aufschlag durchtrennt der Schlagbolzen durch seine Beharrungskraft den Abscherdraht und schlägt auf den Schlagbolzen.

c.) Der Schlagbolzen steht unter Federkraft, kann aber nicht auf den Detonator schlagen, da die Sicherungskugeln in der Schiebehülse ihn in seiner Position halten. Beim Aufschlag bewegt sich die Schiebehülse durch ihr Beharrungsvermögen entgegen der Abstandsfeder in Richtung Detonator. Die Sicherungskugeln werden frei und bewegen sich nach außen. Damit kann der Schlagbolzen federbetätigt auf den Detonator schlagen.

d.) Das durch die Feder auf Abstand gehaltene Schlagstück wird beim Aufschlag in den Detonator geschlagen. Durch seine große Masse und durch die Führung ist er allseitig wirkend.

e.) Der Schlagbolzen besitzt eine Abscherkante und ist in eine Passform gepresst. Beim Aufschlag wird der Schlagbolzen deformiert und in den Detonator geschlagen.

f.) Der Schlagbolzen wird entgegen dem Federdruck in den Anzündsatz gedrückt. Dieser zündet einen pyrotechnischen Verzögerungssatz an, der dann den Detonator initiiert.

g.) Der federvorgespannte Schlagbolzen wird erst nach Ablauf einer durch das Hemmwerk vorgegeben Zeit freigegeben und zündet so den Detonator.

h.) Ein elektronisches Bauteil bekommt ein Signal bzw. einen Stromstoß von einem Sensor oder Schalter, hier eine Doppelkontakthaube. Das Signal wird ausgewertet und so ein elektrischer Detonator gezündet. Die Ansprechzeit bei elektrischen Detonatoren ist sehr gering und eine Auslösung des Zünders kann durch eine moderne Elektronik sehr genau gesteuert werden.[454]

---

[454] Dazu als Beispiel aus H. Freiwald, Moderne elektrische Detonatoren, Jahr und Ort unbekannt: Ein Hohlladungsgeschoss mit einer Geschwindigkeit von ca. 1000 m/s, einer Sprengladung aus einem Hexogengemisch (Detonationsgeschwindigkeit von ca. 8000 m/s) und einer Länge der Sprengladung von 160 mm wird zur Auslösung gebracht. Die Detonationswelle benötigt zum Durchlaufen der Sprengstoffsäule ca. 0,02 ms. In der Zeit legt das HEAT-Geschoss ca. 20 mm zurück. Lässt man für eine vollständige Ausbildung des Hohlladungsstachels einen Flugweg von ca. 40 mm zu, muss die Ansprechzeit des Detonators unter 0,01 ms liegen.

Anhang

Anhang A1: Die wichtigsten Abkürzungen

In der Bundeswehr existieren deutsche und englische Abkürzungen, die parallel genutzt werden. Zum einen ist dies der Kompatibilität der Waffen und Munition innerhalb der NATO und zum anderen dem Bruch nach dem Zweiten Weltkrieg geschuldet.

Die folgenden Abkürzungen sind nur eine kleine Auswahl[455] und es sind auch Kombinationen der Abkürzungen möglich, z. B. HEI-T für ein Spreng-Brand-Geschoss mit Leuchtspur bzw. SIG-LISH für eine Signalmunition mit Licht- und Schalleffekt.

Abkürzung	Englische Bedeutung	Deutsche Bedeutung
ANZ		Anzünder
ANZSCHN		Anzündschnur
AP	Armor Piercing	panzerbrechende/r/s ...
APFSDS(-T)	Armor Piercing, Fin Stabilised, Discarding Sabot (Tracer)	panzerbrechend, flügelstabilisiert mit Treibkäfig (und Leuchtspur)
BALL		Weichkern
BAM		Bundesamt für Materialforschung und Technik
cal	Calibre	Kaliberbezeichnung in Zoll
CN	Chloracetonphenon	Tränengas, Reizstoff
CS	0-Chlorobenzalmalononitrile	Reizstoff
dB		Dezibel
DM		Deutsches Modell
DT		Deutsches Truppenversuchsmodell
DU	Depleted Uranium	Munition mit dem Inhaltsstoff aus gesintertem Uran- und Titangemisch
EX...		Exerzier...
FD		Flammendämpfer
FRAG	Fragmentation	Splitter-...
G	Gun	(Munition für) Kanonen
GESCH		Geschoss

11

[455] Weitere Abkürzungen sind in den Munitionsmerkblättern der Materialklasse 1300 sowie in der Terminologiedatenbank vorhanden.

Abkürzung	Englische Bedeutung	Deutsche Bedeutung
GGL		Gurtglied
GGR		Gewehrgranate
H	Howitzer	(Munition für) Haubitzen
HE	High Explosive	Spreng-....
HEAT(-T)	High Explosive Anti Tank (Tracer)	Hohlladungsmunition (mit Leuchtspur)
HESH(-T)	High Explosive Squash Head (Tracer)	Quetschkopfmunition (mit Leuchtspur)
HGR		Handgranate
HGRZ(-OT)		Handgranatenzünder(-oberteil)
HPM	High Power Microwaves	Hochenergiemikrowellen (Sender)
HVAPDS-T	Hyper Velocity Armor Piercing Discarding Sabot (Tracer)	Hartkern (mit Leuchtspur)
I	Incendiary	Brand-...
ICM	Improved Conventional Munition	Munition mit Submunition (zumeist Bomblet)
IED	Improvised Explosive Device	unkonventionelle Spreng- und Brandvorrichtung
KE (-T)		flügelstabilisierte Hartkernmunition (mit Leuchtspur)
KIMU		Munitionskiste
LASER	Light Amplification by Stimulated Emission of Radiation	
LFK-BDZ		Lenkflugkörper-Bodenziel[456]
M	Model	Amerikanische Modellbezeichnung
MAN		Manöver-
MASER	Microwave Amplification by Stimulated Emission of Radiation	
Mk	Mark	Britische Modellbezeichnung Amerikanische Modellbezeichnung (US-NAVY)

456 Zum Beispiel Panzerabwehrlenkflugkörper.

Abkürzung	Englische Bedeutung	Deutsche Bedeutung
Mle	Modele	französische Modellbezeichnung
MZ(-T)		Mehrzweckgeschoss[457]
NBK		Nebelkörper
PAMI		Panzerabwehrmine
PATR		Patrone
PELE		Penetrator mit erhöhtem lateralem Effekt (KE-Munition mit Splitterwirkung hinter der Panzerung)
PZFGR		Panzerfaustgranate
RAK		Rakete
RS...		Reizstoff...
SIG-LI		Signallmunition mit Lichteffekt
SIG-R		Signalmunition mit Raucheffekt
SIG-SH		Signalmunition mit Schalleffekt
SIMBDSPKT		Simulatorbodensprengpunkt
SK		Sprengkörper
SKA		Sprengkapsel
SKAZ		Sprengkapselzünder[458]
SMZ		Sprengmittelzünder
SSCHN		Sprengschnur
TH		Thermit
TL(-H)		Treibladungs(-hülse)
TP(-T)	Training-Practice (Tracer)	Übungsgeschoss (mit Leuchtspur)
TULBEH		Transport- und Lagerbehälter
UEB...		Übungs...

11

457 Zumeist ein Hohlladungsgeschoss mit zusätzlicher Splitterwirkung.
458 Dies ist eine industriell vorgefertigte Leitfeuerzündung, bestehend aus einem Anzünder, einer Anzündschnur und einer Sprengkapsel.

Anhang A2: Symbole auf der Munition und/oder deren Verpackung

Mit zusätzlichen Symbolen werden auf der Munition und/oder dem Munitionspackmittel weitere Hinweise für die Verwendung der Munition, mögliche Temperaturgrenzen für die Lagerung und den Gebrauch sowie für die Austauschbarkeit innerhalb der NATO gegeben.[459] Dabei ist zu beachten, dass das NATO-Symbol für die Austauschbarkeit der Munition nicht unbedingt aussagt, dass die Munition für jede Waffe des Kalibers zugelassen ist.[460]

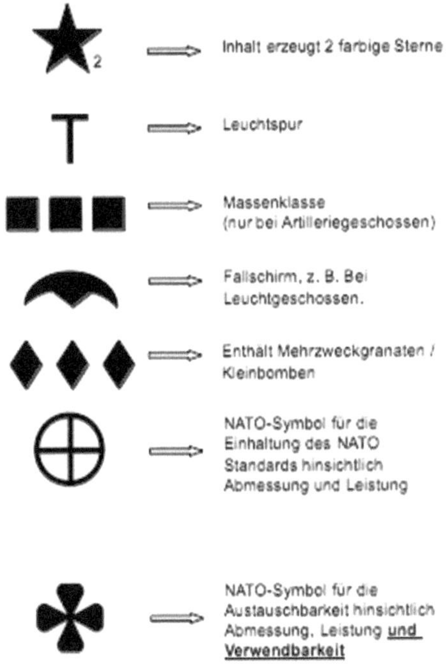

Bild A.1: Bildzeichen auf Munition und deren Packmitteln[461]

459 Näheres regelt das NATO-Dokument AOP-2(C) in der jeweiligen Fassung.

460 Zum Beispiel kann die Weichbleipatrone für 9-mm-Pistolen der Bundeswehr nicht unbedingt auch aus 9-mm-Pistolen anderer NATO-Staaten verschossen werden und umgekehrt, obwohl die Hülsenlänge übereinstimmt und das Kleeblattsymbol auf der Verpackung aufgebracht ist. Hier bestehen ggf. Schlagbolzenunverträglichkeiten oder andere Probleme. Daher ist vor jedem geplanten Austausch zwischen Nationen oder sogar einzelnen Behörden der Materialverantwortliche für die Waffen zu konsultieren.

461 Weitere Bildzeichen findet man in dem NATO-Dokument AOP-2(C).

Weitere Angaben sind Temperaturgrenzen für die Verwendung, angegeben in einem Kreis in °C, sowie für die Lagerung in einem Quadrat.

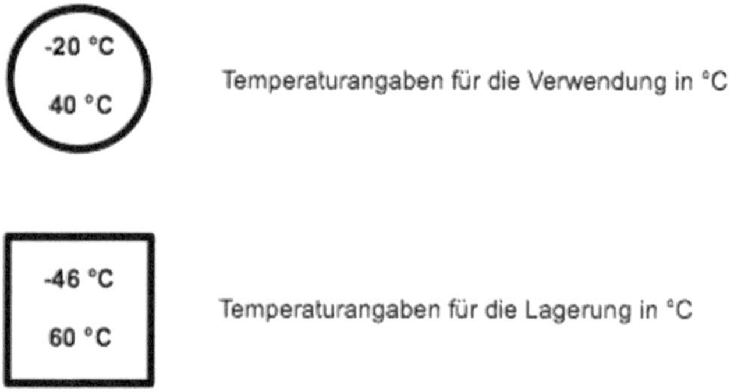

Bild A.2: Temperaturangaben auf der Munition und/oder dem Packmittel

Anhang A3: Kennzeichnung und Beschriftung eines Munitionspackmittels

Die Kennzeichnung und Beschriftung eines Munitionspackmittels muss verschiedenen Anforderungen genügen:

Das in dem Packmittel befindliche Gut muss einwandfrei zu identifizieren sein. Im Falle einer Gefahr für das Gut oder die Umwelt muss aus Kennzeichnung und Beschriftung einwandfrei hervorgehen, wie durch Einsatzkräfte zu reagieren ist. Dies ist auch bei unverpackter großkalibriger Munition, Bomben oder Flugkörpern der Fall; hier sind alle Angaben auf der Munition selbst zu tätigen.

Hinzu muss das Packmittel selbst gekennzeichnet werden, um sicherzustellen, dass das Packmittel für diese Munitionsart und -sorte sowie für die Masse des Gutes zugelassen ist.

Daher wird bei einer Zulassung für eine Munition – sofern nötig – auch immer die Munitionsverpackung mit betrachtet und daraus der Gefahrcode ermittelt.

Anhang A3: Kennzeichnung und Beschriftung eines Munitionspackmittels

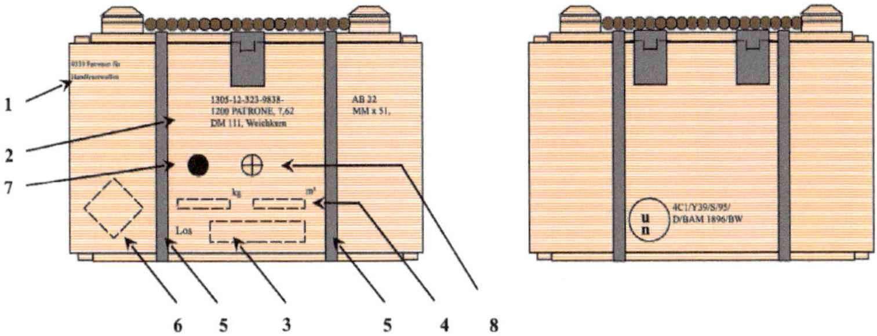

Bild A3: Vorder- und Rückseite eines Munitionspackmittels am Beispiel der Patrone 7,62 mm x 51 DM111

Vorderseite:

1. UN-Nr. und Benennung
2. Beschriftung (Versorgungsnummer, Artikelkurzbezeichnung, Munitionssorte)
3. Losbezeichnung
4. Gewicht, Inhaltsgröße
5. Stahlband 8 mm bis 16 mm gem. DIN 1544
6. Gefahrzettelmuster 1.4 GGVSE (Gefahrcode 1.4C), Seitenlänge 50 mm
7. Bildzeichen für Weichkerngeschoss
8. NATO-Musterzeichen

Rückseite:

Kennzeichnung für das Munitonspackmittel, bestehend aus:

U/N	Symbol für United Nations
4C1	Code-Nr. der Verpackung
Y	Verpackungsgruppe
39	Zulässige Bruttomasse
S	Aggregatzustand des Guts, hier: S für SOLID (fest)
95	Herstellungsjahr (bei Kunststoffen mit Monat)
D	Staat, in dem die Zulassung erteilt wurde
BAM	Zulassungstelle Bundesanstalt für Materialforschung und Technik
1896	Registriernummer
BW	Kurzzeichen des Herstellers, hier: Bundeswehr

11

Anhang A4: Versorgungsnummern und Losbezeichnungen der NATO

Innerhalb der NATO wurde mit der Versorgungsnummer (NATO Stock Number) eine Systematik geschaffen, die es erlaubt, anhand der ersten vier Ziffern einen logistischen Gegenstand, eine Waffe bzw. einen Munitionsartikel eindeutig zu benennen.

Die Versorgungsnummer besteht aus:

- Materialgruppe (zweistellig)
- Materialklasse (zweistellig)
- Länderkennnummer (zweistellig)
- nationaler Identifizierungsnummer (siebenstellig)

Für eine Gefechtspatrone im Kaliber 7,62 mm x 51 aus dem oben aufgeführten Munitionspackmittel lautet sie beispielhaft:

1305-12-323-9838,

mit der Länderkennnummer 12 für Deutschland.

Die Materialgruppen 13 und 14 beinhalten folgende Einteilung für die Munition:

- 1305: Rohrwaffenmunition bis zum Kaliber von einschließlich 30 mm
- 1310: Rohrwaffenmunition über dem Kaliber von 30 mm bis einschließlich 75 mm
- 1315: Rohrwaffenmunition über dem Kaliber von 75 mm bis einschließlich 125 mm
- 1320: Rohrwaffenmunition über dem Kaliber von 125 mm
- 1325: Bomben
- 1330: Granaten
- 1336: Gefechtsköpfe von Lenkflugkörpern und deren Anbauteile
- 1337: Explosive Teile des Antriebes von Lenkflugkörpern
- 1338: Inerte Teile des Antriebes von Lenkflugkörpern
- 1340: Raketen und deren Komponenten
- 1345: Landminen
- 1350: Unterwasserminen und deren inerte Komponenten
- 1351: Unterwasserminen und deren explosive Komponenten

- 1352: Dispender für Unterwasserminen und deren inerte Komponenten
- 1353: Dispender für Unterwasserminen und deren explosive Komponenten
- 1355: Torpedos und deren inerte Komponenten
- 1356: Torpedos und deren explosive Komponenten
- 1360: Wasserbomben und deren inerte Komponenten
- 1361: Wasserbomben und deren explosive Komponenten
- 1365: Chemische Agenzien
- 1370: Pyrotechnik
- 1375: Sprengmittel, Reaktivpanzerungen
- 1376: Sprengmittel (größere Mengen)
- 1377: Kartuschen, Auslöseelemente
- 1385: EOD-Gerät (Land)
- 1386: EOD-Gerät (Unterwasser), Munition für Kampfschwimmer
- 1390: Zünder und Anzünder
- 1395: Verschiedenes
- 1398: Werkzeuge für die Munitionsinstandhaltung
- 1410: Lenkflugkörper
- 1420: Komponenten für Lenkflugkörper
- 1425: Lenkflugkörpersysteme
- 1427: Lenkflugkörper – Untersysteme
- 1430: Lenkflugkörper, Lenkeinheiten
- 1440: Lenkflugkörper, Startgeräte
- 1450: Werkzeuge für die Munitionsinstandhaltung von Lenkflugkörpern

Die Losbezeichnungen wurden in der NATO im Jahr 1989 neu festgelegt und bauen sich wie folgt auf:

ABC89A0001A0001

mit folgender Bedeutung:

- Herstellerkennzeichen (drei Buchstaben oder Auffüllen mit „-" auf drei Buchstaben
- Herstellungsjahr (zweistellig)
- Herstellungsmonat (beginnend mit „A" bis „M" ohne „I")

- Losfolgenummer (vierstellig)
- Zusatzbuchstabe oder Bindestrich (bei Bedarf)
- Seriennummer (vierstellig, bei Bedarf)

Die Kodierung für Waffen ist analog aufgebaut:

- 1005: Waffen (vom Kaliber 1 mm bis 30 mm)
- 1010: Waffen (vom Kaliber 31 mm bis 75 mm)
- 1015: Waffen (vom Kaliber 76 mm bis 125 mm)
- 1020: Waffen (vom Kaliber 126 mm bis 150 mm)
- 1025: Waffen (vom Kaliber 151 mm bis 300 mm)

Anhang A5: Die Farbkennzeichnung der Munition in der NATO

Zum schnelleren Erkennen und somit zur Verminderung der Verwechslung hat jede Munitionssorte eine spezielle Farbkennzeichnung. Dabei gibt es sowohl Grundfarben als auch Schriftfarben und zusätzliche Farbringe. Alle drei Farbtypen können als Kombination auftreten, z. B. die Grundfarbe schwarz für panzerbrechend, die Schriftfarbe narzissengelb für den Sprengstoffinhalt und rehbraun für einen Raketenzusatzantrieb. Für Geschosse ab einem Kaliber von 20 mm, Bomben, Raketen und Granaten gilt:[462]

Farbe	RAL-Nr.	Bedeutung
Narzissengelb	1007	Sprengstoffinhalt
Erdbeerrot	3018	Brandstoffinhalt
Lichtblau	5012	Übungsmunition
Weißgrün	6019	Nebelstoff als Inhalt
Rehbraun	8007	Treibladung
Cremeweiß	9001	Leuchtmittel als Inhalt
Tiefschwarz	9005	panzerbrechende Munition
Weißaluminium	9006	Propaganda- und Störmunition
Gelboliv	6014	Witterungsschutz- und Tarnanstrich
Bronzegrün	6031	Witterungsschutz- und Tarnanstrich

11

462 Gemäß AOP-2(C).

Weitere Grundfarben betreffen Kampf- und Reizstoffe.

Für Patronen unter 20 mm gibt es eine Farbkennzeichnung auf den Geschossspitzen, bei mehreren Farben teilweise auch als Ringe:

Farbe:	RAL Nr.	Bedeutung
Tiefschwarz	9005	Hartkern
Lichtblau	5012	Brand
Weißaluminium	9006	Hartkernbrand
Narzissengelb	1007	Beobachtung
Erdbeerrot	3018	Leuchtspur
Minzgrün	6029	Doppelkern
(keine)	–	Weichkern (Blei)

Eine Kennzeichnung der vollständigen Patrone bedeutet bei einem Kaliber unter 20 mm:

Farbe:	RAL Nr.	Bedeutung
Messingfarben	–	Manövermunition (hier ist die Patrone komplett aus Messing)
Tiefschwarz	9005	Manövermunition
Gelboliv	6014	Manövermunition
Lichtblau	5012	Übungsmunition

Anhang A6: Testvorgaben für insensitive Munition

Test über LOVA-Eigenschaften nach STANAG 4439/AOP 39:[463]

Belastung	Test	Durchführung	Zulässig[464]
Feuer im Munitionsmagazin einer Waffe, eines Fahr- oder Flugzeugs	Fast Heating	Erzeugung einer Temperatur zwischen 550 °C und 850 °C, 550 °C werden erreicht nach spätestens 30 Sekunden	Typ V Abbrand
Feuer in einem Lager, an einem Lagerort oder in einem Schiffsmagazin	Slow Heating	Erhitzung um 1 °C bis zu 30 °C pro Stunde	Typ V Abbrand
Beschuss mit Handwaffen	Bullet Impact	Beschuss mit 12,7-mm-AP-Munition, Geschossmasse 18,6 g Stahl, Geschossgeschwindigkeit 850 m/s	Typ V Abbrand
Einwirkung von Geschosssplittern	Light/Heavy Fragment Impact	Beschuss mit Normsplittern 15 g mit bis zu 2600 m/s und 65 g mit bis zu 2200 m/s	Typ V Abbrand
Hohlladungsbeschuss	Shaped Charge Explosion Jet Impact	Beschuss mit einer Hohlladung im Kaliber bis zu 85 mm	Typ III Explosive Umsetzung
Detonation einer Geberladung definierter Stärke und Abstand	Sympathetic Explosion Reaction	Geberladung soll von gleicher Munitionsart und -sorte sein	Typ III Explosive Umsetzung

[463] Frankreich verwendet etwas andere Tests unter dem Begriff „Munitions à Risques Attenués".

[464] Hier unterscheidet man Typ I (Detonation), Typ II (teilweise Detonation), Typ III (Explosion), Typ IV (Deflagration) und Typ V (Abbrand).

Anhang A7: Internationale Abkommen

- Im Zweiten Laterankonzil unter Papst Innozenz II. (1189) wird der Einsatz der Armbrust gegen Christen verboten. Dieser Waffe widerstand zur damaligen Zeit keine Rüstung.
- Die Petersburger Erklärung von 11.12.1868 verbietet die Nutzung von Sprenggeschossen mit einer Masse von unter 400 g. Hierdurch sollte sogenanntes unnötiges Leid gegenüber einem getroffenen Gegner vermieden werden.
- Die Haager Landkriegsordnung vom 29.07.1899 legt in Artikel 23e fest: Abgesehen von den durch Sonderverträge aufgestellten Verboten ist namentlich untersagt, „der Gebrauch von Waffen, Geschossen oder Stoffen, die geeignet sind, unnötigerweise Leiden zu verursachen“. In einer Erklärung „betreffend das Verbot von Geschossen, die sich leicht im menschlichen Körper ausdehnen oder platt drücken“ wurden auch Deformationsgeschosse und „*Dum-Dum-Geschosse*[465]“ in Artikel 23e mit eingebunden.
- Im Genfer Protokoll von 1925 werden chemische und biologische Waffen geächtet. Ergänzung 1972 durch die Biowaffenkonvention und 1993 durch die Chemiewaffenkonvention.
- Das Zusatzprotokoll zu den Genfer Abkommen vom 12.08.1949 über den Schutz der Opfer internationaler bewaffneter Konflikte sagt in Artikel 35 Absatz 2: „Es ist verboten, Waffen, Geschosse und Material sowie Methoden der Kriegführung zu verwenden, die geeignet sind, überflüssige Verletzungen oder unnötige Leiden zu verursachen.“
- UN-Übereinkommen und völkerrechtliche Konventionen zum Verbot bestimmter Waffen und Munition[466]:

---

[465] Die Geschosse wurden nach der indischen Stadt Dum-Dum benannt. In der dortigen Munitionsfabrik wurden Ende des 19. Jahrhunderts Teilmantelgeschosse für die britische Armee gefertigt. Die britische Armee setzte diese Munition erstmalig beim Mahdi-Aufstand (1881–1889) im Sudan und später auch in Indien ein.

[466] Quelle: Peace Operations Training Institute: Mine Action and Explosive Hazard Management: Humanitarian Impact, Technical Aspects, and Global Initiatives, Williamsburg, USA, ab 2003 in laufender Revision.

Protokoll Nr.	In Kraft seit	Inhalt
I	02.12.1983	Verbot von Munition, die nicht durch Röntgenstrahlung entdeckbare Splitter erzeugt (z. B. deutsche Glasmine 43)
II	02.12.1983	▪ Aufzeichnung der Lage von Minenfeldern ▪ Mithilfe bei der Beseitigung nach Beendigung der Feindseligkeiten
II	03.05.1996	Minen dürfen nicht als Sprengfallen an bestimmten Orten und Gegenständen angebracht werden, z. B. Leichen, Kinderspielzeug, Nahrungsmitteln.
II	03.12.1998	▪ Verbot von nicht detektierbaren Minen mit einem Metallanteil von weniger als 8 g Eisen ▪ Durch Luftfahrzeuge oder Artillerie fernverlegbare Minen müssen einen Selbstzerlegemechanismus besitzen, der die Mine nach Ablauf der Liegezeit (in der Regel 40 Tage) unschädlich macht. ▪ Nicht fernverlegbare Minen ohne Selbstzerlegemechanismus dürfen nur in gekennzeichneten und überwachten Minenfeldern eingesetzt werden. ▪ Bei einer Verlegung der Truppe müssen nicht fernverlegbare Minen ohne Selbstzerlegemechanismus entfernt werden. ▪ Verbot von Minen, deren Auslösemechanismus auf das aktive Magnetfeld eines Metalldetektors reagiert
III	02.12.1983	Einschränkung des Einsatzes von Brandwaffen, z. B. kein Einsatz gegen zivile Einrichtungen bzw. militärische Objekte in der Nähe von zivilen Einrichtungen
IV	30.07.1998	Verbot des Einsatzes blind machender Laserwaffen
–	– Einigung außerhalb der Konvention in Ottawa am 30.05.2008	▪ Verbot des Einsatzes, der Lagerung, der Herstellung und Weitergabe von Antipersonenminen ▪ Die Lagerbestände müssen bis auf Kleinmengen zur Forschung und Weiterbildung bis 2012 vernichtet werden. ▪ Die vorhandenen Minenfelder sind innerhalb von zehn Jahren zu räumen. ▪ Staaten, die nicht von Minenfeldern mit Schützenabwehrminen betroffen sind, werden verpflichtet, Staaten mit einer entsprechenden Minenlast bei der Räumung zu unterstützen.
V	12.10.2006	▪ Kriegsparteien werden verpflichtet, nach Beendigung der Feindseligkeiten Informationen über Lage, Anzahl und Beschaffenheit der Munition sowie technische, personelle und finanzielle Hilfen für eine Beseitigung bereitzustellen.

Protokoll Nr.	In Kraft seit	Inhalt
(VI) Verhandlungen wurden ohne Ergebnis beendet	– Einigung zum Entwurf außerhalb der Konvention in Dublin am 30.05.2008 Unterschrieben von 02. bis 04.12.2008 in **Oslo** von 94 Ländern	Einschränkung der Nutzung von Submunition. Die Vertragspartner einigen sich auf: ▪ Eine Bombe oder ein Geschoss etc. enthält weniger als zehn Submunitionen mit explosivem Inhalt. ▪ Jede Submunition wiegt mehr als 4 kg. ▪ Jede Submunition ist konstruiert zur Bekämpfung eines speziellen Zieltyps (z. B. gepanzerte Fahrzeuge). ▪ Jede Submunition ist mit einem elektronischen Selbstzerstörmechanismus ausgestattet. ▪ Jede Submunition ist mit einer elektronischen Deaktivierungseinheit ausgestattet. Erlaubt ist nach wie vor: ▪ Submunition, die Täuschkörper beinhaltet (Flares, Chaffs) ▪ pyrotechnische Submunition, die Nebel- oder Leuchtmunition ausstößt ▪ pyrotechnische Submunition, die einen elektronischen oder elektrischen Effekt beinhaltet (z. B. Bomben, die mittels der ausgestoßenen, elektrisch leitenden Kunststofffäden in Kraftwerken einen Kurzschluss auslösen) Zu unterlassen ist – unter allen Umständen: ▪ Einsatz der Submunition ▪ direkte oder indirekte Entwicklung, Produktion, Lagerung oder Transport der Submunition ▪ Unterstützung, Ermutigung oder Verleitung anderer Staaten bei den oben aufgeführten Handlungen Munition, die diese Bedingungen nicht erfüllt, sollte gem. des Osloer Abkommens von den Unterzeichnerstaaten aus den Munitionslagern entfernt und vernichtet werden. Für Tests und Schulungszwecke ist es erlaubt, geringe Bestände von älteren Streubomben bereitzuhalten, die die oben beschriebenen Auflagen nicht erfüllen. Für die Vernichtung der Überbestände war eine Frist von acht Jahren gesetzt worden. Weiterhin hatten sich die Unterzeichner dazu verpflichtet, auf ihrem Gebiet alle Streubombenfelder innerhalb von zehn Jahren zu räumen.

11

Anhang A8: Offene Quellen der UN bezüglich Munition

Um die Gefährdung der Bevölkerung durch eine ungeplante Explosion von Munition zu verringern und die Risiken durch die unkontrollierte Proliferation von Munition zu reduzieren, berief der Ausschuss der Generalversammlung im April 2008 eine Gruppe von Regierungsexperten ein.

In dem Bericht an die UN-Generalversammlung wurde festgestellt, dass sich Probleme aus der Anhäufung von (überschüssigen) Lagerbeständen konventioneller Munition ergeben haben und eine effektive Lagerbestandsverwaltung in vielen Staaten weitgehend fehlt. Die Empfehlung der Experten war: Die UN sollen technische Richtlinien bezüglich des Umgangs mit Munition entwickeln.

Darauf ergaben sich die „International Ammunition Technical Guidelines" – IATG, ein offen herunterladbares Standardwerk über Lagerung, Transport, Befundung und Vernichtung von Munition.

Die einzelnen Vorschläge für den Umgang mit Munition lassen sich – zumeist in englischer, aber auch in anderen Sprachen – als PDF-Dateien kostenfrei hier abrufen:

https://unsaferguard.org

Als Auszug daraus die Empfehlungen der IATG 01.50 „UN explosive hazard classification system and codes" (Verträglichkeitsgruppen und deren Zusammenlagerungs- sowie -transportverbote):

Um die Lager- und Transportsicherheit zu erhöhen, wurden Verträglichkeitsgruppen eingeführt, die eine gemeinsame Lagerung und einen Transport nur dann zulassen, wenn eine Beeinflussung der Munitionssorten zueinander gering ist. Dies schließt z. B. aus, dass Sprengkapsel und Sprengkörper direkt miteinander in Berührung kommen, weil sie an einem Lagerort oder in einem Fahrzeug transportiert werden. Hier müssen zusätzliche Maßnahmen erfolgen, um eine Zündung des Sprengstoffes durch eine Fehlfunktion der Sprengkapseln zu verhindern. Dies gilt besonders für Munition der Verträglichkeitsgruppe L, zu der keine Munition einer anderen Verträglichkeitsgruppe gelagert oder transportiert werden darf.

Folgende Verträglichkeitsgruppen sind festgelegt:

Verträg-lichkeits-gruppe	Inhalt	Beispiel
A	Zündstoffe	Sprengkapseln
B	Zündmittel und ähnliche Munition mit Zündstoffen, die nicht zwei wirksame Sicherungsvorrichtungen enthält	Zündeinrichtungen für Sprengungen und Treibladungsanzünder, selbst wenn diese keinen Zündstoff enthalten
C	Treibstoffe, deflagrierende Explosivstoffe und Munition, die vorgenannte Stoffe enthält (ggf. inklusive Anzündmittel)	Patronen mit größerer Treibladungsmenge, z. B. Panzermunition mit KE-Geschossen oder auch Patronen für Hand- und Faustfeuerwaffem
D	Sprengstoffe, Schwarzpulver, Munition mit Sprengladungen, aber ohne Zündmittel sowie Treibladung und Zündmittel in entsprechend gesicherten und geschützten Verpackungen	Geschosse mit Sprengladungen ohne Zünder
E	Munition mit Sprengstoffen, ohne Zündmittel, mit Treibladung	Springmine DM31 ohne Minenzünder
F	Munition mit Sprengstoffen, mit Zündmittel, mit/ohne Treibladung	bezünderte Geschosse mit Sprengladung
G	pyrotechnische Munition, pyrotechnische Stoffe	Augenreizstoffe, Geschosse mit Leuchtmitteln
H	Munition, die sowohl Explosivstoffe als auch weißen Phosphor enthält	Nebelgeschosse mit weißem Phosphor und einer Zerlegeladung
J	Munition, die sowohl Explosivstoffe als auch flüssige oder gelierte brennbare Stoffe enthält	Flugkörper mit flüssigem Treibmittel als Antrieb
K	Munition, die sowohl Explosivstoffe als auch chemischen Kampfstoff enthält	Geschosse mit Kampffstofffüllung
L	Munition, die aufgrund ihrer Gefährlichkeit nicht mit Munition anderer Verträglichkeitsgruppen gelagert werden darf	Schwarzpulver in nicht ordnungsgemäßen staubdichten Verpackungen
N	Munition, die einen extrem unempfindlichen Explosivstoff enthält	verpackte Sprengschlämme
S	Munition, die so verpackt ist, dass eine mögliche Wirkung des Explosivstoffes in der Verpackung aufgefangen wird	Patronen für Hand- und Faustfeuerwaffen

Eine Zusammenlagerung bzw. ein Transport ist nach folgender Tabelle

zulässig bzw. verboten:

	A	B	C	D	E	F	G	H	J	K	L	N	S
A	X												
B		X	O	O	O	O	O						X
C		O	X	X	X	O	X1					D	X
D		O	X	X	X	O	X1					D	X
E		O	X	X	X	O	X1					D	X
F		O	O	O	O	X	O						X
G		O	X1	X1	X1	O	X						X
H								X					X
J									X				X
K										X			
L											L		
N			D	D	D							X2	N
S		X	X	X	X	X	X	X	X			N	X

Mit folgender Legende:

X zulässig

O Trennwand erforderlich

X1 Traverse erforderlich

X2 zulässig, wenn die Munition die gleichen Inhaltsstoffe enthält oder keine Interaktion zu erwarten ist

L zulässig, wenn die Munition die gleichen Inhaltsstoffe enthält

D zu behandeln wie Munition des Gefahrcodes 1.1D

N zu behandeln wie Munition des Gefahrcodes 1.6N

Anhang A9: Standardisierungsabkommen und weitere Dokumente der NATO zu Waffen und Munition

Eine der Lehren aus dem Zweiten Weltkrieg war eine unzureichende Standardisierung der Waffen und Munition. Selbst bei gleichen Kalibern war es den Allierten nicht möglich, Munition für ihre Waffen auszutauschen. Daher hat die NATO bereits 1951 begonnen, eine Standardisierung bezüglich Waffen, Munition, aber auch Kommunikation, Geräten und (taktischen) Begriffen einzuführen.

Leider gibt es bei den Ordnungszahlen der STANAG keine Systematik, wie an den beigefügten Beispielen zu erkennen ist. Auch sind (noch) nicht alle NATO-Dokumente bezüglich der Standardisierung eingepflegt.

Austauschbarkeit von Hand- und Faustfeuerwaffenmunition:

- 5,56 mm x 45: STANAG 4172 – Technical Performance Specification providing Interchangeability of 5.56 mm x 45 Ammunition
- 7,62 mm x 51: STANAG 2310 – Technical Performance Specification providing Interchangeability of 7.62 mm x 51 Ammunition
- 9 mm x 19: STANAG 4090 – Technical Performance Specification providing Interchangeability of 9 mm x 19 Ammunition
- 12,7 mm x 99: STANAG 4383 – Technical Performance Specification providing Interchangeability of 12.7 mm x 99 Ammunition

Für die Austauschbarkeit von Magazinen für Waffen im Kaliber 5,56 mm x 45 gibt es seit 1980 den Entwurf der STANAG 4179. Dazu wurde die STANAG 4181 entworfen, die standardisierte Ladestreifen für das Laden der Magazine vorschlägt. Beide Dokumente wurden bisher nicht ratifiziert. Eingeführt wurde bisher nur die STANAG 4694 für die Picatinny-Schiene zur Befestigung von Zubehör auf den leichteren Waffen.

Andere Dokumente besitzen zwar eine STANAG-Ordnungsnummer, sind aber eher unter ihrem Dokumentennahmen bekannt, so die Allied Ammunition Storage and Transport Publications – AASTP:

- AASTP-1 (STANAG 4440) – NATO Guidelines for the Storage of Military Ammunition and Explosives
- AASTP-2 (STANAG 4441) – Manual of NATO Safety Principles for the Transport of Military Ammunition and Explosives

- AASTP-3 (STANAG 4123) – Manual of NATO Safety Principles for the Hazard Classification of Military Ammunition and Explosives
- AASTP-4 (STANAG 4442) – Application of Risk Analysis to the Storage and Transport of Military Ammunition and Explosives
- AASTP-5 (STANAG 4657) – NATO Guidelines for the Storage, Maintenance and Transport of Ammunition on Deployed Mission or Operations

Weitere NATO-Dokumente von Interesse sind:

- AAP(Allied Administrative Publications)-7 – NATO Terminology Manual
- AAP-15 – NATO Glossary of Abbreviations in NATO Documents and Publications
- AOP(Allied Ordnance Publications)-38 – Specialist Glosary of Terms and Definitions on Ammunition Safety
- APP(Allied Procedual Publications)-6(C) – NATO Joint Military Symbology

Zu beachten ist: Diese Dokumente besitzen keine STANAG-Nummer.

In der Regel sind offene NATO-Dokumente im Internet über verschiedene Verlage kostenfrei, aber registrierungspflichtig abrufbar.

Stichwortverzeichnis

11

11

11